TEXTOS UNIVERSITARIOS

Álgebra e Introducción al Cálculo

Irene F. Mikenberg

Álgebra e Introducción
al Cálculo

EDICIONES UNIVERSIDAD CATÓLICA DE CHILE
Vicerrectoría de Comunicaciones y Educación Continua
Alameda 390, Santiago, Chile

editorialedicionesuc@uc.cl
www.ediciones.uc.cl

ÁLGEBRA E INTRODUCCIÓN AL CÁLCULO

Irene F. Mikenberg

© Inscripción N° 257.946
   Derechos reservados
   Septiembre 2015
   ISBN 978-956-14-1680-2

Diseño: versión | producciones gráficas Ltda.
Impresor: Salesianos Impresores S.A.

CIP - Pontificia Universidad Católica de Chile

Mikenberg, Irene
Álgebra e introducción al cálculo / Irene F. Mikenberg.
Incluye bibliografía.

1. Álgebra
2. Cálculo
I. t.

2015   512 + DC23   RCAA2

Álgebra e Introducción al Cálculo

Irene F. Mikenberg

EDICIONES UC

ÍNDICE

B. BIBLIOGRAFÍA

PRÓLOGO

El presente texto tiene por objetivo entregar los conocimientos necesarios al alumno para que pueda tomar un primer curso de cálculo en la Pontificia Universidad Católica de Chile abarcando todos los temas de la asignatura "álgebra e introducción al cálculo" que se imparte a diversas carreras y en diferentes formas.

Este volumen se preocupa de los temas más formales, permitiendo al alumno familiarizarse con los lenguajes científicos y con el método deductivo, aspectos fundamentales en la formación de un profesional.

En el primer capítulo se presenta el lenguaje matemático, se introduce el uso de variables y se desarrollan algunos de los principales conceptos lógicos: verdad, consecuencia, equivalencia y demostración. Este capítulo es el eje transversal de todo el texto, pues entrega las herramientas necesarias para hacer demostraciones correctas en matemática.

El segundo capítulo se refiere a los números reales. Aquí se hace una presentación axiomática y en base a ella se estudian ecuaciones e inecuaciones.

En el tercer capítulo se introducen los conceptos de relación, función real, sus propiedades y sus gráficos.

El cuarto capítulo está dedicado a las funciones trigonométricas, sus propiedades, sus gráficos y sus aplicaciones.

En el capítulo 5 se presentan los números naturales, basado en los axiomas de los números reales. Aquí se estudian principalmente los conceptos de inducción y recursión.

En el capítulo 6 se desarrollan las principales aplicaciones de la inducción matemática, destacando las propiedades de sumatorias, progresiones, números combinatorios y el teorema del binomio.

En el séptimo capítulo se introducen los números complejos y los polinomios.

En el capítulo 8 se presentan las funciones exponencial y logaritmo, destacando las propiedades de modelamiento de estas funciones.

En el capítulo 9 se introducen los conceptos básicos de la geometría analítica, estudiando rectas y las cónicas.

Finalmente, en el capítulo 10 se introducen los primeros conceptos del cálculo diferencial, estudiando el concepto de completud de los números reales y el de límites de sucesiones.

Al final de cada capítulo se entrega una prueba de autoevaluación de los conocimientos relevantes de cada capítulo. Esta prueba consta de siete preguntas que el alumno deberá responder y autoevaluar cada pregunta con una nota entre cero y uno. El promedio de las 10 evaluaciones será el 70 por ciento de la nota del curso y el restante 30 por ciento es la nota que se obtenga en el examen final que se encuentra en el capítulo 11.

Con esta nota, el alumno podrá saber si está en condiciones apropiadas para tomar un primer curso de cálculo universitario.

Las respuestas a muchos de los ejercicios propuestos en cada capítulo, a las pruebas de autoevaluación y al examen final se encuentran en el capítulo 12.

Deseo agradecer muy especialmente a mi amiga y colega María Isabel Rauld por sus correcciones, revisión del presente texto y su invaluable cooperación.

IRENE MIKENBERG L.

Lenguaje matemático

La matemática estudia las propiedades de ciertos objetos, tales como números, operaciones, conjuntos, funciones, relaciones, etc., y para ello, es necesario poder contar con un lenguaje apropiado para expresar estas propiedades de manera precisa. Desarrollaremos aquí un lenguaje que cumpla estos requisitos, al cual llamaremos lenguaje matemático.

Aunque algunas de estas propiedades son evidentes, la mayoría de ellas no lo son y necesitan de una cierta argumentación que permita establecer su validez. Es fundamental por lo tanto conocer las principales leyes de la lógica que regulan la corrección de estos argumentos. Desarrollaremos aquí los conceptos de verdad, equivalencia y consecuencia lógica y algunas de sus aplicaciones al razonamiento matemático.

El **lenguaje matemático** está formado por una parte del lenguaje natural, al cual se le agregan variables y símbolos lógicos que permiten una interpretación precisa de cada frase.

Proposiciones 1.2.1

Llamaremos **proposiciones** a aquellas frases del lenguaje natural sobre las cuales podamos afirmar que son verdaderas o falsas. Ejemplos de proposiciones son:

"Dos es par".

"Tres es mayor que siete".

"Tres más cuatro es nueve".

"Si dos es mayor que cinco entonces dos es par".

"Dos no es par".

En cambio las siguientes frases no son proposiciones:

"¿Es dos número par?".

" Dos más tres".

"¡Súmale cinco!".

Usamos letras griegas $\alpha, \beta, \gamma \ldots$ etc., para denotar proposiciones.

Conectivos 1.2.2

Una proposición puede estar compuesta a su vez por una o varias proposiciones más simples, conectadas por una palabra o frase que se llama **conectivo**.

Los conectivos más usados son:

Negación

Consideremos la proposición

"dos **no** es par".

Ésta está compuesta por la proposición más simple "dos es par" y por la palabra "no", que constituye el conectivo **negación**.

Si α es una proposición, $\neg\, \alpha$ denotará la proposición "no es verdad que α".

Conjunción

Consideremos la proposición

"dos es par **y** tres es impar",

la cual está compuesta por las proposiciones más simples "dos es par" y "tres es impar", conectadas por la palabra "y", que constituye el conectivo **conjunción**.

Si α y β son dos proposiciones, usamos $(\alpha \wedge \beta)$ para denotar la proposición "α y β".

Disyunción

Consideremos la proposición

"dos es mayor que siete **o** siete es mayor que dos".

Esta está compuesta por las proposiciones más simples "dos es mayor que siete" y " siete es mayor que dos", conectadas por la palabra "o", que constituye el conectivo **disyunción**.

Si α y β son dos proposiciones, usamos $(\alpha \vee \beta)$ para denotar la proposición "α o β"

Implicación

Consideremos la proposición

"**si** dos es par, **entonces** tres es impar".

Ésta está compuesta por las dos proposiciones más simples "dos es par" y " tres es impar", conectadas por las palabras "si... entonces...", que constituyen el conectivo **implicación**.

Como notación usamos $(\alpha \to \beta)$ para la proposición "si α, entonces β".

Bicondicional

Consideremos la proposición

"dos es mayor que siete **si y solo si** siete es menor que dos".

Ésta está compuesta por las proposiciones más simples "dos es mayor que siete" y " siete es menor que dos", conectadas por las palabras "si y solo si", que constituyen el conectivo **bicondicional**.

Denotamos por $(\alpha \leftrightarrow \beta)$ a la proposición "α si y solo si β".

Una proposición es **simple** si ninguna parte de ella es a su vez una proposición. Ejemplos de proposiciones simples son:

"Dos es un número par".

"Tres es mayor que cuatro".

"Tres más cinco es mayor que cuatro".

Se usan letras minúsculas $p, q, r, s \ldots$, para denotar proposiciones simples.

Ejemplos

Ejemplo 1.1

Usando símbolos matemáticos conocidos y símbolos para los conectivos, podemos expresar las siguientes proposiciones:

a) "Si dos es par, entonces tres es impar" como (2 es par $\to$ 3 es impar).

b) "No es verdad, que dos es par o impar" como $\neg$ (2 es par $\vee$ 2 es impar).

c) "Si no es verdad que cinco es menor que siete, entonces cinco es mayor que siete o cinco es igual que siete" como $(\neg (5 < 7) \to (5 > 7 \vee 5 = 7))$.

Ejemplo 1.2

Usando los siguientes símbolos:

$$p : \text{"2 es par,"} \quad q : \text{"3 es impar,"}$$

$$r : \text{"5} < \text{7",} \quad s : \text{"5} > \text{7",}$$

$$t : \text{"5} = \text{7",} \quad u : \text{"2 es impar,"}$$

podemos expresar:

a) "Si dos es par entonces tres es impar" como

$$(p \to q).$$

b) "No es verdad que dos es par o impar" como

$$\neg (p \vee u).$$

c) "Si no es verdad que cinco es menor que siete, entonces cinco es mayor que siete o cinco es igual que siete" como

$$(\neg r \to (s \vee t)).$$

Predicados 1.2.3

Consideremos proposiciones en las que hemos reemplazado uno o más nombres de objetos por letras como: x, y, z, u, etc. Por ejemplo, las siguientes:

> "x es positivo"
>
> "y es par"
>
> "x es mayor que y"
>
> "x es mayor que y más z"
>
> "Si x es mayor que 5, entonces x es positivo".

Estas frases se llaman **predicados** o **funciones proposicionales** y las letras usadas se llaman **variables**. Los predicados no son verdaderos ni falsos, pero al reemplazar las variables por nombres de objetos se transforman en proposiciones.

Como en el caso de las proposiciones, los predicados pueden estar compuestos por otros más simples ligados entre sí por conectivos. Por ejemplo, el predicado: "x es par o x es primo" está compuesto por los predicados simples: "x es par" y "x es primo" unidos por el conectivo "o".

Ejemplos

Ejemplo 1.3

Usando símbolos matemáticos conocidos y símbolos para los conectivos, podemos expresar los siguientes predicados:

a) "Si x es par, entonces x no es impar" como $(x$ es par $\rightarrow \neg (x$ es impar$))$.

b) "x es mayor que y si y solo si no es verdad que x es menor que y o que x es igual a y" como $(x > y \leftrightarrow \neg (x < y \lor x = y))$.

Ejemplo 1.4

Usando además los siguientes símbolos:

$$p(x) : \text{"}x \text{ es par"}, \quad q(x) : \text{"}x \text{ es impar"},$$

$$r(x, y) : \text{"}x > y\text{"}, \quad s(x, y) : \text{"}x < y\text{"},$$

$$t : \text{"}x = y\text{"},$$

podemos expresar:

a) "Si x es par, entonces x no es impar" como

$$(p(x) \rightarrow \neg\, q(x))$$

b) "x es mayor que y si y solo si no es verdad, que x es menor que y o que x es igual a y como

$$(r(x, y) \leftrightarrow \neg\, (s(x, y) \vee t(x, y)))$$

Cuantificadores | 1.2.4

A partir de un predicado se puede obtener una proposición anteponiendo una frase llamada **cuantificador**. Los cuantificadores más usados son:

Cuantificador universal

Consideremos el predicado

"*x* es positivo"

al cual le anteponemos la frase

"para todo número *x* se tiene que".

Obtenemos la proposición

"para todo número *x* se tiene que *x* es positivo"

cuyo significado es equivalente al de la proposición

"todo número es positivo".

La frase "para todo *x*" constituye el **cuantificador universal**.

Cuantificador existencial

Si al mismo predicado

"*x* es positivo"

le anteponemos la frase

"existe un número *x* tal que"

obtenemos la proposición

> "existe un número x tal que x es positivo"

cuyo significado es equivalente al de la proposición

> "existen números positivos".

La frase "existe un x" constituye el **cuantificador existencial**.

Cuantificador "existe un único"

Si anteponemos al mismo predicado

> "x es positivo",

la frase

> "existe un único número x tal que",

obtenemos la proposición

> "existe un único número x tal que x es positivo",

cuyo significado es equivalente al de la proposición

> "existe un único número positivo".

La frase "existe un único x" constituye el **cuantificador "existe un único"**.

En todo cuantificador se debe especificar el tipo de objetos involucrados en la afirmación, y para hacer esto se usan colecciones o conjuntos de objetos que se denotan por letras mayúsculas: $A, B, C\ldots$ etc.

Como notación usamos:

$\forall x \in A\,(\alpha(x))$:   "para todo x elemento de la colección A $\alpha(x)$."

$\exists x \in A\,(\alpha(x))$:   "existe al menos un elemento x de la colección A tal que $\alpha(x)$"

$\exists! x \in A\,(\alpha(x))$:   "existe un único elemento x de la colección A tal que $\alpha(x)$."

$\alpha(a)$ denota la proposición obtenida de $\alpha(x)$ al reemplazar x por a.

Notemos que si se tiene un predicado con dos variables diferentes, es necesario anteponer dos cuantificadores para obtener una proposición. Por ejemplo, a partir del predicado $x < y$ se pueden obtener entre otras:

$$\forall x \in A\, \forall y \in A\,(x < y)$$
$$\exists x \in A\, \forall y \in A\,(x < y)$$
$$\forall x \in A\, \exists y \in A\,(x < y)$$
$$\exists x \in A\, \exists y \in A\,(x < y)$$
$$\forall y \in A\, \exists x \in A\,(x < y)$$

Ejemplos

Ejemplo 1.5

Sea $\mathbb{N}$ el conjunto de los números naturales partiendo del 1. Entonces podemos expresar:

a) "Todo número natural impar es primo"
$$\vee x \in \mathbb{N}\,(x \text{ es impar} \to x \text{ es primo})$$

b) "Existen números naturales impares que no son primos"
$$\exists x \in \mathbb{N}\,(x \text{ es impar} \wedge \neg\,(x \text{ es primo}))$$

c) "Existe un único número natural primo que no es impar"
$$\exists! x \in \mathbb{N}\,(x \text{ es primo} \wedge \neg\,(x \text{ es impar}))$$

Ejemplo 1.6

Sea $\mathbb{N}$ el conjunto de los números naturales. Usando los símbolos matemáticos usuales y los símbolos lógicos, podemos expresar las siguientes proposiciones:

a) Dos más dos es ocho:

$$2 + 2 = 8$$

b) Todo número natural es par:

$$\forall x \in \mathbb{N} \ (x \ es \ par)$$

c) Si dos es par, todo número natural es par:

$$(2 \ es \ par \to \forall x \in \mathbb{N} \ (x \ es \ par))$$

d) Si uno es par, entonces 3 no es par:

$$(1 \ es \ par \to \neg \ (3 \ es \ par))$$

e) Todo número natural mayor que cinco es par:

$$\forall x \in \mathbb{N} \ (x > 5 \to x \ es \ par)$$

f) Hay números naturales pares mayores que cinco:

$$\exists x \in \mathbb{N} \ (x \ es \ par \wedge \ x > 5)$$

g) El producto de dos números naturales pares, es par:

$$\forall x \in \mathbb{N} \forall y \in \mathbb{N} \ ((x \ es \ par \wedge \ y \ es \ par) \to x \cdot y \ es \ par)$$

h) Existe un único número natural cuyo cuadrado es cuatro:

$$\exists ! x \in \mathbb{N} \ (x^2 = 4)$$

i) No hay un número natural que sea mayor que todo número natural:

$$\neg \ \exists x \in \mathbb{N} \forall y \in \mathbb{N} \ (x > y)$$

j) El cuadrado de la suma de dos números naturales es igual al cuadrado del primero más el doble del producto del primero por el segundo más el cuadrado del segundo

$$\forall x \in \mathbb{N} \forall y \in \mathbb{N} \ ((x + y)^2 = x^2 + 2xy + y^2)$$

Las leyes de la lógica   1.3

Verdad   1.3.1

La verdad de una proposición simple depende solamente de su contenido. Por ejemplo, las proposiciones "$2 < 3$", "2 es par" y "3 es impar" son verdaderas y por el contrario, "$4 = 5$" y "$(2 \cdot 5 + 1) > (3^2 \cdot 10)$" son falsas.

En cambio, la verdad de una proposición compuesta depende además de la verdad o falsedad de sus componentes más simples y está dada por las siguientes reglas, donde α y β son proposiciones, $\alpha(x)$ es un predicado y A es un conjunto:

1. $\neg \ \alpha$ es verdadera si y solamente si α es falsa.

2. $(\alpha \vee \beta)$ es verdadera si y solamente si al menos una de ellas es verdadera o incluso si ambas son verdaderas.

3. $(\alpha \wedge \beta)$ es verdadera si y solamente si ambas son verdaderas.

4. $(\alpha \rightarrow \beta)$ es verdadera si y solamente no puede darse el caso que α sea verdadera y β sea falsa.

5. $(\alpha \leftrightarrow \beta)$ es verdadera si y solamente si ambas son verdaderas o ambas son falsas.

6. $\forall x \in A\ \alpha(x)$ es verdadera si y solamente si para todo elemento a de A se tiene que $\alpha(a)$ es verdadera.

7. $\exists x \in A\ \alpha(x)$ es verdadera si y solamente si existe al menos un elemento a de A tal que $\alpha(a)$ es verdadera.

8. $\exists! x \in A\ \alpha(x)$ es verdadera si y solamente si existe un único elemento a de A tal que $\alpha(a)$ es verdadera.

Observación

Notemos que en el caso de la implicación, si α es falsa, automáticamente $(\alpha \rightarrow \beta)$ es verdadera y en este caso se dice que $(\alpha \rightarrow \beta)$ es **trivialmente verdadera.**

Ejemplos

Ejemplo 1.7

Sea $\mathbb{N}$ el conjunto de los números naturales. Entonces,

a) $(2 < 3 \vee 4 = 5)$ es verdadera porque $2 < 3$ es verdadera.

b) $(2 < 3 \wedge 4 = 5)$ es falsa porque $4 = 5$ es falsa.

c) $(2 < 3 \rightarrow 4 = 5)$ es falsa porque $2 < 3$ es verdadera y $4 = 5$ es falsa.

d) $(2 < 3 \rightarrow 3 < 4)$ es verdadera porque ambas son verdaderas.

e) $(2 > 3 \rightarrow 4 = 5)$ es trivialmente verdadera porque $2 > 3$ es falsa.

f) $(2 < 3 \leftrightarrow 5 > 1)$ es verdadera porque ambas son verdaderas.

g) $(2 > 3 \leftrightarrow 4 = 5)$ es verdadera porque ambas son falsas.

h) $\forall x \in \mathbb{N}\ (x > 2)$ es falsa porque $1 \in \mathbb{N}$ y no se cumple que $1 > 2$.

i) $\exists x \in \mathbb{N}\ (x > 2)$ es verdadera porque por ejemplo, $3 \in \mathbb{N}$ y $3 > 2$.

j) $\forall x \in \mathbb{N}\,(x > 2 \vee x \leq 2)$ *es verdadera, porque si* $a \in \mathbb{N}$, *entonces* $(a > 2 \vee a \leq 2)$ *es verdadera y esto último es cierto porque o bien* $a > 2$ *o bien* $a \leq 2$.

k) $\exists! x \in \mathbb{N}\,(x > 2)$ *es falsa, porque por ejemplo,* 3 *y* $4 \in \mathbb{N}$, $3 > 2, 4 > 2$ *y* $4 \neq 3$.

l) $\forall x \in \mathbb{N}\ (x > 4 \rightarrow x + 3 > 7)$ *es verdadera porque si* $a \in \mathbb{N}$ *se tiene que* $(a > 4 \rightarrow a + 3 > 7)$ *es verdadera, y esto último es cierto porque si* $a > 4$, *sumando tres se obtiene que* $a + 3 > 7$.

m) $\forall x \in \mathbb{N}\ \forall y \in \mathbb{N}\,((x > 1 \wedge y > 1) \rightarrow x \cdot y < 1)$ *es falsa, porque por ejemplo,* $2 \in \mathbb{N}$, $3 \in \mathbb{N}$ *y* $((2 > 1 \wedge 3 > 1) \rightarrow 2 \cdot 3 < 1)$ *es falsa y esto último se debe a que* $2 > 1$ *y* $3 > 1$ *y no se cumple que* $2 \cdot 3 < 1$.

n) $\forall x \in \mathbb{N}\ \exists y \in \mathbb{N}\,(x < y)$ *es verdadera, pues si* $a \in \mathbb{N}$, *entonces por ejemplo,* $a + 1 \in \mathbb{N}$ *y* $a < a + 1$, *entonces si* $x = a$ *exsite* $y = a + 1$ *tal que* $x < y$.

ñ) $\exists x \in \mathbb{N}\ \forall y \in \mathbb{N}\,(y < x)$ *es falsa porque si* $a \in \mathbb{N}$, *entonces por ejemplo,* $a + 1 \in \mathbb{N}$ *y no se cumple que* $a + 1 < a$.

Notemos que para ver que una proposición de la forma $\forall x \in A\ \alpha(x)$ es falsa, basta encontrar un objeto a de A que no cumpla con $\alpha(a)$. Este objeto se llama un **contraejemplo** de la proposición dada.

Por ejemplo, en (h) del ejemplo anterior, $x = 1$ es un contraejemplo para la proposición $\forall x \in \mathbb{N}(x > 2)$.

<table>
<tr><td>Verdad lógica o tautología</td><td>1.3.2</td></tr>
</table>

Consideremos la proposición

$$((p \wedge q) \rightarrow p)$$

Esta es verdadera, independientemente del valor de verdad de p y de q, como podemos ver al hacer la siguiente tabla llamada **tabla de verdad** que se construye a partir de todas las posibles combinaciones de valores de verdad para las proposiciones simples que contiene la proposición original, tal como se muestra a continuación:

p	q	$(p \wedge q)$	$((p \wedge q) \rightarrow p)$
V	V	V	V
V	F	F	V
F	V	F	V
F	F	F	V

Tabla 1.1: Verdades lógicas

Este tipo de proposiciones se llaman **verdades lógicas**.

Por el contrario, si consideramos la proposición

$$((p \vee q) \to p),$$

y hacemos su tabla de verdad:

p	q	$(p \vee q)$	$((p \vee q) \to p)$
V	V	V	V
V	F	V	V
F	V	V	F
F	F	F	V

Tabla 1.2: Ejemplo de una proposición que no es verdad lógica

Vemos que esta es verdadera solo para algunos valores de verdad de p y q. Esta proposición no es una verdad lógica.

El método de las tablas de verdad para verificar una verdad lógica sirve solamente cuando se trata de proposiciones sin variables ni cuantificadores. Por ejemplo, la proposición

$$\forall x \in A\, (p(x) \vee \neg\, p(x))$$

es lógicamente verdadera, pues si a es un objeto de la colección A, o bien se cumple $p\,(a)$ o bien su negación $\neg\, p\,(a)$, y por lo tanto $(p\,(a) \vee \neg\, p\,(a))$ es siempre verdadera. En este caso no se puede usar tablas de verdad porque la verdad de

esta depende del universo A y de si para cada objeto a de A se cumple $p\,(a)$ o no.

Contradicciones 1.3.3

Si consideramos la proposición

$$(p \wedge \neg\, p)$$

vemos que esta es siempre falsa, cualquiera que sea el valor de verdad de p como podemos observar al hacer la tabla de verdad de la proposición:

p	$\neg p$	$(p \wedge \neg\, p)$
V	F	F
F	V	F

Tabla 1.3: Contradicción

Este tipo de proposiciones se llaman **contradicciones**.

También existen contradicciones en el lenguaje con variables. Por ejemplo, la proposición

$$\forall x \in A\,(p\,(x)) \;\wedge\; \exists x \in A\,(\neg\,p\,(x))$$

es siempre falsa, pues si para todo $a \in A$ se cumple $p\,(a)$, entonces no puede existir un $a \in A$ tal que $\neg\,p\,(a)$.

Equivalencia lógica   1.3.4

La proposición

$$\neg(\forall x \in A\,(p\,(x))) \;\leftrightarrow\; \exists x \in A\,(\neg p\,(x))$$

es lógicamente verdadera, pues $\neg(\forall x \in A\,(p\,(x)))$ es verdadera si y solo si no es cierto que para todo elemento $a \in A$ se cumple p (a), lo cual equivale a que exista al menos un elemento $a \in A$ que no cumple $p(a)$ que a su vez es equivalente a que $\exists x \in A\,(\neg p\,(x))$ sea verdadera.

En este caso se dice que las proposiciones $\neg \forall x \in Ap(x)$ y $\exists x \in A \neg\, p(x)$ son **lógicamente equivalentes,** y como notación usamos:

$$\neg \forall x \in A\,(p(x)) \;\equiv\; \exists x \in A\,(\neg p(x))$$

Por el contrario, las proposiciones $\neg\,(p \wedge q)$ y $(\neg\,p \wedge \neg\,q)$ no son lógicamente equivalentes porque la proposición

$$(\neg\,(p \wedge q) \;\leftrightarrow\; (\neg\,p \wedge \neg\,q))$$

no es una verdad lógica como se puede deducir de su tabla de verdad:

p	q	$\neg p$	$\neg q$	$(p \wedge q)$	$\neg(p \wedge q)$	$(\neg p \wedge \neg q)$	$(\neg\,(p \wedge q) \leftrightarrow (\neg\,p \wedge \neg\,q))$
V	V	F	F	V	F	F	V
V	F	F	V	F	V	F	F
F	V	V	F	F	V	F	F
F	F	V	V	F	V	V	V

Tabla 1.4: Proposiciones no lógicamente equivalentes

Es decir,

$$(\neg\,(p \wedge q) \;\not\equiv\; (\neg\,p \wedge \neg\,q))$$

Consecuencia lógica | 1.3.5

La proposición

$$(p \wedge (p \to q)) \to q$$

es lógicamente verdadera como se puede ver fácilmente al hacer su tabla de verdad:

p	q	$(p \to q)$	$(p \wedge (p \to q))$	$((p \wedge (p \to q)) \to q)$
V	V	V	V	V
V	F	F	F	V
F	V	V	F	V
F	F	V	F	V

Tabla 1.5: Consecuencia lógica

En este caso se dice que q (el consecuente), es consecuencia lógica de p y $(p \to q)$ (proposiciones que forman el antecedente).

Como notación también se usa:

$$\left.\begin{array}{c} p \\ (p \to q) \end{array}\right\} \text{premisas}$$

$$q \qquad \text{conclusión}$$

Por el contrario, la proposición $\exists x \in A\,(p\,(x) \wedge q\,(x))$, no es consecuencia lógica de $\exists x \in A\,(p\,(x))$ y $\exists x \in A\,(q\,(x))$, porque la proposición

$$(\exists x \in A\,(p\,(x)) \wedge \exists x \in A\,(q\,(x))) \to \exists x \in A(p\,(x) \wedge q\,(x))$$

no es lógicamente verdadera.

Para verificar que no lo es, basta encontrar un conjunto A, y predicados particulares $p(x)$ y $q(x)$ que hagan falsa a la proposición anterior, es decir, que hagan verdadero al antecedente y falso al consecuente.

Sea $A = \mathbb{N}$, $p(x)$: "x es par" y $q(x)$: "x es impar". Entonces, $\exists x \in A\,(p\,(x))$ es verdadera porque existen números naturales pares, $\exists x \in A\,(q\,(x))$ es verdadera porque existen números naturales impares y por lo tanto su conjunción:

$$(\exists x \in A\,(p\,(x)) \wedge \exists x \in A\,(q\,(x))$$

es verdadera.

Por otro lado, no existe un número natural que sea par e impar simultáneamente, por lo tanto la proposición $\exists x \in A \, (p\,(x) \wedge q\,(x))$ es falsa.

Verdades lógicas usuales $\qquad$ 1.3.6

El siguiente teorema nos proporciona algunas de las verdades lógicas más usadas en el razonamiento matemático:

Teorema

Teorema 1.1 *Sean α, β y γ proposiciones. Entonces, las siguientes proposiciones son lógicamente verdaderas:*

   (I) $\alpha \vee \neg\, \alpha$

   (II) $\neg\,(\alpha \wedge \neg\, \alpha)$

   (III) $\alpha \to \alpha$

   (IV) $(\alpha \wedge \alpha) \leftrightarrow \alpha$

   (V) $(\alpha \vee \alpha) \leftrightarrow \alpha$

   (VI) $((\alpha \to \beta) \wedge \alpha) \to \beta$

   (VII) $\alpha \to (\alpha \vee \beta)$

   (VIII) $\beta \to (\alpha \vee \beta)$

   (IX) $(\alpha \wedge \beta) \to \alpha$

   (X) $(\alpha \wedge \beta) \to \beta.$

   (XI) $((\alpha \to \beta) \wedge (\beta \to \gamma)) \to (\alpha \to \gamma)$

   (XII) $((\alpha \leftrightarrow \beta) \wedge (\beta \leftrightarrow \gamma)) \to (\alpha \leftrightarrow \gamma)$

   (XIII) $(a \in A \wedge \forall x \in A \, (\alpha(x))) \to \alpha(a)$

   (XIV) $(\alpha \vee \beta) \leftrightarrow (\beta \vee \alpha)$

   (XV) $(\alpha \wedge \beta) \leftrightarrow (\beta \wedge \alpha)$

   (XVI) $(\alpha \vee (\beta \vee \gamma)) \leftrightarrow ((\alpha \vee \beta) \vee \gamma)$

   (XVII) $(\alpha \wedge (\beta \wedge \gamma)) \leftrightarrow ((\alpha \wedge \beta) \wedge \gamma.$

   (XVIII) $((\alpha \wedge \beta) \vee \gamma) \leftrightarrow ((\alpha \vee \gamma) \wedge (\beta \vee \gamma))$

   (XIX) $((\alpha \vee \beta) \wedge \gamma) \leftrightarrow ((\alpha \wedge \gamma) \vee (\beta \wedge \gamma))$

(XX) $(\alpha \rightarrow \beta) \leftrightarrow (\neg \alpha \vee \beta)$

(XXI) $(\alpha \rightarrow \beta) \leftrightarrow (\neg \beta \rightarrow \neg \alpha)$

(XXII) $(\alpha \leftrightarrow \beta) \leftrightarrow ((\alpha \rightarrow \beta) \wedge (\beta \rightarrow \alpha))$

(XXIII) $(\alpha \leftrightarrow \beta) \leftrightarrow (\neg \alpha \leftrightarrow \neg \beta)$

(XXIV) $(\alpha \rightarrow (\beta \vee \gamma)) \leftrightarrow ((\alpha \wedge \neg \beta) \rightarrow \gamma)$

(XXV) $\neg\neg \alpha \leftrightarrow \alpha$

(XXVI) $\neg (\alpha \wedge \beta) \leftrightarrow (\neg \alpha \vee \neg \beta)$

(XXVII) $\neg (\alpha \vee \beta) \leftrightarrow (\neg \alpha \wedge \neg \beta)$

(XXVIII) $\neg (\alpha \rightarrow \beta) \leftrightarrow (\alpha \wedge \neg \beta)$

(XXIX) $\neg (\alpha \leftrightarrow \beta) \leftrightarrow ((\alpha \wedge \neg \beta) \vee (\beta \wedge \neg \alpha))$

(XXX) $((\neg \alpha \rightarrow (\beta \wedge \neg \beta)) \leftrightarrow \alpha)$

(XXXI) $((\alpha \rightarrow \beta) \wedge (\beta \rightarrow \gamma) \wedge (\gamma \rightarrow \alpha)) \leftrightarrow ((\alpha \leftrightarrow \beta) \wedge (\beta \leftrightarrow \gamma))$

(XXXII) $((\alpha \rightarrow \beta) \wedge (\neg \alpha \rightarrow \beta)) \leftrightarrow \beta$

(XXXIII) $((\alpha \rightarrow \beta) \wedge (\gamma \rightarrow \beta)) \leftrightarrow ((\alpha \vee \gamma) \rightarrow \beta)$

(XXXIV) $(\alpha \rightarrow (\beta \wedge \gamma)) \leftrightarrow ((\alpha \rightarrow \beta) \wedge (\alpha \rightarrow \gamma))$

(XXXV) $(\alpha \rightarrow (\beta \vee \gamma)) \leftrightarrow ((\alpha \rightarrow \beta) \vee (\alpha \rightarrow \gamma))$

(XXXVI) $((\alpha \wedge \gamma) \rightarrow \beta) \leftrightarrow (\alpha \rightarrow (\gamma \rightarrow \beta))$

(XXXVII) $(\alpha \rightarrow \beta) \leftrightarrow ((\alpha \wedge \neg \beta) \rightarrow (\gamma \wedge \neg \gamma))$

(XXXVIII) $((\beta \rightarrow \alpha) \wedge (\neg \beta \rightarrow \alpha)) \leftrightarrow \alpha$

Teorema `1.2` Sean $\alpha(x)$ y $\beta(x)$ *predicados simples. Entonces las siguientes son verdades lógicas:*

(I) $\neg (\forall x \in A\, (\alpha(x))) \leftrightarrow \exists x \in A\, (\neg \alpha(x))$

(II) $\neg (\exists x \in A\, (\alpha(x))) \leftrightarrow \forall x \in A\, (\neg \alpha(x))$

(III) $\exists! x \in A\, (\alpha(x)) \leftrightarrow \exists x \in A\, (\alpha(x) \wedge \forall y \in A\, (x \neq y \rightarrow \neg\alpha(y)))$

(IV) $\neg (\exists! x \in A\, (\alpha(x)))$
$\leftrightarrow (\neg \exists x \in A\, (\alpha(x)) \vee \exists x \in A\, \exists y \in A\, (x \neq y \wedge \alpha(x) \wedge \alpha(y)))$

(V) $\forall x \in A\, (\alpha(x) \wedge \beta(x)) \leftrightarrow (\forall x \in A\, (\alpha(x)) \wedge \forall x \in A\, (\beta(x)))$.

(VI) $(\forall x \in A\, (\alpha(x)) \vee \forall x \in A\, (\beta(x))) \rightarrow \forall x \in A\, (\alpha(x) \vee \beta(x))$

(VII) $\exists x \in A\, (\alpha(x) \wedge \beta(x)) \rightarrow (\exists x \in A\, (\alpha(x)) \wedge \exists x \in A\, (\beta(x)))$

(VIII) $\exists x \in A\, (\alpha(x) \vee \beta(x)) \leftrightarrow (\exists x \in A\, (\alpha(x)) \vee \exists x \in A\, (\beta(x)))$

Teorema `1.3` Sea $\alpha(x, y)$ predicado binario, esto es un predicado que relaciona dos varables, como por ejemplo $x < y$. Entonces las siguientes son verdades lógicas.

(I) $\forall x \in A \; \forall y \in A \; (\alpha(x, y)) \; \leftrightarrow \; \forall y \in A \; \forall x \in A \; (\alpha(x, y))$

(II) $\exists x \in A \; \exists y \in A \; (\alpha(x, y)) \; \leftrightarrow \; \exists y \in A \; \exists x \in A \; (\alpha(x, y))$

(III) $\exists x \in A \; \forall y \in A \; (\alpha(x, y)) \; \rightarrow \; \forall y \in A \; \exists x \in A \; (\alpha(x, y))$

Demostración

La verificación de todas aquellas que no contienen variables ni cuantificadores, puede hacerse usando tablas de verdad. Por ejemplo, para demostrar Teorema 1.1 (xxviii), construimos la tabla de verdad de la proposición

$$(\neg (\alpha \rightarrow \beta) \; \leftrightarrow \; (\alpha \wedge \neg \beta)),$$

α	β	$(\alpha \rightarrow \beta)$	$\neg(\alpha \rightarrow \beta)$	$\neg\beta$	$(\alpha \wedge \neg\beta)$	$(\neg (\alpha \rightarrow \beta) \; \leftrightarrow \; (\alpha \wedge \neg \beta))$
V	V	V	F	F	F	V
V	F	F	V	V	V	V
F	V	V	F	F	F	V
F	F	V	F	V	F	V

Tabla 1.6: Tabla de verdad del Teorema 1.1 (xxviii)

Esta tabla nos indica que independientemente de los valores de verdad de las proposiciones que la componen, (α y β en este caso) la proposición es siempre verdadera como puede observarse en la última columna.

Otra forma de demostrar una verdad lógica con o sin variables, es aplicar directamente el concepto de verdad. Por ejemplo, para verificar Teorema 1.1(xx):

$$((\alpha \rightarrow \beta) \; \leftrightarrow \; (\neg\alpha \vee \beta))$$

tenemos que:

$(\alpha \rightarrow \beta)$ *es verdadera si y solamente si cada vez que α sea verdadera, también β es verdadera, si y solo si no es el caso que α sea verdadera y β sea falsa, es decir, si y sólo si α es falsa o β es verdadera, o sea, si y solo si $\neg\alpha$ es verdadera o β es verdadera, lo cual se cumple si y solo si $(\neg \alpha \vee \beta)$ es verdadera.*

Este método se aplica también para verificar verdades lógicas que contienen variables.

Por ejemplo, para verificar Teorema 1.3 (III):

$$(\exists x \in A\ \forall y \in A\ (\alpha(x, y)) \to \forall y \in A\ \exists x \in A\ (\alpha(x, y))),$$

tenemos que si $\exists x \in A\ \forall y \in A\ (\alpha(x, y))$ es verdadera, entonces existe un elemento a de A tal que $\forall y \in A\ (\alpha(a, y))$ es verdadera; luego, para todo elemento b de A se tiene que $\alpha(a, b)$ es verdadera. Pero entonces, para todo elemento b de A se tiene que $\exists x \in A\ (\alpha(x, b))$ es verdadera, y por lo tanto, $\forall y \in A\ \exists x \in A\ (\alpha(x, y))$ es verdadera. ∎

Por ejemplo, la proposición (VI) del Teorema 1.1, $(((\alpha \to \beta) \land \alpha) \to \beta)$ es lógicamente verdadera, pero no es cierta la equivalencia lógica

$$(((\alpha \to \beta) \land \alpha) \leftrightarrow \beta),$$

como puede verse al hacer su tabla de verdad:

α	β	$(\alpha \to \beta)$	$((\alpha \to \beta) \land \alpha)$	$(((\alpha \to \beta) \land \alpha) \leftrightarrow \beta)$
V	V	V	V	V
V	F	F	F	V
F	V	V	F	F
F	F	V	F	V

Tabla 1.7: Tabla de verdad de la proposición $((\alpha \to \beta) \land \alpha) \leftrightarrow \beta$

También la proposición (VI) del Teorema 1.2:

$$(\forall x \in A\ (\alpha(x)) \lor \forall x \in A\ (\beta(x))) \to \forall x \in A\ (\alpha(x) \lor \beta(x)),$$

es lógicamente verdadera, pero no se cumple la equivalencia:

$$(\forall x \in A\ (\alpha(x)) \lor \forall x \in A\ (\beta(x))) \leftrightarrow \forall x \in A\ (\alpha(x) \lor \beta(x)).$$

Para verificar que esta equivalencia falla, consideremos $A = \mathbb{N}$, $\alpha(x)$: "x es par" y $\beta(x)$: "x es impar".

Entonces $\forall x \in A\,(\alpha(x) \vee \beta(x))$ es verdadera, porque si $a \in \mathbb{N}$, se tiene que $(\alpha(a) \vee \beta(a))$ es verdader, pues a es par o impar. Pero $\forall x \in A\,\alpha(x)$ y $\forall x \in A\,\beta(x)$ son falsas pues no todo número natural es par ni todo número natural es impar y por lo tanto su disyunción es falsa.

Aplicaciones 1.4

Si en nuestro trabajo matemático queremos establecer una propiedad que no es evidente, debemos dar un argumento acerca de su verdad, basado en todas las propiedades obtenidas previamente. Este argumento se llama **demostración**. Una demostración es una cadena de implicaciones y en cada paso de ella se obtiene una nueva verdad, ya sea porque es una verdad lógica o porque es equivalente a otra anterior, o porque es consecuencia de verdades obtenidas anteriormente.

Si en nuestro trabajo matemático queremos introducir nuevos objetos, debemos dar una explicación de estos en términos de los objetos ya conocidos. Esta explicación se llama **definición**. Las definiciones son igualdades entre nombres de objetos o equivalencias entre predicados y pueden ser usados como tales en las demostraciones.

Desarrollaremos a continuación tres aplicaciones de la lógica al razonamiento matemático que pueden ser muy útiles para el desarrollo de los capítulos siguientes.

Negación de una proposición dada 1.4.1

Para interpretar más fácilmente el símbolo de negación es conveniente que este aparezca siempre ante proposiciones simples. Para ver esta conveniencia, consideremos la proposición que afirma que la operación $*$ es conmutativa en el conjunto A:

$$\forall x \in A \; \forall y \in A \; (x * y = y * x).$$

Esta se interpreta por:

"dado dos objetos cualesquiera a y b de A se tiene que $a * b = b * a$"

Su negación, que afirma que la operación $*$ no es conmutativa en A es:

$$\neg\,(\forall x \in A \; \forall y \in A \; (x * y = y * x)),$$

que se interpreta por:

"no es cierto que, dados dos objetos cualesquiera a y b de A se tiene que $a * b = b * a$"

la cual es equivalente a:

"existen objetos a y b de A tales que no cumplen con $a * b = b * a$"

y por lo tanto a

"existen objetos a y b de A tales que $a * b \neq b * a$"　　　(*)

Por otro lado, en virtud de la equivalencia (I) del Teorema 1.2:

$$\neg \, (\forall x \in A \, (\alpha(x))) \;\leftrightarrow\; \exists x \in A \, (\neg \, \alpha(x))$$

Se tiene que

$$\neg \, (\forall x \in A \; \forall y \in A \, (x * y = y * x))$$
$$\equiv \; \exists x \in A \, \neg \, (\forall y \in A \, (x * y = y * x))$$
$$\equiv \; \exists x \in A \; \exists y \in A \, \neg \, (x * y = y * x)$$
$$\equiv \; \exists x \in A \; \exists y \in A \, (x * y \neq y * x)$$

La interpretación de esta última proposición es precisamente la anteriormente obtenida en (*).

Dada una proposición, siempre es posible encontrar otra equivalente, tal que el símbolo de negación aparezca solo ante proposiciones simples. Esta se obtiene aplicando las siguientes equivalencias del Teorema 1.1:

(XXV). $\neg\neg \, \alpha \,\leftrightarrow\, \alpha$

(XXVI). $\neg \, (\alpha \wedge \beta) \,\leftrightarrow\, (\neg \, \alpha \vee \neg \, \beta)$

(XXVII). $\neg \, (\alpha \vee \beta) \,\leftrightarrow\, (\neg \, \alpha \wedge \neg \, \beta)$

(XXVIII). $\neg \, (\alpha \to \beta) \,\leftrightarrow\, (\alpha \wedge \neg \, \beta)$

(XXIX). $\neg \, (\alpha \,\leftrightarrow\, \beta) \,\leftrightarrow\, ((\alpha \wedge \neg \, \beta) \vee (\beta \wedge \neg \, \alpha))$

(XXX). $\neg \, (\forall x \in A \, (\alpha(x))) \,\leftrightarrow\, \exists x \in A \, (\neg \, \alpha(x))$

(XXXI). $\neg \, (\exists x \in A \, (\alpha(x))) \,\leftrightarrow\, \forall x \in A \, (\neg \, \alpha(x))$

Por ejemplo, la proposición:

$$\exists x \in A \, \neg \, (\alpha \, (x) \;\to\; (\beta \, (x) \vee \gamma \, (x)))$$
$$\equiv \; \exists x \in A \, (\alpha \, (x) \wedge \neg \, (\beta \, (x) \vee \gamma \, (x)))$$
$$\equiv \; \exists x \in A \, (\alpha \, (x) \wedge (\neg \, \beta \, (x) \wedge \neg \, \gamma \, (x)))$$

y esta última satisface las condiciones descritas anteriormente.

Negar una proposición dada es encontrar una proposición equivalente a su negación que contenga el símbolo de negación solo ante proposiciones simples. Por ejemplo, para negar la proposición:

$$\forall x \in \mathbb{N}(x \neq 0 \rightarrow \exists y(x \cdot y = 1))$$

aplicamos las equivalencias del teorema a

$$\neg \, (\forall x \in \mathbb{N}(x \neq 0 \rightarrow \exists y(x \cdot y = 1)))$$

obteniendo:

$$\exists x \in \mathbb{N} \neg \, (x \neq 0 \rightarrow \exists y \in \mathbb{N}(x \cdot y = 1))$$
$$\equiv \exists x \in \mathbb{N}(x \neq 0 \, \wedge \, \neg \, \exists y \in \mathbb{N}(x \cdot y = 1))$$
$$\equiv \exists x \in \mathbb{N}(x \neq 0 \, \wedge \, \forall y \in \mathbb{N}(x \cdot y \neq 1))$$

la última de las cuales satisface las condiciones requeridas.

Demostraciones por contradicción	**1.4.2**

Supongamos que queremos demostrar la proposición α. En lugar de demostrarla directamente, demostraremos la siguiente proposición que es equivalente a α en virtud del Teorema 1.1(xxx):

$$(\neg \, \alpha \rightarrow (\beta \wedge \neg \, \beta)),$$

cuyo consecuente es una contradicción.

Si la proposición es verdadera, como el consecuente es falso, podemos concluir que el antecedente debe ser falso y por lo tanto α debe ser verdadera. Esto constituye el método de **demostraciones por contradicción.**

Por ejemplo, para demostrar que el sistema:

$$\left.\begin{array}{rrrrr} x & + & y & - & 2 = 0 \\ 2x & + & 2y & - & 5 = 0 \end{array}\right|$$

no tiene solución, supongamos que la tiene y sean $x = a$ y $y = b$ números que satisfacen ambas ecuaciones. Entonces:

$a + b = 2$ y $2a + 2b = 5$, de donde $a + b = 2$ y $a + b = \dfrac{5}{2}$.

Por lo tanto, se tiene que $a + b = 2$ y $a + b \neq 2$.

Hemos demostrado que si el sistema tiene solución, entonces $(a + b = 2 \, \wedge \, a + b \neq 2)$ y esto, como es una contradicción, equivale tal como vimos anteriormente a que el sistema no tenga solución.

Demostraciones por contraposición — 1.4.3

Para demostrar la proposición $\alpha \to \beta$, probaremos la siguiente proposición que es equivalente a esta en virtud del Teorema 1.1(xxi):

$$(\neg \beta \to \neg \alpha)$$

Este procedimiento constituye el método de **demostraciones por contraposición**. Por ejemplo para demostrar:

$$\forall x \in \mathbb{R}(x^2 \text{ es par} \to x \text{ es par})$$

es más fácil probar que:

$$\forall x \in \mathbb{R}(x \text{ es impar} \to x^2 \text{ es impar}).$$

Efectivamente, si $a \in \mathbb{R}$ y a es impar, entonces $a = 2n + 1$ para algún natural n o bien $a = 1$. Luego $a^2 = 4n^2 + 4n + 1$ o bien $a^2 = 1$, es decir, $a^2 = 2(2n^2 + 2n) + 1$ o bien $a^2 = 1$, luego a^2 es impar.

Problemas resueltos   1.5

Problema 1.1

Luego de un crimen, se comprueban los siguientes hechos:

1. El asesino de don Juan es su hijo Pedro o su sobrino Diego.
2. Si Pedro asesinó a su padre, entonces el arma está escondida en la casa.
3. Si Diego dice la verdad, entonces el arma no está escondida en la casa.
4. Si Diego miente, entonces a la hora del crimen, él se encontraba en la casa.
5. Diego no estaba en la casa a la hora del crimen.

¿Quién es el asesino?

Solución

Usaremos los siguientes símbolos:

p : El asesino de don Juan es su hijo Pedro.

q : El asesino de don Juan es su sobrino Diego.

r : El arma está escondida en la casa.

s : Diego dice la verdad.

t : Diego estaba en la casa a la hora del crimen.

Entonces tenemos las siguientes proposiciones verdaderas:

(1) $(p \lor q)$

(2) $(p \rightarrow r)$

(3) $(s \rightarrow \neg r)$

(4) $(\neg s \rightarrow t)$

(5) $\neg t$

Luego:

Como por (5), $\neg t$ es verdadera, podemos concluir que t es falsa y por (4) $\neg s$ también es falsa, de donde s es verdadera. Por(3), obtenemos que $\neg r$ es también verdadera y por lo tanto r es falsa. Entonces por (2) p debe ser falsa. Y por (1), q es verdadera.

Podemos concluir que el asesino de don Juan es su sobrino Diego.

Problema 1.2

Consideremos el nuevo símbolo $\downarrow$ e interpretemos la proposición $(p \downarrow q)$ por "**ni** p **ni** q". Es decir, $(p \downarrow q)$ es verdadera si y solo si p y q son ambas falsas. Demostrar las siguientes equivalencias lógicas:

1. $\neg p \equiv (p \downarrow p)$
2. $(p \vee q) \equiv ((p \downarrow q) \downarrow (p \downarrow q))$
3. $(p \wedge q) \equiv ((p \downarrow p) \downarrow (q \downarrow q))$

Solución

Basta hacer las correspondientes tablas de verdad y verificar que los valores de verdad de las proposiciones de ambos lados de la equivalencia sean los mismos.

1.

p	$\neg p$	$(p \downarrow p)$
V	F	F
F	V	V

Aquí coinciden los valores de verdad de la segunda y tercera columnas.

2.

p	q	$(p \vee q)$	$(p \downarrow q)$	$((p \downarrow q) \downarrow (p \downarrow q))$
V	V	V	F	V
V	F	V	F	V
F	V	V	F	V
F	F	F	V	F

Aquí coinciden los valores de verdad de la tercera y quinta columnas.

3.

p	q	$(p \wedge q)$	$(p \downarrow p)$	$(q \downarrow q)$	$((p \downarrow p) \downarrow (q \downarrow q))$
V	V	V	F	F	V
V	F	F	F	V	F
F	V	F	V	F	F
F	F	F	V	V	F

Aquí coinciden los valores de verdad de la tercera y sexta columnas.

Problema 1.3

Encontrar un conjunto A y predicados $p(x)$, $q(x)$ y $r(x)$ que satisfagan las proposiciones:

$$\forall x \in A(p(x) \to q(x)) \quad \text{y} \quad \exists x \in A(q(x) \wedge r(x))$$

Solución

En primer lugar, construiremos el **diagrama de Venn** *de este par de proposiciones, que consiste en un esquema general de todos aquellos conjuntos A y predicados $p(x)$, $q(x)$ y $r(x)$, que satisfacen dichas proposiciones.*

Como primer paso representamos A como el universo y los predicados $p(x)$, $q(x)$ y $r(x)$, como los subconjuntos P, Q y R de A, respectivamente, obteniendo:

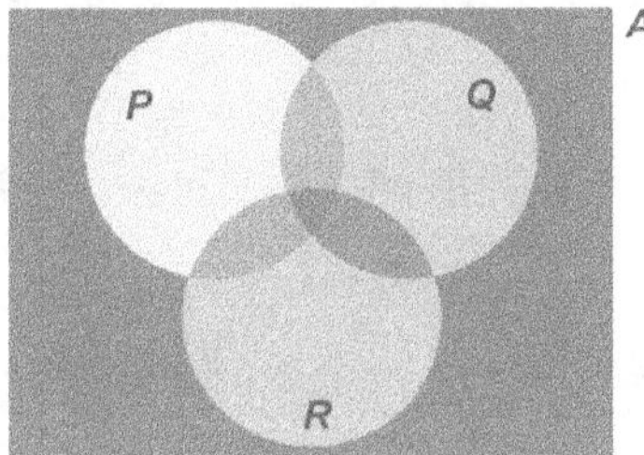

Figura 1.1: Diagrama de Venn para los conjuntos P, Q y R de A

En segundo lugar, modificamos este diagrama, eliminando regiones (achurando) o distinguiendo objetos en alguna región, de modo que cada una de las proposiciones se verifique en el diagrama. La primera proposición afirma que todo objeto de A que está en P, está también en Q. Eliminamos por lo tanto todas aquellas regiones que estando dentro de P, pero que están fuera de Q, reduciendo el tamaño de P y moviéndolo para que quede dentro de Q:

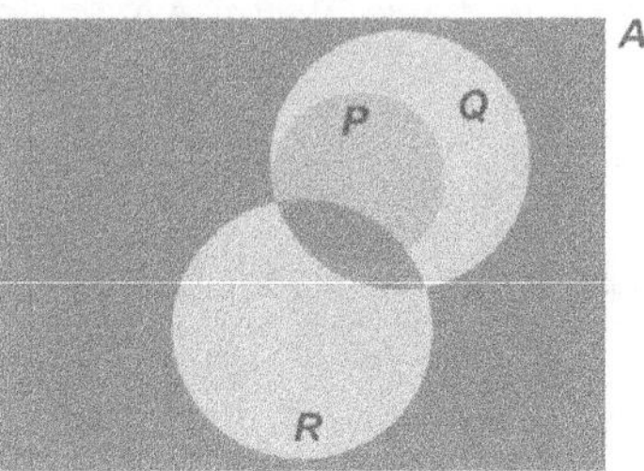

Figura 1.2: Modificación de la Figura 1.1

La segunda proposición afirma que hay un objeto de A que está en Q y en R. Ubicamos por lo tanto un objeto a en la intersección de Q con R, y como no podemos decidir si a está dentro o fuera de P, lo ubicamos en la frontera:

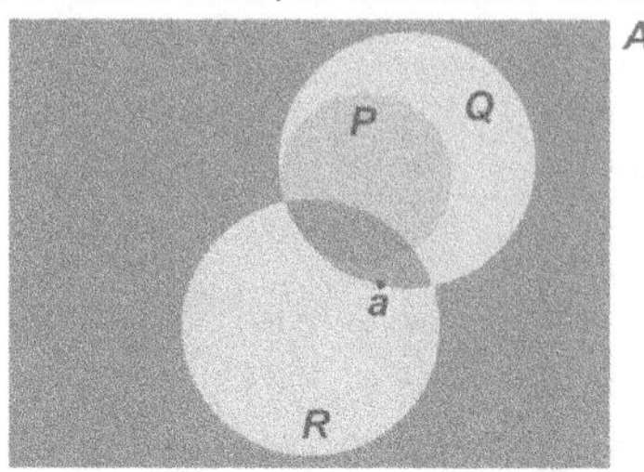

Figura 1.3: Objeto *a* que pertenece a *R* y *Q*

Este último diagrama constituye el diagrama de Venn de las proposiciones dadas.

En tercer lugar, construimos un conjunto A y predicados p(x), q(x) y r(x) que se ajusten al diagrama y que por lo tanto satisfacen las proposiciones dadas.

El más simple es:

$$A = \{a\} \ ; \ p(x) : \text{``}x = a\text{''} \ ; \ q(x) : \text{``}x = a\text{''} \ ; \ r(x) : \text{``}x = a\text{''}$$

Problema 1.4

Decidir si la proposición:

α: "Hay números naturales pares que son racionales"

es o no consecuencia lógica de las proposiciones:

β: "Todo número natural par es positivo".

γ: "Hay números naturales positivos que son racionales".

En el lenguaje aristotélico este problema consiste en decidir si el silogismo siguiente es o no es válido:

"Todo número natural par es positivo"

"Hay números naturales positivos que son racionales"

"Hay números naturales pares que son racionales"

Solución

Consideremos los siguientes predicados:

p(x): "x es par"

q(x): "x es positivo"

r(x): "x es racional"

Sea $\mathbb{N}$ el conjunto de los números naturales.

Entonces, podemos expresar en símbolos:

$\alpha\ :\ \exists x \in \mathbb{N}(p(x) \wedge r(x))$

$\beta\ :\ \forall x \in \mathbb{N}(p(x) \rightarrow q(x))$ *y*

$\gamma\ :\ \exists x \in \mathbb{N}(q(x) \wedge r(x))$

El problema consiste por lo tanto en determinar si la proposición:

$$((\forall x \in \mathbb{N}(p(x) \rightarrow q(x))\ \wedge\ \exists x \in \mathbb{N}(q(x) \wedge r(x)))\ \rightarrow\ \exists x \in \mathbb{N}(p(x) \wedge r(x)))$$

es lógicamente verdadera. Para esto hay que probar que para todo $x \in \mathbb{N}$, si $p(x)$, $q(x)$ y $r(x)$ verifican las premisas, también verifican la conclusión. Esto puede hacerse usando diagramas de Venn y el problema se reduce a verificar que en el diagrama de Venn de las premisas se satisface la conclusión.

En virtud del problema anterior este diagrama es:

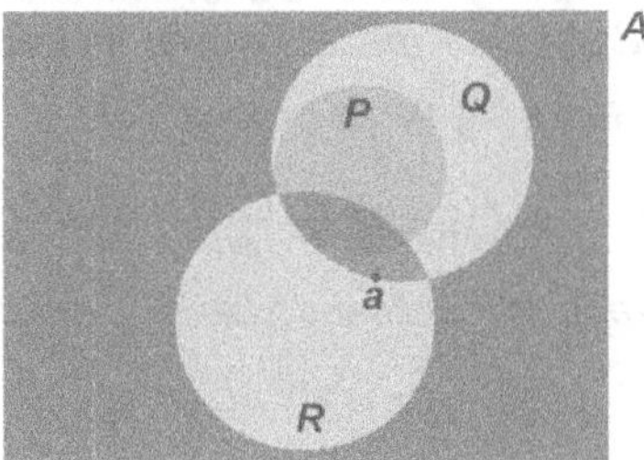

Figura 1.4: Diagrama de Venn para la proposición "Hay números naturales pares que son racionales"

y en él no se verifica necesariamente la conclusión, puesto que el objeto a del diagrama puede estar dentro o fuera de P, por lo que se puede concluir que la proposición dada no es una verdad lógica. Con lo anterior se concluye que α no es consecuencia lógica de β y γ.

Problema 1.5

Encuentre una proposición α que contenga las letras p, q y r y cuya tabla de verdad sea la siguiente:

p	q	r	α
V	V	V	F
V	V	F	F
V	F	V	F
V	F	F	V
F	V	V	V
F	V	F	V
F	F	V	F
F	F	F	V

Solución

Mirando las líneas de la tabla de verdad en las cuales α es verdadera, podemos interpretar α por:

"O bien p es verdadera, q falsa y r falsa; o bien p es falsa, q verdadera y r verdadera; o bien p es falsa, q verdadera y r falsa; o bien p es falsa, q falsa y r falsa".

Esto equivale a interpretar la siguiente proposición:

$$((p \wedge \neg q \wedge \neg r) \vee (\neg p \wedge q \wedge r) \vee (\neg p \wedge q \wedge \neg r) \vee (\neg p \wedge \neg q \wedge \neg r))$$

Esta última puede ser reducida aplicando las siguientes equivalencias:

$$(\neg p \wedge q \wedge r) \vee (\neg p \wedge q \wedge \neg r)$$

$$\equiv (\neg p \wedge q) \wedge (r \vee \neg r)$$

$$\equiv (\neg p \wedge q)$$

Y también:

$$((p \wedge \neg q \wedge \neg r) \vee (\neg p \wedge \neg q \wedge \neg r))$$

$$\equiv ((p \vee \neg p) \wedge (\neg q \wedge \neg r))$$

$$\equiv (\neg q \wedge \neg r)$$

Obteniéndose finalmente la proposición:

$$((\neg p \wedge q) \vee (\neg q \wedge \neg r)),$$

que tiene la tabla de verdad pedida.

Problema 1.6

Determine si la frase:

"Yo estoy mintiendo"

es o no una proposición.

Solución

Supongamos que lo es. Entonces es verdadera o falsa.

Si es verdadera, es cierto que está mintiendo y por lo tanto es falsa.

Si es falsa, es falso que está mintiendo y por lo tanto dice la verdad, esto es, ella es verdadera.

Pero esto es una contradicción, por lo que nuestra suposición es falsa: esta frase no es una proposición.

*Esta situación se conoce como "**la paradoja del mentiroso**", y constituye una de las razones má s poderosas para desarrollar lenguajes formales y utilizarlos en lugar del lenguaje natural.*

Ejercicios Propuestos   1.6

1. Exprese las siguientes proposiciones utilizando los símbolos matemáticos y lógicos usuales:

   (a) No es cierto que si el doble de 4 es 16 entonces el cuadrado de 4 es 32.

   (b) El cuadrado de -3 es 9 y es mayor que 7.

   (c) Dos es positivo o -2 es positivo; pero ninguno de los dos es mayor que 10.

   (d) Existe un número entero mayor que 2.

   (e) Existe un número natural cuyo cuadrado sumado con 3 es 1.

   (f) Todo número real cumple que él es positivo o su inverso aditivo es positivo, excepto el cero.

   (g) El cuadrado de todo número real es mayor que el triple del número.

   (h) La suma de dos números naturales es mayor que cada uno de ellos.

   (i) Todo número real es igual a sí mismo.

   (j) Existen números enteros pares y números enteros impares.

   (k) Hay números reales que son negativos y positivos a la vez.

   (l) El cero no es ni positivo ni negativo.

   (m) El cuadrado de un número real negativo es un número real positivo.

   (n) El uno es neutro del producto en el conjunto de los números reales.

   (ñ) Todo número real distinto de cero tiene un inverso multiplicativo real.

   (o) El producto de dos números enteros negativos es negativo.

   (p) Todo número real es positivo, negativo o cero.

   (q) Para todo número natural existe un natural mayor.

   (r) Si un número real es positivo, entonces su inverso multiplicativo es positivo.

   (s) No siempre la resta de dos números naturales es un número natural.

   (t) No existe un número real negativo que sea mayor o igual que todo número negativo.

   (u) El cuadrado de la suma de dos números reales es el cuadrado del primero más el doble del producto del primero por el segundo más el cuadrado del segundo.

   (v) La raíz cuadrada positiva de un número real positivo es aquel número real positivo cuyo cuadrado es el número dado.

   (w) Dado cualquier número real, existe otro número real cuyo cuadrado es el número inicial.

2. Exprese en el lenguaje natural las siguientes proposiciones:

   (a) $\forall x \in \mathbb{N}(x > 3)$

   (b) $\forall x \in \mathbb{N}\, \exists y \in \mathbb{N}(x > y)$

   (c) $\forall x \in \mathbb{R}(x > 3 \rightarrow x^2 > 8)$

   (d) $\forall x \in \mathbb{R}(x + 0 = x)$

   (e) $\forall x \in \mathbb{R}(x > 0 \rightarrow \exists y \in \mathbb{R}(y^2 = x))$

   (f) $\forall x \in \mathbb{N}\, \forall y \in \mathbb{N}(x < y \rightarrow \exists z \in \mathbb{R}(x < z < y))$

   (g) $\exists x \in \mathbb{N}(x + 3 = 10)$

   (h) $\exists x \in \mathbb{N}\, \forall y \in \mathbb{N}(x < y)$

   (i) $\forall x \in \mathbb{R}\, \forall y \in \mathbb{R}(x + y > 2x \vee x + y > 2y)$

(j) $\forall x \in \mathbb{R}(x \neq 0 \rightarrow \exists y \in \mathbb{R}(x \cdot y = 1))$

(k) $\exists x \in \mathbb{R}(x \notin \mathbb{N} \wedge \exists y \in \mathbb{N}(x + y = 0))$

(l) $\forall x \in \mathbb{R}(x > 2 \rightarrow x + 1 > 3)$

(m) $\neg \exists x \in \mathbb{R}(x > 1 \wedge x < 8)$

(n) $\exists x \in \mathbb{R}(x = 2 \vee x = 3)$

(ñ) $(2 < 0 \rightarrow \forall x \in \mathbb{R}(x < 0))$

3. Dadas las proposiciones:

p: dos es par

q: dos es impar

r: tres es par

s: tres es impar

(a) Exprese en símbolos:

1) O bien 2 es par o bien 2 es impar.

2) Si 2 no es par entonces 3 es par y 2 es impar.

3) No solo 2 no es par, sino que tampoco es impar.

4) El que 3 sea par equivale a que no sea impar.

(b) Exprese en el lenguaje natural:

1) $(\neg p \rightarrow q)$

2) $(r \leftrightarrow \neg s)$

3) $((p \wedge r) \rightarrow (\neg q \wedge \neg s))$

4. Dados los siguientes predicados:

$p(x)$: x es par

$q(x)$: x es impar

$r(x)$: x es mayor que 5

$s(x)$: x es menor que 10

(a) Exprese en símbolos:

1) Todo número entero es mayor que 5.

2) Existen números enteros pares mayores que 5.

3) Existen números enteros entre 5 y 10.

(b) Exprese en el lenguaje natural:

1) $\forall x \in \mathbb{N}(p(x) \vee q(x))$

2) $\forall x \in \mathbb{N}(\neg r(x) \rightarrow s(x))$

3) $\neg \exists x \in \mathbb{N}(s(x) \wedge \neg r(x))$

5. Sea A un conjunto, a un objeto de A y $*$ una operación binaria en A.

Exprese en símbolos:

(a) $*$ es una operación conmutativa en A

(b) $*$ es una operación asociativa en A

(c) a es neutro de $*$ por la derecha

(d) a no es neutro de $*$ por la izquierda

(e) No todo elemento operado por $*$ consigo mismo resulta el mismo elemento

(f) Hay dos elementos de A que no conmutan por $*$

6. Exprese los siguientes enunciados de teoremas, usando símbolos:

(a) La suma de las medidas de los ángulos interiores de un triángulo es $180°$.

(b) En un triángulo rectángulo, el cuadrado de la hipotenusa es igual a la suma de los cuadrados de los catetos.

(c) El cuadrado de un binomio es igual al cuadrado del primer término más el doble del producto del primer término por el segundo más el cuadrado del segundo término.

7. A partir del predicado $x + 5 = y$, obtenga tres proposiciones diferentes anteponiendo cuantificadores e interprételas en el lenguaje natural.

8. Sean a y b números enteros y consideremos las siguientes proposiciones:

$$p \; : \; a > 0$$

$$q \; : \; b < 0$$

$$r \; : \; a^2 > 0$$

$$s \; : \; b^2 > 0$$

Exprese las siguientes proposiciones en el lenguaje natural y determine su valor de verdad, sabiendo que p, q, r y s son verdaderas:

(a) $(p \vee \neg p)$ (b) $(p \rightarrow r)$

(c) $(q \rightarrow s)$ (d) $(s \rightarrow \neg q)$

(e) $(\neg p \wedge \neg r)$ (f) $(\neg\neg r \wedge \neg r)$

(g) $(r \vee s)$ (h) $\neg p$

(i) $(r \rightarrow p)$ (j) $(s \rightarrow p)$

(k) $(r \wedge p)$ (l) $(s \wedge p)$

(ll) $(r \rightarrow \neg p)$ (m) $(\neg s \wedge \neg p)$

(n) $(q \wedge r)$ (o) $(\neg r \wedge \neg q \wedge \neg s)$

9. Decida si cada una de las siguientes proposiciones son verdaderas o falsas:

(a) $(2 < 1 \rightarrow 2$ es impar$)$

(b) $(2 = 3 \rightarrow 2$ es par$)$

(c) $(2 > 0 \rightarrow 3 > 1)$

(d) $(2 > 0 \rightarrow 3 < 1)$

(e) $((2 < 1 \vee 2 > 0) \rightarrow 2$ es impar$)$

(f) $(2 < 1 \rightarrow (2$ es impar $\vee \; 3 > 1))$

(g) $((2 < 1 \wedge 2 > 0) \rightarrow 2$ es impar$)$

(h) $(2 > 1 \rightarrow (2$ es impar $\wedge \; 3 > 1))$

10. Sea $A = \{1, 2, 3\}$. Determine el valor de verdad de las siguientes proposiciones:

(a) $\exists x \in A(x \neq 0)$

(b) $\forall x \in A(x > 1 \rightarrow x = 2)$

(c) $\exists x \in A(x > 2 \wedge x^2 \neq 3)$

(d) $\forall x \in A(x \leq 5)$

(e) $\forall x \in A \, \exists y \in A(y > x)$

(f) $\exists x \in A \, \forall y \in A(x \leq y)$

(g) $\exists x \in A \, \exists y \in A(x + y = 3)$

(h) $\forall x \in A \, \exists y \in A(x + y \in A)$

(i) $\exists x \in A(x + 1 \notin A)$

11. Use contraejemplos para demostrar que cada una de las siguientes proposiciones son falsas:

(a) $\forall x \in \mathbb{R}(x > 5 \rightarrow x > 6)$

(b) $\forall x \in \mathbb{R}(x > 5 \wedge x < 6)$

(c) $\forall x \in \mathbb{R}(x \neq 5)$

(d) $\forall x \in \mathbb{R} \; \forall y \in \mathbb{R}(x < y \vee x = y)$

(e) $\forall x \in \mathbb{R} \; \forall y \in \mathbb{R}(x < y \leftrightarrow x+1 \geq y)$

12. Determine el valor de verdad de las siguientes proposiciones:

(a) $\forall x \in \mathbb{R}(x^2 \geq x)$

(b) $\exists x \in \mathbb{R}(2x = x).$

(c) $\forall x \in \mathbb{R}(5x > 4x)$

(d) $\exists x \in \mathbb{R}(x^3 - x \geq x)$

(e) $\forall x \in \mathbb{R}(x^2 \geq 0)$

(f) $\exists x \in \mathbb{R}(x^2 \leq 0)$

13. Si $A = \{1, 2, 3, 4\}$, determine el valor de verdad de las siguientes proposiciones:

(a) $\forall x \in A \, (x + 3 < 6)$

(b) $\exists x \in A \, (2x^2 + x = 15)$

(c) $\forall x \in A \, \forall y \in A \, ((x^2 + y)$ es par$)$

(d) $\exists x \in A \, \forall y \in A \, ((x^2 + y)$ es par$)$

(e) $\forall y \in A \, \exists x \in A \, ((x^2 + y)$ es par$)$

(f) $\forall x \in A \, \exists y \in A \, ((x^2 + y)$ es impar$)$

14. Demuestre todas las verdades lógicas de los teoremas 1.1, 1.2 y 1.3.

15. Demuestre que las siguientes proposiciones no son lógicamente verdaderas.

(a) $(\neg(p \rightarrow q) \leftrightarrow (\neg p \rightarrow \neg q))$

(b) $(\neg(p \wedge q) \leftrightarrow (\neg p \wedge \neg q))$

(c) $(\neg(p \leftrightarrow q) \leftrightarrow (\neg p \leftrightarrow \neg q))$

16. Encuentre un conjunto A y predicados $p(x)$ y $q(x)$, tales que la proposición dada sea verdadera:

(a) $\forall x \in A(p(x) \rightarrow \neg\, q(x)).$

(b) $\exists x \in A(\neg\, p(x) \wedge \neg\, q(x))$

17. Encuentre un conjunto A y predicados $p(x)$ y $q(x)$, tales que la proposición dada sea falsa:

(a) $\forall x \in A(p(x) \rightarrow \neg\, q(x))$

(b) $\exists x \in A(p(x) \wedge q(x))$

18. Encuentre un conjunto A y predicados $p(x)$, $q(x)$ y $r(x)$ tales que los siguientes pares de proposiciones sean verdaderas:

(a) $\forall x \in A(p(x) \rightarrow \neg\, q(x))$ y $\exists x \in A\, p(x)$

(b) $\exists x \in A(\neg\, p(x) \wedge \neg\, q(x))$ y $\forall x \in A(q(x) \rightarrow r(x))$

19. Demuestre que las siguientes proposiciones no son lógicamente verdaderas:

(a) $(\forall x \in A(p \rightarrow (q(x) \vee r(x))) \rightarrow (\forall x \in A(p \rightarrow q(x)) \vee \forall x \in A(p \rightarrow r(x))))$

(b) $((\exists x \in A\,\alpha(x) \wedge \exists x \in A\,\beta(x)) \rightarrow \exists x \in A(\alpha(x) \wedge \beta(x)))$

(c) $(\neg\forall x \in A\,\alpha(x) \leftrightarrow \forall x \in A(\neg\alpha(x)))$

20. Demuestre que las siguientes proposiciones son contradicciones:

(a) $((p \vee q) \wedge (\neg\, p \wedge \neg\, q))$

(b) $((p \rightarrow q) \wedge (p \wedge \neg\, q))$

(c) $((p \leftrightarrow q) \wedge (\,p \wedge \neg\, q))$

(d) $((\forall x \in A\neg\, p(x) \wedge \exists x \in A(p(x) \wedge \neg\, q(x))))$

21. Demuestre sin usar tablas de verdad las siguientes equivalencias donde α es una proposición lógicamente verdadera:

(a) $(p \wedge \alpha) \equiv p$

(b) $(p \vee \alpha) \equiv \alpha$

(c) $(p \wedge (q \wedge \alpha)) \equiv (p \wedge q)$

(d) $(p \vee (q \vee \alpha)) \equiv \alpha$

(e) $((p \wedge (q \vee \alpha)) \equiv p$

(f) $(p \vee (q \wedge \alpha)) \equiv (p \vee q)$

22. Demuestre sin usar tablas de verdad, que las siguientes proposiciones son lógicamente verdaderas:

(a) $((p \rightarrow q) \vee (q \rightarrow p))$

(b) $((\neg p \wedge p) \leftrightarrow \neg(\neg p \vee p))$

(c) $((p \vee (\neg p \wedge q)) \leftrightarrow (p \vee q))$

23. Demuestre sin usar tablas de verdad, que las siguientes proposiciones son contradicciones:

(a) $\neg((p \rightarrow q) \vee (q \rightarrow p))$

(b) $((\neg p \wedge p) \leftrightarrow (\neg p \vee p))$

(c) $(\neg(\neg p \rightarrow q) \leftrightarrow (p \vee q))$

24. Simplifique las siguientes proposiciones, es decir, obtenga proposiciones equivalentes a las dadas pero de menor largo:

(a) $(\neg(q \vee \neg r) \vee q)$

(b) $(p \wedge \neg(q \wedge p))$

(c) $(((p \wedge (q \wedge \neg p)) \vee \neg\, q)$

(d) $((\neg(\neg p \rightarrow q) \vee (p \vee q)) \wedge \neg\, q)$

(e) $\neg(\neg p \rightarrow (p \wedge \neg p))$

25. Exprese las siguientes proposiciones usando solamente los conectivos $\neg$ e $\wedge$:

(a) $(p \vee q)$

(b) $((p \vee q) \rightarrow p)$

(c) $\neg\,(p \rightarrow q)$

(d) $((p \leftrightarrow q) \wedge (p \leftrightarrow r))$

26. Niegue las siguientes proposiciones:

    (a) $(p \lor \neg p)$

    (b) $(s \to \neg q)$

    (c) $(\neg p \lor \neg r)$

    (d) $(\neg\neg r \leftrightarrow \neg r)$

    (e) $(\neg r \land \neg q \land \neg s)$

27. Niegue las siguientes proposiciones:

    (a) $\exists x \in A(x \neq 0)$

    (b) $\forall x \in A(x > 1 \to x = 2)$

    (c) $\exists x \in A(x > 2 \land x^2 \neq 3)$

    (d) $\forall x \in A(x \leq 5)$

    (e) $\forall x \in A \, \exists y \in A(y > x)$

    (f) $\exists x \in A \, \forall y \in A(x \leq y)$

    (g) $\exists x \in A \, \exists y \in A(x + y = 3)$

    (h) $\forall x \in A \, \exists y \in A(x + y \in A)$

    (i) $\exists x \in A(x + 1 \notin A)$

28. Niegue las siguientes proposiciones:

    (a) $\forall x \in \mathbb{R} \, \forall y \in \mathbb{R}(xy = 0 \leftrightarrow (x = 0 \lor y = 0))$

    (b) $(\forall x \in \mathbb{R}(x > 2) \land \exists x \in \mathbb{R}(x = 1))$

    (c) $\forall x \in A \, \exists y \in A \, \forall z \in A \, p(x, y, z)$

    (d) $\exists x \in A \, \forall y \in A(p(x, y) \leftrightarrow q(y))$

    (e) $\exists x \in A \, \neg \, p(x) \lor \forall x \in A \, q(x)$

    (f) $\forall x \in \mathbb{N} \, \forall y \in \mathbb{N}(x + y \text{ es par} \to (x \text{ es par} \land y \text{ es par}))$

29. Demuestre que p es consecuencia lógica de las premisas indicadas en cada uno de los siguientes casos:

    (a) $q, \ (\neg p \to \neg q)$

    (b) $(p \lor q), \ (q \to r), \ (p \lor \neg r)$

    (c) $(p \lor q \lor r), \ (q \to r), \ \neg(q \land r), \ \neg r$

30. Demuestre que p no es consecuencia lógica de las premisas indicadas:

    (a) $\neg q, \ (\neg p \to \neg q)$

    (b) $(p \lor q), \ (q \to r), \ (\neg q \lor r)$

    (c) $(p \lor q \lor r), \ (q \to r), \ (p \to q)$

31. Analice la validez de los siguientes argumentos:

    (a) Si hoy es martes entonces mañana es miércoles. Pero hoy no es martes. Luego mañana no es miércoles.

    (b) O bien hoy es lunes o bien es martes. Pero hoy no es lunes. Luego hoy es martes.

32. Analice la validez de los siguientes argumentos:

    (a) Todo hombre es mortal. Hay animales que son hombres. Luego, hay animales que son mortales.

    (b) Hay mujeres sabias. Hay profesoras mujeres. Luego hay profesoras sabias.

33. Hay tres hombres: Juan, José y Joaquín, cada uno de los cuales tiene dos profesiones. Sus ocupaciones son las siguientes: chofer, comerciante, músico, pintor, jardinero y peluquero.

En base a la siguiente información, determine el par de profesiones que corresponde a cada hombre:

    (a) El chofer ofendió al músico riéndose de su cabello largo.

    (b) El músico y el jardinero solían ir a pescar con Juan.

    (c) El pintor compró al comerciante un litro de leche.

    (d) El chofer cortejaba a la hermana del pintor.

    (e) José debía \$1.000 al jardinero.

    (f) Joaquín venció a José y al pintor jugando ajedrez.

34. Se tienen los siguientes datos acerca de un crimen:

    (a) La asesina de la señora Laura fue una de sus tres herederas: María, Marta o Mercedes.

    (b) Si fue María, el asesinato sucedió antes de medianoche.

    (c) Si el asesinato fue después de las doce, no puede haber sido Marta.

    (d) El asesinato fue después de las doce.

    ¿Quién asesinó a la señora Laura?

35. Considere el conectivo DOS (p, q, r) cuya interpretación está dada por la siguiente tabla:

p	q	r	$DOS(p, q, r)$
V	V	V	F
V	V	F	V
V	F	V	V
V	F	F	F
F	V	V	V
F	V	F	F
F	F	V	F
F	F	F	F

Encuentre una proposición equivalente a $DOS(p, q, r)$ que contenga los conectivos usuales.

36. La disyunción excluyente entre p y q denotada por: $(p \veebar q)$ se interpreta por:

$(p \veebar q)$ es verdadera si y solo si p es verdadera o q es verdadera, pero ambas no ambas.

    (a) Construya una tabla de verdad para $(p \veebar q)$

    (b) Demuestre que $(p \veebar q) \equiv (p \vee q) \wedge \neg (p \wedge q)$

    (c) Demuestre que $p \wedge (q \veebar r) \equiv ((p \wedge q) \veebar (p \wedge r))$

37. Encuentre una proposición α que contenga las letras p, q y r cuya tabla de verdad sea:

p	q	r	α
V	V	V	F
V	V	F	F
V	F	V	V
V	F	F	V
F	V	V	F
F	V	F	F
F	F	V	V
F	F	F	V

Autoevaluación 1

1. Traduzca al lenguaje matemático la siguiente frase:

   "Los números naturales tienen un menor elemento, pero no tienen un mayor elemento."

2. Traduzca al lenguaje natural la siguiente proposición:

$$\forall x \in \mathbb{N}\,(x \neq 0 \rightarrow \exists y\,(x = y + 1))$$

3. Niegue la siguiente proposición:

$$\forall x \in A\,(x \neq \phi \rightarrow \exists y\,\exists z\,(y \in x \vee x \in z))$$

4. Determine si el siguiente argumento es válido:

   Si no estudias este libro, entonces reprobarás el curso de cálculo.

   Si no estudias este libro, entonces no podrás salir de vacaciones este verano.

   Apruebas el curso de cálculo o sales de vacaciones este verano.

   Por lo tanto, estudiaste este libro.

5. Demuestre que la siguiente proposición no es verdadera:

$$\forall x \in A\,\exists y \in A\,p(x, y) \rightarrow \exists y \in A\,\forall x \in A\,p(x, y)$$

6. Encuentre un conjunto A y dos predicados $p(x)$ y $q(x)$, tales que la siguiente proposición sea verdadera:

$$\exists x \in A\left(\neg p(x) \wedge \forall y \in A\,((p(y) \rightarrow q(y)))\right)$$

7. Demuestre sin usar tablas de verdad la siguiente equivalencia:

$$\left(p \vee (q \wedge (r \rightarrow \neg\neg r))\right) \equiv \left(p \vee q\right)$$

2 Los Números reales

A través de la historia de la matemática los números han sido introducidos como un **instrumento** para contar o más precisamente para medir.

El sistema numérico más simple es el de los números naturales: uno, dos, tres, cuatro ..., etc.; el cual sirve para contar objetos. En el conjunto de los números naturales se puede sumar y multiplicar, pero no se puede restar. Para poder introducir la operación de resta, es necesario agregar el cero y los negativos de los naturales, obteniéndose así el conjunto de los números enteros, donde se puede sumar, multiplicar y restar, pero no se puede dividir. Para poder dividir se agregan las fracciones de números enteros, que constituyen el conjunto de los números racionales donde se pueden efectuar las cuatro operaciones.

Los racionales sirven para contar objetos y partes de objetos, considerando cantidades tanto positivas como negativas. Desde un punto de vista geométrico, estos también se pueden asociar a los puntos de una recta de la siguiente manera:

Consideremos una recta y un punto O en ella que llamaremos origen.

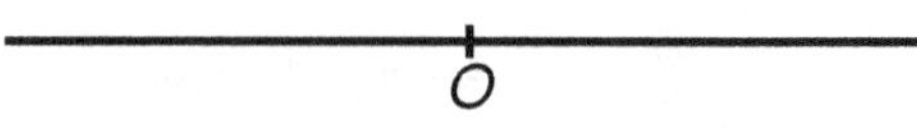

Figura 2.1: Recta con origen O

Elijamos una de las semirrectas determinadas por O y llamémosla **semirrecta positiva** hacia la derecha y **semirrecta negativa** hacia la izquierda.

Figura 2.2: Semirrecta positiva y semirrecta negativa

Y elijamos un trazo que llamaremos **trazo unitario**:

Figura 2.3: Trazo unitario

Asociamos a cada número racional x un punto P_x de la recta de la siguiente manera:

1. Al cero le asignamos el punto O.

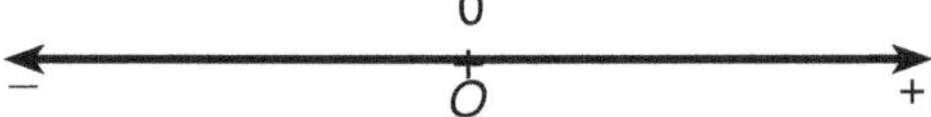

Figura 2.4: Número 0 en el origen

2. Para asignar un punto de la recta al número 1 copiamos el trazo unitario desde O en dirección positiva, determinando el punto P_1.

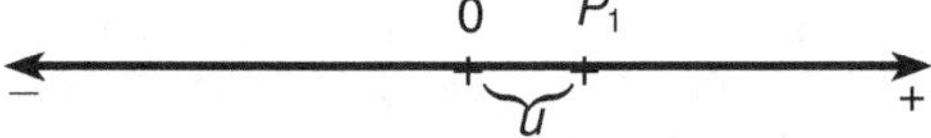

Figura 2.5: Número 1 a una distancia unitaria del origen

3. Para asignar un punto al número $n \in \mathbb{N}$, copiamos el trazo unitario n veces desde el origen en dirección positiva, obteniéndose el punto P_n.

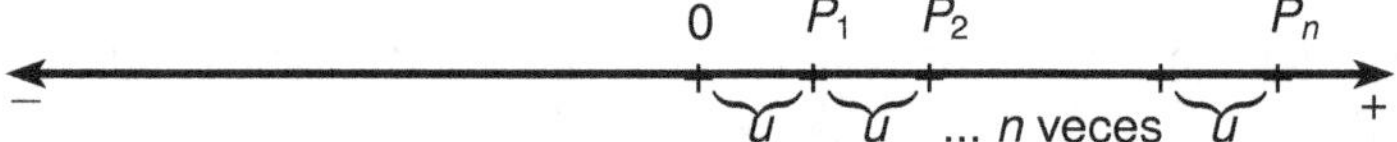

Figura 2.6: Posición del número n

4. Para asignar un punto de la recta al entero negativo $-n$, copiamos el trazo $\overline{OP_n}$ desde O en dirección negativa, determinando el punto P_{-n}.

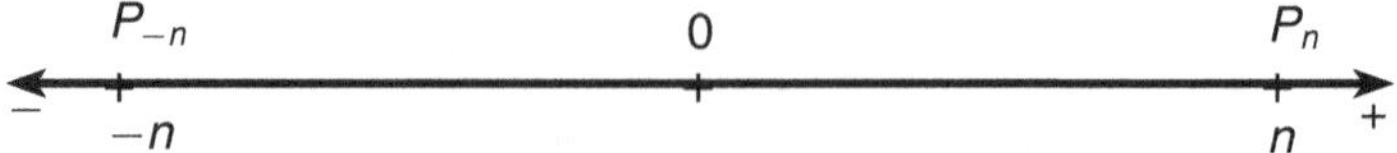

Figura 2.7: Posición del número $-n$

5. Para asignar un punto de la recta al racional positivo $\frac{m}{n}$ (donde m y n son naturales), dividimos el trazo unitario en n trazos iguales y lo copiamos m veces desde O en dirección positiva, determinando el punto $P_{\frac{m}{n}}$, y lo denotamos en la recta por $\frac{m}{n}$.

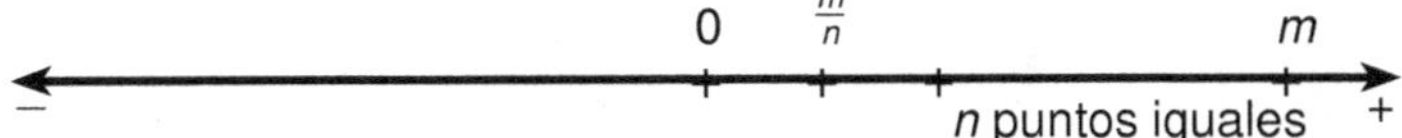

Figura 2.8: Posición del racional positivo m/n

6. Para asignar un punto de la recta al racional negativo $-\frac{m}{n}$ (donde m y n son naturales) copiamos el trazo $\overline{OP_{\frac{m}{n}}}$ desde O en dirección negativa, determinando el punto $P_{-\frac{m}{n}}$.

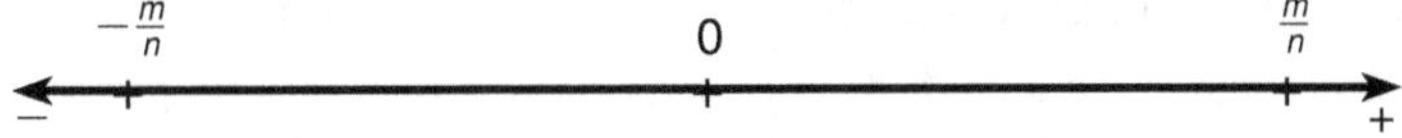

Figura 2.9: Posición del racional negativo $-m/n$

Como ejemplo de esta asignación tenemos:

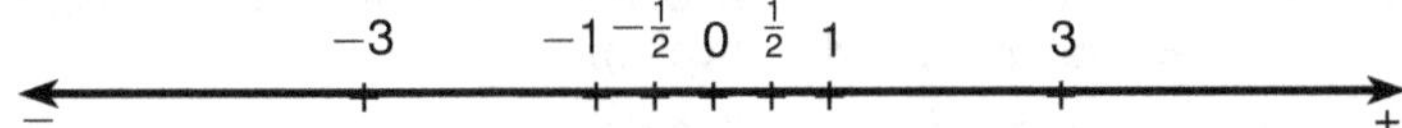

Figura 2.10: Ejemplo de asignaciones

Observemos que cada número racional x corresponde a la medida del trazo $\overline{OP_x}$ y entonces por esta construcción podemos concluir que los números racionales efectivamente sirven para medir algunos trazos dirigidos en la recta numérica. Dado que cualquier trazo dirigido puede ser copiado sobre la recta numérica, podemos pensar en asociar medida a trazos arbitrarios; sin embargo, los números racionales no nos bastan para ello como veremos en el siguiente ejemplo:

La diagonal de un cuadrado de lado uno, no puede ser medida por un número racional, efectivamente supongamos que esta tiene medida racional q,

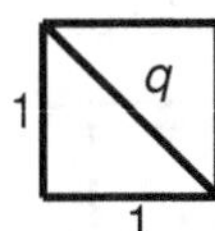

Figura 2.11: Cuadrado de lado unitario

entonces por el teorema de Pitágoras tenemos que: $q^2 = 1^2 + 1^2$, es decir, $q^2 = 2$.

Veremos a continuación que q no es un número racional.

Si q fuera un número racional, entonces tendría la forma $q = \dfrac{m}{n}$ donde m y n son enteros sin divisores comunes, entonces

$$q^2 = \frac{m^2}{n^2} = 2$$

Por lo tanto, $m^2 = 2n^2$ $(*)$, de donde m^2 es un número par y por lo tanto m también es un número par. Sea entonces, $m = 2p$, donde p es un entero. Reemplazando el valor de m en (*), tenemos que $4p^2 = 2n^2$ y por lo tanto $n^2 = 2p^2$, es deci, n^2 es un número par, de donde se obtiene que n igual lo es.

Hemos concluido que m y n son números pares, luego ambos son divisibles por 2, lo que contradice la elección de m y n. Con esto hemos demostrado por contradicción que la medida de la diagonal del cuadrado no es un número racional.

Como este, existe una infinidad de ejemplos de trazos que no pueden ser medidos con números racionales, pero como estos trazos pueden ser copiados sobre la recta numérica, determinando puntos de ella que no corresponden a números racionales, nuestra limitación es equivalente a no tener números para todos los puntos de la recta.

Al agregar números para todos los puntos de la recta se obtiene el **conjunto de los números reales**. Los números reales no solo sirven para medir todos los trazos dirigidos, sino también para medir todas las áreas y volúmenes.

Por ejemplo si r es un real y es la medida del trazo:

Figura 2.12: Trazo de largo r

igual es el área del rectángulo de lados r y 1:

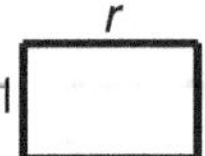

Figura 2.13: Rectángulo de lados r y 1

$A = r \cdot 1 = r$. También lo es el volumen del paralelepípedo de lados r, 1 y 1:

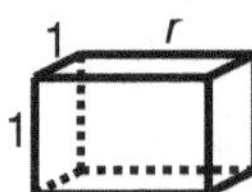

Figura 2.14: Volumen del paralelepípedo de arista r, 1 y 1

$V = r \cdot 1 \cdot 1 = r$.

La **suma** de dos reales está asociada a la suma de trazos dirigidos:

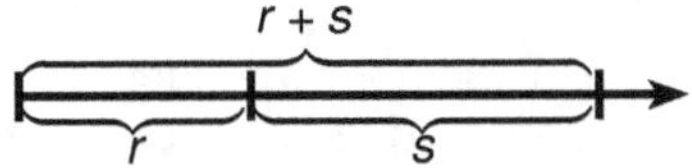

Figura 2.15: Suma de dos reales

El **producto** podemos asociarlo al área de un rectángulo:

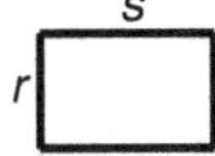

Figura 2.16: Producto de dos números reales

$A = r \cdot s$.

El **cero** corresponde a la medida del trazo $\overline{OO}$ y el **uno** a la medida del trazo unitario.

La relación **menor que** entre números reales está dado por el orden de los puntos en la recta numérica en dirección de la semirrecta positiva.

A una colección de números reales la llamamos **conjunto de números reales**.

Para formular las propiedades básicas de los números reales usamos los símbolos: $+$, $\cdot$, 0, 1, $<$, para la suma, el producto, el cero, el uno y la relación "menor que", respectivamente. $\mathbb{R}$ denota el conjunto de todos los números reales.

Operaciones básicas en los números reales: Suma y Producto

2.2

Las propiedades básicas de la suma y el producto constituyen los **axiomas de campo**, los cuales son verdades evidentes, que no necesitan demostración y que son la base para demostrar todas las demás propiedades.

Axioma de campo

Axioma 2.1

$\mathbb{R}$ *es cerrado bajo la suma:*

$$\forall x \in \mathbb{R} \ \forall y \in \mathbb{R} \ (x + y \in \mathbb{R})$$

Axioma 2.2

La suma de números reales es conmutativa:

$$\forall x \in \mathbb{R} \ \forall y \in \mathbb{R} \ (x + y = y + x)$$

Axioma 2.3

La suma de números reales es asociativa:

$$\forall x \in \mathbb{R} \ \forall y \in \mathbb{R} \ \forall z \in \mathbb{R} \ (x + (y + z) = (x + y) + z)$$

Axioma 2.4

El cero es un número real y es neutro de la suma de números reales:

$$(0 \in \mathbb{R} \wedge \forall x \in \mathbb{R} \ (x + 0 = x))$$

Axioma 2.5

Todo número real tiene un inverso aditivo real:

$$\forall x \in \mathbb{R} \ \exists y \in \mathbb{R} \ (x + y = 0)$$

Axioma 2.6

$\mathbb{R}$ *es cerrado bajo el producto:*

$$\forall x \in \mathbb{R} \ \forall y \in \mathbb{R} \ (x \cdot y \in \mathbb{R})$$

Axioma 2.7

El producto de números reales es conmutativo:

$$\forall x \in \mathbb{R} \ \forall y \in \mathbb{R} \ (x \cdot y = y \cdot x)$$

Axioma 2.8 *El producto de números reales es asociativo:*

$$\forall x \in \mathbb{R} \ \forall y \in \mathbb{R} \ \forall z \in \mathbb{R} \, (x \cdot (y \cdot z) = (x \cdot y) \cdot z)$$

Axioma 2.9 *El 1 es un número real diferente de 0 y es neutro del producto de números reales:*

$$(1 \in \mathbb{R} \wedge 1 \neq 0 \wedge \forall x \in \mathbb{R} \, (x \cdot 1 = x))$$

Axioma 2.10 *Todo número real diferente de 0 tiene un inverso multiplicativo real:*

$$\forall x \in \mathbb{R} \, (x \neq 0 \rightarrow \exists y \in \mathbb{R} \, (x \cdot y = 1))$$

Axioma 2.11 *El producto de números reales es distributivo sobre la suma de números reales:*

$$\forall x \in \mathbb{R} \, \forall y \in \mathbb{R} \, \forall z \in \mathbb{R} \, (x \cdot (y + z) = x \cdot y + x \cdot z)$$

Para expresar axiomas o proposiciones podemos omitir el cuantificador $\forall x \in \mathbb{R}$ cuando no se preste a confusiones. Así, por ejemplo, la conmutatividad de la suma se puede expresar simplemente por:

$$x + y = y + x$$

Como ejemplo de propiedades que se pueden demostrar a partir de estos axiomas, tenemos el siguiente:

Teorema

Teorema 2.1 *Las siguientes propiedades se cumplen en $\mathbb{R}$:*

(I) *Cancelación de la suma:*

$$(x + z = y + z \rightarrow x = y)$$

(II) *Cancelación del producto:*

$$((x \cdot z = y \cdot z \wedge z \neq 0) \rightarrow x = y)$$

(iii) *El producto de un número real por 0 es 0:*

$$x \cdot 0 = 0$$

(iv) *No existen divisores de 0:*

$$(x \cdot y = 0 \rightarrow (x = 0 \vee y = 0))$$

(v) *El neutro aditivo es único:*

$$(\forall y \in \mathbb{R}\,(x + y = y) \rightarrow x = 0)$$

(vi) *El neutro multiplicativo es único:*

$$(\forall y \in \mathbb{R}\,(x \cdot y = y) \rightarrow x = 1)$$

(vii) *El inverso aditivo es único:*

$$((x + y = 0 \wedge x + z = 0) \rightarrow y = z)$$

(viii) *El inverso multiplicativo es único:*

$$((x \cdot y = 1 \wedge x \cdot z = 1) \rightarrow y = z)$$

Demostración

Demostraremos teorema 2.1 (i), dejando el resto al lector.

Sean $x, y, z \in \mathbb{R}$ y supongamos que $x + z = y + z$. Por Axioma 2.5, existe $z' \in \mathbb{R}$ tal que $z + z' = 0$, entonces, $(x + z) + z' = (y + z) + z'$ y por Axioma 2.3, $x + (z + z') = y + (z + z')$, pero como $z + z' = 0$, tenemos que $x + 0 = y + 0$ y por Axioma 2.4 $x = y$. ∎

En base a estas propiedades y a los conceptos primitivos se pueden definir nuevos conceptos:

Definición

Definición 2.1 *Inverso aditivo*

El inverso aditivo de un número real es aquel número real que sumado con él da 0 y se denota por $-x$:

$$\forall x \in \mathbb{R}\ \forall y \in \mathbb{R}\ (-x = y \leftrightarrow x + y = 0)$$

Esta definición es correcta, dado que hemos establecido la unicidad del inverso aditivo en Teorema 2.1 (vii).

Definición 2.2 Resta

Se define la resta del real x menos el real y y se denota por $x - y$ por:

$\forall x \in \mathbb{R} \ \forall y \in \mathbb{R} \, (x - y = x + (-y))$

Es decir, restar es sumar el inverso aditivo.

Definición 2.3 Inverso multiplicativo

Se define el inverso multiplicativo de un real x distinto de 0 y se denota por $\dfrac{1}{x}$ por:

$\forall x \in \mathbb{R} \ \forall y \in \mathbb{R} \left(x \neq 0 \rightarrow \left(\dfrac{1}{x} = y \ \leftrightarrow \ x \cdot y = 1 \right) \right)$

Esta definición es correcta por Teorema 2.1 (VIII).

Definición 2.4 División

La división de un real x por otro real y distinto de 0, se denota por $\dfrac{x}{y}$ y se define:

$\forall x \in \mathbb{R} \ \forall y \in \mathbb{R} \left(y \neq 0 \rightarrow \dfrac{x}{y} = x \cdot \left(\dfrac{1}{y} \right) \right)$

Es decir, dividir es multiplicar por el inverso multiplicativo.

Definición 2.5 Cuadrado

El cuadrado de un real x se denota por x^2 y se define:

$\forall x \in \mathbb{R} \, (x^2 = x \cdot x)$

En estas definiciones también se pueden omitir los cuantificadores cuando no se preste a confusión. Por ejemplo la Definición 2.3 puede expresarse simplemente por:

$x \neq 0 \rightarrow \left(\tfrac{1}{x} = y \ \leftrightarrow \ x \cdot y = 1 \right).$

Como ejemplos de propiedades de los nuevos conceptos que se pueden demostrar, tenemos:

Teorema

Teorema 2.2   Sean $x, y \in \mathbb{R}$. Entonces:

(I) $-(x + y) = (-x) + (-y)$

(II) $(-1) x = -x$

(III) $(x^2 = 0 \rightarrow x = 0)$

(IV) $(x + y)^2 = x^2 + 2x \cdot y + y^2$

Demostración

Demostraremos teorema 2.2 (I), dejando el resto al lector. Sean $x, y \in \mathbb{R}$. Por Definición 2.26 y VII, *basta probar que*

$$(x + y) + ((-x) + (-y)) = 0$$

$$(x + y) + ((-x) + (-y)) = (x + (-x)) + (y + (-y)), \text{ por Axioma 2.2 y 2.3}$$
$$= 0 + 0, \text{ por Definición 2.26.}$$
$$= 0, \text{ por Axioma 2.4.} \qquad \blacksquare$$

Orden de los números reales   2.3

Las siguientes son verdades evidentes que describen las propiedades básicas de la relación **menor que** en los números reales. Toda otra propiedad del orden se puede demostrar a partir de estas.

Axioma de orden

Axioma 2.12   *El orden de los números reales es lineal:*

$$\forall x \in \mathbb{R} \; \forall y \in \mathbb{R} \, (x \neq y \rightarrow (x < y \vee y < x))$$

Axioma 2.13   *El orden de los números reales es asimétrico:*

$$\forall x \in \mathbb{R} \; \forall y \in \mathbb{R} \, (x < y \rightarrow \neg(y < x))$$

Axioma 2.14   *El orden de los números reales es transitivo:*

$$\forall x \in \mathbb{R} \; \forall y \in \mathbb{R} \; \forall z \in \mathbb{R} \, ((x < y \wedge y < z) \rightarrow x < z)$$

46

Axioma 2.15   *El orden de los números reales se preserva al sumar un núme-ro real:*

$$\forall x \in \mathbb{R}\ \forall y \in \mathbb{R}\ \forall z \in \mathbb{R}\ (x < y \to x + z < y + z)$$

Axioma 2.16   *El orden de los números reales se preserva al multiplicar por un número real positivo:*

$$\forall x \in \mathbb{R}\ \forall y \in \mathbb{R}\ \forall z \in \mathbb{R}\ ((x < y \wedge 0 < z) \to x \cdot z < y \cdot z)$$

Con estos axiomas se pueden definir los conceptos de **mayor, mayor o igual, menor o igual, positivo y negativo** para números reales.

Definición

Definición 2.6   *Relaciones de orden en $\mathbb{R}$*

Sean $x, y \in \mathbb{R}$, entonces:

  (I) $(x > y \leftrightarrow y < x)$,
       (x es mayor que y)

  (II) $(x \geq y \leftrightarrow (x > y \vee x = y))$,
       (x es mayor o igual que y)

  (III) $(x \leq y \leftrightarrow (x < y \vee x = y))$,
       (x es menor o igual que y)

  (IV) $(x$ es positivo $\leftrightarrow x > 0)$

  (V) $(x$ es negativo $\leftrightarrow x < 0)$

  (VI) $x < y < z \leftrightarrow (x < y \wedge y < z)$

Como ejemplos de propiedades que se puede demostrar a partir de los axiomas, tenemos:

Teorema

Teorema 2.3   *Sean $x, y, z \in \mathbb{R}$, entonces:*

  (I) $\neg\, (x < x)$

(II) $(\neg\,(x < y) \leftrightarrow x \geq y)$

(III) $(x > 0 \leftrightarrow (-x) < 0)$

(IV) $((x > 0 \wedge y > 0) \to x + y > 0)$

(V) $((x < y \wedge z < u) \to x + z < y + u)$

(VI) $(x > y \leftrightarrow x - y > 0)$

(VII) $((x > 0 \wedge y > 0) \to x \cdot y > 0)$

(VIII) $1 > 0.$

(IX) $\left(x > 0 \to \dfrac{1}{x} > 0\right)$

(X) $x^2 \geq 0$

(XI) $((x < y \wedge z < 0) \to x \cdot z > y \cdot z)$

(XII) $\left((x > 0 \wedge x < y) \to \dfrac{1}{x} > \dfrac{1}{y}\right)$

(XIII) $\left(x < y \to x < \dfrac{x + y}{2} < y\right)$

(XIV) $x - 1 < x < x + 1$

Demostración

Probaremos (I), (II), (III) *y* (IV) *dejando el resto al lector:*

(i) *Sea* $x \in \mathbb{R}$ *y supongamos* $x < x$. *Entonces por Axioma 2.12,* $\neg\,(x < x)$, *lo cual es una contradicción. Luego* $\neg\,(x < x)$

(ii) *Demostraremos en primer lugar que* $\neg\,(x < y) \to x \geq y$.
Supongamos $\neg\,(x < y)$, *entonces por Axioma 2.12 tenemos dos casos a considerar:*

- *Si* $x \neq y$, *se tiene que* $y < x$
  y por Definición 1, $x > y$, *luego* $x \geq y$

- *Si* $x = y$, *es inmediato que* $x \geq y$

Para el recíproco queremos demostrar que $x \geq y \to \neg(x < y)$

Supongamos que $x \geq y$ *entonces* $x = y \vee x > y$. *Si* $x = y$, *por* (I) *sabemos que* $\neg(x < y)$. *Si* $x > y$, *por Definición* **??***,tenemos que* $y < x$ *y por Axioma 2.15* $\neg(x < y)$.

*(iii) Para la implicación de izquierda a derecha, supongamos que $x > 0$. Por Definición **??**, $0 < x$ y por $(\mathcal{O}4)$, $0 + (-x) < x + (-x)$, de donde se obtiene que $(-x) < 0$.*

*Para la implicación recíproca, supongamos $(-x) < 0$, por Axioma 2.15 tenemos que $(-x) + x < 0 + x$, es decir, $0 < x$ y por Definición **??** $x > 0$.*

*viii) Supongamos que $\neg\, (1 > 0)$. Por Definición **??**, $\neg\, (0 < 1)$ y por la parte (II) de este teorema, $0 \geq 1$. Como $0 \neq 1$ por Axioma 2.4 tenemos que $0 > 1$, entonces por la parte (VI) de este teorema, $0 - 1 > 0$, es decir, $-1 > 0$.*

Como $0 > 1$ y $-1 > 0$ aplicando Axioma 2.16 se obtiene $0(-1) > 1(-1)$, luego $0 > -1$. Por lo tanto, $-1 > 0 \wedge 0 > -1$, es decir $-1 < 0 \wedge 0 < -1$, y por Axioma 2.14 $-1 < -1$, lo cual contradice la parte (I) de este teorema.

Podemos concluir que la suposición inicial es falsa, es decir, que $1 > 0$.

En base al orden de los números reales se puede definir el valor absoluto:

Definición

Definición 2.7 *Valor Absoluto*

Para $x \in \mathbb{R}$, definimos:

$$|x| = \begin{cases} x & \text{si } x \geq 0 \\ -x & \text{si } x < 0 \end{cases}$$

*($|x|$ es el **valor absoluto de** x).*

Por ejemplo, $|5| = 5 \quad y \quad |-7| = -(-7) = 7$

Las principales propiedades del valor absoluto vienen dadas por:

Teorema

Teorema 2.4 *Sean $x, y \in \mathbb{R}$, entonces:*

(I) $|x| \geq 0$

(II) $|x| \geq x$

(III) $(|x| = 0 \leftrightarrow x = 0)$

(IV) $(y > 0 \rightarrow (|x| = y \leftrightarrow (x = y \vee x = -y)))$

(V) $(y > 0 \rightarrow (|x| < y \leftrightarrow (-y < x < y)))$

(VI) $(y > 0 \rightarrow (|x| > y \leftrightarrow (x > y \vee x < -y)))$

(VII) $(y > 0 \rightarrow (|x| \leq y \leftrightarrow (-y \leq x \leq y)))$

(VIII) $(y > 0 \rightarrow (|x| \geq y \leftrightarrow (x \geq y \vee x \leq -y)))$

(IX) $|x \cdot y| = |x| \cdot |y|$

(X) $\left(y \neq 0 \rightarrow |\frac{x}{y}| = \frac{|x|}{|y|} \right)$

(XI) $|-x| = |x|$

(XII) $-|x| \leq x \leq |x|$

(XIII) $|x + y| \leq |x| + |y|$

(XIV) $||x| - |y|| \leq |x - y|$

Demostración

Demostraremos (I), (V), (XII), (XIII) y (XIV) dejando el resto al lector.

(i) Sea $x \in \mathbb{R}$, entonces $(x \geq 0 \vee x < 0)$

Si $x \geq 0, |x| = x \geq 0$ y si $x < 0, |x| = -x \geq 0$

luego $|x| \geq 0$

(v) Sea $y > 0$ y $x \in \mathbb{R}$, entonces

$$\begin{aligned} |x| < y \quad &\leftrightarrow \quad ((x \geq 0 \wedge x < y) \vee (x < 0 \wedge -x < y)) \\ &\leftrightarrow \quad ((x \geq 0 \wedge x < y) \vee (x < 0 \wedge x > -y)) \\ &\leftrightarrow \quad (0 \leq x < y \vee -y < x < 0) \end{aligned}$$

Demostraremos que

$$((0 \leq x < y \vee -y < x < 0) \leftrightarrow (-y < x < y))$$

Para la implicación de izquierda a derecha, suponemos

$$((0 \leq x < y) \vee (-y < x < 0))$$

- *Si $0 \leq x < y$, como por hipótesis $y > 0$, entonces $-y < 0$, luego $-y < 0 \leq x < y$, de donde se obtiene $-y < x < y$.*

- *Si $-y < x < 0$, como $y > 0$, tenemos $-y < x < 0 < y$, de donde se obtiene $-y < x < y$.*

Para la implicación de derecha a izquierda, supongamos $-y < x < y$.

Si $x \geq 0$, entonces $0 \leq x < y$.

Si $x < 0$, entonces $-y < x < 0$.

Como $(x \geq 0 \vee x < 0)$, tenemos $((0 \leq x < y) \vee (-y < x < 0))$.

(xii) *Sea $x \in \mathbb{R}$, entonces $(x \geq 0 \vee x < 0)$.*

Si $x \geq 0$, entonces $|x| = x$ y como $-x \leq 0$,

$-|x| = -x \leq 0 \leq x = |x|$, *luego* $-|x| \leq x \leq |x|$.

Si $x < 0$, entonces $|x| = -x$ y como $-x > 0$,

$-|x| = --x = x < 0 < -x = |x|$, *luego* $-|x| \leq x \leq |x|$.

En ambos casos hemos obtenido la conclusión deseada.

(xiii) *Como $x \leq |x|$ y $y \leq |y|$ tenemos $x + y \leq |x| + |y|$.*

Por otro lado, $x \geq -|x|$ y $y \geq -|y|$ de donde $x + y \geq -(|x| + |y|)$.

Tenemos entonces $-(|x|+|y|) \leq x+y \leq (|x|+|y|)$ y como $|x|+|y| \geq 0$, por (VII) obtenemos $|x + y| \leq |x| + |y|$.

(xiv) *Como $x = x - y + y$, tenemos que $|x| = |x - y + y| \leq |x - y| + |y|$ de donde $|x| - |y| \leq |x - y|$.*

Además $|y| = |y - x + x| \leq |y - x| + |x|$ por (XIII).

Luego $|y| - |x| \leq |y - x|$.

Por lo tanto $|x| - |y| \geq -|y - x| = -|x - y|$ por (XI).

Luego $-|x - y| \leq |x| - |y| \leq |x - y|$ y utilizando (VII)

se obtiene que $||x| - |y|| \leq |x - y|$.

51

Conjuntos de números reales 2.4

Las siguientes son verdades evidentes que describen las propiedades básicas de los conjuntos de números reales. En base a estas se pueden definir los conjuntos numéricos más comunes y demostrar sus propiedades.

Axioma de conjuntos de números reales

Axioma 2.17 *Dos conjuntos de números reales con los mismos elementos, son iguales:*

$$\forall x \in \mathbb{R}(x \in A \leftrightarrow x \in B) \rightarrow A = B$$

Axioma 2.18 *Dada una propiedad, existe el conjunto de los números reales que la satisfacen:*

$$\exists A \subseteq \mathbb{R} \; \forall x \in \mathbb{R}(x \in A \leftrightarrow \alpha(x))$$

Este conjunto es único por Axioma 2.17 y se denota por

$$\{x \in \mathbb{R} \; : \; \alpha(x)\}$$

A partir de los axiomas anteriores podemos definir los conjuntos de números reales más conocidos:

Definición

Definición 2.8 *Conjunto vacío*

$$\phi = \{x \in \mathbb{R} : x \neq x\}$$

Definición 2.9 *Conjunto de los reales positivos*

$$\mathbb{R}^+ = \{x \in \mathbb{R} : x > 0\}$$

Definición 2.10 *Conjunto de los reales negativos*

$$\mathbb{R}^- = \{x \in \mathbb{R} : x < 0\}$$

Definición 2.11 *Singleton de a*

$\{a\} = \{x \in \mathbb{R} : x = a\}$

Definición 2.12 *Par de números reales a y b*

$\{a, b\} = \{x \in \mathbb{R} : (x = a \lor x = b)\}$

Definición 2.13 *Trío de números reales a, b y c*

$\{a, b, c\} = \{x \in \mathbb{R} : (x = a \lor x = b \lor x = c)\}$

Definición 2.14 *Intervalo cerrado de extremos a y b*

$[a, b] = \{x \in \mathbb{R} : a \leq x \leq b\}$

Definición 2.15 *Intervalo abierto de extremos a y b*

$]a, b[= \{x \in \mathbb{R} : a < x < b\}$

Definición 2.16 *Intervalo, de extremos a y b, cerrado en a y abierto en b*

$[a, b[= \{x \in \mathbb{R} : a \leq x < b\}$

Definición 2.17 *Intervalo, de extremos a y b, abierto en a y cerrado en b*

$]a, b] = \{x \in \mathbb{R} : a < x \leq b\}$

Definición 2.18 *Intervalo infinito por la izquierda, de extremo b y abierto en b*

$]-\infty, b[= \{x \in \mathbb{R} : x < b\}$

Definición 2.19 *Intervalo infinito por la izquierda, de extremo b y cerrado en b*

$]-\infty, b] = \{x \in \mathbb{R} : x \leq b\}$

Definición 2.20 *Intervalo infinito por la derecha, de extremo a y abierto en a*

$]a, \infty[= \{x \in \mathbb{R} : a < x\},$

Definición 2.21 *Intervalo infinito por la derecha, de extremo a y cerrado en a*

$[a, \infty[= \{\in \mathbb{R} : a \leq x\}$

$]-\infty, \infty[$ se usa también para denotar el conjunto $\mathbb{R}$.

También podemos definir las relaciones y operaciones básicas de conjuntos. Si A y B son conjuntos de números reales, entonces:

Definición

Definición 2.22 *A es subconjunto de B*

$$A \subseteq B \leftrightarrow \forall x \in \mathbb{R}\,(x \in A \rightarrow x \in B)$$

Definición 2.23 *A unión B*

$$A \cup B = \{x \in \mathbb{R} : (x \in A \vee x \in B)\}$$

Definición 2.24 *A intersección B*

$$A \cap B = \{x \in \mathbb{R} : (x \in A \wedge x \in B)\}$$

Definición 2.25 *A menos B*

$$A - B = \{x \in \mathbb{R} : (x \in A \wedge x \notin B)\}$$

Ejemplos

Ejemplo 2.1

$$\mathbb{R} = \mathbb{R}^{+} \cup \{0\} \cup \mathbb{R}^{-}$$

Ejemplo 2.2

$$\mathbb{R} - [a, b] = \,]-\infty, a[\;\cup\;]b, \infty[$$

Ejemplo 2.3

$$[-2, 1] \,\cap\,]0, 15] = \,]0, 1]$$

Ejemplo 2.4

$$[-2, 0] \subseteq [-2, 1] \subseteq \,]-\infty, 1]$$

Ejemplo 2.5

$\mathbb{R} - \{2\} =]-\infty, 2[\ \cup \ ]2, \infty[$

Ejemplo 2.6

$\left([1, 3[\ \cup \ ]4, 6]\right) \ \cap \ ]2, 5[=]2, 3[\ \cup \ ]4, 5[$

Definimos provisional el conjunto de los números naturales por:

Definición

Definición 2.26 *Conjunto de los números naturales*

$$\mathbb{N} = \{x \in \mathbb{R} : x = 1 + 1 + \cdots + 1\}$$

Esta definición será reemplazada en el Capítulo 5 por otra que no contenga puntos suspensivos y en base a la cual demostraremos las propiedades de los números naturales. Por ahora podemos decir que en $\mathbb{N}$ se puede sumar y multiplica, pero no siempre se puede restar ni dividir. A partir de $\mathbb{N}$ se puede definir el conjunto de los números enteros:

Definición

Definición 2.27 *Conjunto de los números enteros*

$$\mathbb{Z} = \{x \in \mathbb{R} : (x \in \mathbb{N} \vee x = 0 \vee (-x) \in \mathbb{N})\} \ ,$$

Las propiedades de los números enteros se basan en las propiedades de los números naturales. Podemos decir que en $\mathbb{Z}$ se puede sumar, restar y multiplicar pero no siempre se puede dividir. A partir de los enteros pueden ser definidos los números racionales.

Definición

Definición 2.28 *Conjunto de los **números racionales***

$$\mathbb{Q} = \left\{x \in \mathbb{R} : \exists p \in \mathbb{Z} \ \exists q \in \mathbb{N} \left(x = \frac{p}{q}\right)\right\}$$

Las propiedades de los números racionales dependen de las propiedades de los naturales y de los enteros.Podemos decir que en $\mathbb{Q}$ se pueden efectuar las cuatro operaciones.

Podemos observar que si $x = \dfrac{p}{q}$, también $x = \dfrac{2p}{2q}$ y que por lo tanto, p y q no son únicos, pero pueden ser elegidos primos relativos, es decir, sin factores comunes diferentes de 1.

Asimismo, se pueden definir los conjuntos de enteros y racionales positivos y negativos:

Definición

Definición 2.29 *Conjunto de racionales positivos*

$$\mathbb{Q}^+ = \mathbb{Q} \cap \mathbb{R}^+$$

Definición 2.30 *Conjunto de racionales negativos*

$$\mathbb{Q}^- = \mathbb{Q} \cap \mathbb{R}^-$$

Definición 2.31 *Conjunto de enteros positivos*

$$\mathbb{Z}^+ = \mathbb{Z} \cap \mathbb{R}^+ = \mathbb{N}$$

Definición 2.32 *Conjunto de enteros negativos*

$$\mathbb{Z}^- = \mathbb{Z} \cap \mathbb{R}^-$$

Completud de los números reales — 2.5

Hasta ahora tenemos como propiedades básicas de los números reales los **los axiomas de cuerpo ordenado**.

Como hemos visto, los números racionales también satisfacen estos axiomas, aunque no constituyen todos los puntos de la recta numérica.

El axioma que garantiza que a todo punto de la recta le corresponde un número real, se llama **Axioma del supremo** y en base a él se puede demostrar la existencia de las raíces cuadradas de los números reales positivos. Esta última propiedad no es cierta en $\mathbb{Q}$, pues como hemos visto, $\sqrt{2} \notin \mathbb{Q}$.

El axioma del supremo será desarrollado en el Capítulo 10 y por el momento adoptaremos el siguiente axioma provisional que nos permitirá trabajar con raíces:

Axioma

Axioma 2.19   *Todo número real positivo es un cuadrado:*

$$\forall x \in \mathbb{R}^+ \; \exists! y \in \mathbb{R}^+(y^2 = x)$$

Definimos la raíz cuadrada de un número mayor o igual que cero por:

Definición

Definición 2.33 *Raiz cuadrada de 0*
$$\sqrt{0} = 0$$

Definición 2.34 *Raíz cuadrada positiva*
$$\forall y \in \mathbb{R} \forall x \in \mathbb{R}^+(\sqrt{x} = y \; \leftrightarrow \; y \in \mathbb{R}^+ \wedge y^2 = x)$$

*($\sqrt{x}$ se llama **raíz cuadrada positiva** de x).*

Del axioma provisional 2.19 se obtiene que $\mathbb{R} \neq \mathbb{Q}$, lo que justifica la siguiente definición:

Definición

Definición 2.35 *Conjunto de los números irracionales*
$$\Pi = \mathbb{R} - \mathbb{Q}$$

Ecuaciones e inecuaciones 2.6

Ecuaciones en una variable 2.6.1

Una **ecuación** en la variable x es una igualdad entre dos expresiones en que una o ambas contienen dicha variable.

Por ejemplo:

$$2x^2 - 5 = \left(x + \frac{1}{2}\right)^2 \quad y \quad |x - 3| = \sqrt{x + 1}$$

Diremos que $a \in \mathbb{R}$ es **solución** de una ecuación si al reemplazar x por a en la ecuación, se obtiene una igualdad.

Por ejemplo, 2 es solución de la ecuación

$$|x^2 - 3x + 1| = 1$$

pues $|2^2 - 3 \cdot 2 + 1| = 1$.

Se llama **conjunto solución de una ecuación** al conjunto de todas las soluciones de la ecuación y se considera resuelta la ecuación cuando este conjunto se expresa por extensión o como unión de intervalos disjuntos.

Ejemplo 2.7

Resolver la ecuación

$$|2 - x| + |x - 7| = 5$$

Solución

Como $|2 - x| = |x - 2|$, *entonces la ecuación es equivalente a:*

$$|x - 2| + |x - 7| = 5.$$

Además $\quad |x - 2| = x - 2 \ \leftrightarrow \ x - 2 \geq 0 \ \leftrightarrow \ x \geq 2$

y $\qquad |x - 2| = -(x - 2) \ \leftrightarrow \ x - 2 < 0 \ \leftrightarrow \ x < 2$

También $\quad |x - 7| = x - 7 \ \leftrightarrow \ x - 7 \geq 0 \ \leftrightarrow \ x \geq 7$

y $\qquad |x - 7| = -(x - 7) \ \leftrightarrow \ x - 7 < 0 \ \leftrightarrow \ x < 7$

Por lo tanto, podemos considerar los siguientes casos:

(a) Si $x \geq 7$, entonces, $|x-2|+|x-7| = 5 \ \leftrightarrow \ x-2+x-7=5 \ \leftrightarrow \ x=7$

(b) Si $2 \leq x < 7$, entonces,

$$|x-2|+|x-7| = 5 \ \leftrightarrow \ x-2-x+7=5 \ \leftrightarrow \ 5=5$$

(c) Si $x < 2$, entonces,

$$|x-2|+|x-7| = 5 \ \leftrightarrow \ -x+2-x+7=5 \ \leftrightarrow \ x=2$$

Tenemos entonces que x es solución de la ecuación dada si y sólo si

$$((x \geq 7 \wedge x=7) \vee (2 \leq x < 7 \wedge 5=5) \vee (x<2 \wedge x=2)) \ \leftrightarrow$$

$$(x=7 \vee 2 \leq x < 7) \ \leftrightarrow$$

$$2 \leq x \leq 7$$

Por lo tanto, el conjunto solución de la ecuación planteada es el intervalo $[2,7]$.

La ecuación de primer grado 2.6.2

La ecuación de la forma $ax + b = 0$, con $a, b, c \in \mathbb{R}$ y $a \neq 0$ se llama **ecuación lineal o de primer grado**.

Como $a \neq 0$, se tiene que $ax + b = 0 \ \leftrightarrow \ x = -\dfrac{b}{a}$, de donde esta ecuación tiene siempre una única solución $-\dfrac{b}{a}$.

La ecuación de segundo grado 2.6.3

La ecuación de la forma $ax^2 + bx + c = 0$, con $a, b, c \in \mathbb{R}$ y $a \neq 0$ se llama **ecuación de segundo grado**.

Consideremos la siguiente igualdad (método de completación de cuadrados):

$$ax^2 + bx + c = a\left[\left(x+\frac{b}{2a}\right)^2 - \left(\frac{b^2-4ac}{4a^2}\right)\right]$$

y sea $\triangle = b^2 - 4ac$

Si $\triangle \geq 0$

$$ax^2 + bx + c = a\left[\left(x + \frac{b}{2a}\right)^2 - \left(\frac{\sqrt{\Delta}}{2a}\right)^2\right]$$
$$= a\left(x + \frac{b}{2a} - \frac{\sqrt{\Delta}}{2a}\right) \cdot \left(x + \frac{b}{2a} + \frac{\sqrt{\Delta}}{2a}\right)$$

Si $x_1 = \dfrac{-b + \sqrt{\Delta}}{2a}$ y $x_2 = \dfrac{-b - \sqrt{\Delta}}{2a}$, entonces

$$ax^2 + bx + c = a(x - x_1)(x - x_2)$$

luego

$$(ax^2 + bx + c = 0 \;\leftrightarrow\; (\,x = x_1 \;\vee\; x = x_2))$$

Cuando $\Delta = 0$, tenemos que $x_1 = x_2 = -\dfrac{b}{2a}$

Si $\Delta < 0$, entonces $-\dfrac{\Delta}{4a^2} > 0$, luego $\left[(x + \dfrac{b}{2a})^2 - \dfrac{\Delta}{4a^2}\right] > 0$

Por lo tanto, si $a > 0$

$$ax^2 + bx + c = a\left((x + \frac{b}{2a})^2 - \frac{\Delta}{4a^2}\right) > 0$$

y si $a < 0$, $ax^2 + bx + c = a\left((x + \dfrac{b}{2a})^2 - \dfrac{\Delta}{4a^2}\right) < 0$

Luego en este caso, $ax^2 + bx + c \neq 0$ para todo $x \in \mathbb{R}$

Resumimos los resultados anteriores en el siguiente teorema:

Teorema

Teorema **2.5**   *Sean $a, b, c \in \mathbb{R}$, $\Delta = b^2 - 4ac$ y $a \neq 0$*

(i) *Si $\Delta \geq 0$, entonces las soluciones de la ecuación $ax^2 + bx + c = 0$ son*
$$x_1 = -\frac{b}{2a} + \frac{\sqrt{\Delta}}{2a} \;\; y \;\; x_2 = -\frac{b}{2a} - \frac{\sqrt{\Delta}}{2a}$$
En este caso se tiene que $ax^2 + bx + c = a(x - x_1)(x - x_2)$

(ii) *Si $\Delta < 0$, entonces la ecuación $ax^2 + bx + c = 0$ no tiene soluciones reales.*

Inecuaciones en una variable | 2.6.4

Una **inecuación** en la variable x es una desigualdad entre dos expresiones en que una o ambas contienen dicha variable. Por ejemplo:

$$\sqrt{x^2 + 1} > 2, \quad |x + 5| + |x + 2| \geq 1, \quad x^2 - 3 < \frac{1}{2}$$

Diremos que $a \in \mathbb{R}$ es **solución** de una inecuación si al reemplazar x por a en la inecuación, resulta una desigualdad verdadera.

Así, por ejemplo, 3 es solución de $\sqrt{x^2 + 1} > 2$ porque $\sqrt{3^2 + 1} > 2$.

Resolver una inecuación es encontrar todas sus soluciones reales. El conjunto de todas las soluciones de una inecuación se llama **conjunto solución de la inecuación**. Al igual que en el caso de las ecuaciones, se considera resuelta una inecuación cuando este conjunto se expresa por extensión o como unión de intervalos disjuntos.

Ejemplo 2.8

Resolver la inecuación

$$|2 - x| + |x - 7| \leq 10$$

Solución

Considerando los mismos casos que en el Ejemplo 2.7, tenemos:

(a) Si $x \geq 7$, entonces, $|x - 2| + |x - 7| \leq 10 \quad \leftrightarrow \quad x - 2 + x - 7 \leq 10 \quad \leftrightarrow$
$2x \leq 19 \quad \leftrightarrow \quad x \leq 19/2$

(b) Si $2 \leq x < 7$, entonces,

$$|x - 2| + |x - 7| \leq 10 \quad \leftrightarrow \quad x - 2 - x + 7 \leq 10 \quad \leftrightarrow \quad 5 \leq 10.$$

(c) Si $x < 2$, entonces,

$$|x - 2| + |x - 7| = 5 \quad \leftrightarrow \quad -x + 2 - x + 7 \leq 10 \quad \leftrightarrow \quad -2x \leq 1 \quad \leftrightarrow \quad x \geq -1/2.$$

Tenemos entonces que x es solución de la inecuación si y solo si

$$((x \geq 7 \wedge x \leq 19/2) \vee (2 \leq x < 7 \wedge 5 \leq 10) \vee (x < 2 \wedge x \geq -1/2)) \quad \leftrightarrow$$
$$(7 \leq x \leq 19/2) \vee (2 \leq x < 7) \vee (-1/2 \leq x < 2) \quad \leftrightarrow$$
$$-1/2 \leq x \leq 19/2$$

Por lo tanto, el conjunto solución de la inecuación planteada es el intervalo $[-1/2, 19/2]$.

Inecuación de primer grado — 2.6.5

Una inecuación de la forma $ax + b > 0$ con $a, b \in \mathbb{R}$ y $a \neq 0$, (o reemplazando $>$ por $\geq$, $<$ o $\leq$), se llama **inecuación lineal o de primer grado**.

Como $a \neq 0$, se tiene que $ax + b > 0 \leftrightarrow x > -b/a$ y por lo tanto el conjunto solución de esta inecuación es $]-b/a, \infty[$.
Al reemplazar $>$ por $\geq$, $<$ o $\leq$, se obtienen las soluciones: $[-b/a, \infty[$, $]-\infty, -b/a[$ y $]-\infty, -b/a]$ respectivamente.

Inecuación de segundo grado — 2.6.6

Una inecuación de la forma $ax^2 + bx + c > 0$ con $a, b, c \in \mathbb{R}$ y $a \neq 0$, (o reemplazando $>$ por $\geq$, $<$ o $\leq$), se llama **inecuación de segundo grado** y el siguiente teorema resume las posibles soluciones para ella.

Teorema

Teorema 2.6   Sean $a, b, c \in \mathbb{R}$, $\triangle = b^2 - 4ac$ y $a \neq 0$

(I) Si $\triangle \geq 0$ y x_1, x_2 son las soluciones de la ecuación $ax^2 + bx + c = 0$ y $x_1 \leq x_2$ entonces:

     a) Si $a > 0$, $\quad ax^2 + bx + c > 0 \quad \leftrightarrow \quad (x > x_2 \lor x < x_1)$

     b) Si $a < 0$, $\quad ax^2 + bx + c > 0 \quad \leftrightarrow \quad x_1 < x < x_2$

(II) Si $\triangle < 0$, entonces:

     a) Si $a > 0$, $\quad \forall x \in \mathbb{R}(ax^2 + bx + x > 0)$

     b) Si $a < 0$, $\quad \forall x \in \mathbb{R}(ax^2 + bx + c < 0)$

Demostración

(i) a) como $\triangle \geq 0$, por Teorema 2.5 (I), tenemos que:

$$ax^2 + bx + c = a(x - x_1)(x - x_2)$$

luego

$$ax^2 + bx + c > 0 \quad \leftrightarrow \quad a(x - x_1)(x - x_2) > 0$$
$$\leftrightarrow \quad ((x - x_1) > 0 \wedge (x - x_2) > 0) \vee ((x - x_1) < 0 \wedge (x - x_2) < 0)$$
$$\leftrightarrow \quad (x > x_1 \wedge x > x_2) \vee (x < x_1 \wedge x < x_2)$$
$$\leftrightarrow \quad (x > x_2) \vee (x < x_1)$$

En forma análoga se demuestra (i) b).

(ii) Por Teorema 2.5 (II, tenemos que para $\Delta < 0$:

si $a > 0$, $\forall x \in \mathbb{R} \, (ax^2 + bx + c > 0)$

y si $a < 0$, $\forall x \in \mathbb{R} \, (ax^2 + bx + c < 0)$

■

Problemas resueltos   2.7

Problema 2.1

Demostrar que si x e y son reales positivos, entonces $\dfrac{x}{y} + \dfrac{y}{x} \geq 2$

Solución

Tenemos que

$$\frac{x}{y} + \frac{y}{x} \geq 2 \quad \leftrightarrow \quad \frac{x^2 + y^2}{xy} \geq 2 \quad \leftrightarrow \quad x^2 + y^2 \geq 2xy$$
$$\leftrightarrow \quad x^2 + y^2 - 2xy \geq 0 \quad \leftrightarrow \quad (x - y)^2 \geq 0$$

y esta última propiedad es verdadera por Teorema 2.3 (X).

Problema 2.2

Demostrar que si x es real positivo, entonces

$$x^3 + \frac{1}{x^3} \geq x + \frac{1}{x}.$$

Solución

$$\left(x^3 + \frac{1}{x^3}\right) - \left(x + \frac{1}{x}\right) = (x^3 - x) + \left(\frac{1}{x^3} - \frac{1}{x}\right)$$

$$= x(x^2 - 1) + \frac{(1 - x^2)}{x^3}$$

$$= (x^2 - 1)\left(x - \frac{1}{x^3}\right)$$

$$= \frac{x^2 - 1}{x^3}(x^4 - 1)$$

$$= \frac{(x^2 - 1)^2(x^2 + 1)}{x^3}$$

Dado que, $(x^2 - 1)^2 \geq 0$ *por teorema [2.3.3 (x)] y*

$$x^2 + 1 > 0 \text{ porque } x^2 > 0, \text{ y}$$

$$x^3 > 0 \text{ porque } x > 0$$

entonces:

$\dfrac{(x^2 - 1)^2(x^2 + 1)}{x^3} \geq 0$, *luego* $\left(x^3 + \dfrac{1}{x^3}\right) - \left(x + \dfrac{1}{x}\right) \geq 0$, *de donde*

$$x^3 + \frac{1}{x^3} \geq x + \frac{1}{x}$$

Problema 2.3

Resolver la inecuación: $(x^2 + 3x - 4)(2x^2 + 4) > 0$

Solución

La ecuación $2x^2 + 4 = 0$ *no tiene soluciones reales y* $2 > 0$ *luego* $\forall x \in \mathbb{R}\,(2x^2 + 4 > 0)$

Entonces:

$$
\begin{aligned}
(x^2 + 3x - 4)(2x^2 + 4) > 0 \quad &\leftrightarrow \quad (x^2 + 3x - 4) > 0 \\
&\leftrightarrow \quad (x + 4)(x - 1) > 0 \\
&\leftrightarrow \quad (x > 1 \vee x < -4)
\end{aligned}
$$

Luego la solución de la inecuación dada es $]-\infty, -4[\ \cup\ ]1, \infty[$

Problema 2.4

Resolver la inecuación:

$$\frac{x^4 - 56x + 95}{x^2 - 7x + 10} > 8$$

Solución

En primer lugar notemos que esta expresión está definida para $x \in \mathbb{R}$, tal que $x^2 - 7x + 10 \neq 0$ y cualquier solución deberá cumplir este requisito.

$x^2 - 7x + 10 = 0 \;\leftrightarrow\; (x = 2 \lor x = 5)$, es decir, cualquier solución x deberá ser tal que $x \neq 2 \land x \neq 5$.

Además,

$$\frac{x^4 - 56x + 95}{x^2 - 7x + 10} > 8 \quad\leftrightarrow\quad \frac{x^4 - 56x + 95}{x^2 - 7x + 10} - 8 > 0$$

$$\leftrightarrow\quad \frac{x^4 - 8x^2 + 15}{x^2 - 7x + 10} > 0$$

$$\leftrightarrow\quad \frac{(x^2 - 3)(x^2 - 5)}{(x - 2)(x - 5)} > 0$$

$$\leftrightarrow\quad \frac{(x - \sqrt{3})(x + \sqrt{3})(x - \sqrt{5})(x + \sqrt{5})}{(x - 2)(x - 5)} > 0$$

Como el signo de esta expresión depende del signo de cada uno de los factores, entonces estudiaremos los signos de estos, ordenándolos de menor a mayor:

$$x - 5, \quad x - \sqrt{5}, \quad x - 2, \quad x - \sqrt{3}, \quad x + \sqrt{3}, \quad x + \sqrt{5}.$$

Si $x > 5$, entonces todos los factores son positivos y por lo tanto la expresión es positiva. Luego x es solución en este caso.

Si $\sqrt{5} < x < 5$, el primer factor es negativo y el resto positivo, por lo tanto la expresión es negativa. Luego x no es solución en este caso.

Análogamente se obtiene que:

si $2 < x < \sqrt{5}$, x es solución,

si $\sqrt{3} < x < 2$, x no es solución,

si $-\sqrt{3} < x < \sqrt{3}$, x es solución,

si $-\sqrt{5} < x < -\sqrt{3}$, x no es solución y

si $x < -\sqrt{5}$, x es solución.

Además, si $x = \sqrt{3} \vee x = -\sqrt{3} \vee x = \sqrt{5} \vee x = -\sqrt{5}$ la expresión es cero y entonces x no es solución.

Luego el conjunto solución de la inecuación es:

$$]-\infty,\ -\sqrt{5}[\ \cup\ ]-\sqrt{3},\ \sqrt{3}[\ \cup\ ]2,\ \sqrt{5}[\ \cup\ ]5, \infty[$$

Podemos resumir el argumento anterior en la siguiente figura:

	$-\infty$	$-\sqrt{5}$		$-\sqrt{3}$		$\sqrt{3}$		2		$\sqrt{5}$		5	∞
$x - 5$	-		-		-		-		-		-	0	+
$x - \sqrt{5}$	-		-		-		-		-	0	+		+
$x - 2$	-		-		-		-	0	+		+		+
$x - \sqrt{3}$	-		-		-	0	+		+		+		+
$x + \sqrt{3}$	-		-	0	+		+		+		+		+
$x + \sqrt{5}$	-	0	+		+		+		+		+		+
E	+	0	-	0	+	0	-	*	+	0	-	*	+

Figura 2.17: Conjunto solución del problema 2.4

donde $E = \dfrac{(x - \sqrt{3})(x + \sqrt{3})(x - \sqrt{5})(x + \sqrt{5})}{(x - 2)(x - 5)}$ y (*) denota que la expresión no está definida.

El conjunto solución es la unión de todos aquellos intervalos donde E es positivo, es decir, es

$$]-\infty,\ -\sqrt{5}[\ \cup\ ]-\sqrt{3},\ \sqrt{3}[\ \cup\ ]2,\ \sqrt{5}[\ \cup\ ]5, \infty[$$

Problema 2.5

¿Para qué valores de $r \in \mathbb{R}$ se tiene que

$$\forall x \in \mathbb{R}(x^2 + 2x + r > 10)?$$

Solución

$x^2 + 2x + r > 10 \quad \leftrightarrow \quad x^2 + 2x + (r - 10) > 0$

Por Teorema 2.6 (II) (IIa), esto se cumple si $\triangle < 0$ y $a > 0$. En nuestro caso, $\triangle = 4 - 4(r - 10) < 0$ y $a = 1 > 0$, luego, la condición pedida es:

$$4 - 4(r - 10) < 0$$
$$\leftrightarrow \quad 4 - 4r + 40 < 0$$
$$\leftrightarrow \quad -4r < -44$$
$$\leftrightarrow \quad r > 11$$

Entonces, para $r > 11$ se tiene que $\forall x \in \mathbb{R}\,(x^2 + 2x + r > 0)$

Problema 2.6

Resolver la inecuación

$$\frac{|x + 2|}{|x + 3|} \leq \sqrt{2}$$

Solución

Como ambas expresiones son positivas, elevando al cuadrado obtenemos la siguiente inecuación equivalente a la anterior:

$$\frac{(x + 2)^2}{(x + 3)^2} \leq 2$$

Desarrollando, obtenemos

$$(x + 2)^2 \leq 2(x + 3)^2$$
$$\leftrightarrow \quad x^2 + 4x + 4 \leq 2(x^2 + 6x + 9)$$
$$\leftrightarrow \quad x^2 + 4x + 4 \leq 2x^2 + 12x + 18$$
$$\leftrightarrow \quad x^2 + 8x + 14 \geq 0$$
$$\leftrightarrow \quad (x \geq -4 + \sqrt{2} \quad \vee \quad x \leq -4 - \sqrt{2})$$

Por lo tanto, el conjunto solución es $\,]-\infty, -4 - \sqrt{2}\,] \cup [\,-4 + \sqrt{2}, \infty[$

Problema 2.7

Resolver la inecuación

$$2x - 1 > \sqrt{x^2 - 3x}$$

Solución

Notemos en primer lugar que esta expresión está definida si $x^2 - 3x \geq 0$ y como $x^2 - 3x \geq 0 \;\leftrightarrow\; x(x-3) \geq 0 \;\leftrightarrow\; (x \geq 3 \vee x \leq 0)$, entonces cualquier solución deberá cumplir la condición: $(x \geq 3 \vee x \leq 0)$.

Además $2x - 1 > 0 \;\leftrightarrow\; x > \dfrac{1}{2}$.

Si $x > \dfrac{1}{2}$,

$$
\begin{aligned}
2x - 1 \;&>\; \sqrt{x^2 - 3x} \\
\leftrightarrow \qquad (2x - 1)^2 \;&>\; x^2 - 3x \\
\leftrightarrow \qquad 4x^2 - 4x + 1 \;&>\; x^2 - 3x \\
\leftrightarrow \qquad 3x^2 - x + 1 \;&>\; 0
\end{aligned}
$$

y como $\triangle = 1 - 4 \cdot 3 \cdot 1 = -11 < 0$ y $3 > 0$, tenemos que $\forall x \in \mathbb{R}\,(3x^2 - x + 1 > 0)$. Luego la solución para este caso es:

$$S_1 = \{x \in \mathbb{R} : x > \tfrac{1}{2} \wedge (x \geq 3 \vee x \leq 0)\} = \,]3, \infty[.$$

Si $x \leq \dfrac{1}{2}$, entonces $2x - 1 \leq 0$ y por lo tanto $2x - 1 \leq \sqrt{x^2 - 3x}$ es decir, x no es solución.

La solución de la inecuación será entonces S_1.

Problema 2.8

Probar que si $a > 0$, entonces $ax^2 + bx + c \geq \dfrac{4ac - b^2}{4a}$, y que la igualdad se cumple cuando $x = -\dfrac{b}{2a}$.

Solución

Como $ax^2 + bx + c = a\left[\left(x + \dfrac{b}{2a}\right)^2 - \dfrac{\triangle}{4a^2}\right]$ entonces si $a > 0$, $ax^2 + bx + c \geq a\left(-\dfrac{\triangle}{4a^2}\right) = \dfrac{4ac - b^2}{4a}$

y para $\quad x = -\dfrac{b}{2a}$, $\quad \left(x + \dfrac{b}{2a}\right)^2 = 0$ de donde

$$ax^2 + bx + c = \dfrac{4ac - b^2}{4a}.$$

Análogamente se puede demostrar que si $a < 0$, entonces $ax^2 + bx + c \leq \dfrac{4ac - b^2}{4a}$ y que la igualdad se cumple cuando $x = -\dfrac{b}{2a}$.

Problema 2.9

Determinar las dimensiones del rectángulo de mayor área cuyo perímetro es 8.

Solución

Sean x e y las dimensiones del rectángulo, entonces $x + y = \dfrac{8}{2} = 4$ de donde $y = 4 - x$.

El área del rectángulo está dada por

$$x(4 - x) = -x^2 + 4x = -(x^2 - 4x + 4 - 4) = -((x - 2)^2 - 4)$$

y este trinomio toma su mayor valor 4 cuando $x = 2$; es decir, cuando $(x = 2 \wedge y = 2)$.

Ejercicios Propuestos 2.8

1. Demuestre las siguientes propiedades de los números reales usando los axiomas de campo y las propiedades ya demostradas:

   a) $x + z = y + z \rightarrow x = y$

   b) $(x \cdot z = y \cdot z \wedge z \neq 0) \rightarrow x = y$

   c) $x \cdot y = 0 \rightarrow (x = 0 \vee y = 0)$

   d) $\forall y \in \mathbb{R}(x + y = y) \rightarrow x = 0$

   e) $\forall y \in \mathbb{R}(x \cdot y = y) \rightarrow x = 1$

   f) $(x + y = 0 \wedge x + z = 0) \rightarrow y = z$

   g) $(x \cdot y = 1 \wedge x \cdot z = 1) \rightarrow y = z$

   h) $x \cdot 0 = 0$

2. Demuestre las siguientes propiedades de los números reales usando los axiomas, propiedades demostradas y definiciones:

   a) $-(x + y) = (-x) + (-y)$

   b) $-(-x) = x$

   c) $-(x - y) = (-x) + y$

   d) $(-1)x = -x$

   e) $x^2 = 0 \rightarrow x = 0$

   f) $-(x \cdot y) = (-x) \cdot y = x \cdot (-y)$

   g) $(-x)(-y) = xy$

   h) $(x + y)^2 = x^2 + 2xy + y^2$.

   i) $(x - y)(x + y) = x^2 - y^2$

   j) $x^2 = y^2 \rightarrow (x = y \vee x = -y)$

3. Demuestre las siguientes propiedades de los números reales usando las propiedades de campo, los axiomas de orden y las definiciones:

   a) $\neg(x < x)$

   b) $\neg(x < y) \leftrightarrow x \geq y$

   c) $x > 0 \leftrightarrow (-x) < 0$

   d) $(x > 0 \wedge y > 0) \rightarrow x + y > 0$

   e) $(x < y \wedge z < u) \rightarrow x + z < y + u$

   f) $x > y \leftrightarrow x - y > 0$

   g) $(x > 0 \wedge y > 0) \rightarrow x \cdot y > 0$

   h) $1 > 0$.

   i) $x > 0 \rightarrow \dfrac{1}{x} > 0$

   j) $x^2 \geq 0$

   k) $(x < y \wedge z < 0) \rightarrow (xz > yz)$

   l) $(x > 0 \wedge x < y) \rightarrow \dfrac{1}{x} > \dfrac{1}{y}$.

   ll) $x < y \rightarrow \dfrac{x + y}{2} < y$

   m) $x - 1 < x < x + 1$

   n) $x^2 + y^2 \geq 2xy$

   o) $(x > 0 \wedge y > 0) \rightarrow x + y \geq 2\sqrt{xy}$

   p) $(x > y > 0 \wedge u > z > 0) \rightarrow xu > yz$

   q) $(x > 0 \wedge y > 0) \rightarrow$
   $(x < y \leftrightarrow x^2 < y^2)$

   r) $x > 0 \rightarrow x + y > y$

   s) $x < 0 \rightarrow x + y < y$

   t) $x > 1 \rightarrow (x^2 > x)$

   u) $0 < x < 1 \rightarrow (x^2 < x)$

   v) $x < 0 \rightarrow (x^2 > 0 > x)$

   w) $(x < y < z < u) \rightarrow (x < u)$

   x) $(x \leq y \leq x) \rightarrow x = y$

4. Demuestre las siguientes propiedades del valor absoluto de números reales, usando las propiedades de campo ordenado y las definiciones:

   a) $|x| \geq 0$

   b) $|x| \geq x$

   c) $|x| = 0 \leftrightarrow x = 0$

d) $y > 0 \rightarrow (|x| = y \leftrightarrow$
$(x = y \vee x = -y))$

e) $y > 0 \rightarrow (|x| < y \leftrightarrow$
$(-y < x < y))$

f) $y > 0 \rightarrow (|x| > y \leftrightarrow$
$(x > y \vee x < -y))$

g) $|x \cdot y| = |x| \cdot |y|$

h) $y \neq 0 \rightarrow \left|\dfrac{x}{y}\right| = \dfrac{|x|}{|y|}$

i) $|-x| = |x|$

j) $|x + y| \leq |x| + |y|$

k) $xy > 0 \rightarrow |x + y| = |x| + |y|$

l) $|x| - |y| \geq |x - y|$

m) $|x| = |y| \leftrightarrow (x = y \vee x = -y)$

n) $|x^2| = |x|^2 = x^2$

5. Demuestre las siguientes propiedades de los números reales positivos:

a) $\dfrac{a}{b} + \dfrac{b}{a} \geq 2$

b) $(a < b \wedge c > d) \rightarrow \dfrac{a}{c} < \dfrac{b}{d}$

c) $(a > 1 \wedge b > 1) \rightarrow ab + 1 > a + b$

d) $(a > 1 \wedge b > 1) \rightarrow$
$2(ab + 1) > (a + 1)(b + 1)$

e) $a^3 + b^3 \geq a^2 b + ab^2$

f) $a^3 b + ab^3 \leq a^4 + b^4$

g) $\sqrt{a + b} \leq \sqrt{a} + \sqrt{b}$

(h) $\dfrac{a + b}{2} \geq \sqrt{ab}$

6. Demuestre las siguientes propiedades de los números reales positivos:

a) $(ab + cd)(ac + bd) \geq 4abcd$

b) $(a^2 + b^2 + c^2) \geq (bc + ca + ab)$

c) $(b + c)(c + a)(a + b) \geq 8abc$

7. Efectúe las siguientes operaciones de conjuntos de números reales y grafique el resultado.

a) $(\mathbb{R} - \{2\}) - \{3\}$

b) $\{x \in \mathbb{R} : x > 3 \vee x < 0\} \cap$
$\{x \in \mathbb{R} : -2 < x < 7\}$

c) $\{x \in \mathbb{R} : x \neq 1 \wedge x \neq 2\} \cup \{1\}$

d) $\left(\{1\} \cup]0, 1[\right) \cap \left] -\dfrac{1}{2}, \dfrac{1}{2}\right[$

e) $\left([-1, 5] \cap \mathbb{R}^+\right) - \left(]-2, 1[\cap \mathbb{R}^+\right)$

f) $[-1, 5[\cup [-2, 3[\cup [-3, 2[$

g) $\{x \in \mathbb{R} : (x > 1 \wedge x \geq 3)\} \cup$
$\{x \in \mathbb{R} : (x < 0 \wedge x \geq -5) \vee$
$(x \leq -1)\}$

8. Resuelva las siguientes ecuaciones en $\mathbb{R}$.

a) $|x^2 - 5x + 1| = 2$

b) $|x^2 + 1| = |2x|$

c) $|x + 2| + |5 - x| = 0$

d) $|x - 2| = -(x^2 + 1)$

9. Resuelva las siguientes inecuaciones en $\mathbb{R}$.

a) $x - |x| > 2$

b) $|x + 3| \geq 2$

c) $|x - 4| > x - 2$

d) $|x + 2| > |3 - x|$

e) $|x - 7| < 5 < |5x - 25|$

10. Resuelva las siguientes inecuaciones cuadráticas en $\mathbb{R}$.

(a) $x^2 - 3x + 2 > 0$

(b) $x^2 + \dfrac{3}{4}x > 0$

(c) $2x^2 - 8x + 15 \leq 0$

(d) $x^2 - 4x < 0$

(e) $x^2 - \dfrac{1}{4} \leq 0$

(f) $x^2 + 4 < 0$

11. Resuelva los siguientes problemas:

(a) Encuentre las dimensiones que puede tener una cancha, si no debe pasar de 88 metros de superficie y su largo debe ser 3 metros más que su ancho.

(b) Encuentre el valor que pueden tener dos múltiplos consecutivos de 7, si su producto debe ser mayor que 294.

c) Una editorial publica un total de no más de 100 títulos cada año. Por lo menos 20 de ellos no son de ficción, pero la casa editorial siempre publica por lo menos tanta ficción como no ficción. Encuentre un sistema de desigualdades que represente las cantidades posibles de libros de ficción y de no ficción que la editorial puede producir cada año de acuerdo con estas políticas. Grafique el conjunto solución.

d) Un hombre y su hija fabrican mesas y sillas sin acabado. Cada mesa requiere de 3 horas de aserrado y 1 hora de ensamble. Cada silla requiere de 2 horas de aserrado y 2 horas de ensamble. Entre los dos pueden trabajar aserrando hasta 12 horas y ensamblando 8 horas todos los días. Formule un sistema de desigualdades que describa todas las combinaciones posibles de mesas y sillas que pueden fabricar cada día. Grafique el conjunto solución.

e) Un fabricante de alimento para gatos utiliza subproductos de pescado y carne de res. El pescado contiene 12 gramos de proteína y 3 gramos de grasa por cada 30 gramos. La carne de res contiene 6 gramos de proteína y 9 gramos de grasa por cada 30 gramos. Cada lata de alimento para gato debe contener por lo menos 60 gramos de proteína y 45 gramos de grasa. Plantee un sistema de desigualdades que describa el número posible de gramos de pescado y carne de res que se pueden usar en cada lata para cumplir con estas condiciones mínimas. Grafique el conjunto solución.

12. Encuentre los valores de $r \in \mathbb{R}$ tales que

$$\forall x \in \mathbb{R}(rx^2 - r(r-1)x + 2r < 0)$$

13. ¿Para qué valores de $r \in \mathbb{R}$, la ecuación $(1-r)x^2 + x + (1-r) = 0$ tiene sus soluciones reales e iguales?

14. ¿Para qué valores de $r \in \mathbb{R}$ se tiene que:

$$\forall x \in \mathbb{R}((r-1)x^2 + 2(r-3)x + r > 3)?$$

15. Determine los valores de $r \in \mathbb{R}$, de modo que el número 3 esté entre las raíces de la ecuación

$$4x^2 - (r+1)x + 2 - r = 0$$

16. Resuelva las siguientes inecuaciones en $\mathbb{R}$.

a) $\dfrac{x^2 - 3x + 2}{x^2 + 2x + 6} < 3$

b) $\dfrac{x^2 - 5x + 4}{x - 3} < 0$

c) $\dfrac{x^2 - 6x + 7}{x - 2} < 0$

d) $\dfrac{x^2 + 1}{x^2 - 3x + 2} > \dfrac{x}{x^2 - 3x + 2}$

e) $x(x^4 - 7x^2 + 12) > 0$

f) $1 + \dfrac{6}{x^2 + 3x + 2} > \dfrac{6}{x + 2}$

g) $\dfrac{2x - 25}{x^2 + 2x - 3} + \dfrac{2x + 11}{x^2 - 1} > \dfrac{2}{x + 3}$

h) $\dfrac{x^4 - 49x + 96}{x^2 - 7x + 12} > 7$

i) $|x^2 - x| + x > 1$

j) $\left|\dfrac{x+2}{3-x}\right| < 1$

k) $\left|\dfrac{x^2 - x}{x^2 - 4}\right| < 1$

l) $\left|\dfrac{x^2 - 2x + 3}{x^2 - 5x + 6}\right| > \dfrac{1}{5}$

ll) $\sqrt{x+6} - \sqrt{x+1} > \sqrt{2x-5}$

m) $|3x + 2| \leq |x + 1| + |2x + 1|$

n) $2x - 1 > \sqrt{x^2 - 3x + 2}$

o) $8x - 3 < \sqrt{(x-6)(x-9)}$

p) $\sqrt{x-1} + \sqrt{x-4} < 3$

q) $\sqrt{x^2 + 51} - \sqrt{(x-5)(x-7)} > 4$

r) $\sqrt{(x-2)} - \sqrt{(x-6)} < 8$

17. Determine cuál de las siguientes expresiones es mayor:

$$(x^3 + 1) \quad \text{o} \quad (x^2 + x)$$

18. De todos los triángulos de perímetro constante $2s$, determine el de mayor área.

19. De todos los triángulos rectángulos de hipotenusa c, determine el de área máxima.

20. Determine los coeficientes $a, b, c \in \mathbb{R}$ del trimonio $ax^2 + bx + c$ para que él se anule en $x = 8$ y tenga un máximo igual a 12 en $x = 6$.

Autoevaluación 2

1. A partir de los axiomas de cuerpo y de orden de los números reales, demuestre:

$$\forall x \in \mathbb{R} \, \forall y \in \mathbb{R}(x < y \leftrightarrow x^3 < y^3)$$

2. Sean $a, b \in \mathbb{R}^+$, demuestre que:

$$\sqrt{ab} > \frac{2}{\dfrac{1}{a} + \dfrac{1}{b}}$$

3. Resuelva:

$$4x + 1 < \sqrt{(1 - 2x)(x + 4)}$$

4. Resuelva:

$$\left| \frac{x^2 - 2x + 3}{x^2 - 5x + 6} \right| > \frac{1}{5}$$

5. Resuelva:

$$\sqrt{|x - 2| + x^2 - 1} \geq |2x - 1| - 3$$

6. ¿Qué valores debe tomar k para que la(s) solución(es) de la ecuación

$$kx^2 - 2x + k = 0$$

sea(n) número(s) real(es)?

7. Determine el valor de $m \in \mathbb{R}$ para que la ecuación $x^2 - 4x - m$ tenga una raíz que sea el triple de la otra.

3 Relaciones y funciones

Para estudiar algunos conceptos muy usuales en matemáticas, tales como el de relación y el de función, es necesario introducir el concepto de par ordenado de dos objetos. Denotamos por (x, y) al par ordenado de primer elemento x y segundo elemento y. Las siguientes son las propiedades básicas de los pares ordenados y constituyen sus axiomas.

Axioma de pares ordenados.

Axioma 3.1 *Dos pares ordenados son iguales si tanto sus primeros elementos como sus segundos elementos son iguales respectivamente:*

$$(x, y) = (z, u) \;\leftrightarrow\; (x = z \wedge y = u)$$

Notemos que no solo se pueden formar pares ordenados de números reales, sino también de conjuntos y de otros objetos pertenecientes a algún universo.

Axioma 3.2 *El producto cartesiano de dos conjuntos es un conjunto:*

Si A y B son conjuntos, existe un conjunto C tal que:

$$z \in C \;\leftrightarrow\; \exists x \in A \; \exists y \in B (z = (x, y))$$

Este conjunto es único, se llama producto cartesiano de A y B, y se denota por $A \times B$.

También se usa la notación: $A \times B = \{ (x, y) : x \in A \wedge y \in B \}$ para este producto.

Ejemplo 3.1

Si $A = \{2, 4, 6\}$ y $B = \{3, 4\}$, entonces

$$A \times B = \{(2, 3), (2, 4), (4, 3), (4, 4), (6, 3), (6, 4)\}$$

Las propiedades básicas del producto cartesiano son las siguientes:

Teorema

Teorema 3.1   *Si A, B y C son conjuntos, entonces:*

(I) $A \times B = B \times A \leftrightarrow (A = B \vee A = \phi \vee B = \phi)$

(II) $A \times B = \phi \leftrightarrow (A = \phi \vee B = \phi)$

(III) $A \times (B \cup C) = (A \times B) \cup (A \times C)$

(IV) $(A \cup B) \times C = (A \times C) \cup (B \times C)$

(V) $A \times (B \cap C) = (A \times B) \cap (A \times C)$

(VI) $(A \cap B) \times C = (A \times C) \cap (B \times C)$

(VII) $A \times (B - C) = (A \times B) - (A \times C)$

(VIII) $(A - B) \times C = (A \times C) - (B \times C)$

Demostración

Demostraremos solo (II) y (III) dejando el resto al lector.

(ii) Supongamos que $A \times B \neq \phi$ y sea $z \in A \times B$. Por Axioma 3.2:$\exists x \in A \; \exists y \in B (z = (x, y))$. Luego, $A \neq \phi \wedge B \neq \phi$ Por lo tanto $A \times B \neq \phi \rightarrow (A \neq \phi \wedge B \neq \phi)$, que es equivalente por el contrapositivo a:

$$(A = \phi \vee B = \phi) \rightarrow A \times B = \phi.$$

Supongamos ahora que $A \neq \phi \wedge B \neq \phi$. Entonces existen $x \in A$ e $y \in B$, de donde $z = (x, y) \in A \times B$ y por lo tanto $A \times B \neq \phi$.
Luego $(A \neq \phi \wedge B \neq \phi) \rightarrow A \times B \neq \phi$, lo cual es equivalente a

$$A \times B = \phi \rightarrow (A = \phi \vee B = \phi)$$

(iii) Basta probar que

$$(x, y) \in A \times (B \cup C) \leftrightarrow (x, y) \in ((A \times B) \cup (A \times C))$$

$$
\begin{aligned}
(x, y) \in A \times (B \cup C) \quad &\leftrightarrow \quad (x \in A \wedge y \in (B \cup C)) \\
&\leftrightarrow \quad (x \in A \wedge (y \in B \vee y \in C)) \\
&\leftrightarrow \quad ((x \in A \wedge y \in B) \vee (x \in A \wedge y \in C)) \\
&\leftrightarrow \quad ((x, y) \in A \times B) \vee (x, y) \in A \times C) \\
&\leftrightarrow \quad (x, y) \in ((A \times B) \cup (A \times C))
\end{aligned}
$$

■

Relaciones   3.2

Noción intuitiva   3.2.1

Consideremos el predicado $x < y$ en los números reales. Este establece una relación entre pares de números reales: $1 < 2$, $2 < 5$, $8 < 11, \cdots$ etc. Podemos identificar la relación **ser menor que** en $\mathbb{R}$ con el conjunto de todos aquellos pares de números reales que la satisfacen, esto es,

$$\{(x, y) \in \mathbb{R} \times \mathbb{R} : x < y\}.$$

En este caso diremos que los pares $(1, 2)$, $(2, 5)$, $(8, 11) \cdots$ etc., son objetos de la relación **ser menor que**. Esto se puede hacer en general como veremos en la siguiente definición:

Definición

Definición 3.1 Relación binaria

*S es una **relación binaria** si y solo si existen conjuntos A y B tales que $S \subseteq A \times B$.*

En este caso también se dice que S es una relación de A en B. Si $S \subseteq A \times A$ se dice que S es una relación en A. Se usa también la notación xSy para $(x, y) \in S$.

Ejemplos

Ejemplo 3.2

$S_1 = \{(1, -3), (-2, 5), (\sqrt{2}, -\sqrt{3})\}$ es una relación binaria en $\mathbb{R}$, pues $S_1 \subseteq \mathbb{R} \times \mathbb{R}$.

Ejemplo 3.3

También $S_2 = \{ (x, y) \in \mathbb{R} \times \mathbb{R} : x + y = 1 \}$ es una relación binaria y en este caso $(1, 0) \in S_2$, pues $1 + 0 = 1$, en cambio $(1, 1) \notin S_2$, pues $1 + 1 \neq 1$.

Los conceptos de imagen y preimagen están dados por:

Definición

Definición 3.2 Imagen y Preimagen

*Sean A, B conjuntos y $S \subseteq A \times B$ relación. Si $(x, y) \in S$ decimos que y es **imagen** de x por S y que x es **preimagen** de y por S.*

Ejemplo 3.4

Así, por ejemplo, dada la relación:

$$S = \{(1, -3), (-2, 5), (\sqrt{2}, -\sqrt{3})\}$$

$1, -2$ y $\sqrt{2}$ son preimágenes de $-3, 5$ y $-\sqrt{3}$ respectivamente y recíprocamente, $-3, 5$ y $-\sqrt{3}$ son imágenes de $1, -2$ y $\sqrt{2}$ respectivamente.

Observación

Como una relación de A en B es cualquier subconjunto de $A \times B$ (incluyendo el conjunto vacío y el conjunto $A \times B$), entonces no necesariamente todos los elementos de A son primeros elementos de algún par ordenado de la relación y no todos los elementos de B son segundos elementos de algún par ordenado de la relación.

Ejemplo 3.5

En la relación S en $\mathbb{R}$ definida por

$$S = \{(0, 1)(0, 2)(1, 1)(1, 2)(2, 2)\}$$

solamente $0, 1, 2$ son primeros elementos o preimágenes y $1, 2$ son segundos elementos o imágenes.

Esto nos lleva a definir dominio y recorrido de una relación. Sean A, B conjuntos y $S \subseteq A \times B$. Se define:

Definición

Definición 3.3 *Dominio de S*
$$\text{DOM } S = \{x \in A : \exists y \in B((x, y) \in S)\}$$

Definición 3.4 *Recorrido de S*
$$\text{REC } S = \{y \in B : \exists x \in A((x, y) \in S)\}$$

En el ejemplo anterior tenemos que $\text{DOM } S = \{0, 1, 2\}$ y $\text{REC } S = \{1, 2\}$

Ejemplo 3.6

Consideremos la relación real (en $\mathbb{R}$) definida por:

$$S = \{(x, y) \in \mathbb{R} \times \mathbb{R} : x > 2 \wedge x + y = 1\}$$

en ella se tiene que:

$$\text{Dom } S = \{x \in \mathbb{R} : \exists y \in \mathbb{R}(x > 2 \wedge x + y = 1)\}$$
$$= \{x \in \mathbb{R} : x > 2 \wedge \exists y \in \mathbb{R}(y = 1 - x)\}$$
$$= \{x \in \mathbb{R} : x > 2\}$$
$$= \,]2, \infty[$$

$$\text{Rec } S = \{y \in \mathbb{R} : \exists x \in \mathbb{R}(x > 2 \wedge x + y = 1)\}$$
$$= \{y \in \mathbb{R} : \exists x \in \mathbb{R}(x > 2 \wedge x = 1 - y)\}$$
$$= \{y \in \mathbb{R} : 1 - y > 2\}$$
$$= \,]-\infty, -1[$$

Gráfico de relaciones reales 3.3

A cada par ordenado de números reales se le puede asociar un punto del plano de la siguiente manera: Sean ℓ_1 y ℓ_2 dos rectas perpendiculares y sea O su punto de intersección:

Figura 3.1: Gráfico de las rectas ℓ_1 y ℓ_2

Sea $(x, y) \in \mathbb{R} \times \mathbb{R}$ y sean P_x, P_y los puntos asignados a x y a y en ℓ_1 y ℓ_2 respectivamente:

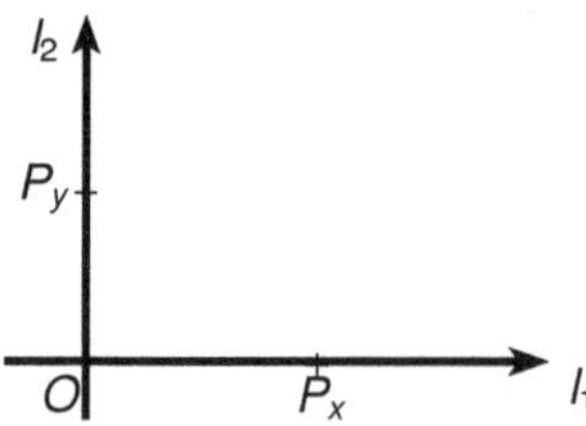

Figura 3.2: Gráfico de P_x, P_y, los puntos asignados a x y a y

Sea $P(x, y)$ el punto del plano tal que $OP_x P(x, y) P_y$ es un rectángulo:

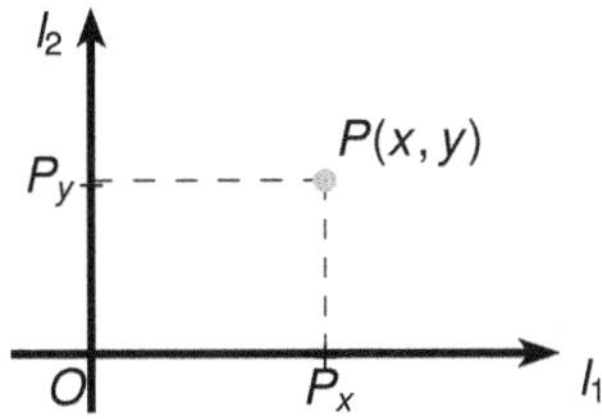

Figura 3.3: Gráfico del rectángulo $OP_x P(x, y) P_y$

Este punto está unívocamente determinado por (x, y).

Definición

Definición 3.5 · Gráfico

*Sea $S \subseteq \mathbb{R} \times \mathbb{R}$ una relación. Se llama **gráfico** de S al conjunto de todos los puntos del plano asignados a los pares ordenados de S.*

Ejemplos sencillos de gráficos son los siguientes:

Ejemplos

Ejemplo 3.7

$S_0 = \{ (1, 1), (1, 2), (2, 1), (2, 2) \}$

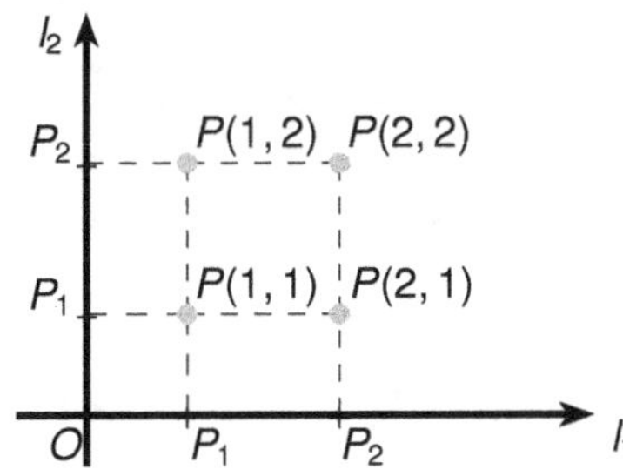

Figura 3.4: Gráfico de S_0

Ejemplo 3.8

$S_1 = \mathbb{N} \times \mathbb{N}$

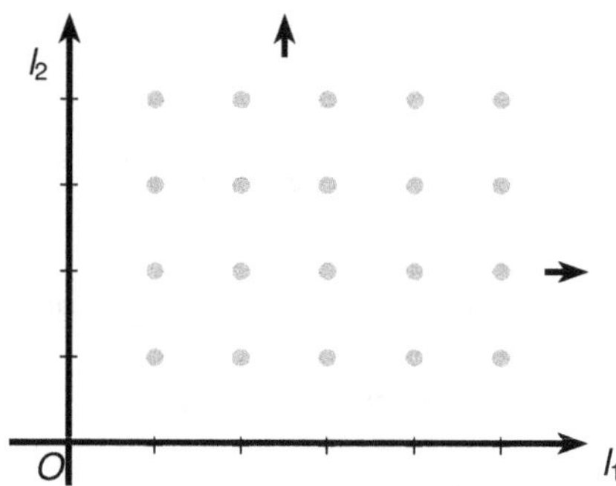

Figura 3.5: Gráfico de S_1

Ejemplo 3.9

$S_2 = \{(x, y) \in \mathbb{R} \times \mathbb{R} : x > y\}$

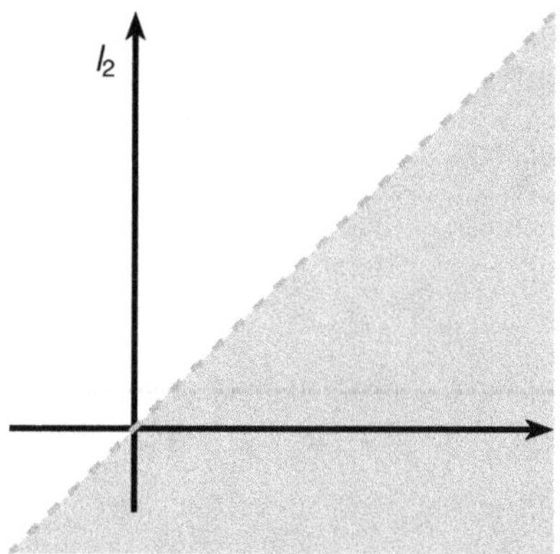

Figura 3.6: Gráfico de S_2

Ejemplo 3.10

$S_3 = \{(x, y) \in \mathbb{R} \times \mathbb{R} : |x| < 1 \wedge |y| > 1\}$

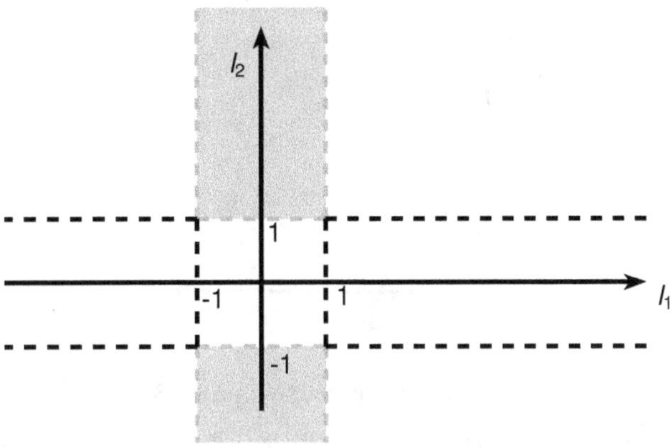

Figura 3.7: Gráfico de S_3

Ecuación e inecuación de primer grado   3.3.1

Sabemos de la geometría analítica que toda ecuación de primer grado en las variables x e y representa una línea recta y que las inecuaciones correspondientes representan a los semiplanos determinados por dicha recta. Por ejemplo, la ecuación $5x + 3y - 1 = 0$ representa una recta y para trazarla basta con determinar dos puntos de ella. Haciendo $x = 0$ se obtiene $y = 1/3$, lo que significa que $P(0, 1/3)$ es un punto de la recta. De la misma manera se obtiene que $P(1/5, 0)$ también es un punto de la recta, con lo cual podemos trazarla:

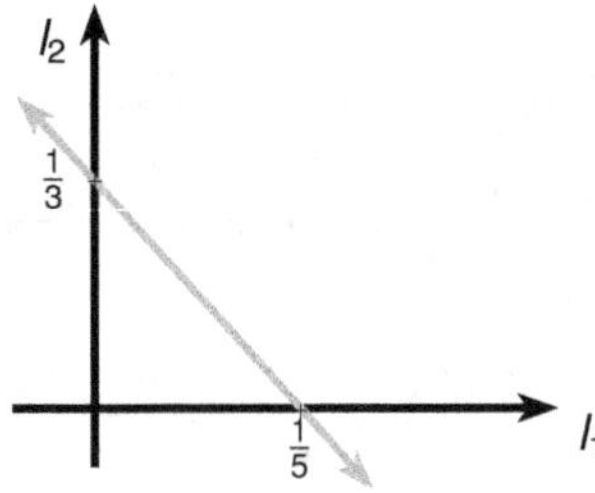

Figura 3.8: Gráfico de la ecuación $5x + 3y - 1 = 0$

La inecuación $5x + 3y - 1 < 0$ representa a uno de los semiplanos determinados por la recta anterior. Como el origen se encuentra en el semiplano inferior determinado por la recta y satisface la inecuación, se puede concluir que el semiplano buscado es el de la siguiente figura:

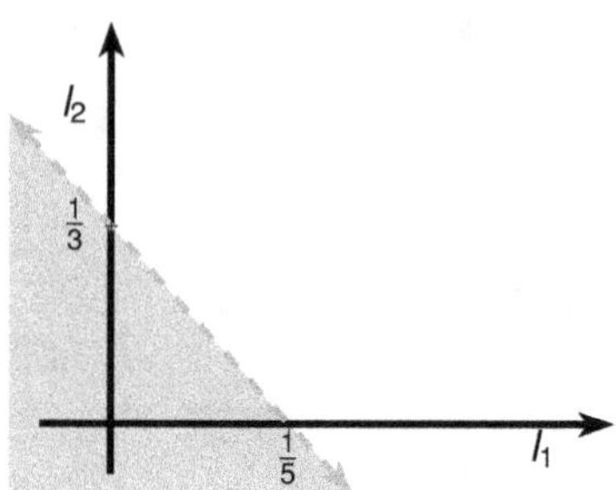

Figura 3.9: Gráfico de la inecuación $5x + 3y - 1 < 0$

En nuestro lenguaje esto significa que si $a, b, c \in \mathbb{R}$ y $(a \neq 0 \vee b \neq 0)$, entonces la relación S definida por:

$$S = \{(x, y) \ : \ ax + by + c = 0\}$$

tiene como gráfico una línea recta.

Además, las relaciones definidas por:

$$S_1 = \{(x, y) \ : \ ax + by + c > 0\}$$

y por

$$S_2 = \{(x, y) \ : \ ax + by + c < 0\}$$

tienen como gráficos, los semiplanos superior e inferior, determinados por la recta anterior, según los signos de a, b y c.

Ejemplo 3.11

Graficar la relación

$$S = \{(x, y) \in \mathbb{R} \times \mathbb{R} : 2x - 1 = y \wedge y - 5 < 1\}$$

En primer lugar, notemos que $2x - 1 = y$ es la ecuación de una recta que pasa por los puntos $P_1(0, -1)$ y $P_2(\frac{1}{2}, 0)$:

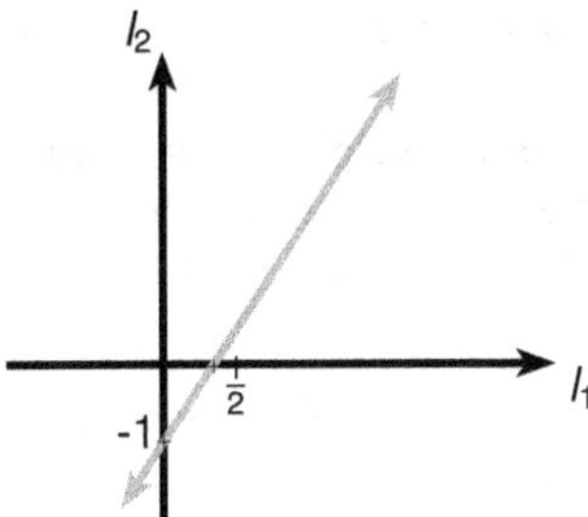

Figura 3.10: Gráfico de la ecuación $2x - 1 = y$

La inecuación $y - 5 < 1$ es equivalente a $y < 6$, cuyo gráfico es:

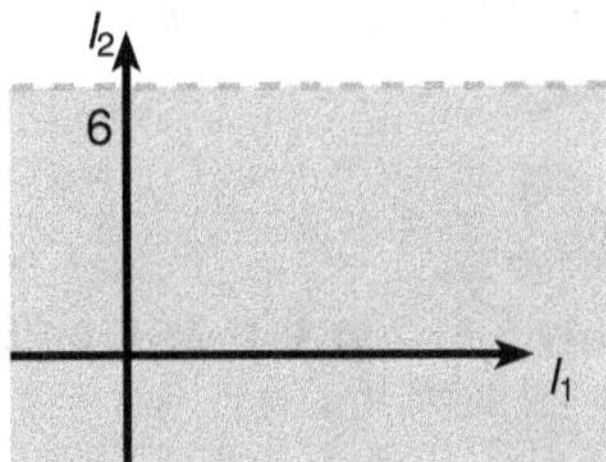

Figura 3.11: Gráfico de la inecuación $y - 5 < 1$

El gráfico pedido es la porción de recta que está contenida en el gráfico anterior:

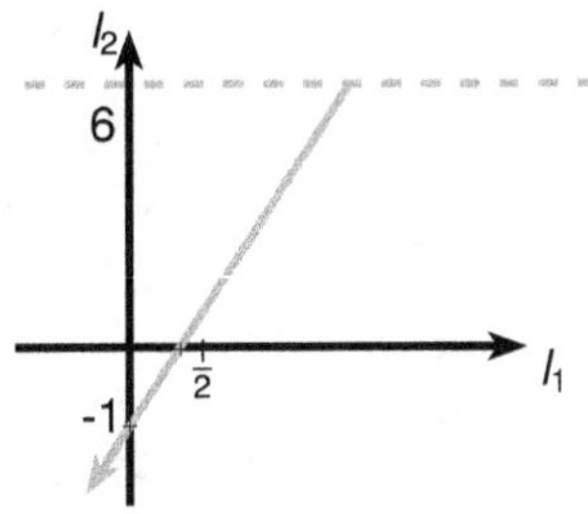

Figura 3.12: Gráfico de $S = \{(x, y) \in \mathbb{R} \times \mathbb{R} : 2x - 1 = y \wedge y - 5 < 1\}$

Concepto de función y propiedades básicas — 3.4

Consideremos la operación **el cuadrado de ...**, la cual hace corresponder a cada número r, su cuadrado r^2. Esta operación, está determinada por los pares ordenados $(x, y) \in \mathbb{R} \times \mathbb{R}$ tales que $y = x^2$ y por lo tanto se puede definir como la siguiente relación:

$$\{(x, y) \in \mathbb{R} \times \mathbb{R} : y = x^2\}$$

Notemos que la única diferencia con una relación cualquiera es que en este caso, para cada $x \in \mathbb{R}$ existe una única imagen $y \in \mathbb{R}$. Esto puede definirse en general como sigue:

Definición

Definición 3.6 *Función*

> F **es una función** *si y solo si F es una relación y $\forall x \in$* DOM *F $\exists!$ $y \in$* REC *$F((x, y) \in F)$.*

Definición 3.7 *Función de A en B*

> *Si A y B son conjuntos entonces F **es función de** A **en** B si y sólo si F es una función tal que* DOM *$F = A$ y* REC *$F \subseteq B$.*

Se usa la notación $F : A \to B$ cuando F es función de A en B. La única imagen de x por F se denota por $y = F(x)$. Gráficamente, podemos darnos cuenta de que una relación es una función, cuando vemos que toda recta vertical, intersecta el gráfico en a lo más un punto.

Ejemplos

Ejemplo 3.12

$F = \{(x, y) \in \mathbb{R} \times \mathbb{R} : x = y^2\}$
No es función porque

$$(1, 1) \in F \wedge (1, -1) \in F \text{ y } 1 \neq -1$$

Ejemplo 3.13

$F = \{(x, y) \in \mathbb{R} \times \mathbb{R} : y = x^2\}$
Es función de $\mathbb{R}$ en $\mathbb{R}$.

Aquí $\text{DOM}\, F = \mathbb{R}$ y $\text{REC}\, F = \mathbb{R}^+ \cup \{0\}$

Ejemplo 3.14

Sea A conjunto, entonces la relación ID_A definida por

$$ID_A = \{(x, y) \in A \times A : x = y\}$$

es función con dominio y recorrido iguales a A.

Observación

Vemos que de la definición de igualdad de conjuntos de pares ordenados que dos funciones F y G son iguales si y solo si $\text{DOM}\, F = \text{DOM}\, G$ y $\forall x \in \text{DOM}\, F\Big(F(x) = G(x)\Big)$.

Muchas veces es necesario aplicar una operación unaria al resultado de otra. Esta necesidad da origen al concepto de **composición de funciones**, que definimos a continuación.

Definición

Definición 3.8 Composición de funciones

Sean F y G funciones, entonces la función G **compuesta con** F se define por

$$G \circ F = \{(x, y) \in \text{DOM}\, F \times \text{REC}\, G : y = G(F(x))\}$$

Es decir, para $x \in \text{DOM}\, F$ con $F(x) \in \text{DOM}\, G$ se tiene $G \circ F(x) = G(F(x))$
Vemos entonces que:

$$\text{DOM}\,(G \circ F) = \{x \in \text{DOM}\, F : F(x) \in \text{DOM}\, G\}$$

Ejemplos

Ejemplo 3.15

Sea

$$F = \{(1,-1),(2,0),(3,0)\} \quad y \quad G = \{(-1,20),(0,20)\}$$

Aquí tenemos que:

$$\text{Dom}\, F = \{1,2,3\}, \quad \text{Rec}\, F = \{-1,0\}, \quad \text{Dom}\, G = \{-1,0\}$$

Luego $\text{Dom}\,(G \circ F) = \{1,2,3\}$ *y por tanto:*

$G \circ F(1) = G(F(1)) = G(-1) = 20$

$G \circ F(2) = G(F(2)) = G(0) = 20$

$GoF(3) = G(F(3)) = G(0) = 20$

De ello se deduce que:

$$G \circ F = \{(1,20),(2,20),(3,20)\}$$

Ejemplo 3.16

Sean F y G funciones reales definidas por:

$$F(x) = x^2 \qquad G(x) = \frac{1}{x}$$

$$
\begin{aligned}
\text{Dom}\,(G \circ F) &= \{x \in \text{Dom}\ F : F(x) \in \text{Dom}\ G\} \\
&= \{x \in \mathbb{R} : x^2 \neq 0\} \\
&= \mathbb{R} - \{0\}
\end{aligned}
$$

$$G \circ F(x) = G(F(x)) = G(x^2) = \frac{1}{x^2}.$$

También podemos calcular $F \circ G(x)$:

$$
\begin{aligned}
\text{Dom}\,(F \circ G) &= \{x \in \text{Dom}\ G : G(x) \in \text{Dom}\ F\} \\
&= \{x \in \mathbb{R} - \{0\} : \frac{1}{x} \in \mathbb{R}\} \\
&= \mathbb{R} - \{0\}
\end{aligned}
$$

$$F \circ G(x) = F(G(x)) = F\left(\frac{1}{x}\right) = \frac{1}{x^2}$$

En este caso resultó que ambas composiciones dieron la misma función. Esta situación es poco común, en la mayoría de los casos la composición de funciones no es conmutativa.

Ejemplo 3.17

Sean F y G funciones reales definidas por:

$$F(x) = \frac{1}{x}, \qquad G(x) = x + 1$$

$$\begin{aligned}
\text{DOM}\,(G \circ F) &= \{x \in \text{DOM}\, F : F(x) \in \text{DOM}\, G\} \\
&= \{x \in \mathbb{R} - \{0\} : \frac{1}{x} \in \mathbb{R}\} \\
&= \mathbb{R} - \{0\}
\end{aligned}$$

Además tenemos que:

$$G \circ F(x) = G(F(x)) = G\left(\frac{1}{x}\right) = \frac{1}{x} + 1 = \frac{1+x}{x}$$

Observación

Si F es una función de A en B, entonces para $x \in A$:

$$F \circ ID_A(x) = F\left(ID_A(x)\right) = F(x)$$

de donde $F \circ ID_A = F$ y también:

$$ID_B \circ F(x) = ID_B\left(F(x)\right) = F(x),$$

o sea $ID_B \circ F = F$

Estudiaremos ahora aquellas funciones que determinan una correspondencia uno a uno entre los elementos del dominio y los del recorrido, esto es, no solo cada elemento del dominio tiene una única imagen, sino que también cada elemento del recorrido tiene una única preimagen, lo cual inmediatamente sugiere para este tipo de funciones la posibilidad de definir una función inversa.

Consideremos por ejemplo la función real definida por $f(x) = x^2$. Hay elementos diferentes del dominio de f, tales como 1 y -1, que tienen la misma imagen, o sea $f(1) = f(-1) = 1$. En cambio, para la función real definida por $g(x) = 2x + 1$, tenemos que si a y b son elementos diferentes del dominio de g, entonces $g(a) \neq g(b)$ pues $2a + 1 \neq 2b + 1$. En este último caso diremos que la función es **inyectiva** o **uno a uno**, como veremos en la siguiente definición:

Definición

Definición 3.9   *Función inyectiva*

Sea f función. f **es inyectiva** *o* **uno a uno**, *si y sólo si*

$$\forall x \in \text{Dom } f \ \ \forall y \in \text{Dom } f \, (x \neq y \to f(x) \neq f(y))$$

Vemos que esta definición es equivalente a que f es inyectiva si y solo si

$$\forall x \in \text{Dom } f \ \ \forall y \in \text{Dom } f \, (f(x) = f(y) \to x = y)$$

Gráficamente, podemos ver que una función es inyectiva, cuando toda recta horizontal intersecta el gráfico en a lo más un punto.

Ejemplo 3.18

Sea f función real definida por $f(x) = \dfrac{x + 1}{x - 2}$. *Es claro que* $\text{Dom } f = \mathbb{R} - \{2\}$.

Sean $x, y \in R - \{2\}$ *y supongamos que* $f(x) = f(y)$, *entonces* $\dfrac{x + 1}{x - 2} = \dfrac{y + 1}{y - 2}$, *de donde* $(x + 1)(y - 2) = (y + 1)(x - 2)$, *es decir,* $xy - 2x + y - 2 = yx - 2y + x - 2$, *luego,* $3y = 3x$, *o sea* $x = y$, *y por lo tanto* $f(x) = \dfrac{x + 1}{x - 2}$ *es inyectiva.*

Definición

Definición 3.10   *Relación inversa*

Sea f función real, la **relación inversa** f^{-1} *de f se define por:*

$$f^{-1} = \{(y, x) \in \text{Rec } f \times \text{Dom } f : f(x) = y\}$$

Notemos que si los elementos del dominio de una función tienen imágenes diferentes, entonces cada elemento del recorrido tiene una única preimagen (o imagen por la inversa de la función) y entonces la inversa es una función. Pasamos a formalizar este resultado:

Teorema

Teorema 3.2 *Sea f función. Entonces f es inyectiva si y solo si f^{-1} es función.*

Demostración

- *Supongamos que f es inyectiva.*

  Sea $f^{-1} = \{(y, x) \in \text{REC } f \times \text{DOM } f : f(x) = y\}$

  Sean $(y, x) \in f^{-1} \wedge (y, x') \in f^{-1}$ entonces, $f(x) = y \wedge f(x') = y$; es decir, $f(x) = f(x')$ y como f es inyectiva, $x = x'$

  Por lo tanto f^{-1} es función.

- *Supongamos ahora que f^{-1} es función.*

  Sean x, x' tales que $f(x) = f(x') = y$;

  entonces $(y, x) \in f^{-1} \wedge (y, x') \in f^{-1}$; y como f^{-1} es función, $x = x'$ Por lo tanto, f es inyectiva.

■

Observación

$$\text{Vemos que } \quad \text{DOM } f^{-1} = \text{REC } f$$
$$\text{REC } f^{-1} = \text{DOM } f$$

y también, si $x \in \text{DOM } f$ e $y \in \text{REC } f$ entonces

$$f(x) = y \quad \leftrightarrow \quad f^{-1}(y) = x$$

Ejemplo 3.19

Sea f función real definida por $f(x) = \dfrac{x+1}{x-2}$

Hemos demostrado, en el Ejemplo 3.18, que f es inyectiva, además DOM $f = \mathbb{R} - \{2\}$ *y* REC $f = \mathbb{R} - \{1\}$.

Entonces para $y \in \mathbb{R} - \{2\}$,

$$
\begin{aligned}
f^{-1}(y) = x \quad &\leftrightarrow \quad f(x) = y \\
&\leftrightarrow \quad \frac{x+1}{x-2} = y \\
&\leftrightarrow \quad x + 1 = y(x-2) \\
&\leftrightarrow \quad x(1 - y) = -1 - 2y \\
&\leftrightarrow \quad x = \frac{2y+1}{y-1}
\end{aligned}
$$

luego, f^{-1} *es la función real con dominio* $\mathbb{R} - \{1\}$, *recorrido* $\mathbb{R} - \{2\}$ *y definida por* $f^{-1}(y) = \dfrac{2y+1}{y-1}$.

Cuando el recorrido de una función de A en B es B, decimos que la función es **sobre** B. Si agregamos este concepto al anterior obtenemos el de biyección:

Definición

Definición 3.11 *Biyección de A sobre B*

Sean A y B conjuntos, f es **biyección de** *A* **sobre** *B si y solo si f es función inyectiva de A en B y* REC *f = B.*

Ejemplos

Ejemplo 3.20

Sea $f : \mathbb{R} \rightarrow \mathbb{R}$ *definido por* $f(x) = 2x$

a) f es uno a uno:

Sea $f(x) = f(y)$, entonces $2x = 2y$ y por lo tanto $x = y$

b) f es sobre $\mathbb{R}$:

Sea $y \in \mathbb{R}$, entonces $x = \dfrac{y}{2} \in \mathbb{R}$ y $f(x) = 2\left(\dfrac{y}{2}\right) = y$, de donde $y \in \text{REC } f$

De a) y b) se obtiene que f es biyección de $\mathbb{R}$ sobre $\mathbb{R}$.

Ejemplo 3.21

Sea $f : \mathbb{N} \to \mathbb{N}$ definida por: $f(x) = 3x$

a) f es uno a uno:

Sea $f(x) = f(y)$. Entonces $3x = 3y$ y por lo tanto $x = y$

b) f no es sobre $\mathbb{N}$:

$2 \notin \text{REC } f$ pues si $2 = f(x)$ para algún $x \in \mathbb{N}$, entonces $2 = 3x$ de donde $x = \dfrac{2}{3} \notin \mathbb{N}$.

De a) y b) se concluye que f no es biyección de $\mathbb{N}$ sobre $\mathbb{N}$.

Teorema

Teorema 3.3   Si f es función inyectiva, entonces f^{-1} también es función inyectiva.

Demostración

Si f es inyectiva, entonces sabemos por Teorema 3.2 que f^{-1} es función. Veamos que también es inyectiva:

$$f^{-1}(x) = f^{-1}(y) \iff f(f^{-1}(x)) = f(f^{-1}(y)) \iff x = y$$

∎

Teorema

Teorema 3.4   Si f es biyección de A sobre B, entonces f^{-1} es biyección de B sobre A.

Demostración

Supongamos que f es biyección de A sobre B. Entonces por Teorema 3.3 sabemos que f^{-1} es función inyectiva. También sabemos que $\text{DOM}\,(f^{-1}) = \text{REC}\,(f) = B$. Veamos entonces que f^{-1} es sobre A. Sea $y \in A \implies \exists x \in B(f(x) = y)$ porque f es sobre B. Luego $\exists x \in B(x = f^{-1}(y))$, lo que nos dice que $\text{REC}\,(f^{-1}) = A$. Esto demuestra el teorema. ∎

También se puede demostrar que la composición de biyecciones es biyección:

Teorema

Teorema 3.5 *Si f es biyección de A sobre B y g es biyección de B sobre C, entonces gof es biyección de A sobre C.*

Demostración

$$
\begin{aligned}
\text{DOM}\,(gof) &= \{x \in \text{DOM}\ f : f(x) \in \text{DOM}\ g\} \\
&= \{x \in A : f(x) \in B\} \\
&= A
\end{aligned}
$$

Además, si $z \in C$, como g es sobre, existe $y \in B$ tal que $z = g(y)$; como f también es sobre, existe $x \in A$ tal que $y = f(x)$, de donde $z = g \circ f(x)$; es decir, $z \in \text{REC}\,(g \circ f)$.

Tenemos entonces que $\text{REC}\,(g \circ f) = C$. Para ver que $g \circ f$ es uno a uno, supongamos que para x y x' se tiene:

$$g \circ f(x) = g \circ f(x')$$

entonces

$$g(f(x)) = g(f(x'))$$

y como g es uno a uno, resulta $f(x) = f(x')$ y como f también es uno a uno, se concluye que $x = x'$. ∎

Problema 3.1

Dadas las funciones reales f y g definidas por:

$$f(x) = \begin{cases} x^2 - 1 & \text{si } x > 0 \\ 2x - 1 & \text{si } x \leq 0 \end{cases}$$

$$g(x) = \begin{cases} x^2 - 1 & \text{si } x > -1 \\ 2x - 1 & \text{si } x \leq -1 \end{cases}$$

Demostrar que f es biyección sobre $\mathbb{R}$, pero g no lo es y determinar $g \circ f^{-1}$

Solución

- *Veamos primero que f es biyección sobre $\mathbb{R}$.*

  Para demostrar que f es inyectiva, dado que está definida por tramos debemos considerar varios casos:

  i) *Sean $x, y \in \mathbb{R}$, $x \neq y \wedge x > 0 \wedge y > 0$, entonces*
     $x^2 \neq y^2$ *y por lo tanto* $f(x) = x^2 - 1 \neq y^2 - 1 = f(y)$

  ii) *Sean $x, y \in \mathbb{R}$, $x \neq y \wedge x \leq 0 \wedge y \leq 0$, entonces*
      $2x \neq 2y$ *y por lo tanto* $f(x) = 2x - 1 \neq 2y - 1 = f(y)$

  iii) *Sean $x, y \in \mathbb{R}$, $x \leq 0 \wedge y > 0$, entonces*
       $f(x) = 2x - 1 \leq -1$
       $f(y) = y^2 - 1 > -1$
       luego también en este caso se tiene que $f(x) \neq f(y)$.
       Por lo tanto de (i), (ii) y (iii) concluimos que f es inyectiva.

- *Además, f es sobre $\mathbb{R}$, pues si $y \in \mathbb{R}$, entonces*

$$y \leq -1 \vee y > -1$$

Buscamos $x \in \mathbb{R}$ tal que $f(x) = y$.

a) *Si $y \leq -1$, sea $x = \dfrac{y+1}{2}$. Tenemos que $x \leq 0$ y por lo tanto $f(x) =$*
   $$f\left(\frac{y+1}{2}\right) = 2\left(\frac{y+1}{2}\right) - 1 = y$$

b) *Si $y > -1$, sea $x = \sqrt{y+1}$. Tenemos que $x > 0$ y por lo tanto*

$$f(x) = f(\sqrt{y+1}) = (\sqrt{y+1})^2 - 1 = y$$

De (a) y (b) concluimos que f es sobre $\mathbb{R}$

- **La función g no es una biyección, pues no es inyectiva, dado que por ejemplo si tomamos $x_1 = -\frac{1}{2}$ y $x_2 = \frac{1}{2}$ entonces**

$$g(x_1) = \left(-\frac{1}{2}\right)^2 - 1 = \frac{1}{4} - 1 = -\frac{3}{4} = \left(\frac{1}{2}\right)^2 - 1 = g(x_2)$$

La función g tampoco es sobre $\mathbb{R}$ (no es difícil ver que si por ejemplo $y = -2$, entonces $\neg \; \exists x \in \mathbb{R} \, (g(x) = -2)$

- **Dado que f es biyección sobre $\mathbb{R}$, sabemos que existe $f^{-1} : \mathbb{R} \to \mathbb{R}$**

  Para determinar la función inversa de f, como sabemos que $y = f(x) \; \leftrightarrow \; f^{-1}(y) = x$, aprovecharemos el trabajo realizado al demostrar que f es función sobre $\mathbb{R}$ y obtenemos que:

$$f^{-1}(y) = \begin{cases} \dfrac{y+1}{2} & si \;\; y \leq -1 \\\\ \sqrt{y+1} & si \;\; y > -1 \end{cases}$$

- **Luego, solo nos resta calcular $g \circ f^{-1}$**

$$g \circ f^{-1}(x) = g(f^{-1}(x)) = \begin{cases} (f^{-1}(x))^2 - 1 & si \;\; f^{-1}(x) > -1 \\\\ 2(f^{-1}(x)) - 1 & si \;\; f^{-1}(x) \leq -1 \end{cases}$$

Dado que el valor de $f^{-1}(x)$ depende de si $x \leq -1$ o $x > -1$, analizaremos ambos casos por separado:

- **Si $x > -1$ entonces $f^{-1}(x) = \sqrt{x+1} > 0$ y por lo tanto $f^{-1}(x) > -1$, luego $g \circ f^{-1}(x) = (\sqrt{x+1})^2 - 1 = x$**

- **Si $x \leq -1$ entonces $f^{-1}(x) = \dfrac{x+1}{2} > -1 \;\; \leftrightarrow \;\; \dfrac{x+1}{2} > -1 \;\; \leftrightarrow \;\; x > -3$**

Luego

$$g \circ f^{-1}(x) = \begin{cases} 2\left(\dfrac{x+1}{2}\right) - 1 & si \;\; x \leq -3 \\\\ \left(\dfrac{x+1}{2}\right)^2 - 1 & si \;\; x > -3 \end{cases}$$

Tenemos finalmente:

$$gof^{-1}(x) = \begin{cases} x & si \quad x \leq -3 \vee x > -1 \\[2ex] \left(\dfrac{x+1}{2}\right)^2 - 1 & si \quad -3 < x \leq -1 \end{cases}$$

Gráficos de las funciones reales — 3.5

Las funciones reales son también relaciones reales, y se grafican como tales. Ejemplos sencillos de gráficos de funciones son los siguientes:

Ejemplos

Ejemplo 3.22

Graficar la función F definida por:

$$F(x) = -2x + 5, \quad x \in \mathbb{R}$$

Solución

Considerada F como relación, tenemos que $F = \{(x, y) \in \mathbb{R} \times \mathbb{R} : y = -2x + 5\}$ y la ecuación $y = -2x + 5$, representa una recta que pasa por los puntos $P(0, 5)$ y $P(5/2, 0)$ como se muestra en la figura siguiente:

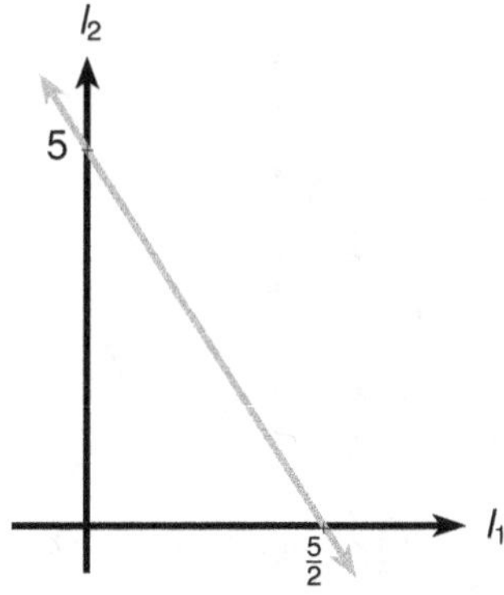

Figura 3.13: Gráfico de $F(x) = -2x + 5, \quad x \in \mathbb{R}$

Ejemplo 3.23

Graficar la función

$$F(x) = 2x^2 + 6x - 1$$

Solución

Comenzaremos utilizando el método de completación de cuadrados, con lo que:

$$2x^2 + 6x - 1 = 2\left(x + \frac{3}{2}\right)^2 - \frac{11}{2}$$

luego

$$y = F(x) \;\leftrightarrow\; y = 2\left(x + \frac{3}{2}\right)^2 - \frac{11}{2} \;\leftrightarrow\; (y + \frac{11}{2}) = 2\left(x + \frac{3}{2}\right)^2$$

que es la ecuación de una parábola con vértice $P\left(-\frac{3}{2}, -\frac{11}{2}\right)$ *e intersección*

con el eje X en $P\left(\frac{-3 + \sqrt{11}}{2}, 0\right)$ *y* $P\left(\frac{-3 - \sqrt{11}}{2}, 0\right)$ *y que vemos en la figura siguiente:*

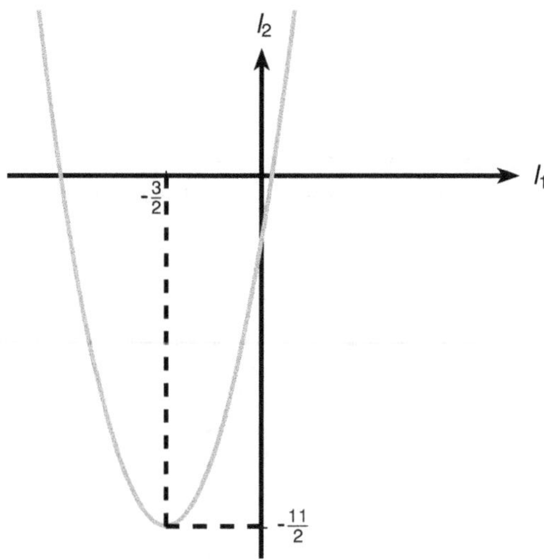

Figura 3.14: Gráfico de $F(x) = 2x^2 + 6x - 1$

Ejemplo 3.24

Graficar $f(x) = |x|$

Solución

Es claro que si $x \geq 0$, $f(x) = x$ cuyo gráfico es la recta $y = x$ y si

$x < 0$, $f(x) = -x$ cuyo gráfico es la recta $y = -x$, como se ve en la figura siguiente:

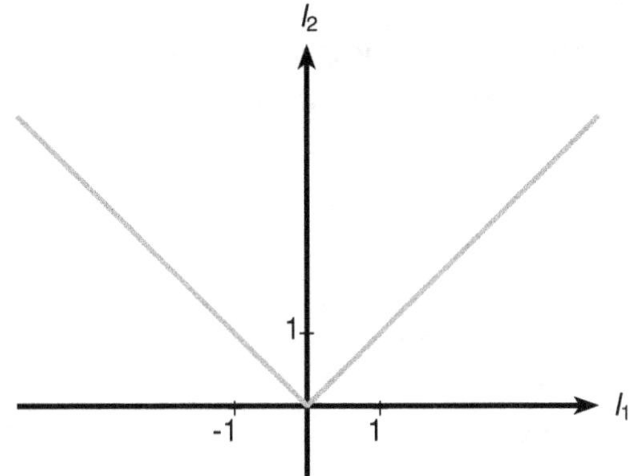

Figura 3.15: Gráfico de $f(x) = |x|$

Ejemplo 3.25

Graficar la función:

$$f(x) = \begin{cases} \sqrt{1 - x^2} & , \quad x \geq 0 \\[2ex] \sqrt{1 - \dfrac{x^2}{9}} & , \quad x < 0 \end{cases}$$

Solución

Para $x \geq 0$ tenemos que

$$\begin{aligned} y = f(x) \quad &\leftrightarrow \quad y = \sqrt{1 - x^2} \\ &\leftrightarrow \quad y \geq 0 \ \wedge \ y^2 + x^2 = 1 \end{aligned}$$

y como $x^2 + y^2 = 1$ representa una circunferencia, hemos obtenido el cuadrante donde ella se ubica, que es: $x \geq 0 \wedge y \geq 0$.

Para $x < 0$ tenemos que

$$y = f(x) \quad \leftrightarrow \quad y = \sqrt{1 - \frac{x^2}{9}}$$

$$\leftrightarrow \quad y \geq 0 \ \wedge \ y^2 + \frac{x^2}{9} = 1$$

y como $\dfrac{x^2}{9} + y^2 = 1$ representa una elipse, se obtiene el cuadrante donde ella se ubica, que es $x < 0 \wedge y \geq 0$, como se ve en las figuras siguientes:

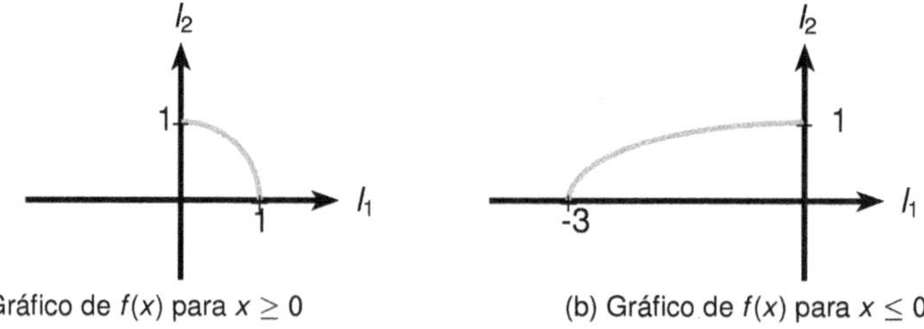

(a) Gráfico de $f(x)$ para $x \geq 0$ (b) Gráfico de $f(x)$ para $x \leq 0$

Figura 3.16: Gráfico de $f(x)$ en cada región

El gráfico de $f(x)$ es el de la figura siguiente:

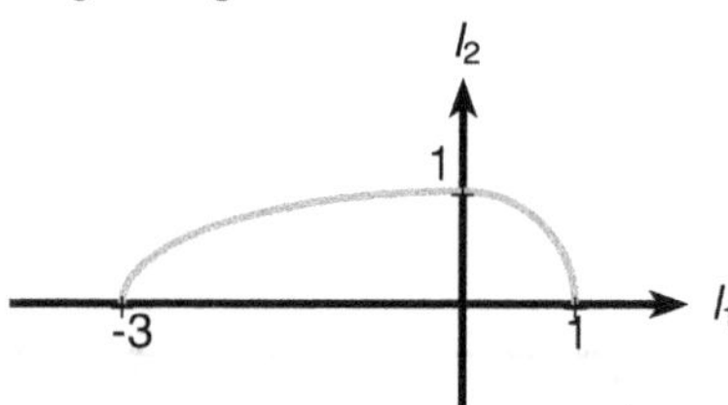

Figura 3.17: Gráfico de $f(x)$

Estudio de una función real — 3.6

A través de su gráfico, se conoce totalmente una función, pero como no siempre se puede partir por este, es necesario desarrollar algunos conceptos que nos permitan hacer un estudio algebraico de una función, para terminar con un bosquejo de su gráfico. Los siguientes conceptos determinan la ubicación del gráfico de una función, respecto de los ejes:

Definición

Definición 3.12 *Raíz de una función*

*Sea f función real, x es **raíz o cero** de f si y solo si $x \in$* DOM *f y $f(x) = 0$*

Definición 3.13 *Función positiva o negativa*

Sea $A \subseteq$ DOM *f, f **es positiva en** A si y solo si $\forall x \in A\,(f(x) > 0)$ y f **es negativa en** A si y solo si $\forall x \in A\,(f(x) < 0)$*

Notemos que el punto de intersección del gráfico de una función con el eje Y es el punto $P(0, f(0))$ y los puntos de intersección del mismo con el eje X son los puntos $P(x, 0)$, donde x es raíz de la función.

A continuación veremos algunos ejemplos.

Ejemplos

Ejemplo 3.26

Sea $f(x) = \sqrt{1 - x^2}$. Entonces DOM *$f = [-1, 1]$,* REC *$f = [0, 1]$ y $f(0) = 1$, con lo cual $P(0, 1)$ es el punto de intersección del gráfico de f con el eje Y.*

Por otro lado:

$f(x) = 0 \;\leftrightarrow\; \sqrt{1 - x^2} = 0 \;\leftrightarrow\; x^2 = 1 \;\leftrightarrow\; x = 1 \lor x = -1$ que son las raíces de f, entonces $P(1, 0)$ y $P(-1, 0)$ son los puntos de intersección del eje X con el gráfico de f.

Para determinar los intervalos en los que f es positiva, tenemos:

$f(x) > 0 \;\leftrightarrow\; \sqrt{1 - x^2} > 0$. Esto es cierto, por la definición de raíz cuadrada, para todo $x \in$ DOM *f, excepto cuando $x^2 = 1$ Entonces f es positiva en el intervalo $]-1, 1[$, y por lo tanto nunca es negativa, como se ve en la figura siguiente:*

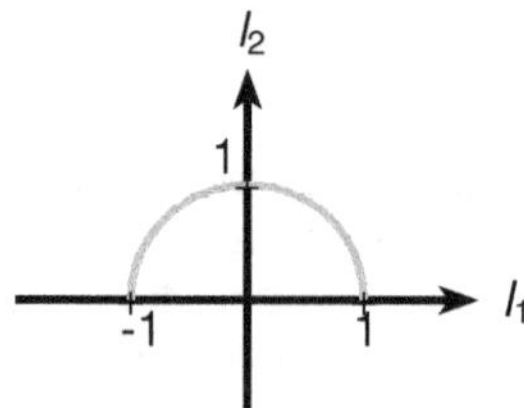

Figura 3.18: Gráfico de $f(x) = \sqrt{1 - x^2}$

Ejemplo 3.27

Sea $f(x) = -3x + 1$.

En este caso se tiene que $\text{DOM } f = \mathbb{R} = \text{REC } f$.

Vemos que $f(0) = 1$, con lo que $P(0, 1)$ es el punto de intersección del gráfico con el eje Y.

Además:

$$f(x) = 0 \quad \leftrightarrow \quad -3x + 1 = 0 \quad \leftrightarrow \quad x = \frac{1}{3}$$

o sea $\frac{1}{3}$ es raíz de f y $P(1/3, 0)$ es el punto de intersección del gráfico con el eje X.

Por otro lado,

$$f(x) > 0 \quad \leftrightarrow \quad -3x + 1 > 0 \quad \leftrightarrow \quad x < \frac{1}{3}$$

y $f(x) < 0 \quad \leftrightarrow \quad x > \frac{1}{3}$; es decir, f es positiva en $]-\infty, \frac{1}{3}[$ y negativa en $]\frac{1}{3}, \infty[$

El gráfico de f es la recta de la figura siguiente:

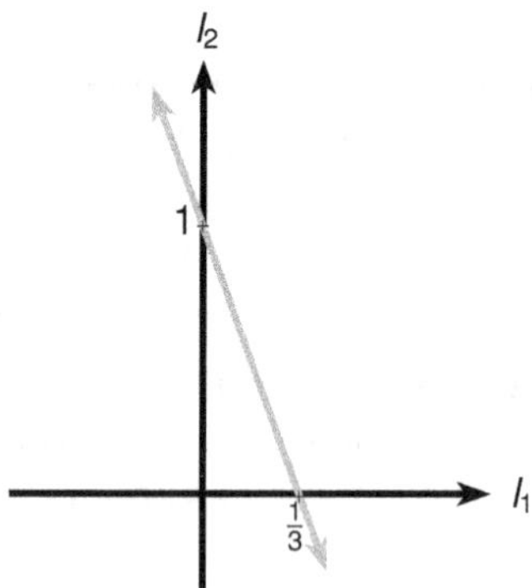

Figura 3.19: Gráfico de $f(x) = -3x + 1$

102

Los siguientes conceptos determinan las simetrías del gráfico respecto de los ejes:

Definición

Definición 3.14 *Función par*

Sea f función real, f **es par** *si y solo si*

$$\forall\, x \in \text{Dom } f\,(-x \in \text{Dom } f \wedge f(-x) = f(x))$$

Definición 3.15 *Función impar*

f **es impar** *si y solo si*

$$\forall\, x \in \text{Dom } f\,(-x \in \text{Dom } f \wedge f(-x) = -f(x))$$

Si f es par y $P(x, y)$ está en el gráfico, entonces $P(-x, y)$ también lo está con lo cual el gráfico de f será simétrico respecto al eje Y como puede verse en la siguiente figura:

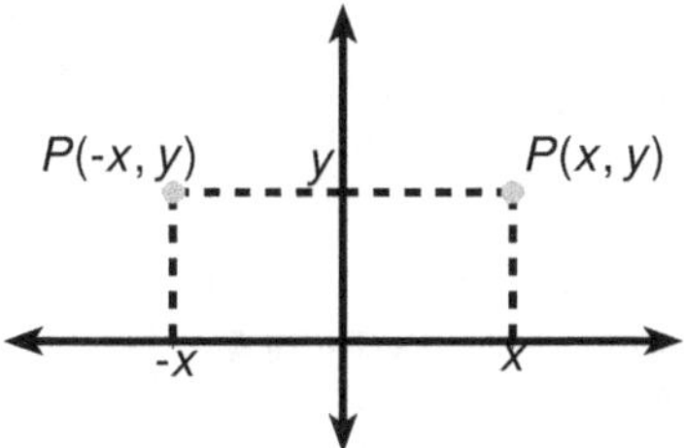

Figura 3.20: Simetría de funciones pares

Por otro lado, si f es impar y $P(x, y)$ está en el gráfico, entonces $P(-x, -y)$ también lo está, con lo cual el gráfico de f presenta la siguiente simetría:

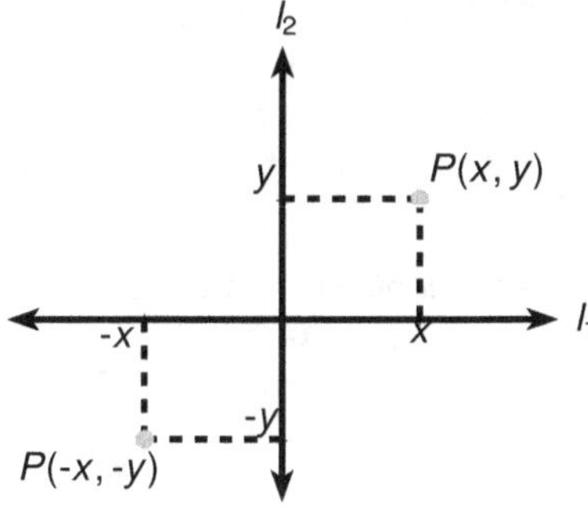

Figura 3.21: Simetría de funciones impares

103

Para que f sea par e impar a la vez, tendría que cumplirse $f(-x) = f(x)$ y $f(-x) = -f(x)$ para todo $x \in \text{Dom } f$, luego $f(x) = 0$ para todo $x \in \text{Dom } f$, es decir, la única función par e impar simultáneamente es $f(x) = 0$ y se conoce como **función cero.**

Un ejemplo de función par es la parábola definida por $f(x) = x^2 - 1$, dado que:

$$f(-x) = (-x)^2 - 1 = x^2 - 1 = f(x)$$

Un ejemplo de función impar es la recta definida por $f(x) = \dfrac{3}{2}x$, pues

$$f(-x) = \frac{3}{2}(-x) = -\frac{3}{2}x = -f(x)$$

Se observa que si f es impar y $0 \in \text{Dom } f$, entonces $f(0) = 0$, es decir, el gráfico de f pasa por el origen.

Hay funciones que no tienen ninguna de estas dos propiedades; por ejemplo, $f(x) = 2x + 1$ en la que vemos que $f(1) = 3$ y $f(-1) = -1$; es decir, $f(-1) \neq \pm f(1)$.

Sobre el crecimiento de una función, definimos:

Definición

Definición 3.16 *Función estrictamente creciente*

*Sea f función real e I un intervalo abierto tal que $I \subseteq \text{Dom } f$. f **es estrictamente creciente en** I si y solo si*

$\forall x \in I \; \forall y \in I \, (x < y \rightarrow f(x) < f(y))$

Definición 3.17 *Función estrictamente decreciente*

*f **es estrictamente decreciente en** I si y solo si*

$\forall x \in I \; \forall y \in I \, (x < y \rightarrow f(x) > f(y))$

Observaciones

- *Si f es estrictamente creciente o decreciente en su dominio, entonces f es uno a uno; pues, si $x \neq y$ entonces $(x < y \lor x > y)$, con lo que se tendrá, en cualquiera de estos casos, ya sea $f(x) < f(y)$ o $f(x) > f(y)$; es decir, $f(x) \neq f(y)$*

- *Si f es estrictamente creciente, entonces f^{-1} también lo es. En efecto, supongamos que $x < y$ y que $f^{-1}(x) \geq f^{-1}(y)$. Como f es estrictamente creciente, resulta $f(f^{-1}(x)) \geq f(f^{-1}(y))$; es decir, $x \geq y$ lo cual es falso. Análogamente si f es estrictamente decreciente, también f^{-1} lo es.*

- *Si una función f es par y estrictamente creciente en $\mathbb{R}^+$, entonces es estrictamente decreciente en $\mathbb{R}^-$, efectivamente:*

  Sean $x, y \in \mathbb{R}^-$:

$$
\begin{aligned}
x < y \quad &\leftrightarrow \quad -x > -y \\
&\leftrightarrow \quad f(-x) > f(-y) \quad (f \text{ es estrictamente creciente en } \mathbb{R}^+) \\
&\leftrightarrow \quad f(x) > f(y), \quad (f \text{es par})
\end{aligned}
$$

- *Si f es función impar y es estrictamente creciente en $\mathbb{R}^+$, entonces es estrictamente creciente en $\mathbb{R}^-$.*

Este tipo de traspaso de propiedades para funciones pares e impares se puede generalizar a cualquier subconjunto de $\mathbb{R}^+$.

Ejemplos

Ejemplo 3.28

Sea $f(x) = 2x - 5$, así:

$$
\begin{aligned}
f(x) < f(y) \quad &\leftrightarrow \quad 2x - 5 < 2y - 5 \\
&\leftrightarrow \quad x < y
\end{aligned}
$$

por lo tanto, f es estrictamente creciente en $\mathbb{R}$.

Ejemplo 3.29

Sea $f(x) = x^2 - 1$, así:

$$
\begin{aligned}
f(x) < f(y) \quad &\leftrightarrow \quad x^2 - 1 < y^2 - 1 \\
&\leftrightarrow \quad x^2 - y^2 < 0 \\
&\leftrightarrow \quad (x - y)(x + y) < 0 \quad (*)
\end{aligned}
$$

Para $x, y \in \mathbb{R}^+$, como $x + y > 0$, de $(*)$ se obtiene:

$$
\begin{aligned}
f(x) < f(y) \quad &\leftrightarrow \quad x - y < 0 \\
&\leftrightarrow \quad x < y
\end{aligned}
$$

Como $f(-x) = (-x)^2 - 1 = x^2 - 1 = f(x)$, tenemos que f es función par y por la observación anterior, tenemos que es estrictamente decreciente en $\mathbb{R}^-$.

En resumen, f es estrictamente creciente en $\mathbb{R}^+$ y estrictamente decreciente en $\mathbb{R}^-$.

Ejemplo 3.30

Sea $f(x) = x + \dfrac{1}{x}$.

Debido a que f es función impar, bastará estudiarla en $\mathbb{R}^+$.

$$f(x) < f(y) \quad \leftrightarrow \quad x + \frac{1}{x} < y + \frac{1}{y}$$
$$\leftrightarrow \quad x - y + \frac{1}{x} - \frac{1}{y} < 0$$
$$\leftrightarrow \quad (x - y)(1 - \frac{1}{xy}) < 0 \qquad (*)$$

como $xy > 0$, podemos distinguir dos casos:

a) $x, y > 1$, por lo que $xy > 1$

En este caso $1 - \dfrac{1}{xy} > 0$

y por $(*)$:

$$f(x) < f(y) \quad \leftrightarrow \quad x - y < 0$$
$$\leftrightarrow \quad x < y$$

Esto es, f es estrictamente creciente en $]1, \infty[$ y por ser f impar, también lo es en $]-\infty, -1[$

b) $xy < 1$

En este caso $1 - \dfrac{1}{xy} < 0$

y por $(*)$:

$$f(x) < f(y) \quad \leftrightarrow \quad x - y > 0$$
$$\leftrightarrow \quad x > y$$

Entonces f es estrictamente decreciente en $]0, 1[$ y por lo tanto también lo es en $]-1, 0[$

Ejemplo 3.31

Sea

$$f(x) = \begin{cases} 1, & si \ \ x \geq 0 \\ -1, & si \ \ x < 0 \end{cases}$$

Entonces si $x, y \geq 0$ y $x < y$ se tiene que $f(x) = 1 = f(y)$ y también si $x, y < 0$, $f(x) = -1 = f(y)$.

Por otro lado si $x < 0$ y $y \geq 0$, entonces

$$f(x) = -1 < 1 = f(y)$$

Con esto vemos que para todo $x, y \in \mathbb{R}$ se tiene que

$$(*) \qquad x < y \rightarrow f(x) \leq f(y)$$

Podemos notar que f no es estrictamente creciente, pero cumple la condición más débil $(*)$, lo que motiva la siguiente definición:

Definición

Definición 3.18 *Función creciente*

*Sea f función real y sea I intervalo abierto tal que $I \subseteq \text{DOM} \ f$. f **es creciente en** I si y solo si*

$$\forall x \in I \ \forall y \in I (x < y \rightarrow f(x) \leq f(y))$$

Definición 3.19 *Función decreciente*

*f **es decreciente en** I si y solo si*

$$\forall x \in I \ \forall y \in I (x < y \rightarrow f(x) \geq f(y))$$

También se usa el nombre de **función no decreciente** para creciente y el de **función no creciente** para decreciente. Una función se dice **monótona en** I si es creciente o decreciente en I.

Observemos que las funciones constantes son crecientes y decrecientes a la vez.

Ejemplo 3.32

$$\text{Sea} \quad f(x) = \begin{cases} |x| & , \ x \in [-1, 1] \\ \\ 1 & , \ x \notin [-1, 1] \end{cases}$$

Tenemos entonces que $f(x) = f(y)$ para todo x, y en $]-\infty, -1[$ o en $[1, \infty[$

Además, para $x, y \in [-1, 0[, f(x) = -x$ y $f(y) = -y$ con lo cual $x < y \rightarrow f(x) > f(y)$, y para $x, y \in]0, 1[$ se tiene: $f(x) = x$ y $f(y) = y$, por lo tanto, $x < y \rightarrow f(x) < f(y)$.

En resumen, f es estrictamente creciente en $]0, 1[$ y estrictamente decreciente en $]-1, 0[$, creciente y decreciente en $]-\infty, -1[$ y en $]1, \infty[$ respectivamente.

De aquí resulta que f es creciente en $\mathbb{R}^+$ y decreciente en $\mathbb{R}^-$.

Pasamos a introducir el concepto de función acotada:

Definición

Definición 3.20 *Cota superior de una función*

*Sean f función real y $a \in \mathbb{R}$. Decimos que a **es cota superior** de f si y solo si $\forall x \in \text{Dom } f (f(x) \leq a)$*

Definición 3.21 *Cota inferior de una función*

*Sean f función real y $a \in \mathbb{R}$. Decimos que a **cota inferior** de f si y solo si $\forall x \in \text{Dom } f (f(x) \geq a)$*

Ejemplo 3.33

La función $f(x) = x^2 - 1$ tiene como cota inferior a $y = -1$ y no tiene cotas superiores.

La función $f(x) = \dfrac{1}{|x|}$ tiene como cotas inferiores a $0, -1, -5$ y no tiene cotas superiores.

Las funciones se clasifican según tengan o no cotas superiores o inferiores como veremos a continuación.

Definición

Definición 3.22 *Función acotada superiormente*

Sea f función real. f es acotada superiormente si y solo si f tiene cotas superiores.

Definición 3.23 *Función acotada inferiormente*

f es acotada inferiormente si y solo si f tiene cotas inferiores.

Definición 3.24 *Función acotada*

f es acotada si y solo si f es acotada superior e inferiormente.

Es fácil ver que f es acotada si y solo si existe $a \in \mathbb{R}$ tal que:

$$\forall x \in \mathrm{DOM}\, f(|f(x)| \leq a)$$

Ejemplos

Ejemplo 3.34

Sea $f(x) = \dfrac{1}{x}$, $\mathrm{DOM}\ f = \mathbb{R} - \{0\}$.

f no es acotada superiormente. En efecto, supongamos que $\dfrac{1}{x} \leq b$ *para todo* $x \neq 0$.

Entonces para $x = \dfrac{1}{b+1}$ *se tiene que* $\dfrac{1}{\frac{1}{b+1}} \leq b$, *es decir* $b + 1 \leq b$, *lo cual es falso.*

Análogamente se puede ver que f no es acotada inferiormente.

Ejemplo 3.35

Sea $f(x) = x^2 - 1$

Como $x^2 \geq 0$ *tenemos que* $x^2 - 1 \geq -1$ *y por lo tanto f es acotada inferiormente. Es claro que f no es acotada superiormente.*

Las funciones periódicas son aquellas que tienen la propiedad de repetir su valor cada cierto intervalo, como veremos en la siguiente definición.

Definición

Definición 3.25 *Función periódica*

Sea f función real. f **es periódica** *si y solo si existe el menor $p \in \mathbb{R}^+$ tal que:*
$\forall x \in \text{DOM } f(x \pm p \in \text{DOM } f \wedge f(x \pm p) = f(x))$. *El menor $p \in \mathbb{R}^+$ que cumple esta propiedad se llama* **período de la función.**

Para clarificar esta definición veamos los siguientes ejemplos:

Ejemplos

Ejemplo 3.36

Sea

$$f(x) = \begin{cases} 1 & si \ \exists z \in \mathbb{Z}(x \in [2z, 2z+1[) \\ -1 & si \ no \end{cases}$$

Es claro que $\text{DOM } f = \mathbb{R}$, *y su gráfico es el de la figura siguiente:*

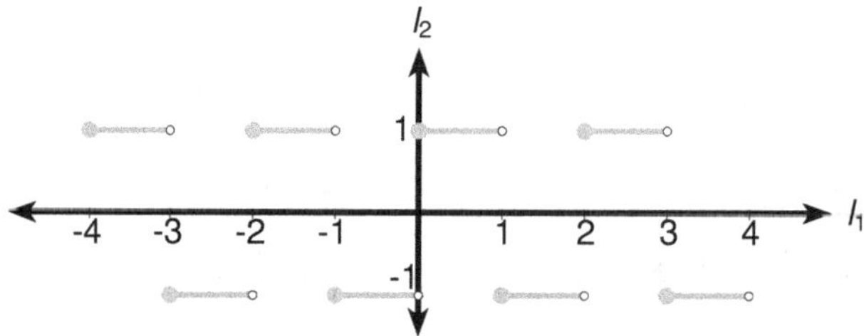

Figura 3.22: Gráfico de la función periódica del Ejemplo 3.36

Tenemos $f(x \pm 4) = f(x)$, $x \in \mathbb{R}$, pero también $f(x \pm 2) = f(x)$, $x \in \mathbb{R}$. Demostraremos que f es periódica de período 2.

Supongamos $p < 2$:

si $1 < p < 2$, $1 = f(0) \neq f(p) = -1$

si $0 < p < 1$, $-1 = f(-p) \neq f(0) = 1$ *Luego en ambos casos no se cumple que*

$$\forall x \in \mathbb{R}(f(x \pm p) = f(x)).$$

Por lo tanto, si $p < 2$, p *no es el período.*

Ejemplo 3.37

Sea $f(x) = 5$.

El claro que $f(x \pm 4) = 5 = f(x)$ *y también* $f(x \pm 2) = 5 = f(x)$. *En este caso no existe el menor* $p > 0$ *tal que* $f(x \pm p) = f(x), x \in \mathbb{R}$, *pues todo p real positivo satisface esta propiedad.*

Al igual que en el caso de las funciones pares e impares, la periodicidad de una función permite estudiarla en un intervalo más restringido, pudiendo luego aplicar los resultados obtenidos a todo el dominio de la función, como veremos en el siguiente ejemplo.

Ejemplo 3.38

Graficar la función f de dominio $\mathbb{R}$ *sabiendo que:*

$$f(x) = \begin{cases} x, & si \ \ 0 \leq x < 1 \\ x - 2, & si \ \ 1 \leq x \leq 2 \end{cases}$$

y que además la función es impar y periódica de período 4.

Solución

El gráfico de la función en el intervalo $[0, 2]$ *es el de la figura siguiente:*

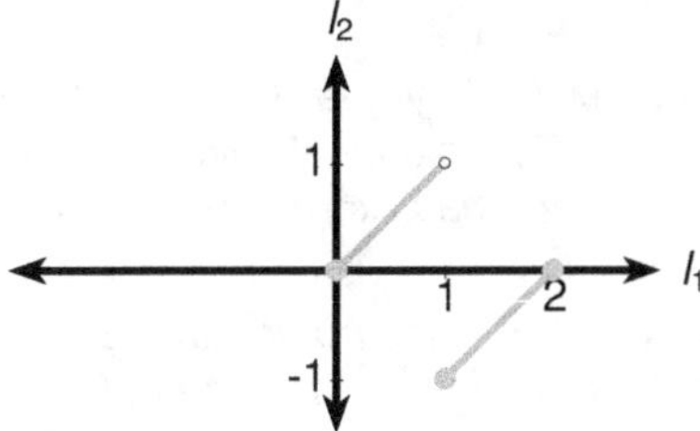

Figura 3.23: Gráfico de la función del Ejemplo 3.38 para el intervalo $[0, 2]$

Este gráfico puede ser ampliado al intervalo $[-2, 2]$, *ocupando la propiedad de ser impar, como se ve en la siguiente figura:*

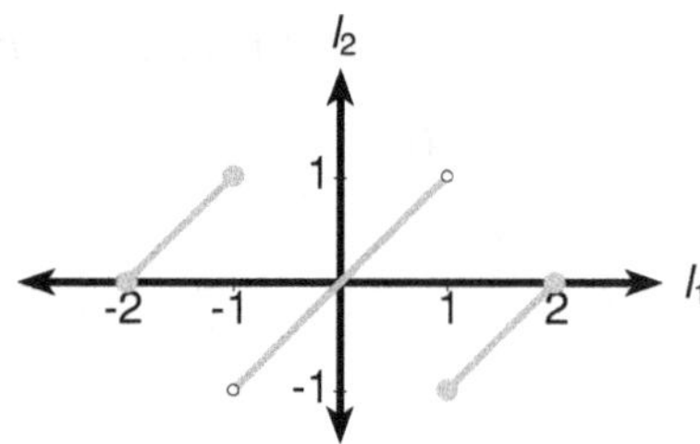

Figura 3.24: Gráfico de la función del Ejemplo 3.38 para el intervalo $[-2, 2]$

y este último puede ser ampliado a todo $\mathbb{R}$, *por ser función periódica de período 4, como vemos en la figura que sigue:*

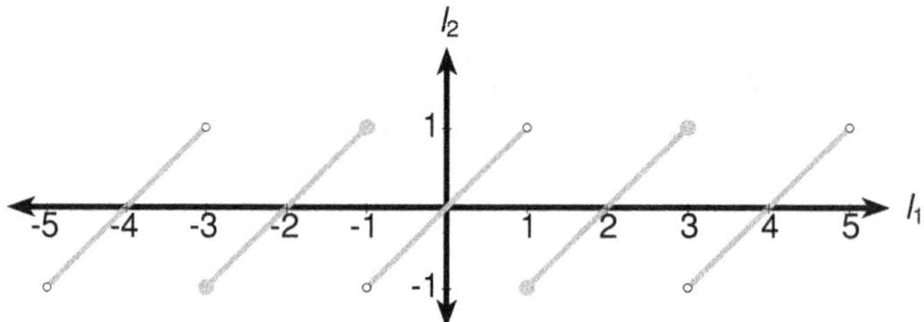

Figura 3.25: Gráfico de la función del Ejemplo 3.38 para todo $\mathbb{R}$

A continuación estudiaremos algunas funciones de uso frecuente, indicando todas sus propiedades y bosquejando su gráfico.

Ejemplos

Ejemplo 3.39

Sea $f(x) = x^2$. *Es claro que* DOM $f = \mathbb{R}$ *y que* REC $f = \mathbb{R}^+ \cup \{0\}$. *Por otro lado,* $f(0) = 0$ *y* $f(x) = 0 \;\leftrightarrow\; x^2 = 0 \;\leftrightarrow\; x = 0$. *Con lo cual el único punto de intersección del gráfico de* f *con los ejes* X *e* Y *es* $O(0, 0)$. *Además,* $x^2 \geq 0$ *para todo* x, *de donde* f *es no negativa e inferiormente acotada.*

Como $f(-x) = (-x)^2 = x^2 = f(x)$, f *es par y por lo tanto, basta seguir su estudio en* $[0, \infty[$. *Si* $x < y$, $x, y \in [0, \infty[$, *entonces* $x^2 < y^2$ *con lo cual* f *es estrictamente creciente en* $[0, \infty[$.

Por otro lado, si $x \in [0, \infty[, (x + 1)^2 > x^2$ *con lo cual* f *no es acotada superiormente en* $[0, \infty[$.

El gráfico de f en $[0, \infty[$ *está dado por la figura siguiente:*

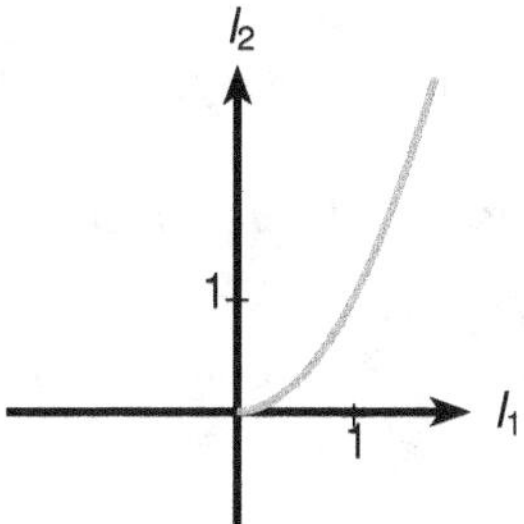

Figura 3.26: Gráfico de la función $f(x) = x^2$ para $[0, \infty[$

Este puede ser extendido a $\mathbb{R}$ *como se ve en la figura siguiente:*

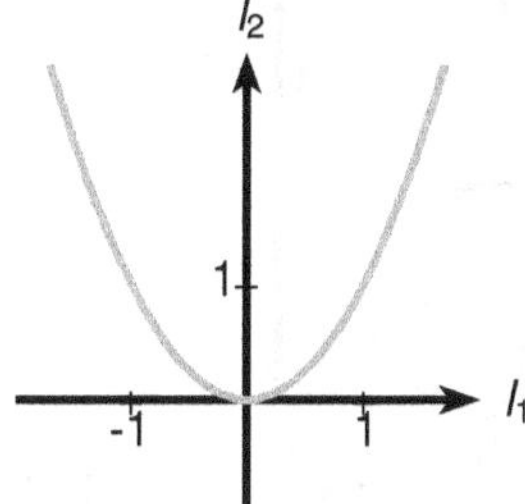

Figura 3.27: Gráfico de la función $f(x) = x^2$ para $\mathbb{R}$

Del gráfico podemos inferir que f es estrictamente decreciente en $]-\infty, 0[$.

La función no es uno a uno en todo $\mathbb{R}$, *pero si nos restringimos a* $\mathbb{R}^+$ *sílo es. La inversa de la función restringida es* $f^{-1}(x) = \sqrt{x}$, $x \geq 0$, *cuyo gráfico se ve en la figura siguiente:*

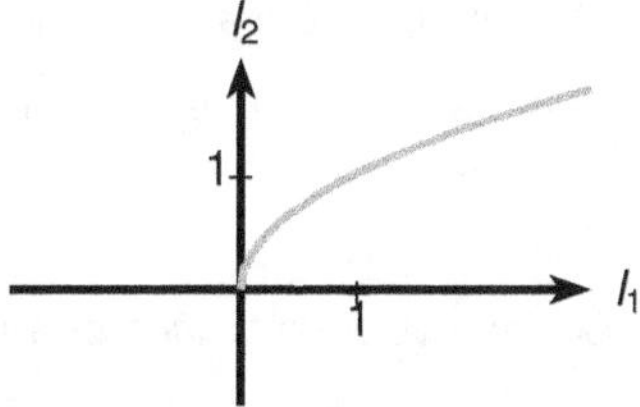

Figura 3.28: Gráfico de la función inversa restringida $f^{-1}(x) = \sqrt{x}$, $x \geq 0$

Ejemplo 3.40

Sea $f(x) = x^3$. *Es claro que* DOM f = REC $f = \mathbb{R}$. *Además como* $(-x)^3 = -x^3$, *la función es impar.*

Para estudiarla en $[0, \infty[$ tenemos que $f(0) = 0$ y que

$$f(x) = 0 \;\; \leftrightarrow \;\; x^3 = 0 \;\; \leftrightarrow \;\; x = 0$$

con lo cual el único punto de intersección del gráfico con los ejes X e Y es $O(0,0)$.

Además $x^3 > 0 \;\; \leftrightarrow \;\; x > 0$ luego f es positiva en $[0, \infty[$ y negativa en $] - \infty, 0]$. Si $x, y \in [0, \infty[$ y $x < y$ entonces $x^3 < y^3$ de donde f es creciente en $[0, \infty[$. Por lo tanto, por la imparidad de la función se obtiene que también es creciente en $] - \infty, 0[$.

El gráfico de la función es el de la figura siguiente:

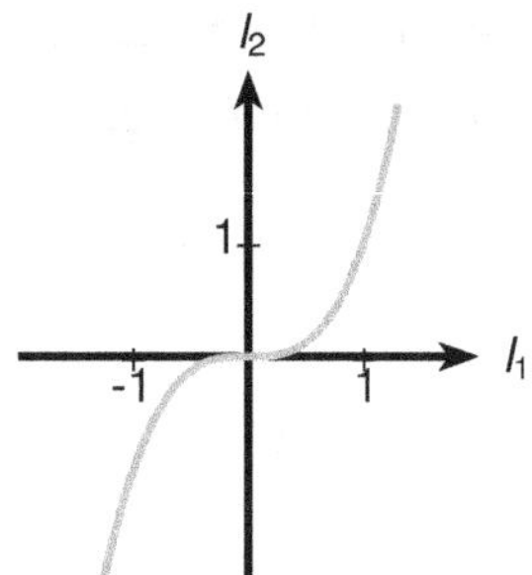

Figura 3.29: Gráfico de la función $f(x) = x^3$

La función es uno a uno pues si $x^3 = y^3$ tenemos $(x - y)(x^2 + xy + y^2) = 0$ de donde $x = y$ o bien $x^2 + xy + y^2 = 0$.

Si $x = y$, obtenemos el resultado deseado.

Si $x^2 + xy + y^2 = 0$, entonces

Si $y = 0$, se obtiene $x = 0$ y por lo tanto también aquí $x = y$.

Si $y \neq 0$, consideramos la ecuación en la variable x, vemos que su discriminante $\Delta = y^2 - 4y^2 < 0$ y por lo tanto $x^2 + xy + y^2 \neq 0$.

La función inversa es $f^{-1}(x) = \sqrt[3]{x}, \;\; x \in \mathbb{R}$ cuyo gráfico puede verse en la figura siguiente:

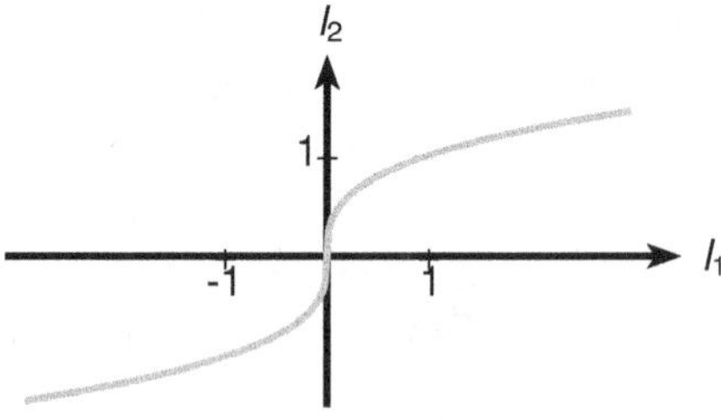

Figura 3.30: Gráfico de la función inversa $f^{-1}(x) = \sqrt[3]{x}, \;\; x \in \mathbb{R}$

Ejemplo 3.41

Sea $f(x) = \dfrac{1}{x}$. *Es claro que* DOM $f = \mathbb{R} - \{0\}$ y   REC $f = \mathbb{R} - \{0\}$.

Por otro lado, $0 \notin$ DOM f *y* $f(x) \neq 0$ *luego el gráfico de f no intersecta los ejes X e Y.*
Además,

$$f(x) \geq 0 \;\leftrightarrow\; \frac{1}{x} > 0 \;\leftrightarrow\; x > 0 \;\text{y}\; f(x) < 0 \;\leftrightarrow\; \frac{1}{x} < 0 \;\leftrightarrow\; x < 0$$

con lo cual f es positiva en $]0, \infty[$ *y negativa en* $]-\infty, 0[$.

Dado que $f(-x) = \dfrac{1}{-x} = -\dfrac{1}{x} = -f(x)$, *la función es impar y podemos estudiarla solo en* $]0, \infty[$.

Si $x, y \in [0, \infty[$ *y* $x < y$ *entonces* $\dfrac{1}{x} > \dfrac{1}{y}$ *de donde f es estrictamente decreciente en* $[0, \infty[$.

Si $x \in [0, \infty[$, *entonces* $\dfrac{x}{2} \in [0, \infty[$ *y*

$$\frac{1}{x/2} > \frac{1}{x}$$

con lo cual f no es acotada superiormente.
El gráfico de f en $[0, \infty[$ *es el de la figura siguiente:*

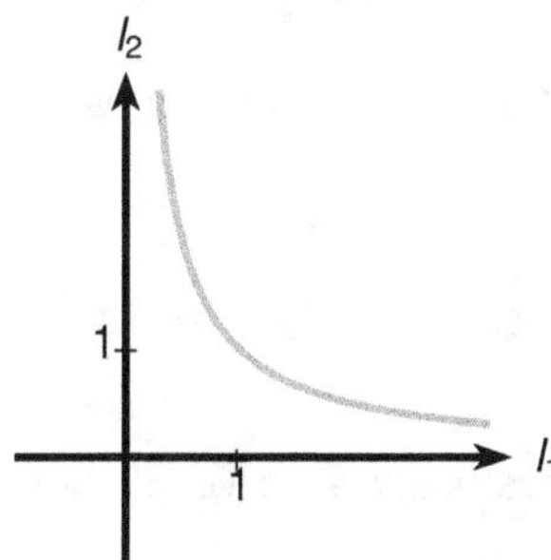

Figura 3.31: Gráfico de $f(x) = \dfrac{1}{x}$ en $[0, \infty[$

Este puede extenderse a $\mathbb{R}$ *como puede verse en la figura siguiente:*

115

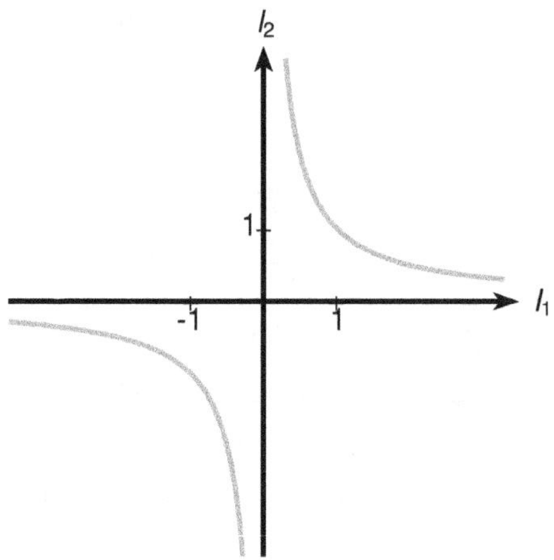

Figura 3.32: Gráfico de $f(x) = \dfrac{1}{x}$ en $\mathbb{R}$

La función es uno a uno y su inversa es $f^{-1}(x) = \dfrac{1}{x}$, es decir, la misma función.

Del gráfico podemos agregar que f es estrictamente decreciente en $\,]-\infty, 0]$ y que no es inferiormente acotada en $\,]-\infty, 0]$.

Ejemplo 3.42

Sea $f(x) = \dfrac{1}{x^2}$. Es claro que $\text{Dom } f = \mathbb{R} - \{0\}$ y que $\text{Rec } f = \mathbb{R}^+$.

Además, $f(-x) = \dfrac{1}{(-x)^2} = \dfrac{1}{x^2} = f(x)$ con lo cual f es par.

Estudiaremos f en $[0, \infty[$:

$0 \notin \text{Dom } f$ y $0 \notin \text{Rec } f$ luego el gráfico de f no intersecta los ejes coordenados.

En $[0, \infty[, f(x) = \dfrac{1}{x^2} > 0$ luego f es positiva en $[0, \infty[$. Si $x < y$, entonces $\dfrac{1}{x^2} > \dfrac{1}{y^2}$ con lo que f es estrictamente decreciente.

Además, f no es acotada superiormente, pues si $x > 0$, entonces $\dfrac{x}{2} > 0$, y

$$\left(\dfrac{x}{2}\right)^2 > \dfrac{1}{x^2}$$

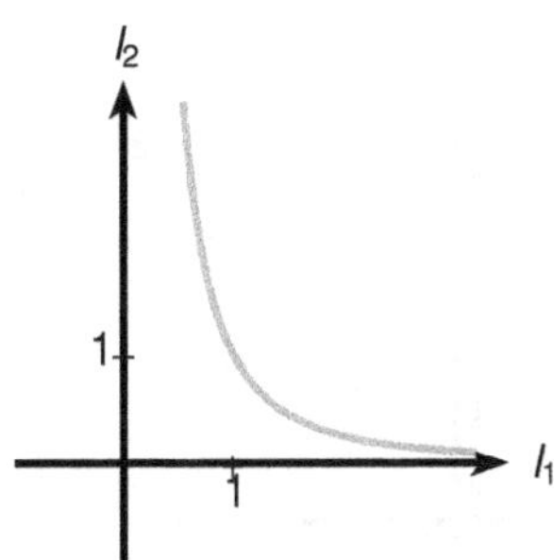

Figura 3.33: Gráfico de $f(x) = \dfrac{1}{x^2}$ en $[0, \infty[$

Este puede ser extendido a todo $\mathbb{R}$ como se ve en la figura siguiente:

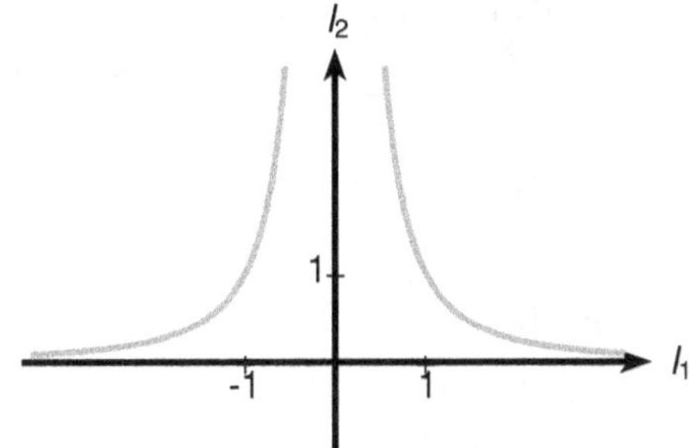

Figura 3.34: Gráfico de $f(x) = \dfrac{1}{x^2}$ en todo $\mathbb{R}$

La función no es uno a uno.

Ejemplo 3.43

Sea $f(x) = [x]$ donde $[x]$ es el mayor entero p tal que $p \leq x$.

Esta función se conoce con el nombre de **función parte entera de** x.

Por ejemplo, $[2.5] = 2$ y $[-2.5] = -3$. Notemos que en $[0, 1[$ la función vale 0, en $[1, 2[$ vale 1 y, en general, en $[n, n+1[$ vale n, para n natural.

En $[-1, 0[$ vale -1, en $[-2, -1[$ vale -2 y en general en $[-(n+1), -n[$ vale $-(n+1)$, para n natural.

Entonces su gráfico es el que se muestra en la figura siguiente:

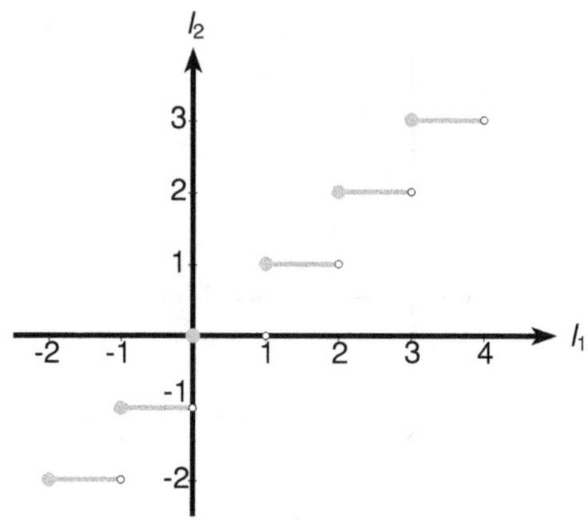

Figura 3.35: Gráfico de la función parte entera de x

Observemos que tal función es creciente en $\mathbb{R}$ y no es acotada. Su recorrido es $\mathbb{Z}$ y no es invertible.

A través de los siguientes ejemplos introduciremos algunas operaciones sobre funciones que tienen especial interés en relación a su gráfico:

Ejemplos

Ejemplo 3.44

Sea $f(x) = 2x + 5$ y $(-f)(x) = -f(x) = -2x - 5$.

Podemos ver los gráficos de f y de $-f$ en la siguiente figura:

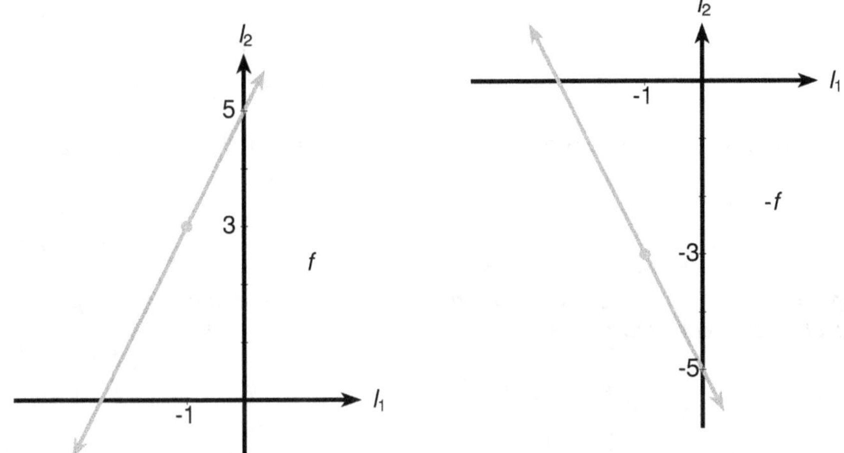

Figura 3.36: Gráfico de las funciones $f(x) = 2x + 5$ y $(-f)(x) = -2x - 5$

Notemos que los gráficos son simétricos respecto al eje X, esto es, si $(x, y) \in f$, entonces $(x, -y) \in -f$.

Ejemplo 3.45

Sea $f(x) = x^2$, entonces $(f + 5)(x) = f(x) + 5 = x^2 + 5$.

El gráfico de f y de $f + 5$ pueden verse en la figura siguiente:

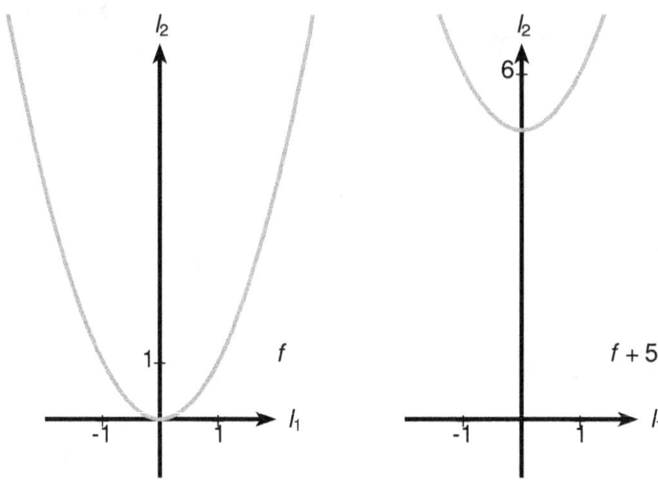

Figura 3.37: Gráfico de f y de $f + 5$

Notemos que el gráfico de $f + 5$ es el de f desplazado en 5 unidades respecto al eje Y. Es decir, $(x, y) \in f \to (x, y + 5) \in (f + 5)$.

Ejemplo 3.46

Sea $f(x) = \sqrt{1 - x^2}$, entonces $(4f)(x) = 4f(x) = 4\sqrt{1 - x^2}$. Podemos ver los gráficos de f y de $4f$ en la siguiente figura:

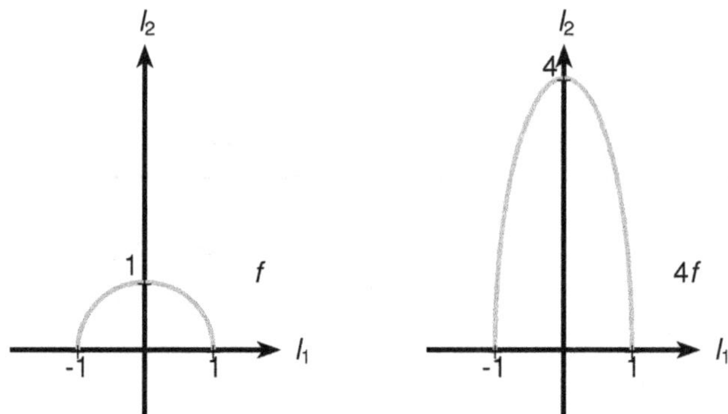

Figura 3.38: Gráfico de $f(x) = \sqrt{1 - x^2}$ y $(4f)(x) = 4\sqrt{1 - x^2}$

Notemos que el gráfico de $4f$ es el de f ampliado 4 veces respecto al eje Y. Es decir, $(x, y) \in f \to (x, 4y) \in 4f$.

Ejemplo 3.47

Sea $f(x) = 2x$, entonces $|f|(x) = 2|x|$

Los gráficos de f y $|f|$ son los de la figura siguiente:

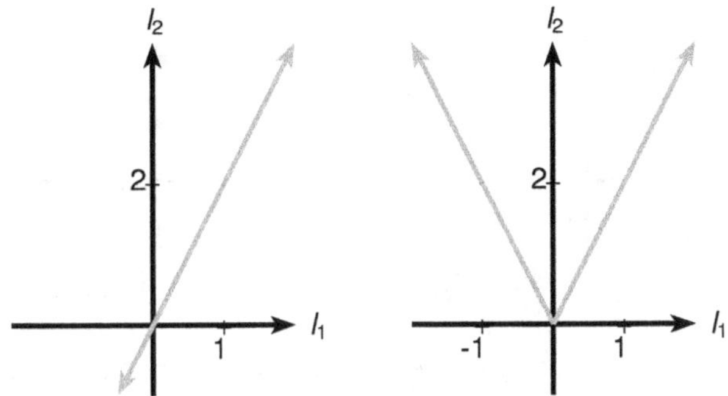

Figura 3.39: Gráfico de $f(x) = 2x$ y $|f|(x) = 2|x|$

Podemos observar que en este caso, la parte negativa de f se refleja respecto al eje X, es decir, si $(x, y) \in f$, entonces $(x, |y|) \in |f|$.

Ejemplo 3.48

Sea $f(x) = x^2$ y $g(x) = f(x - 2) = (x - 2)^2$. Los gráficos de f y g pueden verse en la figura siguiente:

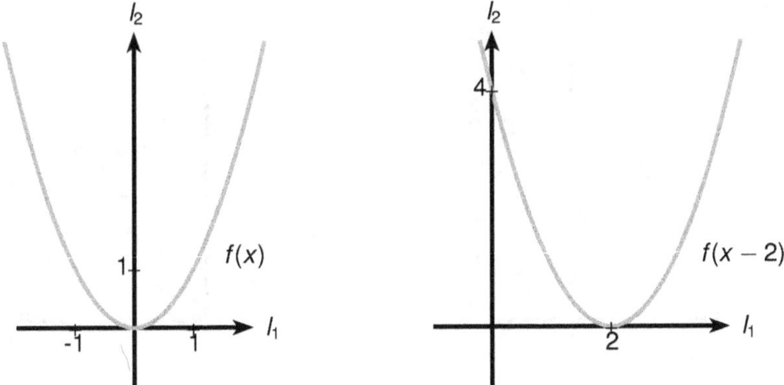

Figura 3.40: Gráfico de $f(x) = x^2$ y $f(x - 2) = (x - 2)^2$

En este caso el gráfico se traslada hacia la derecha en 2 unidades. Es decir, si $(x - 2, y) \in f$, entonces $(x, y) \in g$.

121

Ejemplo 3.49

Sean $f(x) = \sqrt{1 - x^2}$ y $g(x) = f(2x) = \sqrt{1 - 4x^2}$.

Los gráficos de f y g son los de la siguiente figura:

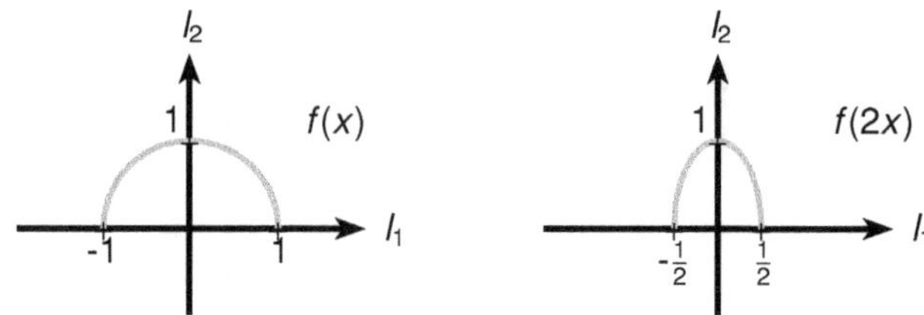

Figura 3.41: Gráfico de $f(x) = \sqrt{1 - x^2}$ y $g(x) = f(2x) = \sqrt{1 - 4x^2}$

En este caso el gráfico se comprime en 2 unidades respecto al eje X. Es decir, si $(2x, y) \in f$, entonces $(x, y) \in g$.

Ejemplo 3.50

Sean $f(x) = 2x + 5$ y $g(x) = f(-x) = -2x + 5$.

Los gráficos de f y g se pueden ver en la figura siguiente:

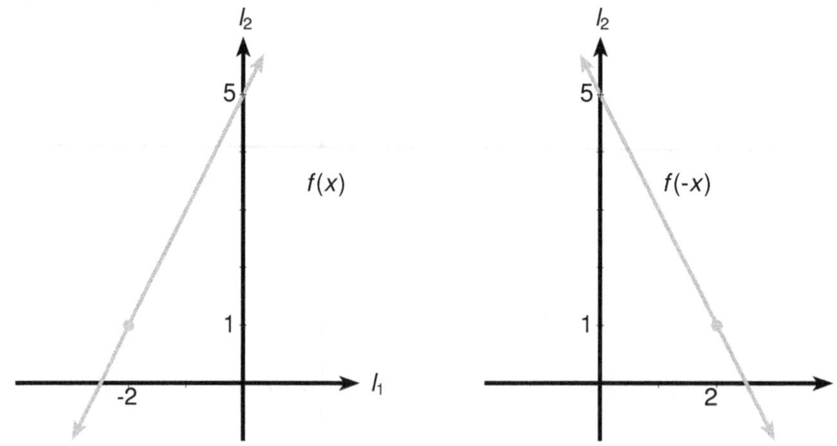

Figura 3.42: Gráfico de $f(x) = 2x + 5$ y $f(-x) = -2x + 5$

En este caso el gráfico se refleja en el eje Y. Es decir, si $(-x, y) \in f$, entonces $(x, y) \in g$.

Ejemplo 3.51

Sea $f(x) = 2x - 3$, entonces $f^{-1}(x) = \dfrac{x+3}{2}$ y los gráficos de f y f^{-1} están dados por la figura que sigue, en la cual se puede notar que cada uno se obtiene del otro intercambiando los ejes, es decir:

$$(x, y) \in f \;\leftrightarrow\; (y, x) \in f^{-1}$$

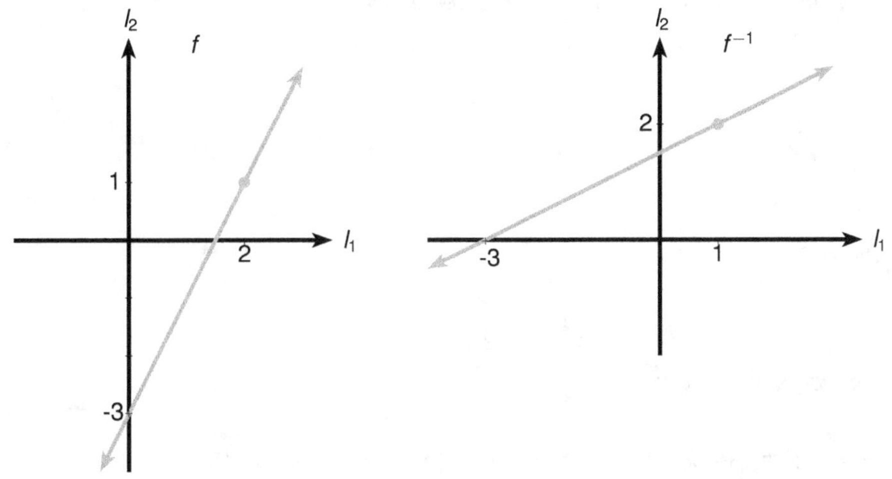

Figura 3.43: Gráfico de $f(x) = 2x - 3$ y $f^{-1}(x) = \dfrac{x+3}{2}$

Sucesiones   3.7

Observemos que si el dominio de una función F es $\mathbb{N}$, esta se puede expresar por:

$$F = \{(1, F(1)), (2, F(2)), (3, F(3))...\}$$

y el recorrido de F se puede expresar por:

$$\text{Rec } F = \{F(1), F(2), F(3), ...\}.$$

Esta notación de los elementos del recorrido de manera sucesiva le da a F el nombre de sucesión:

Definición

Definición 3.26 *Sucesión*

*F es una **sucesión** si y solo si F es una función y*
Dom(F) = $\mathbb{N}$ (o $\mathbb{N} \cup \{0\}$).

F es una sucesión de números reales si además REC $F \subseteq \mathbb{R}$.

Una sucesión está determinada por la secuencia de los elementos del recorrido:

$$F(1), F(2), F(3), F(4)\ldots$$

Ejemplos

Ejemplo 3.52

$$1^2, 2^2, 3^2, 4^2\ldots.$$

corresponde a la función:

$$F = \{(1, 1^2), (2, 2^2), (3, 3^2)\ldots\}$$

*El **n-ésimo término** de una sucesión F es F(n) y se denota por F_n.*

La sucesión F se denota también por $\{F_n\}_{n \in \mathbb{N}}$, o por $\left(F_n\right)_{n \in \mathbb{N}}$.

Ejemplo 3.53

Sea $F = \{F_n\}_{n \in \mathbb{N}}$ sucesión de números reales definida por $F_n = 2n + 1$, entonces F corresponde a la sucesión: $3, 5, 7, 9\ldots$ y es la función:

$$F = \{(1, 3), (2, 5), (3, 7)\ldots\}.$$

Ejemplo 3.54

Sea F la sucesión de números reales siguiente:

$$2, 4, 6, 8\ldots$$

Entonces el n-ésimo término es $F_n = 2n$ y la función es:

$$F = \{(n, m) \; : \; n \in \mathbb{N} \wedge m = 2n\}.$$

> ### Ejemplo 3.55

Sea F la sucesión de conjuntos definida por:

$$F_n = (-n, n)$$

F corresponde a la sucesión:

$$(-1, 1), (-2, 2), (-3, 3) \ldots$$

Ejercicios Propuestos **3.8**

1. Determine cuáles de las siguientes relaciones son funciones:

    (a) $R = \{(x, y) \in \mathbb{N} \times \mathbb{N} : y = x^2\}$

    (b) $R = \{(x, y) \in \mathbb{Z} \times \mathbb{Z} : x^2 + y^2 = 1\}$

    (c) $R = \{(x, y) \in \mathbb{Z} \times \mathbb{Z} : x \cdot y > 0\}$

    (d) $R = \{(x, y) \in \mathbb{N} \times \mathbb{N} : y = 2\}$

    (e) $R = \{(1, 1), (1, 2), (1, 3),$
    $(2, 1), (2, 2), (3, 1)\}$

2. Determine cuáles de las siguientes relaciones reales son funciones:

    (a) $xRy \;\leftrightarrow\; x^2 = 2y$

    (b) $xRy \;\leftrightarrow\; y = 3x - 3$

    (c) $xRy \;\leftrightarrow\; xy = 3$

    (d) $xRy \;\leftrightarrow\; |x| + |y| = 1$

    (e) $xRy \;\leftrightarrow\; x + y = 2$

    (f) $xRy \;\leftrightarrow\; y^2 = 2x$

    (g) $xRy \;\leftrightarrow\; y = 0$

3. De ejemplo de relaciones R y S tales que:

    (a) R sea función pero R^{-1} no

    (b) R y S sean funciones pero $R \cup S$ no

    (c) $R \cap S$ sea función pero R y S no

4. Sean $A = \{1, 2, 3\}$ y $B = \{4, 5\}$

    Determine todas las funciones posibles de A en B.

5. Sea $A = \mathbb{R} - \{0, 1\}$ y definamos las funciones de A en A:

    $$f_0(x) = x, \quad f_1(x) = \frac{1}{x}, \quad f_2(x) = 1 - x,$$
    $$f_3(x) = \frac{1}{1 - x}, \quad f_4(x) = \frac{x - 1}{x}, \quad f_5(x) = \frac{x}{x - 1}$$
    $$\text{y } f_6(x) = x(x - 1)$$

    Sea $I = \{0, 1, 2, 3, 4, 5, 6\}$. Calcular $f_i \circ f_j$ para cada i y $j \in I$.

6. Sean $f(x) = 2x$, $f_1(x) = \dfrac{1}{x}$, $g(x) = x$,

    $g_1(x) = \dfrac{1}{1 - x}$ funciones reales.

    (a) Calcular $f(0)$, $f(1)$, $g(\frac{3}{2})$, $g_1(\frac{1}{2} + x)$,
    $(g \circ f_1)(x)$, $(f \circ g_1)(x)$

    (b) Determinar dominio y recorrido de $f \circ f_1$, $f_1 \circ g$, $f_1 \circ f$ y $g_1 \circ g$

7. Encuentre los dominios de las siguientes funciones reales:

    (a) $f(x) = \sqrt{a^2 - x^2}, \qquad a \in \mathbb{R}$

    (b) $f(x) = \sqrt{1 - \sqrt{1 - x^2}}$

    (c) $f(x) = \dfrac{1}{\sqrt{x^2 - 4}}$

    (d) $f(x) = \sqrt{1 - x} + \sqrt{x - 2}$

    (e) $f(x) = \sqrt{4 - x^2} + \sqrt{x^2 - 1}$

    (f) $f(x) = \dfrac{1}{x - 1} + \dfrac{1}{x + 2}$

8. Sea $f : \mathbb{R} \to \mathbb{R}$ definida por

    $$f(x) = \begin{cases} 2x + 5 & \text{si } \; 9 < x \\ x^2 - |x| & \text{si } \; -9 \leq x \leq 9 \\ x - 4 & \text{si } \; x < -9 \end{cases}$$

    Determine:

    (a) $f(3), f(12), f(9), f(f(5))$

    (b) Dominio y recorrido de f

9. Dadas las funciones reales definidas por:

    $$f(x) = \frac{x + |x|}{2}$$

    y

    $$g(x) = \begin{cases} x, & \text{si } \; x < 0 \\ x^2, & \text{si } \; x \geq 0 \end{cases}$$

    Demuestre que $f \circ g = g \circ f$.

10. Dadas las funciones reales

$$f(x) = 2x^2 + 1 \quad y \quad g(x) = x - 3$$

¿Para qué valores de $x \in \mathbb{R}$ se tiene que $(f \circ g)(x) = (g \circ f)(x)$?

11. Sean

$$f(x) = \begin{cases} x & , \ x < 1 \\ x^2 - 1 & , \ x \geq 1 \end{cases}$$

y

$$g(x) = \begin{cases} \sqrt{x + 1} & , \ 0 \leq x \leq 1 \\ x + 2 & , \ x > 1 \vee x < 0 \end{cases}$$

funciones reales. Encuentre $g \circ f$ y $f \circ g$.

12. Sea $f : A \to B$ y sean $D_1, D_2 \subseteq B$.

Demostrar que:

   (a) $f^{-1*}(D_1 \cap D_2) = f^{-1*}(D_1) \cap f^{-1*}(D_2)$

   (b) $f(f^{-1*}(D_1)) \subseteq D_1$ y que la igualdad no es verdad en general.

13. Determine si las siguientes funciones son uno a uno. En caso de serlo, calcule la inversa:

   (a) $f(x) = x^3$

   (b) $f(x) = x^2$

   (c) $f(x) = \dfrac{x^2 - 1}{x + 1}$

   (d) $f(x) = \dfrac{1}{x}$

   (e) $f(x) = \dfrac{x - 3}{2x + 1}$

   (f) $f(x) = \dfrac{1}{1 - x^2}$

14. Sea f definida por:

$$f(x) = \begin{cases} x + 2, & x \leq 2 \\ 2x, & x > 2. \end{cases}$$

Probar que f es biyección de $\mathbb{R}$ en $\mathbb{R}$ y determinar f^{-1}.

15. Demostrar que la función real $f(x) = \dfrac{ax + b}{cx + d}$ tiene inversa si y solo si

$$ad - bc \neq 0.$$

16. Demostrar que las funciones reales:
$f(x) = 1 - x$, $\quad g(x) = \dfrac{x}{x - 1}$ y

$h(x) = \dfrac{1}{x - 1}$ son invertibles y calcular:

$f^{-1}, g^{-1}, h^{-1}, f \circ g, g \circ f, f^{-1} \circ g^{-1}$ y $(f \circ g)^{-1}$

17. Dé ejemplo de una función $f : \mathbb{N} \to \mathbb{N}$ tal que:

   (a) f sea inyectiva pero no biyectiva

   (b) f sea sobre $\mathbb{N}$ pero no biyectiva

   (c) f no sea ni inyectiva ni sobre $\mathbb{N}$

   (d) f sea biyectiva

18. Sean $f : X \to Y$ y $g : Y \to X$ tales que $g \circ f = ID_X$.

Demuestre que f es uno a uno y g es sobre.

19. Sean $h : S \to T$ y $g : T \to R$.

Demuestre que si $g \circ h$ es sobre, entonces g es sobre.

20. Sean $f : A \to B$, $g : B \to C$ y $h : C \to D$.

Demuestre, que si $g \circ f$ y $h \circ g$ son biyecciones, entonces f, g y h son biyecciones.

21. Dadas las funciones reales

$$f(x) = \begin{cases} x^3 + 2 & x \geq 0 \\ 3x + 2 & x < 0 \end{cases}$$

$$g(x) = \begin{cases} x^2 - 1 & x > -1 \\ 3x - 2 & x \leq -1 \end{cases}$$

Demostrar que f es biyección, pero g no lo es. Determinar $g \circ f^{-1}$.

22. Sean f y g funciones de $\mathbb{N} \times \mathbb{N}$ en $\mathbb{N}$ definidas por:

$$f((x,y)) = x, \quad g((x,y)) = y$$

Demuestre que f y g son sobre $\mathbb{N}$, pero no inyectivas.

23. Demuestre que si f y g son biyecciones, entonces

$$(f \circ g)^{-1} = g^{-1} \circ f^{-1}$$

24. Sea $f : \mathbb{R} \times \mathbb{R} \to \mathbb{R} \times \mathbb{R}$ definida por:

$$f((x,y)) = (y, x).$$

Demostrar que f es biyección y calcular f^{-1}

25. Graficar las siguientes funciones reales indicando dominio y recorrido. ¿Cuáles son uno a uno?

(a) $f(x) = \dfrac{1}{2}x^2$

(b) $f(x) = \dfrac{1}{3}\sqrt{144 - 16x^2}$

(c) $f(x) = -\sqrt{1 - x^2}$

(d) $f(x) = 1 - |x|$

(e) $f(x) = \sqrt{-6x}$

(f) $f(x) = \sqrt{16 - (x - 1)^2} + 1$

(g) $f(x) = -\sqrt{x} + 5$

(h) $f(x) = \dfrac{x + |x|}{2}$

26. Graficar las siguientes funciones reales definidas por intervalos.

(a) $f(x) = \begin{cases} x, & x < 0 \\ x^2, & x \geq 0 \end{cases}$

(b) $f(x) = \begin{cases} x, & x < 1 \\ x^2 - 1 & x \geq 1 \end{cases}$

(c) $f(x) = \begin{cases} \sqrt{x + 1} & 0 \geq x \geq 1 \\ x + 2, & x < 0 \ \vee \ x > 1 \end{cases}$

27. ¿Cuáles de las siguientes funciones son pares o impares?

(a) $2x^3 - x + 1$

(b) $ax + b.$

(c) $ax^2 + bx + c(c \neq 0)$

(d) $\sqrt{1 + x + x^2} - \sqrt{1 - x + x^2}$

28. Pruebe que:

(a) Si f y g son pares, $f + g$ y $f \cdot g$ son pares

(b) Si f es par y g es impar, entonces $f \cdot g$ es impar

(c) La suma de dos impares es impar mientras que su producto es par

29. Sea f función con $\text{Dom } f = \mathbb{R}$.

Probar que existen dos únicas funciones g y h tales que $f = g + h$, siendo h par y g impar.

30. Determine los intervalos de crecimiento y decrecimiento de las siguientes funciones:

(a) $f(x) = x^3 + 3x + 5$

(b) $f(x) = x^2$

(c) $f(x) = x + \dfrac{1}{x}$

(d) $f(x) = x^3$

(e) $f(x) = \dfrac{x}{1 + x^2}$

31. Dadas las funciones:

$$f(x) = \begin{cases} x & , & x \leq 0 \\ x + 2 & , & x > 0 \end{cases}$$

y

$$g(x) = \begin{cases} x - 1 & , & x \leq 1 \\ 4x & , & x > 1 \end{cases}$$

Determine $-f$, $|f|$, $f + 3$, $5 \cdot g$

32. Si el dominio de una función f es $[0, 1]$. Determinar el dominio de las siguientes funciones:

   (a) $f_1(x) = f(x - 3)$

   (b) $f_2(x) = f(2x - 5)$

   (c) $f_3(x) = f(|x|)$

   (d) $f_4(x) = f(3x^2)$

33. Grafique la función $f(x) = \sqrt{1 - x^2}$ y úselo para obtener los gráficos de:
$2\sqrt{1 - x^2}$, $\sqrt{1 - (x + 1)^2}$, $\sqrt{1 - (x/2)^2}$, $\sqrt{1 - x^2} - 2$ y $-\sqrt{1 - x^2}$

34. Dado el gráfico de la función $f(x) = x^2$, dibuje los gráficos de las siguientes funciones:

$$(x - 2)^2, \quad (2 - x)^2, \quad \left(\dfrac{x}{2}\right)^2, \quad 1 + x^2$$

35. Demostrar que si f es periódica de período P, la función $f(ax + b)$, con $a \neq 0$ también lo es. Determinar su período teniendo en términos de a.

36. Grafique f tal que su dominio es $\mathbb{R}$ y

$$f(x) = \begin{cases} x & , & 0 \leq x < 1 \\ x - 2 & , & 1 \leq x \leq 2 \end{cases}$$

sabiendo que:

   (a) f es impar y tiene período 4

   (b) f es par y tiene período 4

37. Averiguar cuáles funciones reales son acotadas.

   (a) $f(x) = ax^2$, $\qquad a \in \mathbb{R}$

   (b) $f(x) = \dfrac{1}{1 + x^2}$

   (c) $f(x) = \dfrac{x}{1 + x^2}$

   (d) $f(x) = \dfrac{1}{x^2 - 4}$

   (e) $f(x) = 1 - 2x - x^2$

38. Sea $f(x) = x - [x]$, donde $[x]$ es la parte entera de x. Esta función se conoce como parte fraccionaria de x.

   Estudie y grafique $f(x)$.

39. Bosquejar los gráficos de

   (a) $2 - \dfrac{1}{x}$

   (b) $\left(\dfrac{1}{x - 1}\right)^2$

   (c) $\dfrac{2}{x}$

   (d) $\left|\dfrac{1}{x}\right|$

40. Encuentre el término n-ésimo en cada una de las siguientes sucesiones:

   (a) $\dfrac{1}{2}, \dfrac{1}{4}, \dfrac{1}{6}, \dfrac{1}{8} \cdots$

   (b) $\dfrac{1}{2}, \dfrac{2}{3}, \dfrac{3}{4}, \dfrac{4}{5} \cdots$

   (c) $1 - x^2, 1 - 2x^2, 1 - 3x^2 \ldots$

Autoevaluación 3

1. Considere las funciones $f(x) = x^2 - 2x - 1$ y $g(x) = x - 2|x|$ con $x \in \mathbb{R}$. Se define la función $h(x)$ en todo $\mathbb{R}$ por:

$$h(x) = \begin{cases} f(x) & \text{si } f(x) \geq g(x) \\ g(x) & \text{si } f(x) < g(x) \end{cases}$$

   a) Identifique y grafique la función h en el intervalo $[-6, 2]$

   b) Decida si h es inyectiva en $[-6, 2]$. Justifique su respuesta

   c) Grafique $-h(x)$ en el intervalo $[-10, 10]$

2. a) Dadas las funciones $f(x) = [x - 1]$ y $g(x) = x^2 - 3x - 2$, con dominio $\mathbb{R}$, donde $[\ ]$ es la función parte entera. Determine todos los $x \in \mathbb{R}$, tales que: $(f \circ g)(x) = 4$

   b) Dadas las funciones $f(x) = \dfrac{x}{x - 1}$ y $g(x) = \dfrac{1}{x - 1}$ con dominio $\mathbb{R} - \{1\}$

   1) Determine el recorrido de f y de g

   2) Demuestre que f y g son ambas inyectivas

   3) Calcule $f^{-1} \circ g^{-1}(x)$.

3. a) Demuestre que la siguiente afirmación es falsa en general: Si f es función creciente en $[a, b]$, y f es creciente en $(b, c]$, entonces f es creciente en $[a, c]$.

   b) Sean f y g funciones de $\mathbb{R}$ en $\mathbb{R}$, donde f es par y g es impar, demuestre que la función $h(x) = f(x) \times (g(x))^8$ es función par en $\mathbb{R}$.

   (OBSERVACIÓN: $\left(g(x)\right)^8$ significa $g(x)$ elevado a la octava potencia)

   c) Demuestre que $\forall x \in \mathbb{R} \left(0 \leq \left(x - [x]\right)^{45} < 1 \right)$ donde $[\ ]$ es la función parte entera.

4. Determine condiciones sobre a y $b \in \mathbb{R}$, de modo que:

$$f(x) = \begin{cases} x^2 - 4x + 7 & \text{si } x \geq 2 \\ ax + b & \text{si } x < 2 \end{cases}$$

sea una biyección sobre $\mathbb{R}$. Demuestre que con las condiciones encontradas, f es efectivamente una biyección sobre $\mathbb{R}$.

5. Considere las funciones $f(x) = \dfrac{x+1}{x-2}$ y

$$g(x) = \begin{cases} 3 - x^2 & \text{si } |x| < 3 \\ x + 1 & \text{si } |x| \geq 3 \end{cases}$$

Calcule f^{-1} y $g \circ f^{-1}$

6. Construya el gráfico de la función $f(x) = 1 - 2x^2 + x$, partiendo del gráfico de la parábola $y = x^2$ y aplicando a esta las transformaciones pertinentes (traslaciones, dilataciones, etc.).

7. Sea $f : A \longrightarrow \mathbb{R}$, definida por $\left[\dfrac{x}{x-1} - 1 \right]$

   a) Determine $\text{Dom}\,(f)$ y demuestre que f no es sobre $\mathbb{R}$

   b) Grafique $f(x)$

   c) Resuelva $f(x) = 3$

4

Trigonometría

Comenzaremos el capítulo, introduciendo las razones trigonométricas en un triángulo rectángulo. Para medir los ángulos, usaremos indistintamente, tanto grados como radianes,recordando que un radián representa el ángulo central en una circunferencia y abarca un arco cuya longitud es igual al radio y que

$$\pi \text{ radianes} = 180 \text{ grados}$$

Dado el siguiente triángulo rectángulo,

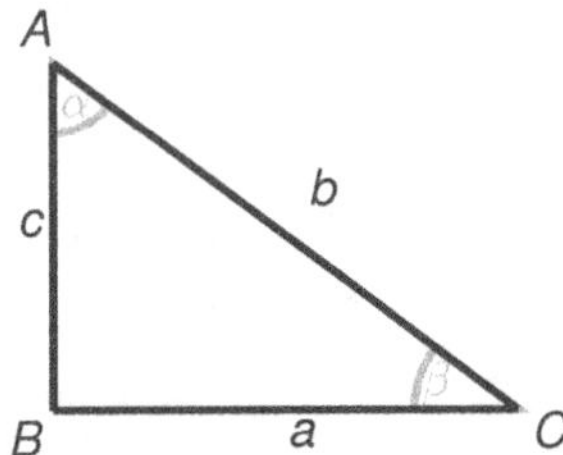

Figura 4.1: Triángulo rectángulo

Definimos las siguientes razones:

Definición

Definición 4.1 *Razones trigonométricas*

$$\text{sen}(\alpha) = (a/b) \qquad \cos(\alpha) = (c/b) \quad \tan(\alpha) = (a/c)$$

$$\text{cosec}(\alpha) = (b/a) \quad \sec(\alpha) = (b/c) \quad \cot(\alpha) = (c/a)$$

Podemos notar algunas identidades inmediatas a partir de la definición:

Propiedades

1 $\text{cosec}(\alpha) = \dfrac{1}{\text{sen}(\alpha)}$

2 $\sec(\alpha) = \dfrac{1}{\cos(\alpha)}$

3 $\cot(\alpha) = \dfrac{1}{\tan(\alpha)}$

4 $\tan(\alpha) = \dfrac{\text{sen}(\alpha)}{\cos(\alpha)}$

5 $\text{sen}^2(\alpha) + \cos^2(\alpha) = 1$

6 $\tan^2(\alpha) + 1 = \sec^2(\alpha)$

7 $\cot^2(\alpha) + 1 = \text{cosec}^2(\alpha)$

Demostración

Las primeras cuatro propiedades salen inmediatamente de la definición de las razones trigonométricas. Para ver que $\text{sen}^2(\alpha) + \cos^2(\alpha) = 1$, *notemos que:*

$$\operatorname{sen}^2(\alpha) + \cos^2(\alpha) = \left(\frac{a}{b}\right)^2 + \left(\frac{c}{b}\right)^2 = \frac{a^2 + c^2}{b^2}$$

Pero usando el teorema de Pitágoras, tenemos que

$$a^2 + c^2 = b^2$$

Por lo tanto

$$\operatorname{sen}^2(\alpha) + \cos^2(\alpha) = 1$$

De manera muy similar se demuestran las últimas tres identidades. ■

Veamos cómo deducir algunas razones trigonométricas de algunos ángulos importantes; en particular, de los ángulos de 30, 45 y 60 grados. Tomemos un triángulo equilátero y tracemos su altura desde C, como lo muestra la figura:

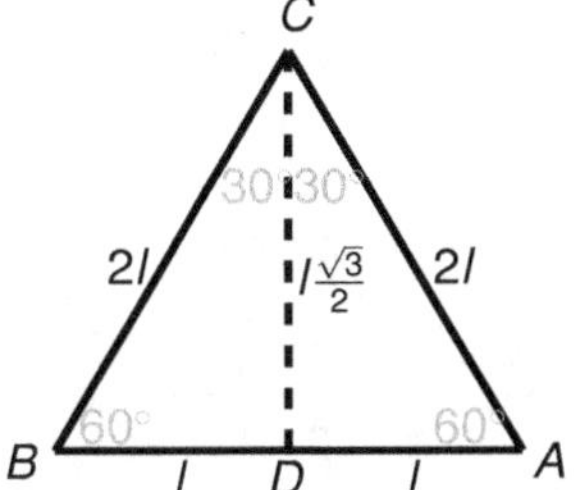

Figura 4.2: Triángulo equilátero

Calculando la altura del triángulo ABC obtenemos que ella mide $\frac{\sqrt{3}}{2}l$. Luego mirando el triángulo CDB obtenemos que $\operatorname{sen}(30) = \frac{1}{2}$ y $\cos(30) = \frac{\sqrt{3}}{2}$. Observando ahora el triángulo ACD obtenemos que:

$$\operatorname{sen}(60) = \frac{\sqrt{3}}{2} \quad \text{y} \quad \cos(60) = \frac{1}{2}$$

Para calcular las razones trigonométricas de 45 grados, dibujamos un triángulo rectángulo isósceles, como se ve en la siguiente figura:

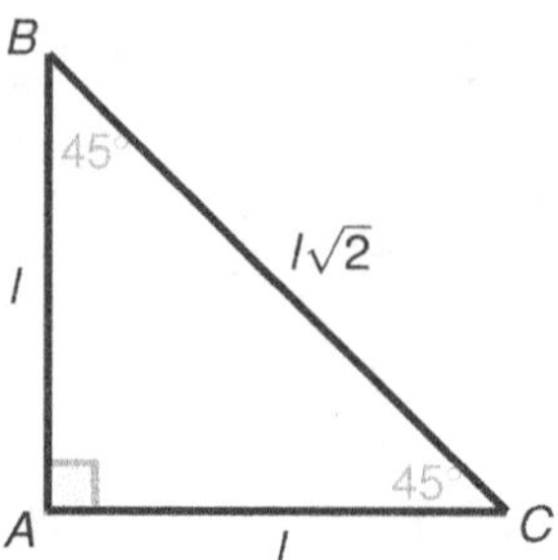

Figura 4.3: Triángulo rectángulo isósceles

Entonces en el triángulo ABC vemos que el lado BC mide $l\sqrt{2}$, por lo que se obtiene que:

$$\operatorname{sen}(45) = \frac{\sqrt{2}}{2} \quad y \quad \cos(45) = \frac{\sqrt{2}}{2}$$

Podemos resumir esto en la siguiente tabla:

Grados	0	30	45	60	90
sen	0	$1/\sqrt{2}$	$\sqrt{2}/2$	$\sqrt{3}/2$	1
cos	1	$\sqrt{3}/2$	$\sqrt{2}/2$	$1/\sqrt{2}$	0

Tabla 4.1: Valores para el seno y coseno de 0, 30, 45, 60 y 90 grados

A partir de los pocos valores que acabamos de calcular, podemos notar que

$$\operatorname{sen}(\alpha + \beta) \neq \operatorname{sen}(\alpha) + \operatorname{sen}(\beta)$$

y lo mismo para el coseno de la suma, dado que por ejemplo $\operatorname{sen}(30+60) = \operatorname{sen}(90) = 0$, pero $\operatorname{sen}(30) = 1/2$ y $\operatorname{sen}(60) = \sqrt{3}/2$.

Para deducir la fórmula del seno de la suma de dos ángulos, consideremos la siguiente figura:

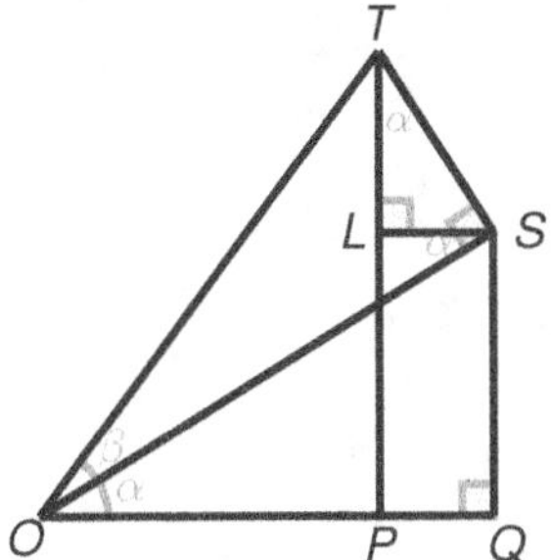

Figura 4.4: Diagrama para calcular el seno de la suma de dos ángulos

Entonces

$$\text{sen}(\alpha + \beta) = \frac{\overline{PT}}{\overline{OT}} = \frac{\overline{PL} + \overline{LT}}{\overline{OT}} = \frac{\overline{QS}}{\overline{OS}}\frac{\overline{OS}}{\overline{OT}} + \frac{\overline{LT}}{\overline{TS}}\frac{\overline{TS}}{\overline{OT}}$$

$$= \text{sen}(\alpha)\cos(\beta) + \cos(\alpha)\text{sen}(\beta)$$

De igual modo, podemos deducir que:

$$\cos(\alpha + \beta) = \cos(\alpha)\cos(\beta) - \text{sen}(\alpha)\text{sen}(\beta)$$

Propiedad

$$\tan(\alpha + \beta) = \frac{\tan(\alpha) + \tan(\beta)}{1 - \tan(\alpha)\tan(\beta)}$$

Demostración

$$\tan(\alpha + \beta) = \frac{\text{sen}(\alpha + \beta)}{\cos(\alpha + \beta)} = \frac{\text{sen}(\alpha)\cos(\beta) + \cos(\alpha)\text{sen}(\beta)}{\cos(\alpha)\cos(\beta) - \text{sen}(\alpha)\text{sen}(\beta)}$$

$$= \frac{\dfrac{\text{sen}(\alpha)}{\cos(\alpha)} + \dfrac{\text{sen}(\beta)}{\cos(\beta)}}{1 - \dfrac{\text{sen}(\alpha)\,\text{sen}(\beta)}{\cos(\alpha)\cos(\beta)}} = \frac{\tan(\alpha) + \tan(\beta)}{1 - \tan(\alpha)\tan(\beta)}$$

Problemas

Problema 4.1

Demostrar que $\dfrac{\sec(\alpha) + \csc(\alpha)}{\tan(\alpha) + \cot(\alpha)} = \operatorname{sen}(\alpha) + \cos(\alpha)$

Demostración

$$\frac{\sec(\alpha) + \csc(\alpha)}{\tan(\alpha) + \cot(\alpha)} = \frac{\dfrac{1}{\cos(\alpha)} + \dfrac{1}{\operatorname{sen}(\alpha)}}{\dfrac{\operatorname{sen}(\alpha)}{\cos(\alpha)} + \dfrac{\cos(\alpha)}{\operatorname{sen}(\alpha)}} = \frac{\operatorname{sen}(\alpha) + \cos(\alpha)}{\operatorname{sen}^2(\alpha) + \cos^2(\alpha)} = \operatorname{sen}(\alpha) + \cos(\alpha). \quad \blacksquare$$

Problema 4.2

Demostrar que $\dfrac{\csc(\alpha)}{1 + \csc(\alpha)} - \dfrac{1}{\operatorname{sen}(\alpha) - 1} = 2\sec^2(\alpha)$

Demostración

$$\frac{\csc(\alpha)}{1 + \csc(\alpha)} - \frac{1}{\operatorname{sen}(\alpha) - 1} = \frac{\dfrac{1}{\operatorname{sen}(\alpha)}}{1 + \dfrac{1}{\operatorname{sen}(\alpha)}} - \frac{1}{\operatorname{sen}(\alpha) - 1} = \frac{1}{\operatorname{sen}(\alpha) + 1} - \frac{1}{\operatorname{sen}(\alpha) - 1}$$

$$= \frac{-2}{\operatorname{sen}^2(\alpha) - 1} = 2\sec^2(\alpha). \quad \blacksquare$$

Las funciones trigonométricas 4.2

En esta sección introduciremos las funciones trigonométricas. Extenderemos las razones trigonométricas de la sección anterior, que fueron definidas para ángulos entre 0 y 90 grados a funciones reales. Para este estudio es necesario aceptar que así como los reales constituyen las medidas de todos los trazos dirigidos, también constituyen las medidas de todos los ángulos y de todas las longitudes de arco.

Dado $x \in \mathbb{R}^+ \cup \{0\}$ existe un ángulo que mide x radianes desde el eje X positivo y medido en sentido contrario de los punteros del reloj, donde un **radián** es la medida de aquel ángulo subtendido en una circunferencia de radio 1 por un arco de longitud 1.

El número real π se puede definir como la medida en radianes de un ángulo extendido y por lo tanto la medida de un ángulo recto es $\dfrac{\pi}{2}$ radianes y la de un ángulo completo es de 2π radianes.

Si $x \in \mathbb{R}^{-}$, entonces existe un ángulo que mide x radianes desde el eje X positivo y medido en el sentido de los punteros del reloj.

Cada ángulo a su vez determina un único punto $P(a_x, b_x)$ en la circunferencia de centro en el origen y radio 1, como se ve en la figura siguiente:

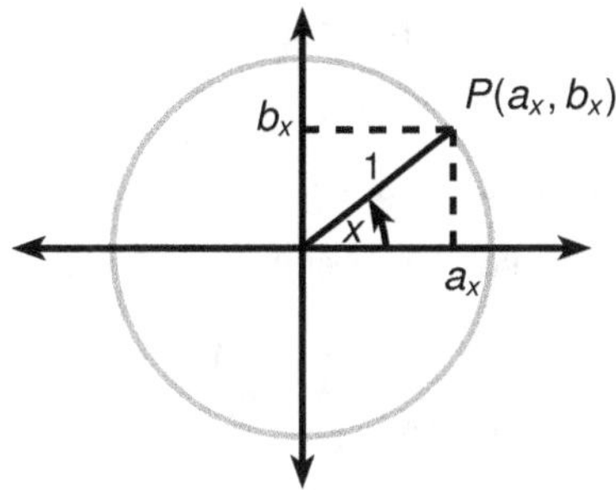

Figura 4.5: Punto $P(a_x, b_x)$ definido por el ángulo que mide x radianes en la circunferencia de centro en el origen y radio 1

Definición

Definición 4.2 *Funciones trigonométricas*

Sea $x \in \mathbb{R}$, sea $P(a_x, b_x)$ el punto de la circunferencia de centro en el origen y radio 1, determinado por un ángulo de x radianes. Entonces se definen las funciones reales **seno**, **coseno** *y* **tangente** *como sigue:*

$$\operatorname{sen}(x) = b_x$$
$$\cos(x) = a_x$$
$$\tan(x) = b_x/a_x$$

Estudio de la función seno 4.2.1

De la definición es claro que su dominio es $\mathbb{R}$. Por otro lado, la función seno es periódica de período 2π.

En efecto, $\operatorname{sen}(2\pi \pm x) = \operatorname{sen}(x)$ pues como 2π equivale a un ángulo completo, $P(a_x, b_x) = P(a_x + 2\pi, b_x + 2\pi)$.

Además si $0 < P < 2\pi$ tenemos varios casos:

Si $0 < P < \pi$: $\operatorname{sen}(P) > 0 \wedge \operatorname{sen}(0) = 0$

luego $\operatorname{sen}(0) \neq \operatorname{sen}(P)$

es decir, $\operatorname{sen}(0) \neq \operatorname{sen}(0 + P)$

Si $P = \pi$: $\operatorname{sen}\left(\dfrac{\pi}{2}\right) = 1 \wedge \operatorname{sen}\left(-\dfrac{\pi}{2}\right) = -1$

luego $\operatorname{sen}\left(-\dfrac{\pi}{2}\right) \neq \operatorname{sen}\left(\dfrac{\pi}{2}\right)$

es decir, $\operatorname{sen}\left(-\dfrac{\pi}{2}\right) \neq \operatorname{sen}\left(-\dfrac{\pi}{2} + P\right)$

Si $\pi < P < 2\pi$: $\operatorname{sen}(P) < 0 \wedge \operatorname{sen}(0) = 0$

luego $\operatorname{sen}(0) \neq \operatorname{sen}(0 + P)$.

Es decir, P no es el período de la función seno para $0 < P < 2\pi$, por lo tanto su período es 2π. Luego nos basta estudiar la función en $[0, 2\pi[$.

- $\operatorname{sen}(0) = 0$ y en $\left]0, \dfrac{\pi}{2}\right[$ crece de 0 a 1

- $\operatorname{sen}\left(\dfrac{\pi}{2}\right) = 1$ y en $\left]\dfrac{\pi}{2}, \pi\right[$ decrece de 1 a 0

- $\operatorname{sen}(\pi) = 0$ y en $\left]\pi, \dfrac{3\pi}{2}\right[$ decrece de 0 a -1 y por último

- $\operatorname{sen}\left(\dfrac{3\pi}{2}\right) = -1$ y en $\left]\dfrac{3\pi}{2}, \pi\right[$ crece de -1 a 0

Su gráfico en $[0, 2\pi[$ está dado por la figura siguiente:

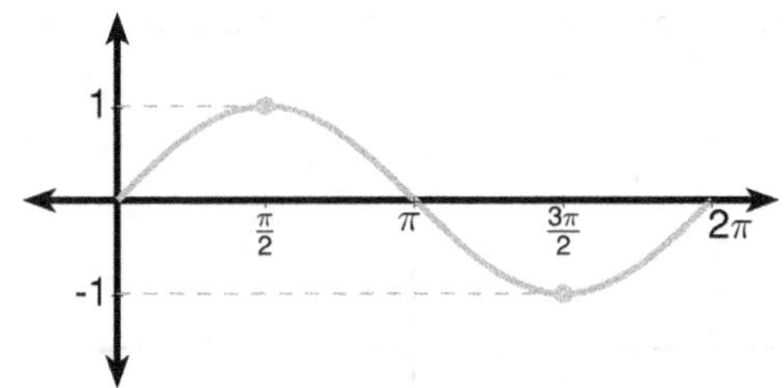

Figura 4.6: Gráfico de la función seno en $[0, 2\pi[$

Y por la periodicidad se puede extender a $\mathbb{R}$ como se ve en la figura siguiente:

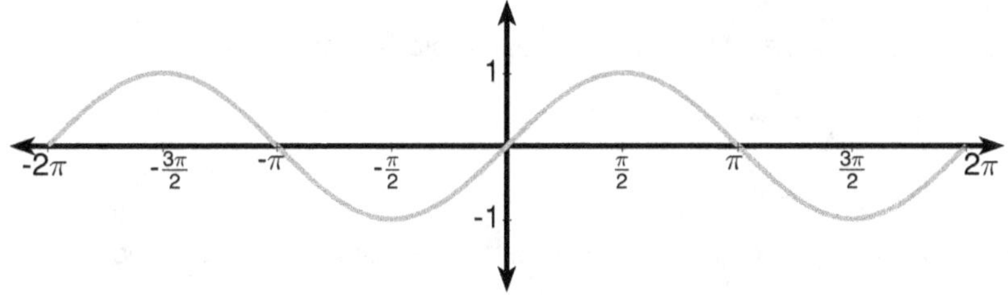

Figura 4.7: Gráfico de la función seno en $[-2\pi, 2\pi[$

Del gráfico podemos deducir otras propiedades:

a) Su recorrido es el intervalo $[-1, 1]$

b) Es acotada: $-1 \leq sen\,(x) \leq 1$

c) Es positiva en el primer y segundo cuadrante y es negativa en el tercer y cuarto cuadrante

d) Es impar: $sen(-x) = -sen(x)$

e) Sus raíces son los números reales $k\pi$, donde $k \in \mathbb{Z}$

f) Es creciente en los intervalos de la forma: $]-\frac{\pi}{2} + 2k\pi, \frac{\pi}{2} + 2k\pi[$ con $k \in \mathbb{Z}$

La función coseno 4.2.2

El estudio de la función coseno es análogo al anterior, obteniéndose el gráfico de la figura siguiente.

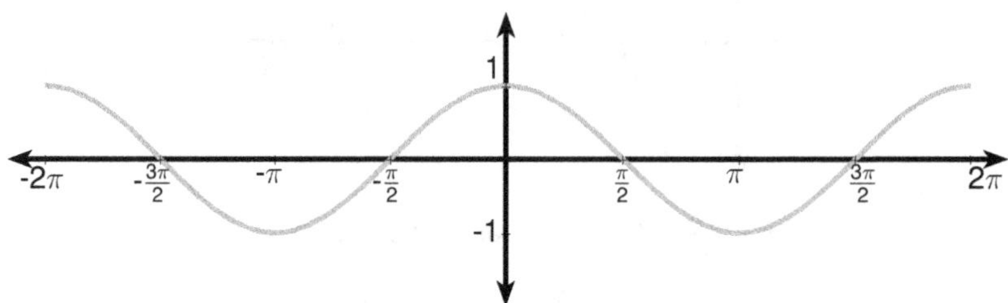

Figura 4.8: Gráfico de la función coseno

Del gráfico podemos deducir las siguientes propiedades:

a) Su recorrido es el intervalo $[-1, 1]$

b) Es acotada: $-1 \leq \cos(x) \leq 1$

c) Es positiva en el primer y cuarto cuadrante y negativa en el segundo y tercer cuadrante

d) Es función par: $\cos(-x) = \cos(x)$

e) Sus raíces son los números reales $(2k + 1)\dfrac{\pi}{2}$, donde $k \in \mathbb{Z}$

f) Es creciente en los intervalos de la forma: $]-\pi + 2k\pi, 2k\pi[$ con $k \in \mathbb{Z}$

Las otras funciones trigonométricas 4.2.3

Sea $x \in \mathbb{R}$, se definen las funciones tangente, secante, cotangente y cosecante por:

$$\tan(x) = \frac{\mathrm{sen}(x)}{\cos(x)} \qquad \cot(x) = \frac{\cos(x)}{\mathrm{sen}(x)}$$

$$\sec(x) = \frac{1}{\cos(x)} \qquad \mathrm{cosec}(x) = \frac{1}{\mathrm{sen}(x)}$$

Un estudio detallado de la función **tangente** nos conduce al gráfico de la figura siguiente, donde se puede apreciar algunas de sus propiedades:

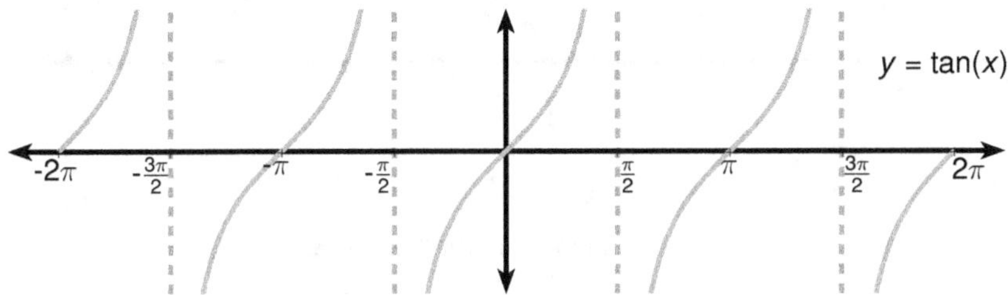

Figura 4.9: Gráfico de la función tangente

a) El período es π

b) Es función impar

c) El dominio es $\mathbb{R} - \{x \in \mathbb{R} : x = \dfrac{\pi}{2} + k\pi, \text{ con } k \in \mathbb{Z}\}$

d) Es función creciente en su dominio

e) No es acotada

Los gráficos de las funciones cotangente, cosecante y secante se muestran a continuación:

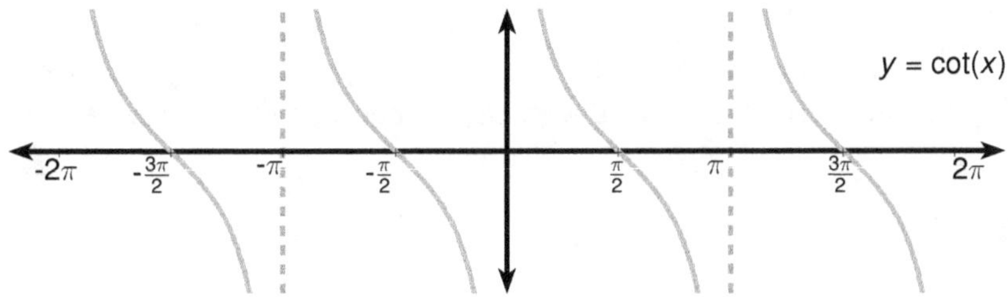

Figura 4.10: Gráfico de la función cotangente

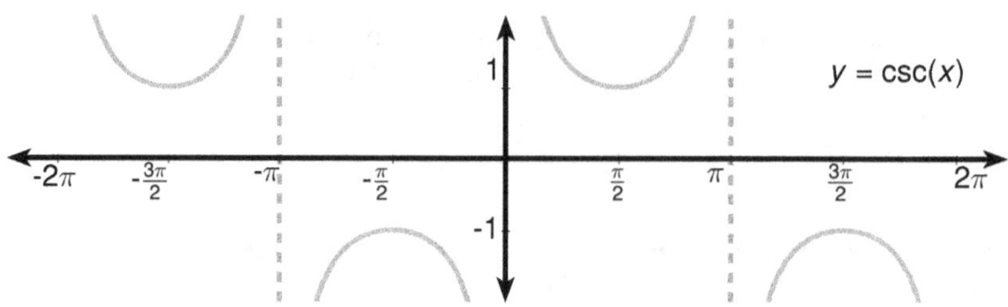

Figura 4.11: Gráfico de la función cosecante

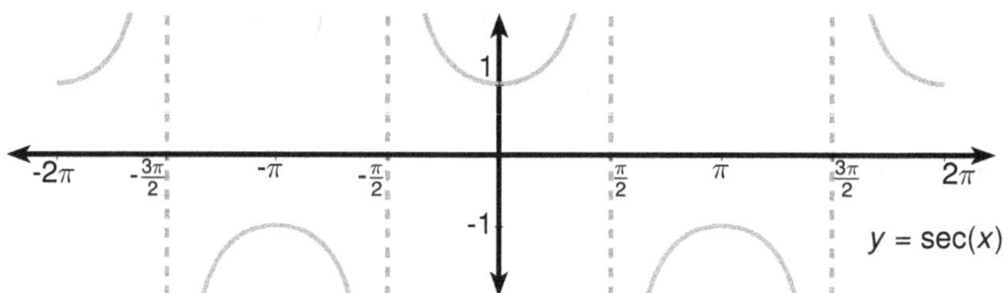

Figura 4.12: Gráfico de la función secante

Definición

Definición 4.3 *Amplitud, período, fase y frecuencia*

*Dadas las funciones $f(x) = a\operatorname{sen}(kx - b)$ y $g(x) = a\cos(kx - b)$, $k > 0$ se define su **amplitud** como el valor de $|a|$, su **periodo** como $2\pi/k$, su **desplazamiento de fase** como b y su **frecuencia** como $\dfrac{k}{2\pi}$.*

Ejemplo 4.1

Dada $f(x) = 2\operatorname{sen}(3x + \pi) + 2$, determine amplitud, período, desplazamiento de fase y grafíquela.

Solución

Tenemos que $f(x) = 2\operatorname{sen}(3x + \pi) + 2 = 2\operatorname{sen}\left(3\left(x + \dfrac{\pi}{3}\right)\right) + 2$. Sea

$$g(x) = 2 \operatorname{sen}\left(3\left(x + \frac{\pi}{3}\right)\right)$$

luego la amplitud de g es 2, su período es $\dfrac{2\pi}{3}$ y su desplazamiento de fase es $-\dfrac{\pi}{3}$.
Si dibujamos la función g, entonces sabremos dibujar la función f, pues $f(x) = g(x) + 2$.
El gráfico de g es el siguiente:

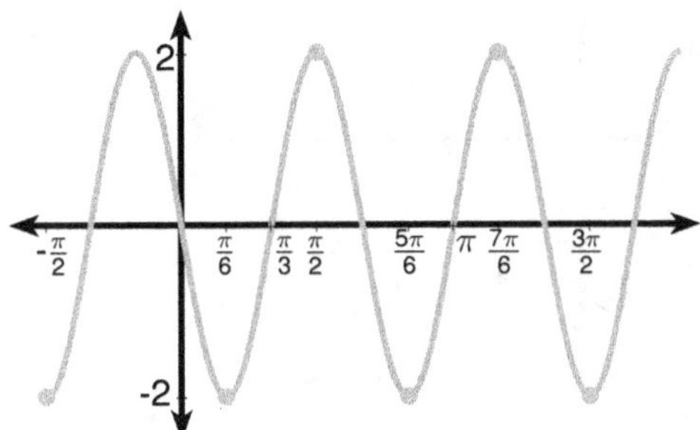

Figura 4.13: Gráfico de la función $g(x) = 2 \operatorname{sen}\left(3\left(x + \frac{\pi}{3}\right)\right)$

Por lo tanto el gráfico de f es:

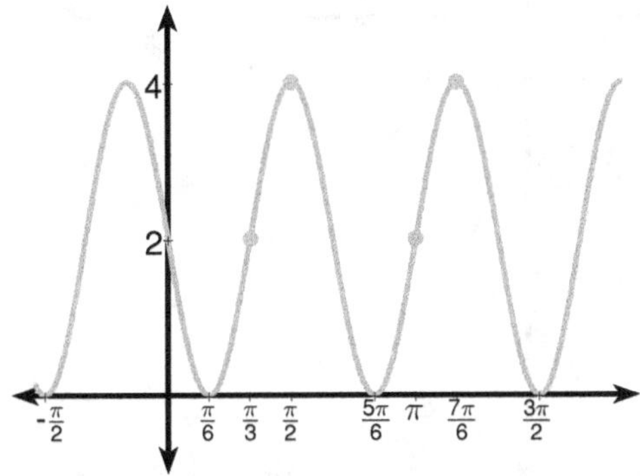

Figura 4.14: Gráfico de la función $f(x) = 2 \operatorname{sen}(3x + \pi) + 2$

Problemas

Problema 4.3

Graficar las siguientes funciones:

(i) $\operatorname{sen}(x) + 1$

(ii) $2 \operatorname{sen}(x)$

(iii) $\operatorname{sen}(2x)$

Solución

Usando las interpretaciones geométricas del Ejemplo 4.1,se obtienen los gráficos siguientes:

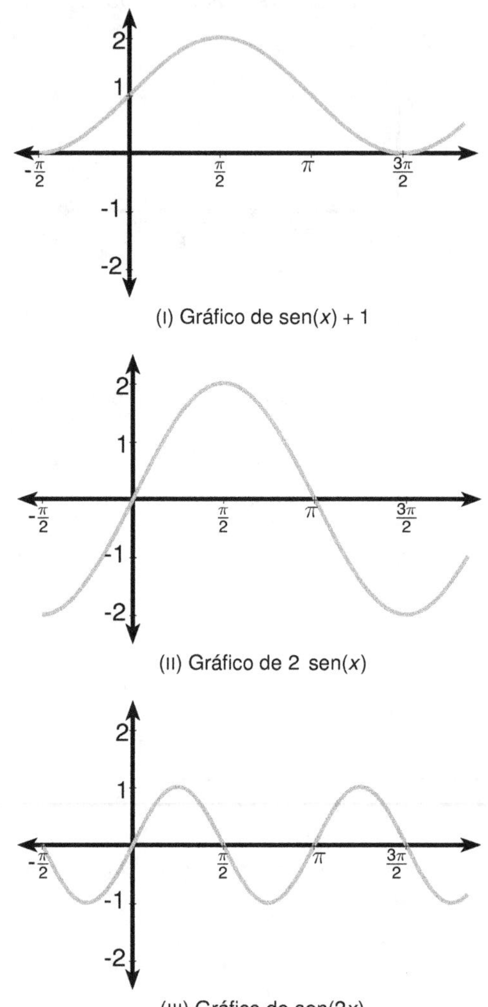

(I) Gráfico de sen(x) + 1

(II) Gráfico de 2 sen(x)

(III) Gráfico de sen($2x$)

Figura 4.15: Gráficos de las funciones del problema 4.3

Problema 4.4

El gráfico siguiente

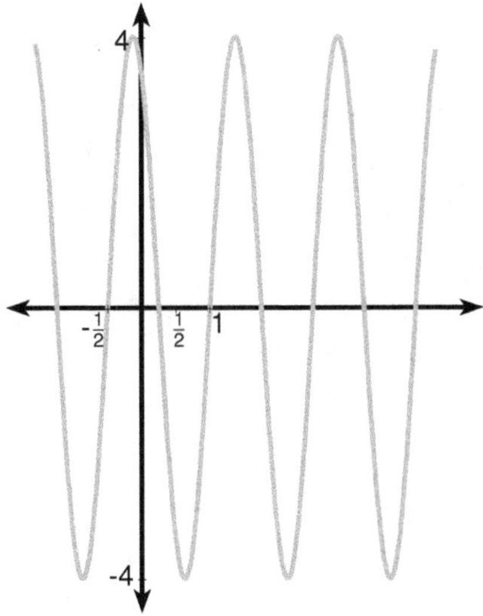

Figura 4.16: Gráfico de una función de la forma $f(x) = A \operatorname{sen}(Bx + C)$, Problema 4.4

corresponde al período completo de una función de la forma $f(x) = A \operatorname{sen}(Bx + C)$. Determine A, B y C.

Solución

El período completo extraído de la gráfica es:

$$1 - \left(\frac{1}{2}\right) = \frac{3}{2}$$

por lo tanto la función $f(x)$ tiene periodo:

$$\frac{2\pi}{B} = \frac{3}{2} \implies B = \frac{4\pi}{3}$$

por consiguiente $f(x)$ es de la forma

$$f(x) = \pm 4 \operatorname{sen}\left(\left(\frac{4\pi}{3}\right)x + C\right)$$

Como un ciclo completo se obtiene para

$$-\frac{1}{2} \le x \le 1$$

que es el equivalente a $[0\,,\,2\pi]$*, luego:*

$$0 \le \frac{4\pi}{3}\,x + C \le 2\pi \implies -C \le \left(\frac{4\pi}{3}\right)x \le 2\pi - C \implies -\frac{3C}{4\pi} \le x \le \frac{6\pi - 3C}{4\pi}$$

De donde, como $-\dfrac{3C}{4\pi} = -\dfrac{1}{2}$ *o su equivalente* $\dfrac{6\pi - 3C}{4\pi} = 1$ *, se obtiene* $C = \dfrac{2\pi}{3}$*, por lo tanto*

$$f(x) = \pm 4\,\operatorname{sen}\left(\left(\frac{4\pi}{3}\right)x + \frac{2\pi}{3}\right)$$

como $f\left(1/2\right) < 0,\ y\ f(1/2) = \pm 4\,\operatorname{sen}\left(\dfrac{4\pi}{3}\right)\ y\ \operatorname{sen}\left(\dfrac{4\pi}{3}\right) < 0$ *entonces la amplitud debe ser positiva, es decir,* $A = 4$*.*

Por lo tanto,

$$f(x) = 4\,\operatorname{sen}\left(\left(\frac{4\pi}{3}\right)x + \frac{2\pi}{3}\right)$$

Luego $A = 4, B = \dfrac{4\pi}{3}\ y\ C = \dfrac{2\pi}{3}$

Problema 4.5

El desplazamiento de una masa que pende de un resorte está modelado por la función

$$y = 10\,\operatorname{sen}(4\pi t)$$

donde y está medido en pulgadas y t en segundos, como se ve en la siguiente figura:

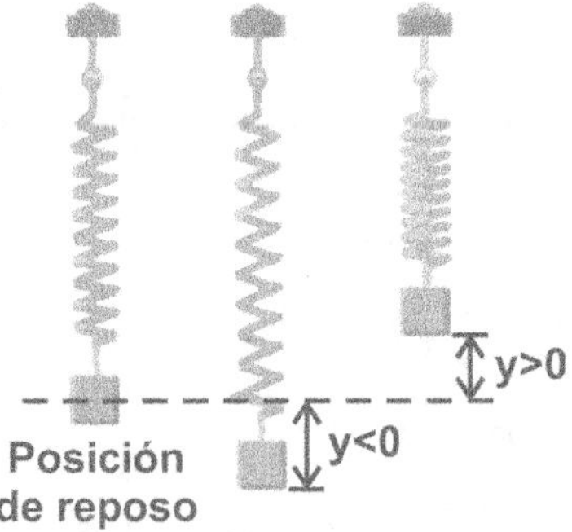

Figura 4.17: Desplazamiento de una masa atada a un resorte

a) Determine amplitud, período y frecuencia del movimiento de la masa

b) Grafique el desplazamiento

Solución

a) *Tenemos que la amplitud es* $|a| = 10$ *pulgadas. El período es* $\dfrac{2\pi}{k} = \dfrac{2\pi}{4\pi} = \dfrac{1}{2}$ *segundos*

La frecuencia está dada por $\dfrac{k}{2\pi} = \dfrac{4\pi}{2\pi} = 2\,Hz$

b) *La gráfica del desplazamiento de la masa en el tiempo* t *se muestra en la siguiente figura:*

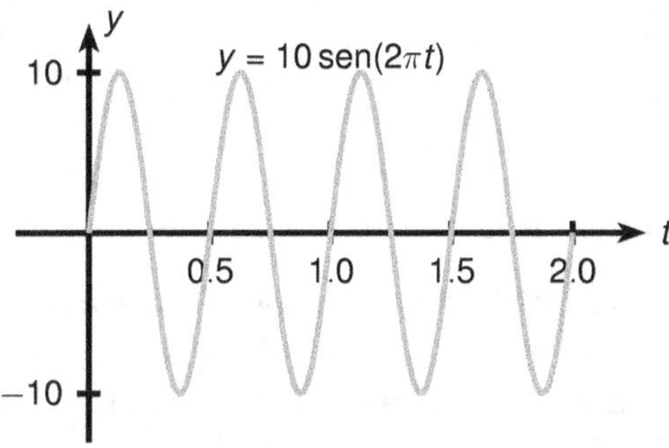

Figura 4.18: Gráfico del desplazamiento de la masa en función del tiempo

---

Problema 4.6

Un músico toca con una tuba la nota Mi y sostiene el sonido durante un tiempo. Para una nota Mi pura, la variación en la presión a partir de la presión normal de aire está dada por:

$$V(t) = 0.2\,sen(80\pi t)$$

donde V se mide en libras por pulgada cuadrada y t en segundos.

a) Calcule la amplitud, período y frecuencia de V

b) Grafique V

c) Si el músico que toca la tuba, aumenta la intensidad de la nota, ¿qué tanto se modifica la ecuación V?

d) Si el músico toca la nota incorrectamente y un poco apagada, ¿en qué cambia la ecuación V?

Solución

a) *Tenemos que la amplitud* $|a| = 0,2$. *El período es* $\dfrac{2\pi}{80\pi} = \dfrac{1}{40}$ *La frecuencia es* $\dfrac{80\pi}{2\pi} = 40$

b) *La gráfica de V se muestra en la siguiente figura:*

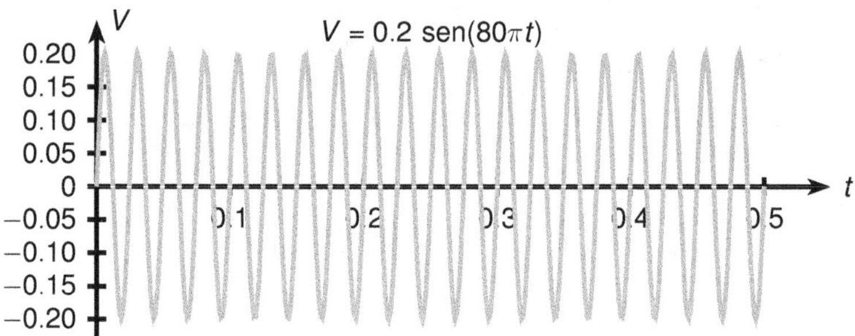

Figura 4.19: Gráfico de la variación de la presión en función del tiempo

c) *Si el músico aumenta la intensidad, se incrementa la amplitud. De este modo, el número* $0,2$ *se reemplaza por uno mayor.*

d) *Si la nota es apagada, entonces la frecuencia disminuye. Por lo tanto, el coeficiente t es menor que* 80π.

Identidades trigonométricas 4.3

Algunas de las identidades trigonométricas importantes son las siguientes:

Teorema

Teorema 4.1 *Identidades trigonométricas que relacionan la suma y diferencia de dos ángulos.*

(i) $\operatorname{sen}(x - y) = \operatorname{sen}(x)\cos(y) - \operatorname{sen}(y)\cos(x)$

(ii) $\cos(x - y) = \cos(x)\cos(y) + \operatorname{sen}(x)\operatorname{sen}(y)$

$$(\text{III}) \ \tan(x - y) = \frac{\tan(x) - \tan(y)}{1 + \tan(x)\tan(y)}$$

$$(\text{IV}) \ \text{sen}(2x) = 2\,\text{sen}(x)\cos(x)$$

$$(\text{V}) \ \cos(2x) = \cos^2(x) - \text{sen}^2(x)$$

$$(\text{VI}) \ \tan(2x) = \frac{2\tan(x)}{1 - \tan^2(x)}$$

$$(\text{VII}) \ \text{sen}^2(x) = \frac{1 - \cos(2x)}{2}$$

$$(\text{VIII}) \ \cos^2(x) = \frac{1 + \cos(2x)}{2}$$

$$(\text{IX}) \ \tan^2(x) = \frac{1 - \cos(2x)}{1 + \cos(2x)}$$

Demostración

Las propiedades (I), (II) *y* (III) *salen de la fórmula de suma de ángulos ocupando* $x + (-y)$ *y las propiedades de paridad de la función coseno, de imparidad de la función seno y de la función tangente. Las propiedades* (IV), (V) *y* (VI) *salen de la misma fórmula de suma de ángulos tomando* $2x$ *como* $(x + x)$.

Para la propiedad (VII), *tenemos que:*

$$\cos(2x) = \cos^2(x) - \text{sen}^2(x) = 1 - 2\,\text{sen}^2(x)$$

Por lo tanto

$$\text{sen}^2(x) = \frac{1 - \cos(2x)}{2}$$

Similarmente para la propiedad (VII),

$$\cos(2x) = \cos^2(x) - \text{sen}^2(x) = 2\cos^2(x) - 1$$

Por lo tanto

$$\cos^2(x) = \frac{1 + \cos(2x)}{2}$$

La última propiedad sale dividiendo las dos identidades anteriores. ∎

Problemas

Problema 4.7

Demostrar que

$$\tan(2x) + \sec(2x) = \frac{\cos(x) + \operatorname{sen}(x)}{\cos(x) - \operatorname{sen}(x)}$$

Demostración

$$\tan(2x) = \frac{2\tan(x)}{1 - \tan^2(x)} = \frac{2\operatorname{sen}(x)\cos(x)}{\cos^2(x) - \operatorname{sen}^2(x)}$$

$$\sec(2x) = \frac{1}{\cos(2x)} = \frac{1}{\cos^2(x) - \operatorname{sen}^2(x)}$$

Luego

$$\tan(2x) + \sec(2x) = \frac{2\operatorname{sen}(x)\cos(x)}{\cos^2(x) - \operatorname{sen}^2(x)} + \frac{1}{\cos^2(x) - \operatorname{sen}^2(x)} = \frac{2\operatorname{sen}(x)\cos(x) + 1}{\cos^2(x) - \operatorname{sen}^2(x)}$$

$$= \frac{2\operatorname{sen}(x)\cos(x) + \cos^2(x) + \operatorname{sen}^2(x)}{\cos^2(x) - \operatorname{sen}^2(x)}$$

$$= \frac{(\cos(x) + \operatorname{sen}(x))^2}{(\cos(x) - \operatorname{sen}(x))(\cos(x) + \operatorname{sen}(x))}$$

$$= \frac{\cos(x) + \operatorname{sen}(x)}{\cos(x) - \operatorname{sen}(x)}$$

■

Problema 4.8

Demuestre que para todo $\alpha \neq k\pi$, $k \in \mathbb{Z}$

$$\left(\operatorname{sen}\left(\frac{\alpha}{2}\right) + \cos\left(\frac{\alpha}{2}\right)\right)^2 + \frac{1 + \cos(2\alpha)}{1 - \cos(2\alpha)} = 1 + \operatorname{sen}(\alpha) + \cot^2(\alpha)$$

Demostración

$$\left(\operatorname{sen}\left(\frac{\alpha}{2}\right) + \cos\left(\frac{\alpha}{2}\right)\right)^2 + \frac{1 + \cos(2\alpha)}{1 - \cos(2\alpha)} = \operatorname{sen}^2\left(\frac{\alpha}{2}\right) + \cos^2\left(\frac{\alpha}{2}\right)$$

$$+ 2\operatorname{sen}\left(\frac{\alpha}{2}\right)\cos\left(\frac{\alpha}{2}\right) + \frac{1 + \cos(2\alpha)}{1 - \cos(2\alpha)}$$

$$= 1 + \text{sen}(\alpha) + \frac{1 + \cos(2\alpha)}{1 - \cos(2\alpha)}$$

$$= 1 + \text{sen}(\alpha) + \cot^2(\alpha)$$

Por lo tanto:

$$\left(\text{sen}\left(\frac{\alpha}{2}\right) + \cos\left(\frac{\alpha}{2}\right) \right)^2 + \frac{1 + \cos(2\alpha)}{1 - \cos(2\alpha)} = 1 + \text{sen}(\alpha) + \cot^2(\alpha)$$

■

Problema 4.9

Demuestre que si $\tan^2(\alpha) = 2\tan^2(\beta) + 1$, entonces:

$$\cos^2(\alpha) + \text{sen}^2(\beta) = \text{sen}^2(\alpha)$$

Demostración

Como $\tan^2(\alpha) = 2\tan^2(\beta) + 1$, *entonces* $\tan^2(\beta) = \dfrac{\tan^2(\alpha) - 1}{2}$

Además, $\tan^2(\beta) = \sec^2(\beta) - 1$ *luego*

$$\sec^2(\beta) = \frac{\tan^2(\alpha) - 1}{2} + 1 = \frac{\tan^2(\alpha) + 1}{2} = \frac{\sec^2(\alpha)}{2}$$

Luego:

$$\cos^2(\beta) = \frac{2}{\sec^2(\alpha)}, \quad \text{con lo cual } 1 - \text{sen}^2(\beta) = 2\cos^2(\alpha)$$

Es decir:

$$\text{sen}^2(\beta) = 1 - 2\cos^2(\alpha)$$

Con lo cual:

$$\cos^2(\alpha) + \text{sen}^2(\beta) = \cos^2(\alpha) + (1 - 2\cos^2(\alpha)) = \text{sen}^2(\alpha)$$

■

Las identidades trigonométricas conocidas como **prostaféresis** son las siguientes:

Teorema

Teorema 4.2   *Prostaféresis, identidades que relacionan productos de funciones trigonométricas con sumas:*

$(\text{I})\ \operatorname{sen}(x) + \operatorname{sen}(y) = 2\operatorname{sen}\left(\dfrac{x+y}{2}\right)\cos\left(\dfrac{x-y}{2}\right)$

$(\text{II})\ \operatorname{sen}(x) - \operatorname{sen}(y) = 2\operatorname{sen}\left(\dfrac{x-y}{2}\right)\cos\left(\dfrac{x+y}{2}\right)$

$(\text{III})\ \cos(x) + \cos(y) = 2\cos\left(\dfrac{x+y}{2}\right)\cos\left(\dfrac{x-y}{2}\right)$

$(\text{IV})\ \cos(x) - \cos(y) = -2\operatorname{sen}\left(\dfrac{x+y}{2}\right)\operatorname{sen}\left(\dfrac{x-y}{2}\right)$

Demostraremos una de ellas y el resto quedan como ejercicios.

Demostración

Sabemos que:

1. $\operatorname{sen}(\alpha + \beta) = \operatorname{sen}(\alpha)\cos(\beta) + \operatorname{sen}(\beta)\cos(\alpha)$

2. $\operatorname{sen}(\alpha - \beta) = \operatorname{sen}(\alpha)\cos(\beta) - \operatorname{sen}(\beta)\cos(\alpha)$

Si sumamos 1 y 2 obtenemos que:

3. $\operatorname{sen}(\alpha + \beta) + \operatorname{sen}(\alpha - \beta) = 2\operatorname{sen}(\alpha)\cos(\beta)$

Sea $\alpha + \beta = x$ *y* $\alpha - \beta = y$. *Sumando y restando nos queda que*

$$\alpha = \frac{x+y}{2}$$

$$\beta = \frac{x-y}{2}$$

Reemplazando estos valores en 3

$$\operatorname{sen}(x) + \operatorname{sen}(y) = 2\operatorname{sen}\left(\frac{x+y}{2}\right)\cos\left(\frac{x-y}{2}\right)$$

De la misma manera se demuestran las otras identidades y son muy útiles cuando requerimos transformar productos en sumas y/o restas o viceversa. ■

Problemas

Problema 4.10

Demostrar que $\cos(20°)\cos(40°)\cos(80°) = \dfrac{1}{8}$

Demostración

$$\cos(20°)\cos(40°)\cos(80°) = \frac{1}{2}(\cos(60°) + \cos(20°))\cos(80°)$$

$$= \frac{1}{2}\Big(\cos(60°)\operatorname{sen}(10°) + \cos(20°)\operatorname{sen}(10°)\Big)$$

$$= \frac{1}{4}\Big(\operatorname{sen}(70°) - \operatorname{sen}(50°) + \operatorname{sen}(30°) - \operatorname{sen}(10°)\Big)$$

$$= \frac{1}{4}\Big(\operatorname{sen}(70°) - \operatorname{sen}(10°) - \operatorname{sen}(50°) + \frac{1}{2}\Big) = \frac{1}{4}\Big(2\operatorname{sen}(30°)\cos(40°) - \operatorname{sen}(50°) + \frac{1}{2}\Big)$$

$$= \frac{1}{4}\Big(\frac{1}{2} + \cos(40°) - \operatorname{sen}(50°)\Big) = \frac{1}{4}\Big(\frac{1}{2} + \operatorname{sen}(50°) - \operatorname{sen}(50°)\Big) = \frac{1}{8}$$ ■

Problema 4.11

Demuestre que si $\alpha = \beta + \gamma$ entonces

$$\operatorname{sen}(\alpha + \beta + \gamma) + \operatorname{sen}(\alpha + \beta - \gamma) + \operatorname{sen}(\alpha - \beta + \gamma) = 4\operatorname{sen}(\alpha)\cos(\beta)\cos(\gamma)$$

Demostración

$$\operatorname{sen}(\alpha + \beta + \gamma) + \operatorname{sen}(\alpha + \beta - \gamma) + \operatorname{sen}(\alpha - \beta + \gamma) = \operatorname{sen}(2\alpha) + \operatorname{sen}(2\beta) + \operatorname{sen}(2\gamma)$$

$$= \operatorname{sen}(2(\beta + \gamma)) + 2\operatorname{sen}(\beta + \gamma)\cos(\beta - \gamma)$$

$$= 2\operatorname{sen}(\beta + \gamma)\cos(\beta + \gamma) + 2\operatorname{sen}(\beta + \gamma)\cos(\beta - \gamma)$$

$$= 2\,\text{sen}(\beta + \gamma)(\cos(\beta + \gamma) + \cos(\beta - \gamma)) = 2\,\text{sen}(\alpha)(2\cos(\beta)\cos(\gamma)) \qquad \blacksquare$$

Resolución de ecuaciones trigonométricas · 4.4

Función seno · 4.4.1

La función seno es una función con dominio los números reales y con recorrido el intervalo $[-1, 1]$. Por lo tanto, si queremos encontrar todos los valores reales que satisfacen la ecuación $\text{sen}(x) = a$ con $a \in [-1, 1]$, sabemos que las soluciones serán infinitas. Encontrar todas ellas, es lo que significa resolver la ecuación.

Para ello, buscamos primero un ángulo $\alpha \in \left[-\dfrac{\pi}{2}, \dfrac{\pi}{2}\right]$ tal que $\text{sen}(\alpha) = a$. Tal α existe, porque la función seno en este intervalo es sobre $[-1, 1]$. Si vemos la figura que está a continuación:

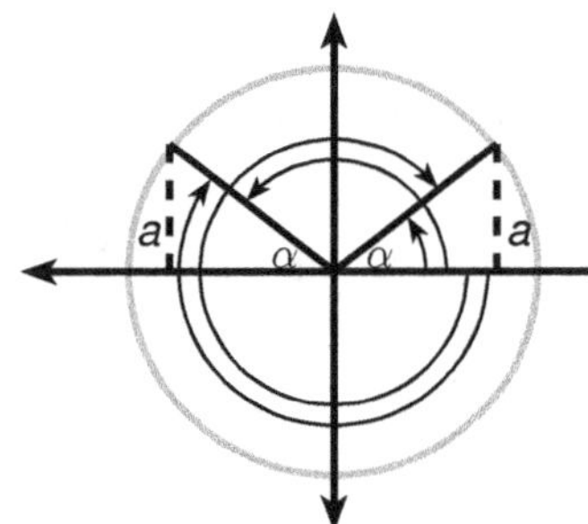

Figura 4.20: Soluciones a la ecuación $\text{sen}(x) = a$

vemos que la función seno va a tomar el valor a en los siguientes ángulos:

$$\alpha,\ (\pi - \alpha),\ -(\pi + \alpha)\ \text{y}\ -(2\pi - \alpha)$$

y como es periódica de período 2π, entonces las soluciones serán:

$$\{\alpha + 2k\pi,\ (\pi - \alpha) + 2k\pi,\ -(\pi + \alpha) + 2k\pi,\ -(2\pi - \alpha) + 2k\pi : k \in \mathbb{Z}\}.$$

Si observamos cuando estamos sumando y cuando estamos restando el ángulo α, podemos llegar a expresar este mismo conjunto solución de forma bastante más agradable.

Conjunto solución de $\text{sen}(x) = a$:

$$\{k\pi + (-1)^k\alpha\ :\ k \in \mathbb{Z}\}$$

Función coseno 4.4.2

Similar al caso anterior, buscamos todos los valores reales que satisfacen la ecuación $\cos(x) = a$ con $a \in [-1, 1]$. Al igual que antes, buscamos primero un ángulo en el intervalo$[0, \pi]$, tal que cumpla con la ecuación. Vemos del dibujo que está a continuación:

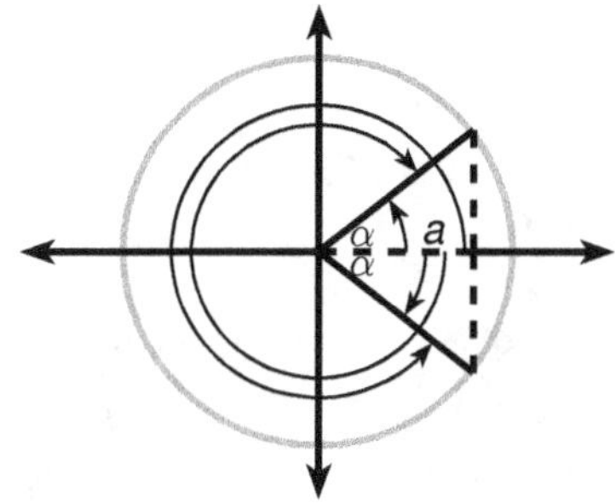

Figura 4.21: Soluciones a la ecuación $\cos(x) = a$

que la función coseno va a tomar el valor a en los siguientes ángulos:

$$\alpha, (2\pi - \alpha), -\alpha \text{ y } - (2\pi - \alpha)$$

y como es periódica de período 2π, entonces a los cuatro ángulos encontrados, debemos sumarles $2k\pi$.

Nuevamente, observando cuando se suma y cuando se resta α en esta familia, llegamos a la solución general.

Conjunto solución de cos(x) = a

$$\{2k\pi \pm \alpha \; : \; k \in \mathbb{Z}\}$$

Función tangente 4.4.3

Para resolver la ecuación $\tan(x) = a$, con $a \in \mathbb{R}$, buscamos un ángulo α, que esté en el intervalo abierto $(-\pi/2, \pi/2)$ que cumpla con la ecuación. En este caso, el valor es único y como la función es periódica de período π, entonces las soluciones son:

Conjunto solución de tan(x) = a

$$\{k\pi + \alpha \; : \; k \in \mathbb{Z}\}$$

Problemas

Problema 4.12

Resolver $\operatorname{sen}(x) = \operatorname{sen}(2x)$.

Solución

$\operatorname{sen}(x) = \operatorname{sen}(2x) \iff \operatorname{sen}(x) = 2\operatorname{sen}(x)\cos(x) \iff \operatorname{sen}(x)(1 - 2\cos(x)) = 0$

$\iff \operatorname{sen}(x) = 0 \vee \cos(x) = \dfrac{1}{2}$

Para $\operatorname{sen}(x) = 0,$ *tenemos que el* $\alpha = 0$ *y por consiguiente, el conjunto solución es* $\{k\pi : k \in \mathbb{Z}\}$ *y para* $\cos(x) = \dfrac{1}{2}$ *el* $\alpha = \dfrac{\pi}{3},$ *por lo tanto, para esta ecuación, el conjunto solución es* $\{2k\pi \pm \dfrac{\pi}{3} : k \in \mathbb{Z}\}$. *Luego, la ecuación original, tiene por solución:*

$$\{k\pi, 2k\pi \pm \frac{\pi}{3} : k \in \mathbb{Z}\}$$

Problema 4.13

Resolver $\operatorname{sen}(x) = \cos(x)$

Solución

Dado que $\cos(x) = 0$ *no es solución de la ecuación porque en esos valores* $\operatorname{sen}(x) = \pm 1$, *entonces la ecuación es equivalente a resolver*

$$\tan(x) = 1$$

Por lo tanto, el conjunto solución es:

$$\{k\pi + \frac{\pi}{4} : k \in \mathbb{Z}\}$$

Problema 4.14

Resolver

$$\left(1 - \tan(x)\right)\left(\operatorname{sen}(2x) + 1\right) = (1 + \tan(x))$$

Solución

Dado que:

$$\operatorname{sen}(2x) = 2\operatorname{sen}(x)\cos(x) = 2\tan(x)\cos^2(x) = \frac{2\tan(x)}{1+\tan^2(x)}$$

reemplazando en la ecuación, nos queda:

$$(1 - \tan(x))\left(\frac{2\tan(x)}{1+\tan^2(x)} + 1\right) = 1 + \tan(x)$$

lo que equivale a resolver:

$$(1 + \tan(x))\left(\frac{1-\tan(x)}{1+\tan^2(x)} - 1\right) = 0$$

Esto da como soluciones:

i) $1 + \tan(x) = 0$ *y*

ii) $\tan(x) = 0$

Entonces:

i) $1 + \tan(x) = 0 \;\rightarrow\; \tan(x) = -1 \;\rightarrow\; x = k\pi - \dfrac{\pi}{4}, k \in \mathbb{Z}$ *y*

ii) $\tan(x) = 0 \rightarrow x = k\pi, k \in \mathbb{Z}$

Conjunto solución:

$$\left\{k\pi, k\pi - \frac{\pi}{4} : k \in \mathbb{Z}\right\}$$

Funciones trigonométricas Inversas   4.5

Función inversa del seno   4.5.1

La función $y = \operatorname{sen}(x)$ no es inyectiva en $\mathbb{R}$, pues, por ejemplo, $\operatorname{sen}(0) = \operatorname{sen}(\pi)$, pero restringiendo el dominio a $\left[-\dfrac{\pi}{2}, \dfrac{\pi}{2}\right]$, se obtiene una función uno a uno con el mismo recorrido.

Para esta se define la función inversa:

$$\operatorname{arc\,sen}(y) = x \;\leftrightarrow\; \left(\operatorname{sen}(x) = y \;\wedge\; -\frac{\pi}{2} \le x \le \frac{\pi}{2} \;\wedge\; -1 \le y \le 1\right)$$

Esta función está definida en el intervalo $[-1, 1]$ y su recorrido es el intervalo $\left[-\dfrac{\pi}{2}, \dfrac{\pi}{2}\right]$ y su gráfico está dado por la figura siguiente:

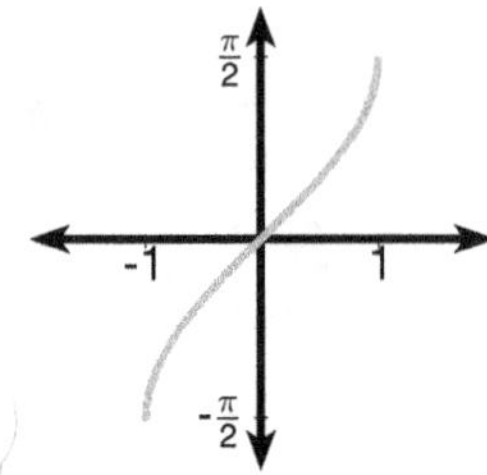

Figura 4.22: Gráfico de la función arc sen(x)

Función inversa del coseno 4.5.2

Para obtener la inversa de la función coseno se restringe el dominio al intervalo $[0, \pi]$, con lo cual puede definirse

$$\arccos(y) = x \ \leftrightarrow \ (\cos(x) = y \ \wedge \ 0 \leq x \leq \pi \ \wedge \ -1 \leq y \leq 1)$$

función definida de $[-1, 1]$ en $[0, \pi]$ cuyo gráfico se ve en la siguiente figura:

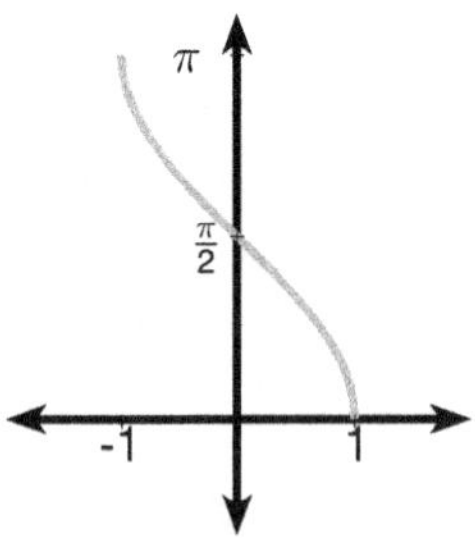

Figura 4.23: Gráfico de la función arc cos (x)

Función inversa de la tangente · 4.5.3

Para obtener la inversa, la función tangente se restringe el dominio a $\left] -\dfrac{\pi}{2}, \dfrac{\pi}{2} \right[$, con lo cual puede definirse

$$\arctan(y) = x \;\leftrightarrow\; \left(\tan(x) = y \;\wedge\; -\dfrac{\pi}{2} < x < \dfrac{\pi}{2}\right)$$

función definida de $\mathbb{R}$ en $\left] -\dfrac{\pi}{2}, \dfrac{\pi}{2} \right[$ cuyo gráfico es el de la figura siguiente:

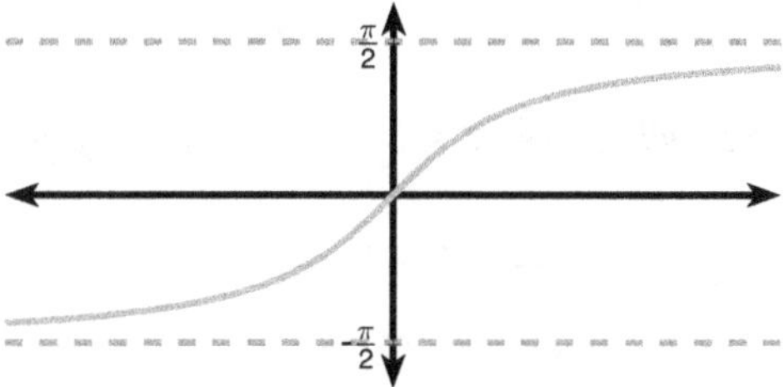

Figura 4.24: Gráfico de la función arctan(x)

Las demás funciones trigonométricas se pueden estudiar en forma similar.

Problemas

Problema 4.15

Expresar en términos de x la función $\cos\left(\arctan(x)\right)$.

Solución

Sea $y = \arctan(x)$, *entonces* $\tan(y) = x \;\wedge\; -\dfrac{\pi}{2} < y < \dfrac{\pi}{2}$

Estamos buscando una expresión para $\cos(y)$. *Dado que*
$\tan^2(y) + 1 = \sec^2(y)$, *entonces* $1 + x^2 = \sec^2(y) \Longrightarrow \cos^2(y) = \dfrac{1}{1 + x^2}$

Con lo cual tenemos que:

$$\cos(y) = \pm\dfrac{1}{\sqrt{1 + x^2}} \quad \text{pero} \quad -\dfrac{\pi}{2} < y < \dfrac{\pi}{2} \quad \text{y la función coseno es positiva}$$

en este intervalo, por lo tanto

$$\cos(y) = \frac{1}{\sqrt{1+x^2}} \implies \cos\left(\arctan(x)\right) = \frac{1}{\sqrt{1+x^2}}$$

Problema 4.16

Expresar en términos de x la función sen$(2\arccos(x))$.

Solución

Al igual que en el ejercicio anterior, sea $\arccos(x) = y$ *entonces*

$$\cos(y) = x \wedge 0 \le y \le \pi$$

Luego, sen$(2y) = 2\operatorname{sen}(y)\cos(y) = 2x\operatorname{sen}(y)$

Dado que:

$$\operatorname{sen}^2(y) + \cos^2(y) = 1 \implies \operatorname{sen}^2(y) = 1 - x^2 \implies \operatorname{sen}(y) = \pm\sqrt{1-x^2}$$

Pero $0 \le y \le \pi$ *y en este intervalo la función* sen(y) *es positiva o cero.*
Por lo tanto:
$$\operatorname{sen}(2\arccos(x)) = 2x\sqrt{1-x^2}, \quad \text{para } |x| \le 1$$

Problema 4.17

Demostrar que
$$\operatorname{arcsen}(x) + \arccos(x) = \frac{\pi}{2}$$

Demostración

Sea $\alpha = \dfrac{\pi}{2} - \operatorname{arcsen}(x)$. *Entonces:*

$$\cos(\alpha) = \cos\left(\frac{\pi}{2} - \operatorname{arcsen}(x)\right) = \operatorname{sen}\left(\operatorname{arcsen}(x)\right) = x$$

Además, como $-\dfrac{\pi}{2} \le \operatorname{arcsen}(x) \le \dfrac{\pi}{2}$, *entonces* $0 \le \alpha \le \pi$, *por lo tanto*

$$\cos(\alpha) = x \iff \arccos(x) = \alpha \iff \arccos(x) = \frac{\pi}{2} - \operatorname{arc\,sen}(x)$$

con lo cual se tiene que:

$$\operatorname{arcsen}(x) + \arccos(x) = \frac{\pi}{2}$$

■

Problema 4.18

Resolver:

$$\arctan(x) + \arctan(2x) = \frac{\pi}{4}$$

Solución

Sea $\arctan(x) = u \iff \tan(u) = x \wedge -\frac{\pi}{2} < u < \frac{\pi}{2}$

Sea $\arctan(2x) = v \iff \tan(v) = 2x \wedge -\frac{\pi}{2} < v < \frac{\pi}{2}$

Entonces tenemos que resolver:

$$u + v = \frac{\pi}{4}$$

Aplicando la función tangente, resolver la ecuación dada es equivalente a resolver:

$$\tan(u + v) = \tan\left(\frac{\pi}{4}\right)$$

Esto es equivalente a resolver:

$$\frac{\tan(u) + \tan(v)}{1 - \tan(u)\tan(v)} = 1 \iff \frac{x + 2x}{1 - 2x^2} = 1 \iff 2x^2 + 3x - 1 = 0$$

Las soluciones a esta ecuación cuadrática son: $\left\{ \dfrac{3 - \sqrt{17}}{2}, \dfrac{3 + \sqrt{17}}{2} \right\}$

Sin embargo, $\dfrac{3 - \sqrt{17}}{2}$ *es un número negativo, lo que no puede ser solución de nuestra ecuación original. Por lo tanto, la única solución de la ecuación inicial es:*

$$x = \frac{3 + \sqrt{17}}{2}$$

Problema 4.19

Demostrar que:

$$\cos\left(\operatorname{arc\,sen}(x)\right) + \operatorname{sen}\left(2\operatorname{arc\,cos}(x)\right) = (1 + 2x)\sqrt{1 - x^2}$$

Demostración

Sea $\operatorname{arc\,sen}(x) = u \iff \operatorname{sen}(u) = x \;\wedge\; -\dfrac{\pi}{2} \le u \le \dfrac{\pi}{2}$ *(I)*

Sea $\operatorname{arc\,cos}(x) = v \iff \cos(v) = x \;\wedge\; 0 \le u \le \pi$ *(II)*

Entonces:

$$\cos(u) + \operatorname{sen}(2v) = \cos(u) + 2\operatorname{sen}(v)\cos(v) = \cos(u) + 2x\operatorname{sen}(v)$$

Pero ya hemos visto en ejercicios anteriores que a partir de (I), se deduce que $\cos(u) = \sqrt{1 - x^2}$ *y a partir de (II), se deduce que* $\operatorname{sen}(v) = \sqrt{1 - x^2}$

Por lo tanto:

$$\cos(u) + \operatorname{sen}(2v) = \sqrt{1 - x^2} + 2x\sqrt{1 - x^2} = \sqrt{1 - x^2}(1 + 2x)$$

Resolución de triángulos   **4.6**

Área de un triángulo   **4.6.1**

En lo que sigue de esta sección, se considerará el triángulo ABC dado en la siguiente figura:

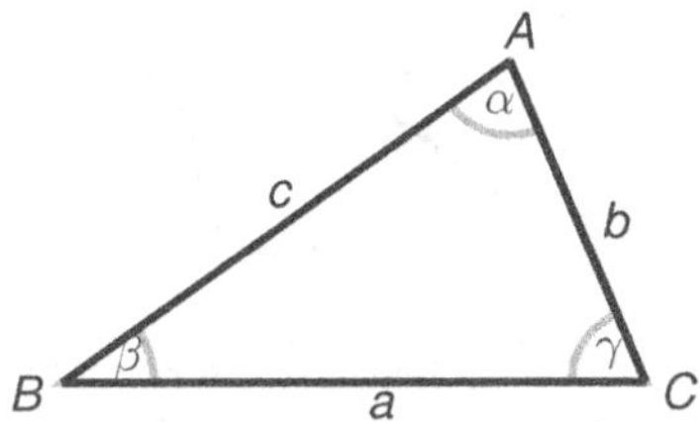

Figura 4.25: Triángulo ABC

Sabemos que el área de un triángulo se calcula por medio de la fórmula $\dfrac{1}{2}$ base por altura. Si conocemos la longitud de dos lados del triángulo (a y b) y el ángulo (γ) incluido entre estos lados, tenemos el siguiente:

Teorema

Teorema 4.3   Área del triángulo $= \dfrac{1}{2}\, a\, b\, \mathrm{sen}(\gamma)$

Demostración

Consideraremos dos casos separados:

i) El ángulo γ es agudo. Esta situación se refleja en la figura siguiente:

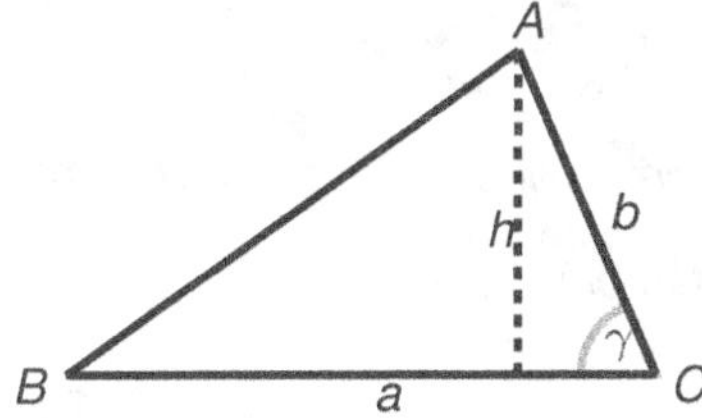

Figura 4.26: Caso ángulo γ agudo

En este caso tenemos que $\operatorname{sen}(\gamma) = \dfrac{h}{b}$, con lo cual $h = b\operatorname{sen}(\gamma)$ y por lo tanto el área es $\dfrac{1}{2}ab\operatorname{sen}(\gamma)$

ii) El ángulo γ no es agudo. La siguiente figura refleja esta situación:

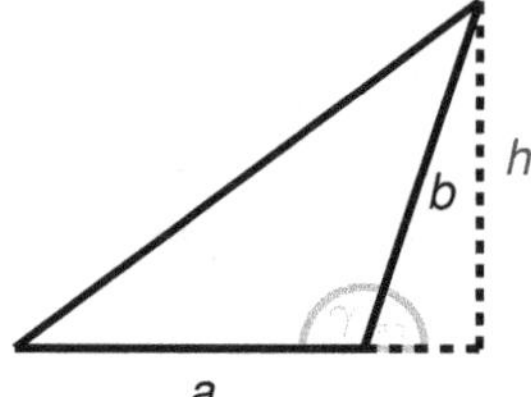

Figura 4.27: Caso ángulo γ no-agudo

En este caso, vemos que $\operatorname{sen}(\pi - \gamma) = \dfrac{h}{b}$, por lo tanto $h = b\operatorname{sen}(\gamma)$ y nuevamente el área es $\dfrac{1}{2}ab\operatorname{sen}(\gamma)$.

■

Teorema del seno	4.6.2

Teorema

Teorema 4.4 En todo triángulo ABC se cumple:

$$\frac{\operatorname{sen}(\alpha)}{a} = \frac{\operatorname{sen}(\beta)}{b} = \frac{\operatorname{sen}(\gamma)}{c}$$

Demostración

Por el teorema anterior, tenemos que el área del triángulo ABC es $\dfrac{1}{2}ab\operatorname{sen}(\gamma)$, pero también es $\dfrac{1}{2}ac\operatorname{sen}(\beta)$ y también $\dfrac{1}{2}bc\operatorname{sen}(\alpha)$

Luego
$$ab\operatorname{sen}(\gamma) = ac\operatorname{sen}(\beta) = bc\operatorname{sen}(\alpha)$$

Dividiendo estas igualdades por abc se obtiene el resultado. ■

Teorema del coseno — 4.6.3

Teorema

Teorema 4.5 *En todo triángulo ABC se cumple:*

(I)
$$a^2 = b^2 + c^2 - 2bc\cos(\alpha)$$

(II)
$$b^2 = a^2 + c^2 - 2ac\cos(\beta)$$

(III)
$$c^2 = a^2 + b^2 - 2ab\cos(\gamma)$$

Demostración

Demostraremos (I). El resto se hace en forma análoga.

Colocamos el triángulo ABC en el plano, poniendo el vértice A en el origen, tal como lo muestra la siguiente figura:

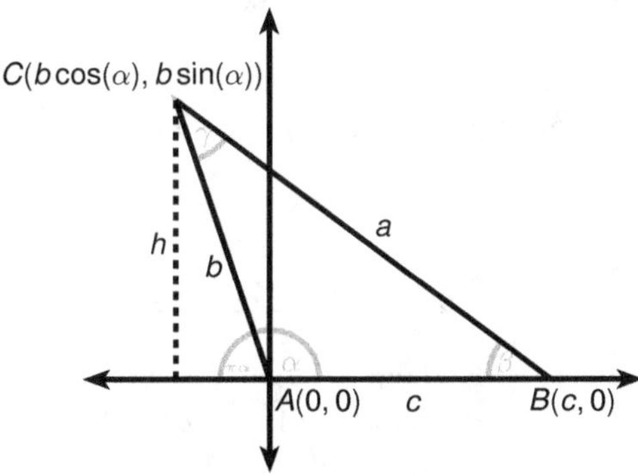

Figura 4.28: Demostración del Teorema 4.5

Entonces, calculamos la longitud a como la distancia entre dos puntos:

$$a^2 = (b\cos(\alpha) - c)^2 + (b\,\text{sen}(\alpha) - 0)^2 = b^2\cos^2(\alpha) - 2bc\cos(\alpha) + c^2 + b^2\cos^2(\alpha)$$

$$= b^2 + c^2 - 2bc\cos(\alpha)$$

Problemas resueltos

4.6.4

Problema 4.20

Demostrar que en todo triángulo ABC se cumple:

- $a = b\cos(\gamma) + c\cos(\beta)$
- $b = c\cos(\alpha) + a\cos(\gamma)$
- $c = a\cos(\beta) + b\cos(\alpha)$

Estas propiedades se conocen como **teorema de las proyecciones**.

Solución

Demostraremos 4.20, el resto se hace de manera similar. Tenemos que:

$$b^2 = a^2 + c^2 - 2ac\cos(\beta), \quad (I)$$

$$c^2 = a^2 + b^2 - 2ab\cos(\gamma), \quad (II)$$

Sumando las dos ecuaciones, obtenemos:

$b^2 + c^2 = 2a^2 + b^2 + c^2 - 2ac\cos(\beta) - 2ab\cos(\gamma)$

Esto implica que

$$a^2 = ac\cos(\beta) + ab\cos(\gamma) \implies a = b\cos(\gamma) + c\cos(\beta)$$

Problema 4.21

Demuestre que en todo triángulo ABC se cumple que:

$$\frac{\operatorname{sen}(\alpha - \beta)}{\operatorname{sen}(\alpha + \beta)} = \frac{a^2 - b^2}{c^2}$$

Solución

$$\frac{\operatorname{sen}(\alpha - \beta)}{\operatorname{sen}(\alpha + \beta)} = \frac{(\operatorname{sen}(\alpha)\cos(\beta) - \operatorname{sen}(\beta)\cos(\alpha)}{(\operatorname{sen}(\alpha)\cos(\beta) + \operatorname{sen}(\beta)\cos(\alpha))}$$

168

Utilizando el teorema del coseno, tenemos que:

$$= \frac{\dfrac{\text{sen}(\alpha)\,(a^2 + c^2 - b^2)}{a}\;\dfrac{}{2c} - \dfrac{\text{sen}(\beta)\,(b^2 + c^2 - a^2)}{b}\;\dfrac{}{2c}}{\dfrac{\text{sen}(\alpha)\,(a^2 + c^2 - b^2)}{a}\;\dfrac{}{2c} + \dfrac{\text{sen}(\beta)\,(b^2 + c^2 - a^2)}{b}\;\dfrac{}{2c}}$$

Utilizando el teorema del seno, nos queda:

$$= \frac{\dfrac{\text{sen}(\alpha)}{a}\left(\dfrac{(a^2 + c^2 - b^2)}{2c} - \dfrac{(b^2 + c^2 - a^2)}{2c}\right)}{\dfrac{\text{sen}(\alpha)}{a}\left(\dfrac{(a^2 + c^2 - b^2)}{2c} + \dfrac{(b^2 + c^2 - a^2)}{2c}\right)} = \frac{a^2 - b^2}{c^2}$$

Problema 4.22

Demostrar que el área del triángulo ABC es:

$$A = \sqrt{s(s - a)(s - b)(s - c)}$$

donde s es el semiperímetro del triángulo $\left(s = \dfrac{a + b + c}{2}\right)$
Esta propiedad es conocida como la **fórmula de Herón**.

Solución

Sabemos que $A = \dfrac{1}{2}\,a\,b\,\text{sen}(\gamma)$, *luego*

$$A^2 = \frac{1}{4}\,a^2\,b^2\,\text{sen}^2(\gamma) = \frac{1}{4}\,a^2\,b^2\left(1 - \cos^2(\gamma)\right)$$

$$= \frac{1}{4}\,a^2\,b^2\left(1 + \cos(\gamma)\right)\left(1 - \cos(\gamma)\right) \quad (I)$$

Utilizando del teorema del coseno, $c^2 = a^2 + b^2 - 2ab\,\cos(\gamma)$, *obtenemos que:*

$\cos(\gamma) = \dfrac{a^2 + b^2 - c^2}{2ab}$ *y por lo tanto:*

$$1 + \cos(\gamma) = \frac{2ab + a^2 + b^2 - c^2}{2ab} = \frac{(a + b)^2 - c^2}{2ab} = \frac{(a + b + c)(a + b - c)}{2ab} \quad (II)$$

También:

$$1 - \cos(\gamma) = \frac{2ab - a^2 - b^2 + c^2}{2ab} = \frac{-(a-b)^2 + c^2}{2ab} = \frac{(c+a-b)(c-a+b)}{2ab} \quad (III)$$

Al reemplazar (II) y (III) en (I), se obtiene el resultado.

Problema 4.23

Un piloto parte de un aeropuerto y se dirige en dirección N20°E, volando a 200 millas por hora. Después de 1 hora, hace corrección de curso y se dirige N40°E. Media hora más tarde, un problema del motor lo obliga a aterrizar. Encuentre la distancia entre el aeropuerto y su punto de aterrizaje final.

Solución

La siguiente figura grafica la situación.

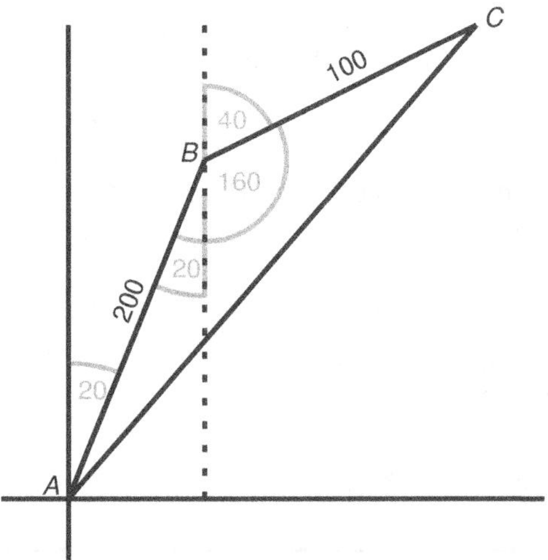

Figura 4.29: Diagrama para el Problema 4.23

Usando el teorema del coseno, tenemos:

$$b^2 = a^2 + c^2 - 2ac\cos(\beta)$$

Además, $\beta = (180° - 40°) + 20° = 160°$

Reemplazando queda que

$$b = \sqrt{200^2 + 100^2 - 4000\cos(160)}$$

1. Si $\tan(\alpha) = \dfrac{2pq}{p^2 - q^2}$ exprese $\cos(\alpha)$ y $\operatorname{cosec}(\alpha)$ en términos de p y q

2. Si $b\,\tan(\alpha) = a$ calcule el valor de
$$\dfrac{a\,\operatorname{sen}(\alpha) - b\,\cos(\alpha)}{a\,\operatorname{sen}(\alpha) + b\,\cos(\alpha)}$$

3. Calcule el valor numérico de
$$\left(\operatorname{sen}\left(\dfrac{\pi}{3}\right) + \cos\left(\dfrac{\pi}{6}\right)\right)^2 + \left(\operatorname{sen}\left(\dfrac{\pi}{3}\right) - \cos\left(\dfrac{\pi}{6}\right)\right)^2$$

4. Demuestre que
$$\dfrac{\cot^2(\alpha)\,\operatorname{sen}^2(\frac{\pi}{2} - \alpha)}{\cot(\alpha) + \cos(\alpha)} = \tan(\dfrac{\pi}{2} - \alpha) - \cos(\alpha)$$

5. Demuestre las siguientes identidades:

   (a) $\tan(\alpha) + \cot(\alpha) = \sec(\alpha)\,\operatorname{cosec}(\alpha)$

   (b) $\left(\tan(\alpha)\,\operatorname{cosec}(\alpha)\right)^2 - \left(\operatorname{sen}(\alpha)\,\sec(\alpha)\right)^2 = 1$

   (c) $\dfrac{1}{1 - \operatorname{sen}(\alpha)} + \dfrac{1}{1 + \operatorname{sen}(\alpha)} = 2\sec^2\alpha$

   (d) $\dfrac{1}{1 + \operatorname{sen}^2(\alpha)} + \dfrac{1}{1 + \operatorname{cosec}^2(\alpha)} = 1$

   (e) $\left(\operatorname{sen}(\alpha) + \operatorname{cosec}(\alpha)\right)^2 + \left(\cos(\alpha) + \sec(\alpha)\right)^2 = \tan^2(\alpha) + \cot^2(\alpha) + 7$

   (f) $\operatorname{sen}^4(\alpha)\left(3 - 2\operatorname{sen}^2(\alpha)\right) + \cos^4(\alpha\left(3 - 2\cos^2(\alpha)\right) = 1$

   (g) $\operatorname{cosec}^6(\alpha) - \cot^6(\alpha) = 1 + 3\operatorname{cosec}^2(\alpha)\,\cot^2(\alpha)$

   (h) $\left(\tan(\alpha) + \cot(\alpha)\right)^2 + \left(\tan(\alpha) - \cot(\alpha)\right)^2 = \dfrac{2(\operatorname{sen}^4(\alpha) + \cos^4(\alpha))}{\operatorname{sen}^2(\alpha)\,\cos^2(\alpha)}$

   (i) $\left(\operatorname{sen}(\alpha)\,\cos(\beta) + \cos(\alpha)\,\operatorname{sen}(\beta)\right)^2 + \left(\cos(\alpha)\,\cos(\beta) - \operatorname{sen}(\alpha)\,\operatorname{sen}(\beta)\right)^2 = 1$

   (j) $\sec^2(\alpha)\,\operatorname{cosec}^2(\beta) + \tan^2(\alpha)\,\cot^2(\beta) - \sec^2(\alpha)\,\cot^2(\beta) - \tan^2(\alpha)\,\operatorname{cosec}^2(\beta) = 1$

   (k) $\left(\operatorname{cosec}(\theta) - \cot(\theta)\right)^2 = \dfrac{1 - \cos(\theta)}{1 + \cos(\theta)}$

   (l) $\dfrac{\cot^2(\alpha)}{\operatorname{sen}^2(\beta)} - \dfrac{\cot^2(\beta)}{\operatorname{sen}^2(\alpha)} = \cot^2(\alpha) - \cot^2(\beta)$

   (m) $\operatorname{cosec}^6(\theta) - \cot^6(\theta) = 1 + 3\operatorname{cosec}^2(\theta)\,\cot^2(\theta)$

   (n) $\operatorname{sen}^4(\theta) = \dfrac{3}{8} - \dfrac{1}{2}\cos(2\theta) + \dfrac{1}{8}\cos(4\theta)$

   (ñ) $\cot(2\theta) = \dfrac{\cot^2(\theta) - 1}{2\cot(\theta)}$

   (o) $\dfrac{1 + \operatorname{sen}(2\theta) + \cos(2\theta)}{1 + \operatorname{sen}(2\theta) - \cos(2\theta)} = \cot(\theta)$

   (p) $\cos(4\theta) = 8\cos^4(\theta) - 8\cos^2(\theta) + 1$

   (q) $\dfrac{\operatorname{sen}(4\theta) + \operatorname{sen}(6\theta)}{\cos(4\theta) - \cos(6\theta)} = \cot(\theta)$

   (r) $\dfrac{\cos(\alpha) - \cos(\beta)}{\cos(\alpha) + \cos(\beta)} = -\tan\left(\dfrac{\alpha + \beta}{2}\right) \cdot \tan\left(\dfrac{\alpha - \beta}{2}\right)$

(s) $4 \cos(\theta)\,\cos(2\theta)\,\text{sen}(3\theta) = \text{sen}(2\theta) + \text{sen}(4\theta) + \text{sen}(6\theta)$

(t) $\dfrac{\cos(\theta) + \cos(4\theta) + \cos(7\theta)}{\text{sen}(\theta) + \text{sen}(4\theta) + \text{sen}(7\theta)} = \cot(4\theta)$

6. Determine período, amplitud y fase para cada una de las funciones siguientes. Grafique en un período completo.

   (a) $f(x) = 2\,\text{sen}(x)$

   (b) $f(x) = 2\,\text{sen}(3x)$

   (c) $f(x) = 2\,\text{sen}(3x + \pi)$

   (d) $f(x) = 2\,\text{sen}(3x + \pi) - 3$

   (e) $f(x) = 2\,\text{sen}(3x+\pi) + 2\cos\left(3x + \dfrac{\pi}{2}\right)$

7. Exprese $\cos\left(\dfrac{\pi}{2} + \alpha\right) + \text{sen}(\pi - \alpha) - \text{sen}(\pi + \alpha) - \text{sen}(-\alpha)$ en términos de $\text{sen}(\alpha)$.

8. Demuestre que $\tan(\alpha) + \tan(\pi - \alpha) + \cot\left(\dfrac{\pi}{2} + \alpha\right) = \tan(2\pi - \alpha)$

9. Sin usar calculadora, calcule el valor numérico de $\text{sen}(870°)$ y de $\cos(1530°)$.

10. Si $\tan(25°) = a$, exprese en términos de a:

$$\frac{\tan(205°) - \tan(115°)}{\tan(245°) + \tan(335°)}$$

11. Calcule el valor numérico de $\text{sen}(15°)$, $\text{sen}(75°)$ y $\tan(36°)$

12. Desde la cúspide de un faro de 80 m de altura, se observan hacia el oeste dos botes según ángulos de depresión de 60° y 30°. Calcule la distancia que separa a los botes.

13. Un asta de bandera está enclavada en lo alto de un edificio. Desde un punto situado en el suelo, a 12 m del edificio, se observa el techo del edificio según un ángulo de elevación de 30° y la punta del asta según un ángulo de elevación de 60°. Calcule la altura del edificio y la longitud del asta.

14. Descendiendo por una colina, inclinada en un ángulo α respecto del plano horizontal, una persona observa una piedra, situada en el plano, según un ángulo de depresión β. A mitad del descenso, el ángulo de depresión es γ. Demuestre que:

$$\cot(\alpha) = 2\cot(\beta) - \cot(\gamma)$$

15. Determine cuáles de las siguientes funciones son periódicas, indicando el período de las que lo son:

   - $f(x) = \cos(2x)$
   - $f(x) = \cos(x^2)$
   - $f(x) = x + \text{sen}(x)$
   - $f(x) = \cos(\text{sen}(x))$
   - $f(x) = \text{sen}\left(2x + \dfrac{\pi}{4}\right)$
   - $f(x) = \text{sen}(2x) + \cos(x)$

16. Dado el gráfico de $\cos(x)$, bosquejar el gráfico de $\cos(2x)$ y $\cos\left(\dfrac{x}{2}\right)$

17. Resuelva las siguientes ecuaciones:

   (a) $\text{sen}\left(6x - \dfrac{\pi}{4}\right) = \text{sen}\left(2x + \dfrac{\pi}{4}\right)$

(b) $\operatorname{sen}\left(3x - \dfrac{\pi}{6}\right) = \cos\left(x + \dfrac{\pi}{3}\right)$

(c) $\cos(x) + \cos(3x) + \cos(5x) + \cos(7x) = 0$

(d) $\tan^4(x) - 4\tan^2(x) + 3 = 0$

(e) $\operatorname{sen}^4(x) + \cos^4(x) = \dfrac{5}{8}$

(f) $2\cos^2(x) + 4\operatorname{sen}^2(x) = 3$

(g) $(\tan(x) - 1)(\tan(x) + 3) = 2\tan(x)$

(h) $4\operatorname{sen}^3(x) - 2\operatorname{sen}^2(x) - 2\operatorname{sen}(x) + 1 = 0$

(i) $2\cos(x) + 2\sqrt{2} = 3\sec(x)$

(j) $\tan(x) - \cot(x) = \operatorname{cosec}(x)$

18. Dibuje la gráfica de la función:

$$f(x) = \cos(2x) + \cos(3x)$$

en un período completo y aproxime las raíces de la ecuación $f(x) = 0$

19. Resuelva la ecuación:

$$\cos(2x) + \cos(3x) = 0$$

20. Demuestre que:

(a) $\operatorname{sen}(2\operatorname{arc\,sen}(x)) = 2x\sqrt{1 - x^2}$

(b) $\operatorname{arc\,sen}(x) + \operatorname{arc\,cos}(x) = \dfrac{\pi}{2}$

(c) $\operatorname{arc\,tg}\left(\dfrac{x}{\sqrt{1 - x^2}}\right) = \operatorname{arc\,sen}(x)$, $|x| < 1$

(d) $\cos[\operatorname{arc\,tg}(\cos(\operatorname{arc\,sen}x))] = \dfrac{1}{\sqrt{2 - x^2}}$

21. Demuestre que en todo $\triangle ABC$, se tiene:

(a) $\dfrac{c\,\operatorname{sen}(\alpha - \beta)}{b\,\operatorname{sen}(\gamma - \alpha)} = \dfrac{a^2 - b^2}{c^2 - a^2}$

(b) $\operatorname{sen}\left(\beta + \dfrac{\gamma}{2}\right)\cos\left(\dfrac{\gamma}{2}\right) = \dfrac{a + b}{b + c}\cos\left(\dfrac{\alpha}{2}\right)\cos\left(\dfrac{\beta - \gamma}{2}\right)$

(c) $\dfrac{\operatorname{sen}(\alpha - \beta)}{\operatorname{sen}(\alpha + \beta)} = \dfrac{a^2 - b^2}{c^2}$

(d) $\dfrac{a + b}{c} = \dfrac{\cos\left(\dfrac{\alpha - \beta}{2}\right)}{\operatorname{sen}\left(\dfrac{\gamma}{2}\right)}$

Fórmula de Mollweide

(e) $\dfrac{\cos(\alpha)}{a} + \dfrac{\cos(\beta)}{b} + \dfrac{\cos(\gamma)}{c} = \dfrac{a^2 + b^2 + c^2}{2abc}$

(f) $\dfrac{1}{h_a} + \dfrac{1}{h_b} + \dfrac{1}{h_c} = \dfrac{s}{\Delta}$

s: semiperímetro y Δ es el área del $\triangle ABC$

(g) $\cot\left(\dfrac{\alpha}{2}\right) + \cot\left(\dfrac{\beta}{2}\right) + \cot\left(\dfrac{\gamma}{2}\right) = \dfrac{s}{\rho}$

ρ es el radio de la circunferencia inscrita al $\triangle ABC$

22. Demuestre que si en un $\triangle ABC$ se tiene:

(a) $\dfrac{\cos(\alpha) + 2\cos(\gamma)}{\cos(\alpha) + 2\cos(\beta)} = \dfrac{\operatorname{sen}(\beta)}{\operatorname{sen}(\gamma)}$

entonces el triángulo es isósceles o rectángulo.

(b) $[\operatorname{sen}(\alpha) + \operatorname{sen}(\beta) + \operatorname{sen}(\gamma)] \times$
$[(\operatorname{sen}(\alpha) + \operatorname{sen}(\beta) - \operatorname{sen}(\gamma)] =$
$$3\,\operatorname{sen}(\alpha)\,\operatorname{sen}(\beta)$$
entonces $\gamma = 60^0$

(c) $c\,(a+b)\,\cos\left(\dfrac{\beta}{2}\right) =$
$$b\,(a+c)\,\cos\left(\dfrac{\gamma}{2}\right)$$
entonces el triángulo es isósceles.

23. (a) Un avión vuela desde una ciudad A a otra ciudad B, distantes 150 km, luego cambia su rumbo en 30^0 y se dirige a una ciudad C, que está a 300 km de A. Determine la distancia entre las ciudades B y C.

(b) El capitán de un buque en el mar divisa dos faros que distan 3 km entre ellos, a lo largo de una costa recta. El determina que los ángulos formados por las dos visuales a los faros y la perpendicular a la costa son de 15^0 y 45^0. Determine a que distancia está el buque de ambos faros.

(c) Para determinar la distancia entre dos casas A y B, un topógrafo ubicado en un punto O, determinó que el $\angle AOB = 75^0$, sabiendo que la distancia $OA = 50$ m y $OB = 70$ pies, encuentre la distancia entre A y B.

(d) Una caja rectangular tiene largo 10 cm, ancho 6 cm y alto 8 cm. Determine el ángulo θ que forma la diagonal de la base con la diagonal del lado 6×8.

24. Demuestre que en todo triángulo ABC se tiene:

(a) $(b + c)\cos(\alpha) + (c + a)\cos(\beta) + (a + b)\cos(\gamma) = a + b + c$

(b) $\dfrac{1 + \cos(\gamma)\,\cos(\alpha - \beta)}{1 + \cos(\beta)\,\cos(\alpha - \gamma)} = \dfrac{a^2 + b^2}{a^2 + c^2}$

(c) $\dfrac{a^2\,\operatorname{sen}(\beta - \gamma)}{\operatorname{sen}(\beta) + \operatorname{sen}(\gamma)} + \dfrac{b^2\,\operatorname{sen}(\gamma - \alpha)}{\operatorname{sen}(\gamma) + \operatorname{sen}(\alpha)} + \dfrac{c^2\,\operatorname{sen}(\alpha - \beta)}{\operatorname{sen}(\alpha) + \operatorname{sen}(\gamma)} = 0$

25. Si en un triángulo se tiene $\cot\left(\dfrac{\beta}{2}\right) = \dfrac{a+c}{b}$, demuestre que el triángulo es rectángulo

26. Si en un triángulo se verifica
$$(a^2 + b^2)\,\operatorname{sen}(\alpha - \beta) = (a^2 - b^2)\,\operatorname{sen}(\alpha + \beta)$$
demuestre que el triángulo es isósceles o rectángulo

27. Demuestre que si en un triángulo ABC se verifica que $\alpha = 2\,\beta$, entonces
$$a^2 = b(b + c)$$

28. Demuestre que en todo triángulo se cumple que:
$$b^2\,\operatorname{sen}(2\,\gamma) + c^2\,\operatorname{sen}(2\,\beta) = 2ac\,\operatorname{sen}(\beta)$$

29. Demuestre que en todo triángulo ABC, se tiene que:

(a) $2\,\operatorname{sen}^2\left(\dfrac{\alpha}{2}\right) = \dfrac{(a + b - c)(a - b + c)}{2\,b\,c}$

(b) $\tan\left(\dfrac{\alpha}{2}\right) = \dfrac{1}{s - a}\sqrt{\dfrac{(s - a)(s - b)(s - c)}{s}}$

donde s es el semiperímetro del triángulo ABC $\left(s = \dfrac{a + b + c}{2}\right)$

30. Los pistones de un motor de automóvil suben y bajan en forma repetida para hacer girar el cigüeñal como se muestra en la figura. Encuentre la altura del punto P arriba del centro O del cigüeñal en términos del ángulo θ.

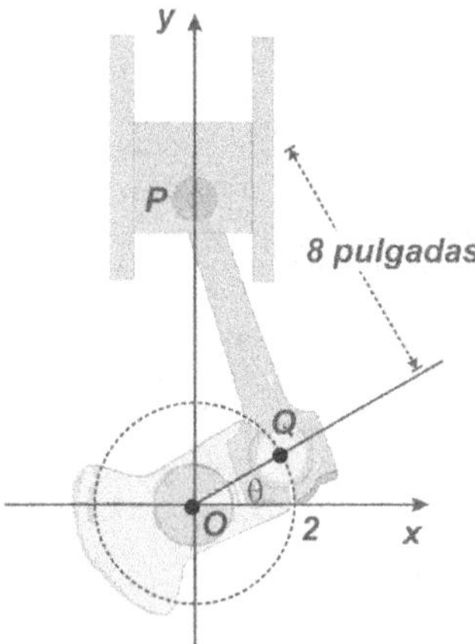

Figura 4.30: Diagrama del Ejercicio 30

31. Para medir la altura de un acantilado inaccesible en el lado opuesto de un río, un topógrafo hace las mediciones mostradas en la figura. Encuentre la altura del acantilado.

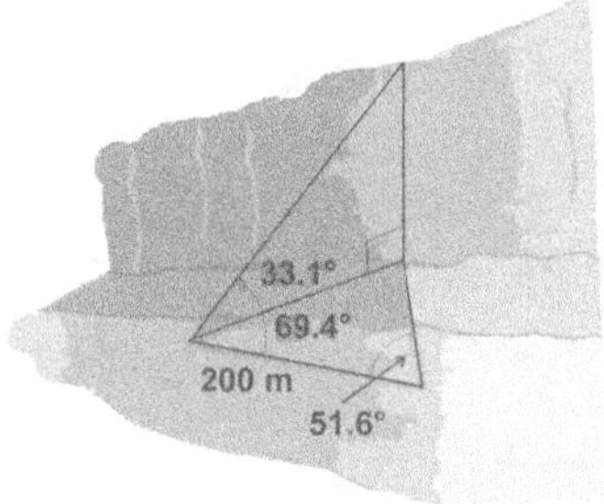

Figura 4.31: Diagrama del Ejercicio 31

32. Un topógrafo ha determinado que una montaña mide 2.430 m de alto. Desde la cima de la montaña mide los ángulos de depresión hasta dos señales en la base de la montaña, y encuentra que son 42^0 y 39^0. El ángulo entre las líneas de visión y las señales es de 68^0. Calcule la distancia entre las dos señales. En la siguiente figura se describe la situación.

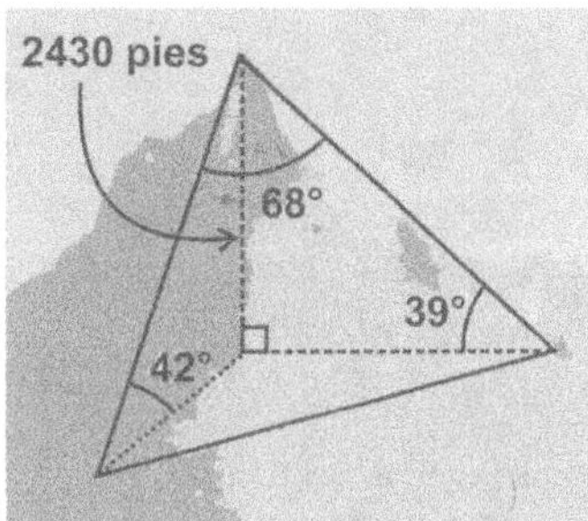

Figura 4.32: Diagrama del Ejercicio 32

33. Si un proyectil se dispara con velocidad v_0 y un ángulo θ, entonces su alcance, es decir, la distancia horizontal que recorre en pies está dada por la función

$$r(\theta) = \frac{v_0^2 \operatorname{sen}(2\theta)}{32}$$

Si v_0 = 2.200 m /s ¿qué ángulo en grados se debe elegir para que el proyectil dé en el blanco en el suelo a 5.000 m de distancia?

34. En Filadelfia, la cantidad de horas de luz de día $L(t)$ en el día t, donde t es el número de días después del primero de enero, se modela con la función

$$L(t) = 12 + 2.83 \operatorname{sen}\left(\frac{2\pi}{365}(t - 80)\right)$$

- ¿Qué días del año tienen alrededor de 10 horas de luz de día?

- ¿Cuántos días del año tienen más de 10 horas de luz día?

35. Una señal de tránsito de 10 m de ancho está junto a una carretera. A medida que el conductor se aproxima la señal, cambia el ángulo θ de visión.

- Exprese el ángulo de visión θ en función de la distancia x entre el conductor y la señal.

- La señal es legible cuando el ángulo de visión es de 2^0 o más grande ¿A qué distancia x la señal ya se puede leer?

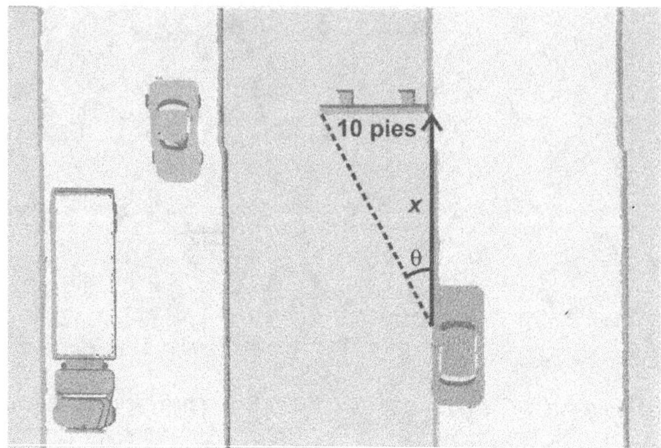

Figura 4.33: Diagrama del Ejercicio 35

Autoevaluación 4

1. Demuestre que

$$\cos(\text{arc sen}(x)) + \text{sen}(2\,\text{arc cos}(x)) = (1 + 2x)\sqrt{1 - x^2}$$

2. Demuestre que si $\alpha + \beta + \gamma = \dfrac{\pi}{2}$, entonces:

$$\text{sen}(2\alpha) + \text{sen}(2\beta) + \text{sen}(2\gamma) = 4\cos(\alpha)\cos(\beta)\cos(\gamma)$$

3.   *a)* Determine todos los $x \in (-1, 0)$, tales que

$$\text{arc sen}(x) = \text{arc cos}(x) - \text{arc sen}(3x + 2)$$

  b) Resuelva

$$(1 - \tan(x))(\text{sen}(2x) + 1) = 1 + \tan(x))$$

4. Demostrar

  a)

$$\left(\text{sen}\left(\frac{\alpha}{2}\right) + \cos\left(\frac{\alpha}{2}\right) \right)^2 + \frac{1 + \cos(2\,\alpha)}{1 - \cos(2\,\alpha)} = 1 + \text{sen}(\alpha) + \cot^2(\alpha)$$

  b)

$$\forall x \in \mathbb{R} \left(\cos(x) + \cos(2x) + \cos(3x) + \cos(4x) = 4\cos\left(\frac{x}{2}\right)\cos(x)\cos\left(\frac{5x}{2}\right) \right)$$

5. Resuelva la ecuación

$$\cos(x) + \cos(2x) + \cos(3x) + \cos(4x) = 0$$

6. Demuestre que en cualquier triángulo $\triangle ABC$, se verifica que:

$$2\left(bc\cos(\alpha) + ac\cos(\beta) + ab\cos(\gamma) \right) = a^2 + b^2 + c^2$$

7. Demuestre que en cualquier triángulo $\triangle ABC$, se verifica que:

$$b\cos(\beta) + c\cos(\gamma) = a\cos(\beta - \gamma)$$

5 Números naturales

En el Capítulo 2, Definición 2.26, se introducen los números naturales como el conjunto $\mathbb{N} = \{x \in \mathbb{R} : x = 1+1+\ldots+1\}$, es decir, un número natural es un número real que se obtiene a partir del número 1, reiterando la operación de sumar 1, cero o más veces. Por lo tanto, es claro que $1 \in \mathbb{N}$ y que si $x \in \mathbb{N}$, entonces $x + 1 \in \mathbb{N}$. Estas dos propiedades son las que caracterizan a los números naturales y nos permiten realizar demostraciones de proposiciones del tipo $\forall x \in \mathbb{N} \; \varphi(x)$.

Definición

Definición 5.1 *Inductivo*

Sea $I \subseteq \mathbb{R}$, I se dice **inductivo** *si y solo si:*

i) $1 \in I$

ii) $\forall x \in \mathbb{R} \left(x \in I \to (x + 1) \in I \right)$

Ejemplos

Ejemplo 5.1

Los siguientes son conjuntos inductivos:

$$\mathbb{Z}, \ \mathbb{Q}, \ \mathbb{R}, \ \mathbb{R}^+, \ \{x \in \mathbb{R} : x \geq 1\}$$

Ejemplo 5.2

$\mathbb{N}$ *es inductivo.*

Ejemplo 5.3

Ningún conjunto finito es inductivo, pues al ser finito, buscamos el número más grande que aparece en él, lo llamamos r, entonces r + 1 ya no está en el conjunto, pues es mayor que el más grande.

Proposición

Proposición 5.1   *Sea I conjunto inductivo, entonces $\mathbb{N} \subseteq I$.*

Demostración

Sea $x \in \mathbb{N}$, entonces $(x \in \mathbb{R} \wedge x = 1 + ... + 1)$. Dado que I es inductivo, tenemos que $1 \in I$, por lo tanto $1 + 1 \in I$, luego $1 + 1 + 1 \in I$. Reiterando este proceso, obtenemos que $x \in I$.

Por lo tanto, $\mathbb{N} \subseteq I$. ∎

Observación

Hemos caracterizado el conjunto de los números naturales como el menor conjunto de números reales que es inductivo.

Por lo tanto, estamos en condiciones de reemplazar la definición intuitiva utilizada hasta el momento por la siguiente:

Definición

Definición 5.2 *Conjunto de los números naturales*

$\mathbb{N} = \{x \in \mathbb{R} : x \in I, \text{ para todo conjunto inductivo } I\}$.

Dado que los naturales son un subconjunto de los números reales, muchas de las propiedades de $\mathbb{R}$ se traspasan automáticamente a $\mathbb{N}$;, sin embargo, al ser un subconjunto propio de $\mathbb{R}$, tiene características propias. Algunas de estas propiedades específicas son:

Teorema

Teorema 5.1

(I) $\forall x \in \mathbb{N}(x > 0)$

(II) $\forall x \in \mathbb{N}(x = 1 \vee \exists y \in \mathbb{N}(x = y + 1))$

Demostración

(i) *Sea* $I_1 = \{x \in \mathbb{N} : x > 0\}$

I_1 *es inductivo:*

   a) $1 \in I_1$ *pues* $1 > 0$ *como se probó por medio de la axiomática de orden en el campo* $\mathbb{R}$;

   b) *Sea* $x \in I_1$ *entonces* $x \in \mathbb{N}$ *y* $x > 0$; *luego* $x + 1 \in \mathbb{N}$ *y como* $x + 1 > 1 > 0$, *se tiene que* $x + 1 \in I_1$. *Es decir* I_1 *es inductivo.*

En consecuencia, $\mathbb{N} \subseteq I_1$; *es decir:*

$$\forall x \in \mathbb{N}(x > 0)$$

(ii) *Sea* $I_1 = \{x \in \mathbb{N} : (x \neq 1 \rightarrow \exists y \in \mathbb{N}(x = y + 1))\}$

Probemos que I_1 *es inductivo.*

Efectivamente, $1 \in I_1$ *pues* $1 \in \mathbb{N}$ *y el antecedente de la implicación es falso; por lo tanto, la implicación es trivialmente verdadera.*

Sea ahora $x \in I_1$ entonces $x \in \mathbb{N}$ y $(x \neq 1 \to \exists y \in \mathbb{N}(x = y + 1))$.

Queremos demostrar que $x + 1 \in I_1$. Como $x + 1 \neq 1$ (por (i)) y como además $x \in \mathbb{N}$ implica que $x + 1 \in \mathbb{N}$, entonces solo nos resta ver que

$$\exists y \in \mathbb{N} \ (x + 1 = y + 1)$$

lo que es obvio.

Por lo tanto, I_2 es inductivo, luego $\mathbb{N} \subseteq I_1$.

Es decir, $\forall x \in \mathbb{N}(x \neq 1 \to \exists y \in \mathbb{N}(x = y + 1))$, o sea:

$\forall x \in \mathbb{N}(x = 1 \lor \exists y \in \mathbb{N}(x = y + 1))$.

■

Inducción matemática   5.2

Observación

En la demostración del Teorema 5.1, en las partes (I) y (II), hemos usado fundamentalmente el mismo método de demostración.

Efectivamente, en ambos casos, queríamos demostrar que $\forall x \in \mathbb{N} \ \varphi(x)$. (Donde $\varphi(x)$ es la propiedad que dice $x > 0$ en el caso (i) y es

$$(x = 1 \lor \exists y \in \mathbb{N}(x = y + 1)) \quad \text{en el caso (ii))}$$

Un esquema del método usado en ambas demostraciones es el siguiente:

(i) Construimos $I_1 = \{x \in \mathbb{N} : x \text{ cumple con la propiedad } \varphi\}$ lo que denotamos por

$$I_1 = \{x \in \mathbb{N} : \varphi(x)\}$$

(ii) Demostramos que I_1 es inductivo, es decir:

   (ii)$_a$ $1 \in I_1$ lo que es equivalente a demostrar que 1 tiene la propiedad φ, es decir, $\varphi(1)$

   (ii)$_b$ $(x \in I_1 \to x + 1 \in I_1)$, es decir:
      Si $x \in \mathbb{N}$ entonces $(\varphi(x) \to \varphi(x + 1))$

(iii) Concluimos que $\mathbb{N} \subseteq I_1$, es decir:

$$\forall x \in \mathbb{N} \quad \varphi(x)$$

Lo que acabamos de esquematizar es el **primer principio de inducción** matemática que nos entrega un método para demostrar cualquier propiedad $\varphi(x)$ para todos los x naturales.

Teorema

Teorema `5.2` **(primer principio de inducción matemática)**

Sea $\varphi(x)$ una fórmula que contiene a x, entonces:

$$[\varphi(1) \wedge \forall x \in \mathbb{N}(\varphi(x) \to \varphi(x+1))] \to \forall x \in \mathbb{N} \; \varphi(x)$$

Demostración

Al tomar como $I_1 = \{x \in \mathbb{N} : \varphi(x)\}$ se ve que es inmediato, de las hipótesis del teorema, que I_1 es inductivo y, por lo tanto, $\mathbb{N} \subseteq I_1$, es decir:

$$\forall x \in \mathbb{N} \; \varphi(x)$$

$\blacksquare$

Observaciones

El Teorema 5.2 nos dice que si queremos demostrar una propiedad $\varphi(x)$ para todo $x \in \mathbb{N}$, nos basta con demostrar dos cosas:

(a) $\varphi(1)$

(b) $\forall x \in \mathbb{N}(\varphi(x) \to \varphi(x+1))$

Una justificación intuitiva de este principio es la siguiente:

$\varphi(1)$ es verdad por (a), luego aplicando (b) tenemos que $(\varphi(1) \to \varphi(2))$ es verdad, con lo que concluimos que $\varphi(2)$ es verdad. Nuevamente aplicando (b) tenemos que $(\varphi(2) \to \varphi(3))$ es verdad; por lo tanto $\varphi(3)$ es verdad.

Este procedimiento podemos realizarlo para cada x natural y por lo tanto es claro que $\forall x \in \mathbb{N} \; \varphi(x)$ es verdad.

Problemas

Problema 5.1

Demostrar que $\forall n \in \mathbb{N}\,(4^n - 1$ es divisible por 3$)$.

Demostración

Sea $\varphi(n)$ la proposición que dice que $4^n - 1$ es divisible por 3.

Entonces queremos demostrar que $\forall n \in \mathbb{N}\ \ \varphi(n)$; o sea, la tesis del Teorema 5.1 y por lo tanto deberemos probar sus hipótesis. En otras palabras:

(i) $\varphi(1)$

(ii) $\forall n \in \mathbb{N}(\varphi(n) \to \varphi(n+1))$

Efectivamente,

(i) $\varphi(1)$ es verdad porque $4^1 - 1 = 3$ es divisible por 3.

(ii) Sea $n \in \mathbb{N}$ y supongamos $\varphi(n)$ verdadero, lo que significa que $4^n - 1$ es divisible por 3, (en general, suponer $\varphi(n)$ verdadero es lo que se llama hipótesis de inducción que denotaremos por H.I.).

Veamos entonces que, bajo esta H.I., $4^{n+1} - 1$ es también divisible por 3.

En efecto:

$$4^{n+1} - 1 = 4^n \cdot 4 - 1 = 4^n(3+1) - 1 = \underbrace{3 \cdot 4^n}_{A} + \underbrace{4^n - 1}_{B}$$

tenemos que $4^{n+1} - 1$ es $A + B$ donde $A = 3 \cdot 4^n$ es múltiplo de 3 y $B = 4^n - 1$ es múltiplo de 3 debido a la H.I. Por lo tanto, $A + B$ es múltiplo de 3; con lo que queda demostrado que $4^{n+1} - 1$ es múltiplo de 3 y por lo tanto divisible por 3, es decir, $\varphi(n+1)$.

Luego, $\forall n \in \mathbb{N}(4^n - 1)$ es divisible por 3) ∎

Problema 5.2

Probar que $\forall n \in \mathbb{N}\left(1 + 2 + \cdots + n = \dfrac{n(n+1)}{2}\right)$.

Demostración

Siguiendo el mismo esquema del problema anterior, sea:

$$\varphi(n) : 1 + 2 + \cdots + n = \frac{n(n+1)}{2}$$

Entonces

(i) $\varphi(1)$ es verdad porque $1 = \dfrac{1 \cdot 2}{2}$

(ii) Sea $n \in \mathbb{N}$ y supongamos que $\varphi(n)$ es verdad, es decir:

$$H.I.: \quad 1 + 2 + \cdots + n = \frac{n(n+1)}{2}$$

pero:

$$1 + 2 + \cdots + n + (n+1) \overset{H.I.}{=} \frac{n(n+1)}{2} + (n+1) = \frac{(n+1)}{2}(n+2)$$

luego, $\varphi(n+1)$ es verdad.

Por lo tanto, $\forall n \in \mathbb{N} \left(1 + 2 + \cdots + n = \dfrac{n(n+1)}{2} \right)$ ∎

Para demostrar que una propiedad $\varphi(x)$ es válida a partir de un cierto número natural, tenemos el siguiente principio:

Teorema

Teorema 5.3   *Sea $a \in \mathbb{N}$, y sea $\varphi(x)$ una fórmula que contiene a x, entonces:*

$$[\varphi(a) \wedge \forall x \in \mathbb{N}((x \geq a \wedge \varphi(x)) \rightarrow \varphi(x+1))] \rightarrow \forall x \in \mathbb{N}(x \geq a \rightarrow \varphi(x))$$

Si $a = 1$, se obtiene el principio de inducción del Teorema 5.2 anteriormente demostrado.

Demostración

Sea $I_1 = \{x \in \mathbb{N} : (x \geq a \rightarrow \varphi(x))\}$ para $a \in \mathbb{N}$.

Veremos que I_1 es inductivo.

Tenemos que $1 \in I_1$ porque si

(i) $1 \geq a$ entonces $a = 1$ y por hipótesis se tiene que $\varphi(a)$ es verdad; luego $\varphi(1)$ es verdad implica $1 \in I_1$.

(ii) $1 \ngeq a$ entonces $(1 \geq a \rightarrow \varphi(1))$ es verdad trivialmente, pues el antecedente es falso. Luego $1 \in I_1$.

Sea ahora $x \in I_1$, entonces $x \in \mathbb{N}$ y $(x \geq a \to \varphi(x))$.

Luego $x + 1 \in \mathbb{N}$, y tenemos dos casos:

a) *Si $x \geq a$, entonces $x + 1 \geq a + 1 > a$; luego, $(x \in I_1 \wedge x \geq a)$ entonces $\varphi(x)$ es verdad y por la hipótesis del teorema $\varphi(x + 1)$ es verdad; por lo tanto,*

$$(x + 1 \geq a \to \varphi(x + 1)).$$

Luego $(x + 1) \in I_1$

b) *Si $x \not\geq a$ se tiene que $x < a$ y por lo tanto $x + 1 \leq a$; luego:*

(b.1) *si $x + 1 = a$ entonces, como $\varphi(a)$ es verdad por hipótesis, se tendrá que*

$$(x + 1 \geq a \to \varphi(x + 1))$$

y por lo tanto $x + 1 \in I_1$

(b.2) *si $x + 1 < a$, entonces, $(x + 1 \geq a \to \varphi(x + 1))$ es trivialmente verdadero porque su antecedente es falso; por lo tanto $(x + 1) \in I_1$*

Luego, hemos demostrado que I_1 es inductivo con lo que $\mathbb{N} \subseteq I_1$, o sea:

$$\forall x \in \mathbb{N}(x \in I_1)$$

es decir

$$\forall x \in \mathbb{N}(x \geq a \to \varphi(x))$$

■

Problemas

Problema 5.3

Probar que $\forall n \in \mathbb{N} (n \geq 3 \to 2n + 1 < 2^n)$

Demostración

Aquí la propiedad es $\varphi(n) : 2n + 1 < 2^n$

Veamos entonces: (i) $\varphi(3)$

(ii) $(n \geq 3 \wedge \varphi(n)) \to \varphi(n + 1)$

(i) *$\varphi(3)$ es verdad, pues $7 < 8 = 2^3$*

(ii) Sea $n \in \mathbb{N}$ tal que $(n \geq 3 \wedge \varphi(n))$; entonces

$$2n + 1 < 2^n \qquad \text{(H.I.)}$$

Como $n \geq 3$, entonces $n > 1$, y por tanto $2^n > 2^1 = 2$.

Así $2^{n+1} = 2^n \cdot 2 = 2^n + 2^n > 2^n + 2 \overset{H.I.}{>} 2n + 1 + 2 = 2(n + 1) + 1$; es decir, $\varphi(n + 1)$ es verdad.

Con lo que hemos demostrado:

$$\forall n \in \mathbb{N}(n \geq 3 \rightarrow 2n + 1) < 2^n)$$

∎

Problema 5.4

Probar que si en una sala de clase hay un número arbitrario n de alumnos y al menos uno de ellos tiene los ojos azules, entonces todos ellos tienen los ojos azules.

Es claro que este ejercicio no puede ser correcto; basta con observar una sala de clases. El propósito de desarrollar este problema y dar una demostración por inducción, la que obviamente tendrá una falacia, es enfatizar la importancia de utilizar correctamente el principio de inducción, teniendo en cuenta que al pasar de $\varphi(n)$ a $\varphi(n + 1)$, la argumentación debe ser válida para cualquier natural n. Es recomendable que el lector trate de descubrir la falla de la demostración por si solo. En caso de que no la encuentre, vea la indicación que se da al final del ejercicio.

Demostración

Haremos la demostración por inducción sobre el número de alumnos n de la sala de clases.

Si en la sala se encuentra un solo alumno (es decir, $n = 1$), entonces, como por hipótesis debe haber alguno con la propiedad, él debe ser el único alumno que tiene los ojos azules, por lo tanto $\varphi(1)$ es verdad.

H.I. : $\varphi(n)$: Cada vez que en una sala con n personas hay a lo menos una que tiene los ojos azules, entonces todas las personas tienen los ojos azules.

Demostremos entonces $\varphi(n + 1)$. Para ello supongamos que tenemos una sala con $(n + 1)$ alumnos y que hay a lo menos uno de ellos con los ojos azules.

Tomemos un subconjunto A de personas de la sala formado por $(n - 1)$ de ellos arbitrarios y la persona de los ojos azules.

Luego A es un conjunto de n personas y una de ellas tiene los ojos azules; por lo tanto, aplicando H.I., todas las personas de A tienen los ojos azules. Tomemos ahora un subconjunto A' de la sala de clases formado por $(n - 1)$ personas de A y el alumno que no había sido incluido en el paso anterior. Entonces, nuevamente *aplicamos la H.I. y obtenemos que en A' todas las personas tienen los ojos azules, pero nuestro conjunto original es A∪A' y todas las personas de A como de A' tienen la propiedad buscada; por lo tanto, todas las (n + 1) personas de la sala tienen los ojos azules.*

[Indicación: Considere la argumentación dada para pasar de una a dos personas].

■

Definiciones recursivas   5.3

Para entender el sentido de las definiciones recursivas, analizaremos en primer lugar el siguiente ejemplo:

Supongamos que estamos trabajando con los números reales y con las dos operaciones usuales: suma y multiplicación. Queremos definir la exponenciación natural; es decir, para cada $a \in \mathbb{R}$, $n \in \mathbb{N}$ deseamos obtener correctamente a^n.

En realidad, lo que queremos es expresar de alguna manera matemática la siguiente lista infinita de fórmulas:

$$a^1 = a$$

$$a^2 = a \cdot a$$

$$a^3 = a \cdot a \cdot a$$

$$a^4 = a \cdot a \cdot a \cdot a$$

$$\vdots$$

$$a^n = \underbrace{a \cdot a \ldots a}_{n \text{ veces}}$$

$$\vdots$$

Figura 5.1: Ejemplo de una definición recursiva

Por un lado, esta sería una definición que nunca se acabaría. Sin embargo, en este caso los puntos suspensivos significan multiplicar n veces a por sí misma y habría, en cierta forma, una definición recursiva.

En otros casos, los puntos suspensivos pueden tener un significado ambiguo, como por ejemplo:

Si queremos completar la sucesión:

$$1, \ -1, \ 1 \ \ldots$$

no nos queda claro lo que aquí significan los puntos suspensivos, pues la podríamos completar de varias maneras; por ejemplo:

$1, \ -1, \ 1, \ -1, \ 1, \ -1 \ldots$, o quizás como:

$1, \ -1, \ 1, \ 2, \ -1, \ -2, \ 1, \ 2, \ 3, \ -1, \ -2, \ -3 \ldots$

o también como:

$1, \ -1, \ 1, \ 1, \ -1 \ -1, \ 1, \ 1, \ 1, \ -1, \ -1, \ -1 \ldots$

No se trata de eliminar absolutamente las expresiones con puntos suspensivos, sino mas bien evitar aquellas que dan lugar a ambigüedades.

Volviendo al problema de la exponenciación, nos damos cuenta de que debemos escribir tantas definiciones como números naturales hay; lo que no terminaríamos jamás de hacer. Esta lista infinita de definiciones se puede reemplazar por una ley clara de formación:

$$\left. \begin{array}{l} a^1 = a \\[2mm] \forall n \in \mathbb{N} \, (a^{n+1} = a^n \cdot a) \end{array} \right\}$$

De modo que al introducir valores de n en ella, se obtengan las posibles exponenciaciones naturales de a.

Esta ley de formación da el valor de a^1 y luego el de cada a^{n+1} en función del ya obtenido a^n.

Esta es exactamente la idea de las definiciones por recursión, y su justificación está dada por el siguiente teorema, que nos dice que tales definiciones son correctas en el sentido de existir una única función que cumple con la propiedad de la definición. Daremos solo una demostración intuitiva.

Teorema

Teorema 5.4 Sea $a \in \mathbb{R}$ y G una función real, entonces existe una única función F tal que $(Dom(F) = \mathbb{N} \wedge F(1) = a \wedge \forall n \in \mathbb{N}(F(n + 1) = G(F(n))))$.

Demostración intuitiva

(i) **Existencia:** *La idea de la demostración de la existencia de la función F es construirla paso a paso a partir de la propiedad que queremos que ella cumpla, es decir, queremos una función F cuyo dominio sea $\mathbb{N}$ y por lo tanto tenemos que construir $F(n)$, para todo $n \in \mathbb{N}$.*

Si $n = 1$, entonces sea $F(1) = a$, es decir $(1, a) \in F$

Si $n = 2$, entonces sea $F(2) = G(F(1)) = G(a)$, es decir $(2, G(a)) \in F$

Si $n = 3$, entonces sea $F(3) = G(F(2)) = G(G(a))$, o sea $(3, G(G(a)) \in F$

Intuitivamente F es $\{(1, a), (2, G(a)), (3, G(G(a))) \dots\}$

La dificultad técnica es que debemos construir F como conjunto de pares ordenados para luego demostrar que tal F es efectivamente la función que cumple con las exigencias del teorema.

(ii) **Unicidad:** *La unicidad de F se demuestra sin problemas por inducción.
Supongamos que H es otra función que cumple con el teorema, entonces sea*

$$I = \{n \in \mathbb{N} : F(n) = H(n)\}$$

Luego $1 \in I$, pues $F(1) = a = H(1)$. Además, si $n \in I$, entonces

$$F(n + 1) = G(F(n)) = G(H(n)) = H(n + 1)$$

por lo tanto $(n + 1) \in I$.

Luego $\forall n \in \mathbb{N}(F(n) = H(n))$ y como F y H son dos funciones con el mismo dominio $\mathbb{N}$ que coinciden sobre todos los elementos de su dominio, se concluye que $F = H$.

■

Observación

Este teorema puede ser generalizado para obtener distintos tipos de definiciones recursivas. Como veremos en los siguientes ejemplos, también se puede obtener F definiendo $F(1)$ y $F(n + 1)$ en términos de $F(n)$ y n, es decir:

$$
\begin{aligned}
F(1) &= a \\
F(n + 1) &= G(F(n), n), \text{ para } n \in \mathbb{N}
\end{aligned}
$$

Ejemplo 5.4

La definición de factorial.

Se define la función factorial como una función con dominio $\mathbb{N}$ y se denota por $n!$

$$\left.\begin{array}{rcl} 1! &=& 1 \\ (n+1)! &=& n!(n+1), \quad \text{para } n \in \mathbb{N} \end{array}\right\}$$

Veamos que efectivamente se trata de una definición recursiva.

Sea $G : \mathbb{R} \times \mathbb{R} \to \mathbb{R}$ definida por

$$G(a,b) = a \cdot b, \qquad a, b \in \mathbb{R}$$

Entonces,

$$\left.\begin{array}{rcl} 1! &=& 1 \\ (n+1)! &=& G(n!, n+1), \quad \text{para } n \in \mathbb{N} \end{array}\right\} \quad (*)$$

En este caso, la función conocida G es una función binaria que corresponde a la multiplicación de números reales, y así la función factorial se define en forma recursiva a partir de $a = 1$ y la función G según el esquema $(*)$, y corresponde a una generalización del teorema [5.3.1]

Ejemplo 5.5

La definición de sumatoria.

Sea $\{a_i\}_{i \in \mathbb{N}}$ una sucesión. Se define sumatoria de la siguiente manera:

$$\left.\begin{array}{l} \displaystyle\sum_{k=1}^{1} a_k = a_1 \\[2em] \displaystyle\sum_{k=1}^{n+1} a_k = \sum_{k=1}^{n} a_k + a_{n+1}, \quad \text{para } n \in \mathbb{N} \end{array}\right\}$$

Para entender correctamente esta definición como un ejemplo de definición recursiva, debemos tomar conciencia de que se trata de definir el símbolo $\displaystyle\sum_{k=1}^{n} f(k)$ y para ello sea

$$H(n) = \sum_{k=1}^{n} a_k$$

y sea $G : \mathbb{R} \times \mathbb{R} \to \mathbb{R}$ definida por $G(a, b) = a + b$

Entonces

$$\left. \begin{aligned} H(1) &= \sum_{k=1}^{1} a_k = a_1 \\ H(n+1) &= G(H(n), a_{n+1}), \quad \text{para } n \in \mathbb{N} \end{aligned} \right\} \qquad (*)$$

y esto nuevamente corresponde a una generalización del esquema recursivo del Teorema 5.4 con $a = a_1$ y G la función binaria de la suma. En todo caso, esta definición nos entrega una herramienta para escribir sumas arbitrarias:

$$\sum_{k=1}^{2} a_k = \sum_{k=1}^{1} a_k + a_2 = a_1 + a_2.$$

$$\sum_{k=1}^{3} a_k = \sum_{k=1}^{2} a_k + a_3 = a_1 + a_2 + a_3.$$

en general,

$$\sum_{k=1}^{n} a_k = a_1 + a_2 + a_3 + \cdots + a_n.$$

Ejemplo 5.6

La definición de productoria.

Sea $\{a_i\}_{i \in N}$, se define el producto de la siguiente manera:

$$\left.\begin{aligned}
\prod_{k=1}^{1} a_k &= a_1 \\
\prod_{k=1}^{n+1} a_k &= \left(\prod_{k=1}^{n} a_k\right) \cdot a_{n+1} \quad \text{para } \ n \in \mathbb{N}
\end{aligned}\right\}$$

Este ejemplo es muy similar al 5.5 y nuevamente nos entrega una herramienta para escribir productos arbitrarios:

$$\prod_{k=1}^{2} a_k = a_1 \cdot a_2$$

$$\prod_{k=1}^{3} a_k = a_1 \cdot a_2 \cdot a_3$$

y en general,

$$\prod_{k=1}^{n} a_k = a_1 \cdot a_2 \cdots a_n$$

Ejemplo 5.7

La definición de unión de conjuntos.

Se define recursivamente la unión de elementos de la familia $\{A_i : i \in \mathbb{N}\}$ por:

$$\left.\begin{aligned}
\bigcup_{i=1}^{1} A_i &= A_1 \\
\bigcup_{i=1}^{n+1} A_i &= \left(\bigcup_{i=1}^{n} A_i\right) \cup A_{n+1}, \quad \text{para } \ n \in \mathbb{N}
\end{aligned}\right\}$$

En este caso, la definición recursiva del símbolo $\cup_{i=1}^{n}$ está basada en la operación binaria G definida sobre subconjuntos de un conjunto:

$$G(A, B) = A \cup B$$

Ejemplo 5.8

La definición de intersección de conjuntos.

Se define recursivamente la intersección de elementos de la familia $\{A_i : i \in \mathbb{N}\}$ por:

$$\left.\begin{aligned}
\bigcap_{i=1}^{1} A_i &= A_1 \\
\bigcap_{i=1}^{n+1} A_i &= \left(\bigcap_{i=1}^{n} A_i\right) \cap A_{n+1} \quad \text{para} \quad n \in \mathbb{N}
\end{aligned}\right\}$$

En forma análoga a 5.4, la operación binaria G en este caso es $G(A, B) = A \cap B$ para conjuntos A y B.

Ejemplo 5.9

La definición de progresión aritmética

Sea $d \in \mathbb{R}$, $a \in \mathbb{R}$, se define la progresión aritmética (PA) de primer término a y diferencia d como la sucesión $\{a_n\}_{n\in\mathbb{N}}$ tal que:

$$\left.\begin{aligned}
a_1 &= a \\
a_{n+1} &= a_n + d, \text{ para } n \in \mathbb{N}
\end{aligned}\right\}$$

Es claro de la definición, que la propiedad que caracteriza a una progresión aritmética, es que la diferencia de dos términos consecutivos es constante e igual a d.

Por ejemplo,

$$1, 3, 5, 7 \cdots$$

es una progresión aritmética de primer término 1 y diferencia 2.

Ejemplo 5.10

La definición de progresión geométrica

Sea $r \in \mathbb{R} - \{0\}$, $a \in \mathbb{R}$, se define la progresión geométrica (PG) de primer término a y razón r como la sucesión $\{a_n\}_{n\in\mathbb{N}}$ tal que:

$$\left.\begin{aligned}
a_1 &= a \\
a_{n+1} &= a_n \cdot r, \text{ para } n \in \mathbb{N}
\end{aligned}\right\}$$

En este caso, la característica de las progresiones geométricas es que la razón entre dos términos consecutivos es constante e igual a r.

Por ejemplo,

$$1, \ \frac{1}{2}, \ \frac{1}{4}, \ \frac{1}{8}, \ \frac{1}{16} \cdots$$

es una progresión geométrica de primer término 1 y razón $\frac{1}{2}$.

Ejemplo 5.11

La definición de progresión armónica

$\{a_n\}_{n\in\mathbb{N}}$ *es una progresión armónica (PH) de primer término a si existe $d \in \mathbb{R}$ tal que*

$$\left. \begin{aligned} a_1 &= a \\ a_{n+1} &= \frac{a_n}{1 + a_n \cdot d}, \quad \text{para } \ n \in \mathbb{N}. \end{aligned} \right\}$$

Por ejemplo,

$$1, \ \frac{1}{2}, \ \frac{1}{3}, \ \frac{1}{4}, \ \frac{1}{5} \cdots$$

es una progresión armónica de primer término 1 (aquí d = 1).

Problemas

Problema 5.5

Sea $F : \mathbb{N} \to \mathbb{R}$ definida por:

$$F(1) = 1, \quad F(n + 1) = F(n) + 2, \quad \text{para } \ n \in \mathbb{N}.$$

Demostrar que $F(n) = 2n - 1$, para $n \in \mathbb{N}$.

Demostración

En este caso se definió F recursivamente según el Teorema 5.4 (aquí $G(x) = x + 2$), y nos piden demostrar que F puede también ser definida en forma directa por la fórmula $F(n) = 2n - 1$ para $n \in \mathbb{N}$.

Efectivamente:

$$F(1) = 1 = 2 \cdot 1 - 1.$$

Además, si H.I. : $F(n) = 2n - 1$ entonces

$$F(n + 1) = F(n) + 2 = 2n - 1 + 2 = 2n + 1 = 2(n + 1) - 1$$

Luego $\forall \, n \in \mathbb{N} \, (F(n) = 2n - 1)$ ∎

Problema 5.6

Dar una definición recursiva para la siguiente sucesión:

$$0, 3, 6, 9, 12, 15 \cdots$$

Demostración

Estamos buscando una función F con dominio $\mathbb{N}$ tal que

$$
\begin{aligned}
F(1) &= 0 \\
F(n + 1) &= G(F(n)), \quad \text{para } n \in \mathbb{N}
\end{aligned}
$$

Luego queremos que

$$
\begin{aligned}
3 &= F(2) = G(F(1)) = G(0) \\
6 &= F(3) = G(F(2)) = G(3) \\
9 &= F(4) = G(F(3)) = G(6) \\
12 &= F(5) = G(F(4)) = G(9)
\end{aligned}
$$

Vemos que $G(r) = r + 3$.

Por lo tanto, $\left.\begin{array}{l} F(1) = 0 \\ F(n + 1) = F(n) + 3, \quad \text{para } n \in \mathbb{N} \end{array}\right\}$ *es la definición buscada*

∎

Problema 5.7

Sea $\{a_n\}_{n \in \mathbb{N}}$ definida por $a(n) = n^2$. Demuestre que

$$\forall n \in \mathbb{N} \left(\sum_{k=1}^{n} a_k = \frac{n(n + 1)(2n + 1)}{6} \right)$$

Demostración

Sea $\varphi(n)$ la proposición $\displaystyle\sum_{k=1}^{n} a_k = \frac{n(n+1)(2n+1)}{6}$ *Entonces $\varphi(1)$ es verdad, pues*

$$\sum_{k=1}^{1} a_k = a_1 = 1^2 = 1 = \frac{1 \cdot 2 \cdot 3}{6}$$

Supongamos que $\displaystyle\sum_{k=1}^{n} a_k = \frac{n(n+1)(2n+1)}{6}$ *como H.I.*

Entonces:

$$
\begin{aligned}
\sum_{k=1}^{n+1} a_k &= \left(\sum_{k=1}^{n} a_k\right) + a_{n+1} \quad \text{(Por definición)} \\
&\overset{H.I.}{=} \frac{n(n+1)(2n+1)}{6} + (n+1)^2 \\
&= \frac{(n+1)}{6}[n(2n+1+6(n+1)] \\
&= \frac{(n+1)}{6}[2n^2+n+6+n+6] = \frac{(n+1)}{6}[2n^2+7n+6] \\
&= \frac{(n+1)}{6}[(2n+3)(n+2)] = \frac{(n+1)(n+2)(2(n+1)+1)}{6}
\end{aligned}
$$

Con lo cual $\varphi(n+1)$ es verdad.

Luego hemos demostrado

$$1 + 2^2 + 3^2 + \cdots + n^2 = \frac{n(n+1)(2n+1)}{6}$$

Nota

Si $\{a_n\}_{n\in\mathbb{N}}$ está definida por $a_n = n$, entonces en el problema 5.2 se demostró que

$$1 + 2 + \cdots + n = \sum_{k=1}^{n} a_k = \frac{n(n+1)}{2} \qquad\blacksquare$$

Problema 5.8

Sea $\{A_i\}_{i\in\mathbb{N}}$ una familia de subconjuntos de un conjunto X.

Demostrar que

$$B \cap \left(\bigcup_{i=1}^{n} A_i\right) = \bigcup_{i=1}^{n} \left(B \cap A_i\right) \quad \text{para todo} \quad n \in \mathbb{N}$$

Demostración

Por inducción sobre n.

(i) Sea n = 1, entonces $B \cap \left(\bigcup_{i=1}^{1} A_i \right) = B \cap A_1 = \bigcup_{i=1}^{1} (B \cap A_i)$

(ii) Supongamos que se cumple $B \cap \left(\bigcup_{i=1}^{n} A_i \right) = \bigcup_{i=1}^{n} (B \cap A_i)$ *(H.I.)*

Entonces

$$
\begin{aligned}
\bigcup_{i=1}^{n+1} \left(B \cap A_i \right) &= \left(\bigcup_{i=1}^{n} (B \cap A_i) \right) \cup (B \cap A_{n+1}) \quad \text{(Por definición)} \\[2mm]
&\overset{H.I.}{=} \left(B \cap \left(\bigcup_{i=1}^{n} A_i \right) \right) \cup (B \cap A_{n+1}) \\[2mm]
&= B \cap \left(\left(\bigcup_{i=1}^{n} A_i \right) \cup A_{n+1} \right) \text{(Distributividad)} \\[2mm]
&= B \cap \left(\bigcup_{i=1}^{n+1} A_i \right) \quad \text{(Por definición de unión)}
\end{aligned}
$$

$\blacksquare$

Problema 5.9

Sea $\{A_i : i \in \mathbb{N}\}$ familia de conjuntos de números reales.
Demostrar que

(i) $\displaystyle\bigcup_{k=1}^{n} A_k = \{x \in \mathbb{R} : \exists k \in \mathbb{N}(k \leq n \wedge x \in A_k)\}$

(ii) $\displaystyle\bigcap_{k=1}^{n} A_k = \{x \in \mathbb{R} : \forall k \in \mathbb{N}(k \leq n \rightarrow x \in A_k)\}$

Demostración

La demostración de ambos es muy parecida y se hace por inducción. Veremos solamente (i):

Si $n = 1$

$$\bigcup_{k=1}^{1} A_k = A_1 = \{x \in \mathbb{R} : x \in A_1\} = \{x \in \mathbb{R} : \exists k \in \mathbb{N}(k \leq 1 \wedge x \in A_k)\}$$

Supongamos que

$$\bigcup_{k=1}^{n} A_k = \{x \in \mathbb{R} : (\exists k \in \mathbb{N})(k \leq n \wedge x \in A_k)\} \qquad \text{(H.I.)}$$

Entonces

$$
\begin{aligned}
\bigcup_{k=1}^{n+1} A_k &= \bigcup_{k=1}^{n} A_k \cup A_{n+1} \text{ (Por definición)}\\[2mm]
&\overset{H.I.}{=} \{x \in \mathbb{R} : (\exists k \in \mathbb{N})(k \leq n)(x \in A_k)\} \cup A_{n+1}\\[2mm]
&= \{x \in \mathbb{R}(\exists k \in \mathbb{N})(k \leq n + 1)(x \in A_k)\}
\end{aligned}
$$

$\blacksquare$

Problema 5.10

Demostrar que si $\{a_n\}_{n \in \mathbb{N}}$ es una P.A. de primer término a y diferencia d, entonces

$$a_n = a + (n - 1) \cdot d, \quad \text{para todo} \quad n \in \mathbb{N}$$

Demostración

Demostraremos la propiedad por inducción sobre n.

Si $n = 1$, entonces por ser P.A. de primer término a, se tiene que:

$$a_1 = a = a + (1 - 1)$$

Supongamos que

$$a_n = a + (n - 1) \cdot d \quad (H.I.)$$

Entonces

$$
\begin{aligned}
a_{n+1} &= a_n + d \ (\text{Por definición})\\
&= (a + (n - 1) \cdot d) + d \ (\text{Por H.I.})\\
&= a + n \cdot d
\end{aligned}
$$

$\blacksquare$

Problema 5.11

Demostrar que si $\{a_n\}_{n \in \mathbb{N}}$ es una P.G. de primer términos a y razón r, entonces

$$a_n = a \cdot r^{n-1}, \quad \text{para todo} \quad n \in \mathbb{N}$$

Demostración

*Demostraremos la propiedad por inducción sobre n. Si n = 1, entonces por ser P.G.
de primer término a se tiene que:*

$$a_1 = a = a \cdot r^{1-1}$$

Supongamos que

$$a_n = a \cdot r^{n-1} \qquad \text{H.I.}$$

Entonces

$$\begin{aligned}
a_{n+1} &= a_n \cdot r \quad \text{(Por definición)} \\
&= (a \cdot r^{n-1}) \cdot r \quad \text{(Por H.I.)} \\
&= a \cdot r^n
\end{aligned}$$

■

Problema 5.12

Demostrar que si $\{a_n\}_{n \in \mathbb{N}}$ es una P.H. de primer término a tal que

$$a_{n+1} = \frac{a_n}{1 + a_n \cdot d}$$

entonces $\left\{\dfrac{1}{a_n}\right\}_{n \in \mathbb{N}}$ es una P.A. de primer término $\dfrac{1}{a}$ y diferencia d.

Demostración

Demostraremos directamente que $\left\{\dfrac{1}{a_n}\right\}_{n \in \mathbb{N}}$ *es P.A.*

Dado que el primer término de $\{a_n\}_{n \in \mathbb{N}}$ *es a, entonces el primer término de*

$$\left\{\frac{1}{a_n}\right\}_{n \in \mathbb{N}} \quad \text{es} \quad \frac{1}{a}$$

Según la definición, para demostrar que se trata de una P.A. de diferencia d debemos verificar que:

$$\frac{1}{a_{n+1}} = \frac{1}{a_n} + d$$

Efectivamente:

$$\frac{1}{a_{n+1}} = \frac{1 + a_n \cdot d}{a_n} = \frac{1}{a_n} + d$$

■

Observaciones

Siempre hemos considerado que los números naturales comienzan en el 1; sin embargo, podríamos haber hecho todo este desarrollo partiendo del 0; de hecho, en muchos textos matemáticos se opta por tomar este camino. En todo caso, todos nuestros principios de inducción y recursión pueden extenderse partiendo del 0 y la mayor parte de las definiciones recursivas que se darán desde ahora partirán del 0

Por ejemplo:

1. *La función factorial se extiende definiendo $0! = 1$*
2. *La función sumatoria como:*

$$i) \quad \sum_{k=0}^{0} a_k = a_0$$

$$ii) \quad \sum_{k=0}^{n+1} a_k = \sum_{k=0}^{n} a_k + a_{n+1}$$

La exponenciación 5.4

Definición

Definición 5.3 *Exponenciación*

Sea $a \in \mathbb{R} - \{0\}$ se define recursivamente a^n, para $n \in \mathbb{N} \cup \{0\}$

$$a^0 = 1$$

$$a^1 = a$$

$$a^{n+1} = a^n \cdot a, \text{ para } n \in \mathbb{N}$$

El siguiente teorema resume las propiedades más importantes de la exponenciación natural en relación a las operaciones de suma y producto, y a la relación de orden de $<$ de los números reales.

Teorema

Teorema `5.5`   *Sean $a, b \in \mathbb{R}^+$ entonces para todo $n, m \in \mathbb{N}$*

(I) $a^{n+m} = a^n \cdot a^m$

(II) $(a^n)^m = a^{n \cdot m}$

(III) $a^n \cdot b^n = (a \cdot b)^n$

(IV) $a < b \leftrightarrow a^n < b^n$

(V) $a < b \leftrightarrow \sqrt{a} < \sqrt{b}$

Demostración

Las propiedades (I) - (III) se demuestran por inducción y se dejan como ejercicios para el lector. Veamos la parte (IV) del teorema:

(a) Supongamos que $a < b$; demostraremos por inducción sobre n que $a^n < b^n$

Si $n = 1$ se tiene que $a^n = a < b = b^n$

Supongamos que $a^n < b^n$ (H.I.)

$a^{n+1} = a^n \cdot a < b^n \cdot a < b^n \cdot b = b^{n+1}$

Por lo tanto, si $a < b$, entonces $a^n < b^n$ para $n \in \mathbb{N}$ y $a, b \in \mathbb{R}^+$

(b) Supongamos que $a^n < b^n$, entonces como $a, b \in \mathbb{R}^+$, se tiene que

$$a < b \vee b < a \vee a = b.$$

Pero si $a = b$, entonces $a^n = b^n$, lo que contradice que $a^n < b^n$.
Si $b < a$, entonces $b^n < a^n$ por la parte (a) de la demostración; lo que también contradice que $a^n < b^n$.
Por lo tanto, $a < b$.

(v) $\sqrt{a} < \sqrt{b} \xleftrightarrow{iv} (\sqrt{a})^2 < (\sqrt{b})^2 \longleftrightarrow a < b$

La siguiente definición extiende el concepto de potencia para exponentes enteros y racionales.

Definición

Definición 5.4

Sean $a, b \in \mathbb{R}^+$. Se define

(I) $a^{-n} = \left(\dfrac{1}{a}\right)^n$ para $n \in \mathbb{N}$

(II) $a^{\frac{1}{n}} = b \;\;\leftrightarrow\;\; b^n = a$ para $n \in \mathbb{N}$ Usamos $\sqrt[n]{a}$ para denotar $a^{\frac{1}{n}}$

(III) $a^{\frac{p}{n}} = \left(a^{\frac{1}{n}}\right)^p$ para $p \in \mathbb{Z}$ y $n \in \mathbb{N}$

Ejemplos

Ejemplo 5.12

Sean $a, b \in \mathbb{R}^+$, entonces

$$\forall\, n \in \mathbb{N}\left(a < b \;\;\leftrightarrow\;\; \sqrt[n]{a} < \sqrt[n]{b}\right), \qquad \text{ya que}$$

$$\sqrt[n]{a} < \sqrt[n]{b} \leftrightarrow (\sqrt[n]{a})^n < (\sqrt[n]{b})^n \leftrightarrow a < b$$

Ejemplo 5.13

Sea $a > -1$, entonces $\forall n \in \mathbb{N}((1 + a)^n \geq 1 + na)$

Demostración

Hacemos inducción sobre n.

El caso $n = 1$ es obvio pues $1 + a \geq 1 + a$

Supongamos que $(1 + a)^n \geq (1 + na)$ $\qquad$ (H.I.).

Entonces:

$$(1 + a)^{n+1} = (1 + a)^n (1 + a) \text{ pero } a > -1 \text{ implica } 1 + a > 0$$

Por lo tanto,

$$\begin{aligned}(1 + a)^{n+1} > (1 + na)(1 + a) &= 1 + na + a + na^2 \\ &= 1 + (n+1)a + na^2 \geq 1 + (n+1)a\end{aligned}$$

203

1. Demuestre que $5m^3 + 7m$ es múltiplo de seis, para todo $m \in \mathbb{N}$.

2. Demuestre que $2^{4n} - 1$ es divisible por 15, para $n \in \mathbb{N}$.

3. Demuestre que $n^3 + 2n$ es divisible por 3, para $n \in \mathbb{N}$

4. Demuestre que $3^{2n} - 1$ es divisible por 8, para $n \in \mathbb{N}$.

5. Demuestre que $2^{n+2} + 3^{2n+1}$ es múltiplo de 7, para $n \in \mathbb{N}$.

6. Demuestre que $8^n - 6^n$ es un múltiplo de 7 para todos los valores pares de $n \in \mathbb{N}$.

7. Demuestre que $8^n + 6^n$ es un múltiplo de 7 para todos los valores pares de $n \in \mathbb{N}$.

8. Demuestre que $2^{2n+1} - 9n^2 + 3n - 2$ es divisible por 54, para $n \in \mathbb{N}$.

9. Demuestre que $83^{4n} - 2 \cdot 97^{2n} + 1$ es divisible por 16, para $n \in \mathbb{N}$.

10. Demuestre que $7^{2n} - 48n - 1$ es divisible por 2304, para $n \in \mathbb{N}$.

11. Demuestre que $a - b$ es factor de $a^n - b^n$, para $n \in \mathbb{N}$.

12. Demuestre que $a + b$ es factor de $a^{2n-1} + b^{2n-1}$ para $n \in \mathbb{N}$.

13. Demuestre que si $n \in \mathbb{N}$ es impar, entonces 24 divide a $n(n^2 - 1)$.

14. Demuestre por inducción las siguientes propiedades de los números naturales:

   (a) $n + m \neq n$

   (b) $n \geq 1$

   (c) $n < m \rightarrow n + p < m + p$

   (d) $n^2 > 2n + 1$, para $n > 3$

   (e) $n^2 < 2^n$, para $n \geq 5$

   (f) $2^n \geq 1 + n$

15. Al intentar demostrar por inducción, las siguientes proposiciones, el método falla en alguna de sus partes. Señale dónde se produce el problema.

   (a) $\forall\, n \in \mathbb{N}(4 + 8 + \cdots + 4n = 3n^2 - n + 2)$

   (b) $\forall\, n \in \mathbb{N}(2 + 4 + 6 + \cdots + 2n = n^2 + n + 2)$

   (c) $\forall\, n \in \mathbb{N}$ ($n^2 - n + 41$ es número primo)

16. Demuestre que $1 + 2 + 3 + \cdots + n = \dfrac{n(n+1)}{2}$ para $n \in \mathbb{N}$.

17. Demuestre que $2 + 5 + 8 + \cdots + (3n - 1) = \frac{1}{2}\, n(3n + 1)$ para $n \in \mathbb{N}$.

18. Demuestre que $1 + 2 + 4 + \cdots + 2^{n-1} = 2^n - 1$, para $n \in \mathbb{N}$

19. Demuestre que la suma de los primeros n números impares es n^2 para $n \in \mathbb{N}$

20. Demuestre que
$$\frac{1}{1 \cdot 3} + \frac{1}{3 \cdot 5} + \frac{1}{5 \cdot 7} + \cdots + \frac{1}{(2n-1)(2n+1)} = \frac{n}{2n+1}$$ para $n \in \mathbb{N}$

21. Demuestre que $1^3 + 2^3 + 3^3 + \cdots + n^3 = \left(\dfrac{n(n+1)}{2}\right)^2$ para $n \in \mathbb{N}$

22. Demuestre que $a + ar + ar^2 + \cdots + ar^{n-1} = \dfrac{a(1 - r^n)}{1 - r}$ $(r \neq 1)$ para $n \in \mathbb{N}$

23. Demuestre que $1 \cdot 2 + 2 \cdot 3 + \cdots + n \cdot (n+1) = \dfrac{n(n+1)(n+2)}{3}$, para $n \in \mathbb{N}$

24. Demuestre que $\dfrac{1}{n+1} + \dfrac{1}{n+2} + \cdots + \dfrac{1}{2n+1} \leq \dfrac{5}{6}$ para $n \in \mathbb{N}$

25. Demuestre que $\dfrac{1}{4} - \dfrac{1}{4^2} + \dfrac{1}{4^3} - \cdots + (-1)^{n+1}\dfrac{1}{4^n} = \dfrac{1}{5}\left(1 - \dfrac{1}{(-4)^n}\right)$ para $n \in \mathbb{N}$

26. Demuestre que si $n \in \mathbb{N}$ y $n > 2$, entonces
$$\frac{3}{2} - \frac{1}{n} + \frac{1}{n^2} < \frac{1}{1^2} + \frac{1}{2^2} + \cdots + \frac{1}{n^2} < 2 - \frac{1}{n}$$

27. Demuestre que $\dfrac{1}{1+x^2} + \dfrac{1}{(1+x^2)^2} + \cdots + \dfrac{1}{(1+x^2)^n} = \dfrac{1}{x^2} - \dfrac{1}{x^2(1+x^2)^n}$ para $n \in \mathbb{N}$.

28. Si $s_{n+1} = \dfrac{12}{1+s_n}$ con $0 < s_1 < 3$, demuestre que
$$s_1 < s_3 < s_5 < s_7 < \cdots \quad \text{y que}$$
$$s_2 > s_4 > s_6 > s_8 > \cdots$$
Examine el caso en que $s_1 > 3$

29. Si $s_{n+1} = \sqrt{6 + s_n}$ con $s_1 > 0$, demuestre que s_n es monótona. Examine los casos $s_1 < 3$ y $s_1 > 3$

30. Sea $a_1 = 1$, $a_2 = 1$, $a_{n+1} = a_{n-1} + a_n$ para $n \in \mathbb{N}$
Encuentre a_2, a_3, a_7 y demuestre que
$$(a_{n+1})^2 - a_n \cdot a_{n+2} = (-1)^{n+1}, \quad \text{para } n \in \mathbb{N}$$

31. Sea $a_1 = 0$, $a_{n+1} = (1+x)a_n - nx$ para $n \in \mathbb{N}$
Demuestre que $\forall n \in \mathbb{N}\left(a_n = \dfrac{1}{x}\left[1 + nx - (1+x)^n\right]\right)$

32. Sea $a_1 = 1$, $a_{n+1} = a_n \cdot (n+1)$, para $n \in \mathbb{N}$. Demuestre que:
$$\forall n \in \mathbb{N}\left(a_n = 1 \cdot 2 \cdot 3 \cdot \ldots \cdot n\right)$$

33. Sea $a_{n+1} = 2a_n + 1$, para $n \in \mathbb{N}$
Demuestre que $\forall n \in \mathbb{N}\,(a_n + 1 = 2^{n-1}(a_1 + 1))$

34. Sea $a_1 = 5$, $a_{n+1} = 5 \cdot a_n$, para $n \in \mathbb{N}$. Demuestre que $a_n = 5^n$, para $n \in \mathbb{N}$
Demuestre que
$$a_n < \left(\frac{1+\sqrt{5}}{2}\right)^n, \quad \text{para } n \in \mathbb{N}$$

35. Pruebe que $\dfrac{3n+1}{5n-2} < \dfrac{8}{9}$, si $n \geq 2$ y que
$$s_n = \frac{4 \cdot 7 \cdot 10 \cdot \ldots \cdot (3n+1)}{3 \cdot 8 \cdot 13 \cdot \ldots \cdot (5n-2)} < \frac{4}{3}\left(\frac{8}{9}\right)^{n-1}$$
para $n \in \mathbb{N}$

36. Si $u_n - 4u_{n-1} + 4u_{n-2} = 0$, para $n \in \mathbb{N}$ y $u_0 = 1, u_1 = 4$, demuestre que $u_n = (n+1)2^n$ para $n \in \mathbb{N}$

37. Pruebe que:
$$\frac{1 \cdot 2 \cdot 3 \cdot \ldots \cdot n}{3 \cdot 5 \cdot 7 \cdot \ldots \cdot (2n+1)} < \left(\frac{1}{2}\right)^n, \quad \text{para } n \in \mathbb{N}$$

38. Pruebe que:
$$\frac{1}{\sqrt{1+n^2}+n} > \frac{1}{3n}, \quad \text{para } n \in \mathbb{N}$$

39. Pruebe que:
$$\frac{2^n \cdot 1 \cdot 2 \cdot 3 \cdot \ldots \cdot n}{5 \cdot 8 \cdot \ldots \cdot (3n+2)} < \left(\frac{2}{3}\right)^n, \quad \text{para } n \in \mathbb{N}$$

40. Demuestre que:
$$\frac{1}{1 \cdot 4 \cdot 7} + \frac{1}{4 \cdot 7 \cdot 10} + \frac{1}{7 \cdot 10 \cdot 13} + \cdots + \frac{1}{(3n-2)(3n+1)(3n+4)} = \frac{1}{6}\left[\frac{1}{1 \cdot 4} - \frac{1}{(3n+1)(3n+4)}\right]$$
para $n \in \mathbb{N}$

41. Demuestre para $n \in \mathbb{N}$:
$$2 \cdot 5 + 5 \cdot 8 + 8 \cdot 11 + \ldots + (3n-1)(3n-2) = 3n^3 + 6n^2 + n$$

42. Demuestre para $n \in \mathbb{N}$:

$$\frac{2}{3 \cdot 7 \cdot 11} + \frac{5}{7 \cdot 11 \cdot 15} +$$
$$\cdots + \frac{3n - 1}{(4n - 1)(4n + 3)(4n + 7)}$$
$$= \frac{17}{672} - \frac{24n + 17}{32(4n + 3)(4n + 7)}$$

43. Demuestre para $n \in \mathbb{N}$:

$$\frac{3}{1 \cdot 2 \cdot 4} + \frac{4}{2 \cdot 3 \cdot 5} +$$
$$\cdots + \frac{n + 2}{n(n + 1)(n + 3)} =$$
$$\frac{29}{36} - \frac{6n^2 + 27n + 29}{6(n + 1)(n + 2)(n + 3)}$$

44. Demuestre para $n \in \mathbb{N}$:

$$\frac{1}{2 \cdot 4 \cdot 6} + \frac{2}{3 \cdot 5 \cdot 7} +$$
$$\cdots + \frac{n}{(n - 1)(n + 3)(n + 5)} =$$
$$\frac{17}{96} + \frac{1}{8}\left(\frac{1}{n + 2} + \frac{1}{n + 3} - \frac{5}{n + 4} - \frac{5}{n + 5}\right)$$

45. Demuestre para $n \in \mathbb{N}$:
$$\frac{4}{5} + \frac{4 \cdot 7}{5 \cdot 8} + \cdots$$
$$+ \frac{4 \cdot 7 \cdot 10 \cdot \ldots \cdot (3n + 1)}{5 \cdot 8 \cdot 11 \cdot \ldots \cdot (3n + 2)} =$$
$$\frac{4 \cdot 7 \cdot \ldots \cdot (3n + 1)(3n + 4)}{2 \cdot 5 \cdot \ldots \cdot (3n - 1)(3n + 2)} - 2$$

46. Demuestre para $n \in \mathbb{N}$:

$$\frac{4}{1 \cdot 2 \cdot 3} \cdot \left(\frac{1}{3}\right) + \frac{5}{2 \cdot 3 \cdot 4} \cdot \left(\frac{1}{3}\right)^2 +$$
$$\cdots + \frac{n + 3}{n(n + 1)(n + 2)}\left(\frac{1}{3}\right)^n =$$
$$\frac{1}{4} - \frac{1}{2(n + 1)(n + 2)}\left(\frac{1}{3}\right)^n$$

47. Demuestre para $n \in \mathbb{N}$:

$$\frac{1}{x + 1} + \frac{1!}{(x + 1)(x + 2)} +$$
$$\frac{2!}{(x + 1)(x + 2)(x + 3)} + \ldots \ (n \text{ términos}) =$$
$$\frac{1}{x} - \frac{n!}{x(x + 1) \ldots (x + n)}$$

48. Pruebe para $n \in \mathbb{N}$:

$$(1^3 + 3 \cdot 1^5) + (2^3 + 3 \cdot 2^5) +$$
$$\cdots + (n^3 + 3n^5) = 4(1 + 2 + 3 + \cdots + n)^3$$

49. Si $4 = \dfrac{3}{u_1} = u_1 + \dfrac{3}{u_2} = u_2 + \dfrac{3}{u_3} = \ldots$ pruebe que:

$$u_n = \frac{3^{n+1} - 3}{3^{n+1} - 1}, \qquad \text{para } n \in \mathbb{N}$$

50. Demuestre que si $h \geq -1$, entonces $(1 + h)^n \geq 1 + nh$, para $n \in \mathbb{N}$

51. Demuestre que $(1 + h)^n \geq 1 + nh + \dfrac{n(n - 1)}{2} h^2$, para $n \in \mathbb{N}$

52. Demuestre que:

$n(n + 1)(n + 2) \ldots (n + p - 1)$ es divisible por p_0, para $n \in \mathbb{N}$

53. Encuentre tres números que están simultáneamente en P.A., P.G. y P.H.

54. Si los términos p, q, r de una P.A. son a, b y c, respectivamente, demuestre que:

$$(q - r) \cdot a + (r - p) \cdot b + (p - q) \cdot c = 0$$

55. La suma de cuatro números en P.A. es 24 y la suma de sus cuadrados es 164. Encuentre los números.

56. Si los números x, y, z están en P.G. y son distintos, demuestre que:

$$\frac{1}{y - x}, \ \frac{1}{2y}, \ \frac{1}{y - z} \ \text{ están en P.G.}$$

57. Si los términos de lugar p, q, r de una P.G. son a, b y c respectivamente, demuestre que:

$$a^{q-r} \cdot b^{r-p} \cdot c^{p-q} = 1$$

58. Si a, b, c es una P.H., demuestre:

$$\frac{1}{b-a} + \frac{1}{b-c} + \frac{1}{-a} + \frac{1}{c}$$

59. Pruebe que el número de rectas que pasan por 2 puntos cualesquiera de un conjunto de n puntos donde no hay 3 colineales es $\dfrac{n(n-1)}{2}$

60. Pruebe que el número de triángulos que se pueden formar con n puntos donde no hay 3 colineales es $\dfrac{n(n-1)(n-2)}{6}$

61. En el plano se dan $2n+1$ puntos. Construya un polígono de $2n+1$ lados para el cual los puntos dados sean los puntos medios de los lados ¿Qué pasa si se toman $2n$ puntos para $2n$ lados?

62. Demuestre que si A y B son dos conjuntos disjuntos con m y n elementos, su unión tiene $m+n$ elementos (inducción sobre n)

63. Demuestre que si A y B son dos conjuntos con m y n elementos, entonces $A \times B$ tiene $m \cdot n$ elementos.

64. Demuestre que si A tiene n elementos, $\mathcal{P}(A)$ (el conjunto potencia de A) tiene 2^n elementos.

65. Sea $X = \{f : f$ es función de A en $B\}$.

Demuestre que si A y B tienen m y n elementos, respectivamente, entonces X tiene n^m elementos.

(inducción sobre m).

66. Demuestre que

(a) $a^r \cdot a^s = a^{r+s}$, $r, s \in \mathbb{Q}$

(b) $(a^r - b^r) = (a - b)(a^{r-1} + a^{r-2}b + \cdots + ab^{r-2} + b^{r-1})$, $r, s \in \mathbb{Q}$

67. Demuestre que:

$$B - \bigcup_{i=1}^{n} A_i = \bigcap_{i=1}^{n}(B - A_i)$$

y que

$$B - \bigcap_{i=1}^{n} A_i = \bigcup_{i=1}^{n}(B - A_i)$$

Autoevaluación 5

1. Demuestre por inducción la veracidad o refute mediante un contraejemplo las siguientes proposiciones:

   a) $\forall n \in \mathbb{N}\,(3^{2n} - 1)$ es divisible por 8

   b) $\forall n \in \mathbb{N}\,(6^{n+1} + 4)$ es divisible por 5

   c) Si n es un natural impar, entonces $n(n - 1)$ es divisible por 24

2. Si los términos de lugares p, q, r de una P.G. son a, b y c, respectivamente, demuestre que:
$$a^{q-r} \cdot b^{r-p} \cdot c^{p-q} = 1$$

3. Sea $\{a_n\}_{n=1}^{\infty}$ una sucesión de números reales definida por

$$a_1 = 4$$

$$a_{n+1} = 5a_n - 4 \cdot 3^n + 3 \cdot 2^n$$

   Demuestre por inducción que

$$a_n = 2 \cdot 3^n - 2^n \quad \text{para todo } n \in \mathbb{N}$$

4. Demuestre que
$$\frac{1}{3} + \frac{1}{15} + \cdots \frac{1}{4n^2 - 1} = \frac{n}{2n + 1}$$

5. Demuestre que
$$\forall n \in \mathbb{N}\,(2n \leq 2^n)$$

6. Demuestre que
$$\forall n \in \mathbb{N}\,(n \geq 4 \rightarrow n! \geq 2^n)$$

7. Demuestre que existen exactamente 2^n subconjuntos de un conjunto que contiene n elementos $(n \in \mathbb{N})$.

6 Aplicaciones de inducción

En el Capítulo 5 hemos definido recursivamente el símbolo de sumatoria $\sum$ y hemos demostrado por inducción algunos ejercicios, como ser:

$$\sum_{k=1}^{n} k = \frac{n(n+1)}{2} \qquad y \qquad \sum_{k=1}^{n} k^2 = \frac{n(n+1)(2n+1)}{6}$$

En esta sección nos dedicaremos a estudiar las propiedades que nos ayudarán a calcular algunas otras sumatorias importantes.

Proposición

Proposición 6.1 *Sean $\{a_n\}_{n\in\mathbb{N}}$ y $\{b_n\}_{n\in\mathbb{N}}$ dos sucesiones de números reales y $n \in \mathbb{N}$. Entonces:*

(I) $\displaystyle\sum_{k=1}^{n}(a_k + b_k) = \sum_{k=1}^{n} a_k + \sum_{k=1}^{n} b_k$

(II) $\displaystyle\sum_{k=1}^{n} r \cdot a_k = r \sum_{k=1}^{n} a_k$, *donde r es un número real fijo*

(III) $\displaystyle\sum_{k=1}^{n} r = n \cdot r$, *donde r es un número real fijo*

$$(IV) \quad \sum_{k=1}^{n}(a_k - b_k) = \sum_{k=1}^{n} = a_k - \sum_{k=1}^{n} b_k$$

$$(V) \quad \sum_{k=1}^{n} a_k = \sum_{i=1}^{n} a_i = \sum_{j=1}^{n} a_j$$

Demostración

(i) Sea $\varphi(n)$ la proposición

$$\sum_{k=1}^{n}(a_k + b_k) = \sum_{k=1}^{n} a_k + \sum_{k=1}^{n} b_k$$

Haremos inducción sobre n.

$\varphi(1)$ es verdad, pues

$$\sum_{k=1}^{1}(a_k + b_k) = a_1 + b_1 \quad \text{(Definición de sumatoria)}$$

$$= \sum_{k=1}^{1} a_k + \sum_{k=1}^{1} b_k \quad \text{(Definición de sumatoria)}$$

Supongamos como hipótesis de inducción que $\varphi(n)$ es verdad, entonces

$$\sum_{k=1}^{n+1}(a_k + b_k) = \sum_{k=1}^{n}(a_k + b_k) + (a_{n+1} + b_{n+1}) \quad \text{(Definición de sumatoria)}$$

$$= \sum_{k=1}^{n} a_k + \sum_{k=1}^{n} b_k + a_{n+1} + b_{n+1} \quad \text{(H.I.)}$$

$$= \sum_{k=1}^{n} a_k + a_{n+1} + \sum_{k=1}^{n} b_k + b_{n+1} \quad \text{(Definición de sumatoria)}$$

$$= \sum_{k=1}^{n+1} a_k + \sum_{k=1}^{n+1} b_k \quad \text{(Definición de sumatoria)}$$

(ii) Se hace por inducción sobre n, en forma análoga a (i).

(iii) Sea $\varphi(n)$ la proposición $\sum_{k=1}^{n} r = n \cdot r$, entonces

$\varphi(1)$ es verdad, pues $\sum_{k=1}^{1} r = r = 1 \cdot r$

Supongamos como hipótesis de inducción:

$$\sum_{k=1}^{n} r = n \cdot r$$

Entonces

$$\begin{aligned}
\sum_{k=1}^{n+1} r &= \sum_{k=1}^{n} r + r \quad \textit{(Definición de sumatoria)} \\
&= n \cdot r + r \quad \textit{(H.I.)} \\
&= (n+1)r
\end{aligned}$$

Por lo tanto, $\forall n \in \mathbb{N} \left(\sum_{k=1}^{n} r = n \cdot r \right)$

(iv)

$$\begin{aligned}
\sum_{k=1}^{n} (a_k - b_k) &= \sum_{k=1}^{n} (a_k + (-1)b_k) = \sum_{k=1}^{n} a_k + \sum_{k=1}^{n} (-1)b_k \quad \textit{(Aplicando (i))} \\
&= \sum_{k=1}^{n} a_k - \sum_{k=1}^{n} b_k \quad \textit{(Aplicando (ii))}
\end{aligned}$$

(v) La demostración se hace por inducción sobre n, aunque resulta obvio por la definición de sumatoria que la variable inferior es una variable muda, y por lo tanto da lo mismo la letra que se utiliza para nombrarla.

■

Problemas

Problema 6.1

Calcular $\displaystyle\sum_{k=1}^{10} 2k(k+1)$

Solución

$$\sum_{k=1}^{10} 2k(k+1) = \sum_{k=1}^{10} 2k^2 + 2k = 2\sum_{k=1}^{10} k^2 + 2\sum_{k=1}^{10} k$$

como $\displaystyle\sum_{k=1}^{n} k^2 = \frac{n(n+1)(2n+1)}{6}$ tenemos que $\displaystyle\sum_{k=1}^{10} k^2 = \frac{10 \cdot 11 \cdot 21}{6}$ y

$\displaystyle\sum_{k=1}^{n} k = \frac{n(n+1)}{2}$ luego $\displaystyle\sum_{k=1}^{10} k = \frac{10 \cdot 11}{2}$

Entonces la suma pedida queda

$$2 \cdot \frac{10 \cdot 11 \cdot 21}{6} + 2 \cdot \frac{10 \cdot 11}{2} = 880$$

Problema 6.2

Sean $\{a_n\}_{n \in \mathbb{N}}$ y $\{b_n\}_{n \in \mathbb{N}}$ dos sucesiones, demostrar que para $n, m \in \mathbb{N}$:

$$\left(\sum_{i=1}^{n} a_i\right) \cdot \left(\sum_{j=1}^{m} b_j\right) = \sum_{i=1}^{n}\left(\sum_{j=1}^{m} a_i \cdot b_j\right)$$

Demostración

$$
\begin{aligned}
\sum_{i=1}^{n}\left(\sum_{j=1}^{m} a_i \cdot b_j\right) &= \sum_{i=1}^{n}\left(a_i \cdot \sum_{j=1}^{m} b_j\right)\left(a_i \text{ no depende de } j\right) \\
&= \sum_{j=1}^{m} b_j \cdot \sum_{i=1}^{n} a_i \ \left(\sum_{j=1}^{m} b_j \text{ no depende de } i\right) \\
&= \left(\sum_{i=1}^{n} a_i\right) \cdot \left(\sum_{j=1}^{m} b_j\right) (\text{Conmutatividad de } \cdot \text{ en } \mathbb{R})
\end{aligned}
$$

$\blacksquare$

Problema 6.3

Calcular $\displaystyle\sum_{i=1}^{5}\sum_{j=1}^{3} \frac{i}{j}$

Solución

$$\sum_{i=1}^{5}\sum_{j=1}^{3}\frac{i}{j} = \sum_{i=1}^{5}\left(\sum_{j=1}^{3}\left(i\cdot\frac{1}{j}\right)\right) = \sum_{i=1}^{5}i\sum_{j=1}^{3}\frac{1}{j} \qquad \textit{(Por problema 6.2)}$$

$$= \left(\frac{5\cdot 6}{2}\right)\left(1+\frac{1}{2}+\frac{1}{3}\right) = \frac{15\cdot 11}{6} = \frac{55}{2}$$

Proposición

Proposición `6.2` **Propiedad telescópica.** Sea $\{a_n\}_{n\in\mathbb{N}}$ sucesión de números reales, entonces para todo o $n \in \mathbb{N}$:

$$\sum_{k=1}^{n}(a_{k+1} - a_k) = a_{n+1} - a_1$$

Demostración

Sea $\varphi(n)$ la proposición $\displaystyle\sum_{k=1}^{n}(a_{k+1} - a_k) = a_{n+1} - a_1$

entonces $\varphi(1)$ es verdad, pues

$$\sum_{k=1}^{1} a_{k+1} - a_k = a_2 - a_1$$

Si suponemos que $\varphi(n)$ es verdad, entonces

$$\begin{aligned}
\sum_{k=1}^{n+1}(a_{k+1} - a_k) &= \sum_{k=1}^{n}(a_{k+1} - a_k) + (a_{n+2} - a_{n+1})\\
&= a_{n+1} - a_1 + a_{n+2} - a_{n+1} \quad \text{(por H.I.)}\\
&= a_{n+2} - a_1
\end{aligned}$$

Por lo tanto, $\forall n \in \mathbb{N}$ $\varphi(n)$ es verdad. ∎

Problemas

Problema 6.4

Calcular $\displaystyle\sum_{k=1}^{n} k^3$

Solución

Notemos que $(k+1)^4 - k^4 = 4k^3 + 6k^2 + 4k + 1$

Por lo tanto, $\displaystyle\sum_{k=1}^{n}(k+1)^4 - k^4 = \sum_{k=1}^{n}(4k^3 + 6k^2 + 4k + 1)$

Por telescopía la primera sumatoria es $(n+1)^4 - 1$, luego

$$(n+1)^4 - 1 = 4\sum_{k=1}^{n} k^3 + 6\sum_{k=1}^{n} k^2 + 4\sum_{k=1}^{n} k + \sum_{k=1}^{n} 1$$

Aprovechando los resultados anteriores, obtenemos:

$$\sum_{k=1}^{n} k^3 = \frac{1}{4}\left((n+1)^4 - 1 - 6\frac{n(n+1)(2n+1)}{6} - 4\frac{n(n+1)}{2} - n\right)$$

luego

$$\sum_{k=1}^{n} k^3 = \frac{(n+1)(n^3 + n^2)}{4} = \frac{(n+1)^2 n^2}{4} = \left(\frac{n(n+1)}{2}\right)^2$$

Problema 6.5

Calcular la suma de n términos de:

$$\frac{1}{2\cdot 4} + \frac{1}{4\cdot 6} + \frac{1}{6\cdot 8} + \cdots + \frac{1}{(2n)(2n+2)}$$

Solución

En términos de sumatoria, se nos pide calcular la expresión $\displaystyle\sum_{k=1}^{n} \frac{1}{(2k)(2k+2)}$

Tal como se presenta el problema, no tenemos ninguna herramienta para calcularla; sin embargo, podríamos tratar de transformar la fracción $\dfrac{1}{(2k)(2k+2)}$ en una resta de dos términos consecutivos de alguna sucesión, en cuyo caso podríamos usar la propiedad telescópica.

Notemos que el denominador es el producto de dos términos consecutivos de la sucesión $b_k = 2k$, por lo tanto, sea $a_k = \dfrac{A}{2k}$, luego, si encontramos un número real A tal que $a_{k+1} - a_k = \dfrac{1}{(2k)(2k+2)}$ tendríamos resuelto el problema.

Entonces el problema se reduce a encontrar $A \in \mathbb{R}$ tal que

$$\frac{A}{2k+2} - \frac{A}{2k} = \frac{1}{(2k)(2k+2)} \quad \text{para todo} \quad k = 1 \dots n$$

es decir:

$$\frac{2kA - A(2k+2)}{(2k)(2k+2)} = \frac{1}{(2k)(2k+2)} \quad \text{para todo} \quad k = 1 \dots n$$

Como ambos denominadores son iguales, necesitamos igualar los numeradores para todos los valores de la variable k, es decir:

$$k(2A - 2A) - 2A = 1 \qquad \text{para} \qquad k = 1, 2 \dots n$$

es decir:

$$A = -\frac{1}{2}$$

Por lo tanto:

$$\sum_{k=1}^{n} \frac{1}{(2k)(2k+2)} = \sum_{k=1}^{n} \left(\frac{-\frac{1}{2}}{2k+2} - \frac{-\frac{1}{2}}{2k} \right) = -\frac{1}{2} \sum_{k=1}^{n} \left(\frac{1}{2k+2} - \frac{1}{2k} \right)$$

$$= -\frac{1}{2} \left(\frac{1}{2n+2} - \frac{1}{2} \right) = \frac{1}{4} \left(1 - \frac{1}{n+1} \right) = \frac{1}{4} \left(\frac{n}{n+1} \right)$$

Definición

Definición 6.1

Sea $\{a_n\}_{n \in \mathbb{N}}$ sucesión y sean $m, n \in \mathbb{N}$ tales que $n \geq m > 1$ entonces:

$$\sum_{k=m}^{n} a_k = \sum_{k=1}^{n} a_k - \sum_{k=1}^{m-1} a_k$$

Ejemplo 6.1

$$\sum_{k=5}^{25} k(k-5) = \sum_{k=1}^{25} k(k-5) - \sum_{k=1}^{4} k(k-5)$$

$$= \sum_{k=1}^{25} k^2 - 5\sum_{k=1}^{25} k - \sum_{k=1}^{4} k^2 + 5\sum_{k=1}^{4} k$$

$$= \frac{25 \cdot 26 \cdot 51}{6} - \frac{5}{2}(25)(26) - \frac{4 \cdot 5 \cdot 9}{6} + \frac{5 \cdot 4 \cdot 5}{2} = 3.920$$

Teorema

Teorema 6.1 *Sea $\{a_n\}_{n \in \mathbb{N} \cup \{0\}}$ sucesión, entonces si $n \geq m$ y m, n y $p \in \mathbb{N}$*

(I) $\displaystyle\sum_{k=m}^{n} a_k = \sum_{k=m+p}^{n+p} a_{k-p}$

(II) $\displaystyle\sum_{k=m}^{n} a_k = \sum_{k=m-p}^{n-p} a_{k+p}, \quad p \leq m$

Para demostrar tanto (I) como (II) se necesitan las siguientes propiedades previas:

Lema

Lema 6.1 *Sean $m, n \in \mathbb{N}$ tales que $m \leq n$*

(I) $\displaystyle\sum_{k=m}^{m} a_k = a_m, \quad m \in \mathbb{N}$

(II) $\displaystyle\sum_{k=m}^{n+1} a_k = \left(\sum_{k=m}^{n} a_k\right) + a_{n+1}, \quad n+1 > m > 1$

Demostración

(I) Sea $\varphi(n)$ la proposición $\displaystyle\sum_{k=n}^{n} a_k = a_n$

Entonces $\varphi(1)$ es verdad pues $\displaystyle\sum_{k=1}^{1} a_k = a_1$

Además si $\varphi(n)$ es verdad entonces:

$$
\begin{aligned}
\sum_{k=n+1}^{n+1} a_k &= \sum_{k=1}^{n+1} a_k - \sum_{k=1}^{n} a_k \\
&= \sum_{k=1}^{n} a_k + a_{n+1} - \sum_{k=1}^{n} a_k \\
&= a_{n+1}
\end{aligned}
$$

(II)

$$
\begin{aligned}
\sum_{k=m}^{n+1} a_k &= \sum_{k=1}^{n+1} a_k - \sum_{k=1}^{m-1} a_k \\
&= \sum_{k=1}^{n} a_k - \left(\sum_{k=1}^{m-1} a_k\right) + a_{n+1} \\
&= \left(\sum_{k=m}^{n} a_k\right) + a_{n+1}.
\end{aligned}
$$

Demostración del teorema.

Demostraremos solo la parte (I), pues (II) se hace en forma totalmente análoga.

Sea $\varphi(n)$ la proposición

$$
\sum_{k=m}^{n} a_k = \sum_{k=m+p}^{n+p} a_{k-p}, \quad \text{para} \quad n \geq m
$$

Demostraremos por inducción que $\forall n \in \mathbb{N}(n \geq m \to \varphi(n))$

$\varphi(m)$ es verdad pues:

$$
\begin{aligned}
\sum_{k=m}^{m} a_k &= a_m \quad \text{(Por lema 6.1 (I))} \\
&= a_{m+p-p} \\
&= \sum_{k=m+p}^{m+p} a_{k-p} \quad \text{(Por lema 6.1 (I))}
\end{aligned}
$$

Supongamos que se cumple $\varphi(n)$ para $n \geq m$, entonces

$$
\begin{aligned}
\sum_{k=m}^{n+1} a_k = \sum_{k=m}^{n} a_k + a_{n+1} &= \left(\sum_{k=m+p}^{n+p} a_{k-p} \right) + a_{n+1} \\
&= \left(\sum_{k=m+p}^{n+p} a_{k-p} \right) + a_{(n+1+p)-p} \\
&= \sum_{k=m+p}^{n+1+p} a_{k-p}
\end{aligned}
$$

■

Propiedad

Propiedad telescópica generalizada *Sea $\{a_n\}_{n\in\mathbb{N}}$ una sucesión $n, m \in \mathbb{N}, m \leq n$, entonces*

$$
\sum_{k=m}^{n}(a_{k+1} - a_k) = a_{n+1} - a_m
$$

Demostración

$$
\sum_{k=m}^{n}(a_{k+1} - a_k) = \sum_{k=0}^{n-m}(a_{k+m+1} - a_{k+m}) \quad \text{Usando 6.1 (II)}
$$

Sea ahora $\{b_n\}_{n\in\mathbb{N}}$ sucesión definida por

$$
b_k = a_{k+m} \quad \text{para todo} \quad k \in \mathbb{N}, \quad \text{entonces}
$$

$$\sum_{k=0}^{n-m}(a_{k+m+1} - a_{k+m}) = \sum_{k=0}^{n-m}(b_{k+1} - b_k) \quad \text{y usando 1.3 se tiene}$$

$$= b_{n-m+1} - b_0$$

$$= a_{(n-m+1+m)} - a_m$$

$$= a_{n+1} - a_m$$

Problemas

Problema 6.6

Calcular $\displaystyle\sum_{k=5}^{20} \frac{1}{(2k-1)(2k+1)}$

Solución

Siguiendo la idea del problema 6.5 buscamos $A \in \mathbb{R}$ tal que

$$\frac{1}{(2k-1)(2k+1)} = \frac{A}{2k+1} - \frac{A}{2k-1}$$

Esto es, $k(2A - 2A) - 2A = 1$ para $k = 5, 6 \ldots 20$

Obtenemos $A = -\dfrac{1}{2}$, con lo cual:

$$\sum_{k=5}^{20}\frac{1}{(2k-1)(2k+1)} = -\frac{1}{2}\sum_{k=5}^{20}\left(\frac{1}{2k+1} - \frac{1}{2k-1}\right) \quad \text{y utilizando 6.1.9 nos queda}$$

$$\sum_{k=5}^{20}\frac{1}{(2k-1)(2k+1)} = -\frac{1}{2}\left(\frac{1}{41} - \frac{1}{9}\right) = \frac{16}{369}$$

Problema 6.7

Calcule la siguiente suma: $\displaystyle\sum_{k=10}^{100} \left[(2k+1)\cdot 3^k\right]$

Solución

$$\sum_{k=10}^{100} \left[(2k+1)\cdot 3^k\right] = 2\sum_{k=10}^{100} k\cdot 3^k + \sum_{k=10}^{100} 3^k$$

Sea $S = \sum_{k=10}^{100} k\cdot 3^k$ *entonces* $3S = \sum_{k=10}^{100} k\cdot 3^{k+1}$ *y restando las dos últimas sumatorias, nos queda que*

$$2S = \sum_{k=10}^{100}(k\cdot 3^{k+1} - k\cdot 3^k) = \sum_{k=10}^{100}((k+1)\cdot 3^{k+1} - k\cdot 3^k) - \sum_{k=10}^{100} 3^{k+1}$$

$$= (101)3^{101} - (10)3^{10} - 3\sum_{k=10}^{100} 3^k$$

Por lo tanto:

$$\sum_{k=10}^{100}\left[(2k+1)\cdot 3^k\right] = (101)3^{101} - (10)3^{10} - 2\sum_{k=10}^{100} 3^k$$

$$= (101)3^{101} - (10)3^{10} - 2\cdot 3^{10}\left(\frac{1-3^{91}}{1-3}\right) = (100)3^{101} - 3^{12}$$

Problema 6.8

Dada $a_n = a_1 + (n-1)d$, una P.A., entonces para todo $n \in \mathbb{N}$:

$$\sum_{k=1}^{n} a_k = \frac{n}{2}(a_1 + a_n) = \frac{n}{2}\Big(2a_1 + (n-1)d\Big).$$

Demostración

$$\sum_{k=1}^{n} a_k = \sum_{k=1}^{n}\Big(a_1 + (k-1)d\Big) = \sum_{k=1}^{n} a_1 + d\Big(\sum_{k=1}^{n} k - \sum_{k=1}^{n} 1\Big)$$

$$= n\,a_1 + d\,\frac{n(n+1)}{2} - dn$$

$$= \frac{n}{2}\left(2a_1 + d(n+1-2)\right)$$

$$= \frac{n}{2}\left(2a_1 + (n-1)d\right)$$

Además $2a_1 + (n-1)\,d = a_1 + (a_1 + (n-1)\,d) = a_1 + a_n$

Por lo tanto $\displaystyle\sum_{k=1}^{n} a_k = \frac{n}{2}\,(a_1 + a_n)$　■

Problema 6.9

Dada $a_n = a_1 \cdot r^{n-1}$, una P.G., entonces para todo $n \in \mathbb{N}$:

$$\sum_{k=1}^{n} a_k = a_1 \left(\frac{1 - r^n}{1 - r} \right)$$

Demostración

Llamemos S_n a la suma buscada, es decir:

$$S_n = \sum_{k=1}^{n} a_k = \sum_{k=1}^{n} a_1\, r^{k-1}$$

Entonces

$$r\, S_n = r \sum_{k=1}^{n} a_1\, r^{k-1} = \sum_{k=1}^{n} a_1\, r^{k}$$

luego

$$r\, S_n - S_n = \sum_{k=1}^{n} a_1\, r^{k} - \sum_{k=1}^{n} a_1\, r^{k-1}$$

es decir, $S_n(r-1) = a_1 \displaystyle\sum_{k=1}^{n} (r^k - r^{k-1})$ *y aplicando la propiedad telescópica tenemos:*

$$S_n(r-1) = a_1(r^n - 1)$$

luego

$$S_n = a_1 \left(\frac{1 - r^n}{1 - r} \right)$$

con lo que obtenemos:

$$\sum_{k=1}^{n} a_k = \sum_{k=1}^{n} a_1\, r^{k-1} = a_1 \left(\frac{1 - r^n}{1 - r} \right)$$

■

Problema 6.10

Calcular la suma de los primeros n términos de la sucesión $1, 3, 5, 7, 9, 11 \ldots$

Solución

La sucesión dada es de la forma $a_k = 2k - 1$, $k \in \mathbb{N}$. Además $a_{k+1} - a_k = 2$, lo que nos dice que se trata de una P.A. de diferencia $d = 2$.

Luego haciendo uso del problema 6.8, tenemos que

$$\sum_{k=1}^{n} a_k = \frac{n}{2}\left(2 + (n-1)2\right) = n^2$$

Problema 6.11

Calcular la suma de n términos de la sucesión

$$\frac{1}{2}, \; -\frac{1}{4}, \; \frac{1}{8}, \; -\frac{1}{16}, \; \frac{1}{32}, \; -\frac{1}{64} \; \ldots$$

Solución

La sucesión dada es de la forma $a_k = (\frac{1}{2})^k(-1)^{k-1}$ para $k \in \mathbb{N}$, luego

$$\frac{a_{k+1}}{a_k} = \frac{(\frac{1}{2})^{k+1}(-1)^k}{(\frac{1}{2})^k(-1)^{k-1}} = -\frac{1}{2}$$

con lo cual vemos que se trata de una P.G. de razón $-\frac{1}{2}$, por lo tanto, utilizando el problema 6.9, tenemos que

$$\sum_{k=1}^{n} a_k = \frac{1}{2}\left(\frac{1 - \left(-\frac{1}{2}\right)^n}{1 - \left(-\frac{1}{2}\right)}\right) = \frac{1}{3}\left(1 - \left(-\frac{1}{2}\right)^n\right)$$

Una desigualdad importante 6.2

Definición

Definición 6.2 *Promedio aritmético*

Sean $a_1 \ldots a_n \in \mathbb{R}^+$ se define el promedio aritmético de $a_1 \ldots a_n$ como el número real A tal que

$$A = \frac{a_1 + \cdots + a_n}{n}$$

Definición 6.3 *Promedio geométrico*

Sean $a_1 \ldots a_n \in \mathbb{R}^+$, se define el promedio geométrico de $a_1 \ldots a_n$ como el número real G tal que

$$G = \sqrt[n]{a_1 \ldots a_n}$$

Definición 6.4 *Promedio armónico*

Sean $a_1 \ldots a_n \in \mathbb{R}^+$, se define el promedio armónico de $a_1 \ldots a_n$ como el número real H tal que

$$H = \frac{n}{\frac{1}{a_1} + \cdots + \frac{1}{a_n}}$$

Observación

Si $n = 2$, $A = \dfrac{a_1 + a_2}{2}$, de donde

$$a_1 - A = a_1 - \frac{(a_1 + a_2)}{2} = \frac{a_1 - a_2}{2}$$

$$y \quad A - a_2 = \frac{a_1 + a_2}{2} - a_2 = \frac{a_1 - a_2}{2}$$

luego a_1, A, a_2 forman una P.A. lo que justifica que A se llame medio o promedio aritmético entre a_1 y a_2.

Análogamente $G = \sqrt{a_1, a_2}$ $H = \dfrac{2}{\dfrac{1}{a_1} + \dfrac{1}{a_2}}$ justifican sus nombres de manera análoga.

Proposición

Proposición 6.3 Sean $n \in \mathbb{N}$, $n > 1$ y sean $a_1 \ldots, a_n \in \mathbb{R}^+$ no todos iguales a 1 tales que $a_1 \cdot \ldots \cdot a_n = 1$. Entonces $a_1 + \cdots + a_n > n$

Demostración

Por inducción sobre $n \geq 2$.

Si $n = 2$, tenemos $a_1, a_2 \in \mathbb{R}^+$ no todos iguales a 1 tales que $a_1 \cdot a_2 = 1$. Como al menos uno de ellos no es 1, podemos suponer sin pérdida de generalidad que $a_1 \neq 1$ y como $a_2 = \dfrac{1}{a_1}$ se tiene también que $a_2 \neq 1$.

Dado que ambos son positivos y diferentes de 1, debe haber uno de ellos mayor que 1 y el otro menor que 1; pues si ambos fueron menores que 1 su producto también sería menor que 1 (argumento similar en el caso de que ambos sean mayores que 1).

Supongamos entonces que $a_1 < 1$ y $a_2 > 1$ Así:

$$(a_2 - 1) > 0 \qquad y \qquad (1 - a_1) > 0$$

Luego,

$$(a_2 - 1)(1 - a_1) > 0$$

Por lo tanto, $a_2 + a_1 - 1 - a_1 \cdot a_2 > 0 \qquad (*)$

Es decir, $a_2 + a_1 > 1 + a_1 \cdot a_2 = 2$

Supongamos ahora que la proposición es verdadera para n y sean $a_1 \ldots a_n, a_{n+1}$, $(n+1)$ números reales positivos que cumplen con las hipótesis de la proposición.

Queremos demostrar que:

$$a_1 + \cdots + a_n + a_{n+1} > n + 1$$

Como no todos ellos son iguales a 1 y el producto de todos ellos es 1, debe haber alguno mayor que 1 y otro menor que 1. Sin pérdida de generalidad podemos suponer $a_1 > 1$ y $a_2 < 1$; sea $a = a_1 \cdot a_2$ y consideremos los siguientes n números reales positivos: $a, a_3, a_4 \ldots a_n, a_{n+1}$. Tenemos dos casos:

Caso (i) Si todos ellos fueran iguales a 1 tendríamos:

$$a + a_3 + \cdots + a_{n+1} = n$$

Pero $a = a_1 \cdot a_2 < a_1 + a_2 - 1$, por (*)

luego $n = a + a_3 + \cdots + a_{n+1} < a_1 + a_2 - 1 + a_3 + \cdots + a_{n+1}$

y por tanto: $n + 1 < a_1 + a_2 + \cdots + a_n + a_{n+1}$

Caso (ii)   No todos son iguales a 1, entonces por H.I. se tendría que:

$$a + a_3 + \cdots + a_n + a_{n+1} > n$$

y al usar nuevamente (*) se llega a que

$$a_1 + a_2 + \cdots + a_n + a_{n+1} > (n + 1)$$

con lo cual queda demostrada la proposición.

◼

Teorema

Teorema 6.2   *Sea $n \in \mathbb{N}, n > 1$ y sean $a_1 \ldots a_n$, números reales positivos no todos iguales entre sí. Sea A su promedio aritmético, G su promedio geométrico y H su promedio armónico, entonces*

$$A > G > H$$

(solo en el caso de ser todos iguales entre sí, se tiene $A = G = H$).

Demostración

- *Veamos primero que $A > G$.*

  Sean, $b_i = \dfrac{a_i}{G}$ para $i = 1 \ldots n$.

  Como $G > 0$ y $a_i > 0$ resulta $b_i > 0$; además, no son todos iguales entre sí, pues los a_i no lo son, luego no pueden ser todos iguales al 1 en particular.

  Además:

$$b_1 b_2 \ldots b_n = \frac{a_1 \ldots a_n}{G^n} = \frac{a_1 \ldots a_n}{a_1 \ldots a_n} = 1$$

  luego por la proposición anterior

$$b_1 + \ldots + b_n > n,$$

$$\text{por tanto } A = \frac{a_1 + \cdots + a_n}{n} > G$$

■ *Veamos ahora que $G > H$*

Sean $b_i = \dfrac{1}{a_i} \quad i = 1 \ldots n$

Entonces como $b_i \in \mathbb{R}^+$ y no todos son iguales entre sí resulta, por la primera parte de la demostración, que $A > G$, es decir:

$$\frac{b_1 + \cdots + b_n}{n} > \sqrt[n]{b_1 \ldots b_n}$$

o sea

$$\frac{\dfrac{1}{a_1} + \ldots + \dfrac{1}{a_n}}{n} > \frac{1}{\sqrt[n]{a_1 \ldots a_n}}$$

■ *Luego*

$$G = \sqrt[n]{a_1 \ldots a_n} > \frac{n}{\dfrac{1}{a_1} + \cdots + \dfrac{1}{a_n}} = H$$

Problemas

Problema 6.12

Demostrar que $n! < \left(\dfrac{1+n}{2}\right)^n$ para $n \in \mathbb{N}$.

Demostración

Sean $a_1 = 1$, $a_2 = 2 \dots a_n = n$. De $A > G$, se obtiene:

$$\frac{1 + 2 + \cdots + n}{n} > \sqrt[n]{1 \cdot 2 \dots n}$$

Pero $1 + 2 + \cdots + n = \dfrac{n(n+1)}{2}$ y $1 \cdot \dots \cdot n = n!$

luego

$$\frac{n+1}{2} > \sqrt[n]{n!}$$

Por lo tanto

$$n! < \left(\frac{1+n}{2}\right)^n$$

∎

Problema 6.13

Demostrar que

$$\left(1 + \frac{1}{n}\right)^n < \left(1 + \frac{1}{n+1}\right)^{n+1} \quad \text{para} \quad n \in \mathbb{N}.$$

(O sea la sucesión $a_n = \left(1 + \dfrac{1}{n}\right)^n$ es creciente, o bien la función

$f : \mathbb{N} \to \mathbb{R}$ definida por $f(n) = \left(1 + \dfrac{1}{n}\right)^n$ es una función estrictamente creciente).

Demostración

Sean $a_1 = 1$, $a_2 = a_3 = \dots = a_n = a_{n+1} = \left(1 + \dfrac{1}{n}\right)$ y como a_1 es distinto de los demás, se tiene $A > G$ o equivalentemente:

$$\frac{1 + n\left(1 + \dfrac{1}{n}\right)}{n + 1} \; > \; \sqrt[n+1]{\left(1 + \frac{1}{n}\right)^n}$$

$$luego \qquad \frac{n + 2}{n + 1} \; > \; \sqrt[n+1]{\left(1 + \frac{1}{n}\right)^n}$$

$$entonces \qquad 1 + \frac{1}{n + 1} \; > \; \sqrt[n+1]{\left(1 + \frac{1}{n}\right)^n}$$

por lo tanto

$$\left(1 + \frac{1}{n + 1}\right)^{n+1} > \left(1 + \frac{1}{n}\right)^n$$

■

Problema 6.14

Demostrar por inducción el Teorema 6.2.

Demostración

Sea A_n el promedio aritmético de n números reales positivos (no necesariamente distintos) y G_n es su promedio geométrico. Entonces demostramos que:

$$A_n \geq G_n \quad \text{para todo} \quad n \in \mathbb{N}.$$

Si $n = 1$, entonces $A_1 = \dfrac{a_1}{1} \geq \sqrt[1]{a_1} = a_1$

Si $n = 2$, entonces $(\sqrt{a_1} - \sqrt{a_2})^2 \geq 0$ por ser un cuadrado,
luego

$$a_1 - 2\sqrt{a_1 a_2} + a_2 \geq 0, \quad \text{es decir}$$

$$\frac{a_1 + a_2}{2} \geq \sqrt{a_1 a_2}, \quad \text{por lo tanto}$$

$$A_2 \geq G_2$$

Supongamos ahora que $A_n \geq G_n$ y sean

$$b_1 = a_{n+1}, \quad b_2 = b_3 = \ldots = b_n = A_{n+1}$$

luego tenemos n números reales positivos y para ellos vale la hipótesis de inducción, es decir:

$$\frac{b_1 + \cdots + b_n}{n} \geq \sqrt[n]{b_1 \cdot \ldots \cdot b_n} \quad \text{luego}$$

$$\frac{a_{n+1} + (n-1)\left(\dfrac{(a_1 + \cdots + a_n + a_{n+1})}{n+1}\right)}{n} \geq \sqrt[n]{a_{n+1} \cdot A_{n+1}^{n-1}} = \left(a_{n+1} \cdot A_{n+1}^{n-1}\right)^{\frac{1}{n}} \quad (*)$$

además utilizado el caso ya demostrado para n = 2, para los números

$$c = \frac{a_{n+1} + (n-1)A_{n+1}}{n} \; y \; d = A_n \; tenemos \; que$$

$$\frac{c+d}{2} \geq \sqrt{c \cdot d}$$

luego

$$\frac{\dfrac{a_{n+1} + (n-1)A_{n+1}}{n} + A_n}{2} \geq \sqrt{A_n \cdot \left(\frac{a_{n+1} + (n-1)A_{n+1}}{n}\right)} = \left(A_n \cdot \left(\frac{a_{n+1} + (n-1)A_{n+1}}{n}\right)\right)^{\frac{1}{2}}$$

$$\geq G_n^{\frac{1}{2}} \cdot (a_{n+1} \cdot A_{n+1}^{n-1})^{\frac{1}{2n}} \quad \textit{(utilizando (*) y la H.I.)}$$

$$= (a_1 \cdots a_n)^{\frac{1}{2n}} \cdot a_{n+1}^{\frac{1}{2n}} \cdot (A_{n+1}^{n-1})^{\frac{1}{2n}}$$

$$= \left(\left(\sqrt[n+1]{a_1 \ldots a_{n+1}}\right)^{n+1} \cdot A_{n+1}^{n-1}\right)^{\frac{1}{2n}}$$

$$= \left(G_{n+1}^{n+1} \cdot A_{n+1}^{n-1}\right)^{\frac{1}{2n}}$$

Pero como

$$\frac{\dfrac{a_{n+1} + (n-1)A_{n+1}}{n} + A_n}{2} = \frac{a_{n+1} + (n-1)\left(\dfrac{a_1 + \cdots + a_{n+1}}{n+1}\right) + n\left(\dfrac{a_1 + \cdots + a_n}{n}\right)}{2n}$$

$$= \frac{a_1 + \cdots + a_n + a_{n+1} + \dfrac{(n-1)}{(n+1)}\left(a_1 + \cdots + a_{n+1}\right)}{2n}$$

$$= \left(\frac{a_1 + \cdots + a_{n+1}}{n+1}\right)\left(\frac{(n+1) + (n-1)}{2n}\right) = A_{n+1}$$

Entonces hemos demostrado que:

$$A_{n+1} \geq \left(G_{n+1}^{n+1} \cdot A_{n+1}^{n-1}\right)^{\frac{1}{2n}}$$

luego

$$A_{n+1}^{2n} \geq G_{n+1}^{n+1} \cdot A_{n+1}^{n-1}$$

es decir:

$$A^{n+1}_{n+1} \geq G^{n+1}_{n+1}, \quad \text{por lo tanto}$$
$$A_{n+1} \geq G_{n+1}$$

Teorema del Binomio 6.3

Definición

Definición 6.5 Coeficientes binomiales

Sea $n \in \mathbb{N}$, sea $k \in \mathbb{N} \cup \{0\}$, se define el coeficiente binomial $\binom{n}{k}$ de la siguiente manera:

$$\binom{n}{k} = \begin{cases} \dfrac{n!}{k!(n-k)!} & \text{si } \ n \geq k \\[2mm] 0 & \text{si } \ n < k. \end{cases}$$

Ejemplos

Ejemplo 6.2

$$\binom{5}{2} = \frac{5!}{2!(5-2)!} = 10$$

Ejemplo 6.3

$$\binom{n}{n} = \frac{n!}{n!(n-n)!} = 1$$

Ejemplo 6.4

$$\binom{n}{0} = \frac{n!}{0!(n-0)!} = 1$$

Ejemplo 6.5

$$\binom{n}{1} = \frac{n!}{1!(n-1)!} = n$$

Proposición

Proposición 6.4 — *Sean $n, k \in \mathbb{N}$, entonces:*

(I) $\quad \dbinom{n}{k} = \dbinom{n}{n-k} \qquad (n \geq k)$

(II) $\quad \dbinom{n}{k} + \dbinom{n}{k+1} = \dbinom{n+1}{k+1}$

Demostración

(I) $\quad \dbinom{n}{n-k} \quad = \quad \dfrac{n!}{(n-k)\cdot(n-(n-k))!} = \dfrac{n!}{(n-k)!k!} = \dbinom{n}{k}$

(II) $\quad \dbinom{n}{k} + \dbinom{n}{k+1} \quad = \quad \dfrac{n!}{k!(n-k)!} + \dfrac{n!}{(k+1)!(n-k-1)!}$

$$= \quad \frac{n!}{k!(n-k-1)!}\left(\frac{1}{(n-k)} + \frac{1}{k+1}\right)$$

$$= \quad \frac{n!}{k!(n-k-1)!}\left(\frac{n+1}{(n-k)(k+1)}\right)$$

$$= \quad \frac{(n+1)!}{(k+1)!(n-k)!} = \binom{n+1}{k+1}$$

Observaciones

1. *A partir de las propiedades (I) y (II) de 6.4 y de los ejemplos 6.3, 6.4 y 6.5 podemos construir la tabla de todos los valores de $\binom{n}{k}$ para $n \geq k$ conocida como triángulo de Pascal.*

k

n	0	1	2	3	4	5	6	7
1	1	1						
2	1	2	1					
3	1	3	3	1				
4	1	4	6	4	1			
5	1	5	10	10	5	1		
6	1	6	15	20	15	6	1	
7	1	7	21	35	35	21	7	1

Tabla 6.1: Triángulo de Pascal

La primera columna la obtenemos del ejemplo 6.4.
La segunda columna la obtenemos del ejemplo 6.5.
Los últimos números de cada fila los obtenemos del ejemplo 6.3.
El resto de los números los calculamos aplicando las propiedades 6.4 (I) y (II), por ejemplo:

$$\binom{3}{2} = \binom{3}{3-2} = \binom{3}{1} = 3$$

$$\binom{4}{2} = \binom{3}{1} + \binom{3}{2} = 3 + 3 = 6$$

$$\binom{4}{3} = \binom{4}{4-3} = \binom{4}{1} = 4$$

2. *Antes de enunciar el teorema del binomio, veamos algunos casos particulares del desarrollo de $(a+b)^n$, para $a, b \in \mathbb{R}$*

$$(a+b)^1 = 1 \cdot a + 1 \cdot b = \binom{1}{0} a^1 + \binom{1}{1} b^1 = \sum_{k=0}^{1} \binom{1}{k} a^{1-k} b^k$$

$$(a+b)^2 = a^2 + 2a \cdot b + b^2 = \binom{2}{0} a^2 + \binom{2}{1} a^1 \cdot b^1 + \binom{2}{2} b^2 = \sum_{k=0}^{2} \binom{2}{k} a^{2-k} b^k \quad y$$

232

$$(a+b)^3 = a^3 + 3a^2b + 3ab^2 + b^3 \;=\; \binom{3}{0}a^3 + \binom{3}{1}a^2b + \binom{3}{2}ab^2 + \binom{3}{3}b^3$$

$$= \sum_{k=0}^{3}\binom{3}{k}a^{3-k}b^k$$

Lo que acabamos de desarrollar para las potencias de $n = 1, 2$ y 3, es exactamente lo que se generaliza para toda potencia natural n en el siguiente teorema:

Teorema

Teorema 6.3 **Teorema del binomio**: Sea $a, b \in \mathbb{R}$, $n \in \mathbb{N}$, entonces

$$(a+b)^n = \sum_{k=0}^{n}\binom{n}{k}a^{n-k}b^k$$

Demostración

Por inducción sobre n.

Si $n = 1$, ya vimos el resultado en el ejemplo anterior.

Por hipótesis de inducción tenemos que vale para n:

$$(a+b)^n = \sum_{k=0}^{n}\binom{n}{k}a^{n-k}b^k.$$

Probaremos el teorema para $n + 1$.

Efectivamente:

$$(a+b)^{n+1} \;=\; (a+b)^n(a+b) \overset{H.I.}{=} (a+b)\left(\sum_{k=0}^{n}\binom{n}{k}a^{n-k}b^k\right)$$

$$= \sum_{k=0}^{n}\binom{n}{k}a^{n+1-k}b^k + \sum_{k=0}^{n}\binom{n}{k}a^{n-k}b^{k+1} \quad \textit{(separando en 2 sumatorias)}$$

$$= a^{n+1} + \sum_{k=1}^{n}\binom{n}{k}a^{n+1-k}b^k + \sum_{k=0}^{n-1}\binom{n}{k}a^{n-k}b^{k+1} + b^{n+1}$$

(separando el primer término de la primera sumatoria y el último de la segunda).

$$= a^{n+1} + \sum_{k=1}^{n} \binom{n}{k} a^{n+1-k} b^k + \sum_{k=1}^{n} \binom{n}{k-1} a^{n-(k-1)} b^k + b^{n+1}$$

(haciendo cambio de índices en la segunda sumatoria)

$$= a^{n+1} + \sum_{k=1}^{n} a^{n+1-k} b^k \left(\binom{n}{k} + \binom{n}{k-1} \right) + b^{n+1}$$

(juntando ambas sumatorias)

$$= a^{n+1} + \sum_{k=1}^{n} a^{n+1-k} b^k \binom{n+1}{k} + b^{n+1}$$

(usando proposición 6.4 (II))

$$= \sum_{k=0}^{n} \binom{n+1}{k} a^{n+1-k} b^k + b^{n+1}$$

(incluyendo a^{n+1} dentro de la sumatoria)

$$= \sum_{k=0}^{n+1} \binom{n+1}{k} a^{n+1-k} b^k$$

(incluyendo b^{n+1} dentro de la sumatoria) ■

Corolario

Corolario 6.1

(I) $(a-b)^n = \displaystyle\sum_{k=0}^{n} \binom{n}{k} (-1)^k a^{n-k} b^k$

(II) $\displaystyle\sum_{k=0}^{n} \binom{n}{k} = 2^n$

(III) $\displaystyle\sum_{k=0}^{n} (-1)^k \binom{n}{k} = 0$

Demostración

(I)

$$(a-b)^n = (a+(-b))^n \;=\; \sum_{k=0}^{n} \binom{n}{k} a^{n-k}(-b)^k$$

$$=\; \sum_{k=0}^{n} \binom{n}{k} (-1)^k a^{n-k} b^k$$

(II)

$$(1+1)^n \;=\; \sum_{k=0}^{n} \binom{n}{k} 1^{n-k} 1^k, \quad luego$$

$$2^n \;=\; \sum_{k=0}^{n} \binom{n}{k}$$

(III) $\quad 0 = (1-1)^n = \sum_{k=0}^{n} \binom{n}{k}(-1)^k 1^{n-k} 1^k = \sum_{k=0}^{n}(-1)^k \binom{n}{k}$

■

Problemas

Problema 6.15

Escribir el desarrollo de $\left(y^2 + \dfrac{1}{y}\right)^6$

Solución

Utilizando el teorema del binomio tenemos que:

$$\left(y^2 + \frac{1}{y}\right)^6 \;=\; \sum_{k=0}^{6} \binom{6}{k} (y^2)^{6-k} \left(\frac{1}{y}\right)^k = \sum_{k=0}^{6} \binom{6}{k} y^{12-2k} y^{-k}$$

$$=\; \sum_{k=0}^{6} \binom{6}{k} y^{12-3k} = y^{12} + 6y^9 + 15y^6 + 20y^4 + 15y^0 + 6y^{-3} + y^{-5}$$

$$=\; y^{12} + 6y^9 + 15y^6 + 20y^4 + 15 + 6\frac{1}{y^3} + \frac{1}{y^5}$$

Problema 6.16

Encontrar el coeficiente de x^n en $(1 + x)^{2n}$

Solución

Usando el teorema del binomio tenemos que

$$(1 + x)^{2n} = \sum_{k=0}^{2n} \binom{2n}{k} 1^{2n-k} x^k = \sum_{k=0}^{2n} \binom{2n}{k} x^k$$

Por lo tanto, x^n aparecerá en el desarrollo solamente cuando $k = n$ y dado que n es uno de los valores que está en el rango de variación de la sumatoria

$(k = 0, 1 \ldots n, n + 1 \ldots, 2n)$ tenemos entonces que el coeficiente de x^n será $\binom{2n}{n}$ es decir

$$\frac{(2n)!}{(n!)^2}.$$

Problema 6.17

Determine el coeficiente de $\dfrac{1}{x^{31}}$ en el desarrollo de $\left(x - 1 + \dfrac{1}{x^2} \right)^{20}$

Solución

$$\left(x - 1 + \frac{1}{x^2} \right)^{20} = \frac{1}{x^{40}} \left((x^3 - x^2) + 1 \right)^{20} = \frac{1}{x^{40}} \sum_{k=0}^{20} \binom{20}{k} (x^3 - x^2)^k$$

$$= \sum_{k=0}^{20} \binom{20}{k} \sum_{j=0}^{k} \binom{k}{j} (-1)^j (x^3)^{k-j} (x^2)^j = \sum_{k=0}^{20} \sum_{j=0}^{k} \binom{20}{k} \binom{k}{j} (-1)^j x^{3k-j}$$

Por lo tanto, el coeficiente de $\dfrac{1}{x^{31}}$ en este desarrollo, se encuentra cuando:

$$3k - j - 40 = -31, \text{ con } 0 \leq k \leq 20 \text{ y } 0 \leq j \leq k$$

Esto se cumple cuando $k = 3$ y $j = 0$ y también cuando $k = 4$ y $j = 3$.

Por lo tanto el coeficiente de $\dfrac{1}{x^{31}}$ es:

$$\binom{20}{3} - 4\binom{20}{4}$$

Problema 6.18

Use la identidad $(1 + x)^{2n} = (1 + x)^n(1 + x)^n$ para demostrar que

$$\binom{n}{0}^2 + \binom{n}{1}^2 + \cdots + \binom{n}{n}^2 = \frac{(2n)!}{(n!)^2}$$

Demostración

En el ejercicio 6.16 demostramos que el coeficiente de x^n en el desarrollo de $(1+x)^{2n}$ es $\dfrac{2n!}{(n!)^2}$, y dado que $(1 + x)^{2n} = (1 + x)^n(1 + x)^n$, buscaremos el coeficiente de x^n en el desarrollo de $(1 + x)^n(1 + x)^n$ sabiendo que debe ser igual a $\dfrac{2n!}{(n!)^2}$.

$$
\begin{aligned}
(1 + x)^n(1 + x)^n &= \sum_{i=0}^{n} \binom{n}{i} 1^{n-i} x^i \cdot \sum_{j=0}^{n} \binom{n}{j} 1^{n-j} x^j \\[2mm]
&= \sum_{i=0}^{n} \binom{n}{i} x^i \cdot \sum_{j=0}^{n} \binom{n}{j} x^j \\[2mm]
&= \sum_{i=0}^{n} \sum_{j=0}^{n} \binom{n}{i}\binom{n}{j} x^{i+j}
\end{aligned}
$$

Por lo tanto, x^n aparecerá en este desarrollo cuando $i + j = n$. Dado que i varía desde 0 hasta n y j también, las posibilidades de que $i + j = n$ son las siguientes:

i	j
0	n
1	$n - 1$
2	$n - 2$
$\vdots$	$\vdots$
$n - 1$	1
n	0

Luego x^n aparece con el siguiente coeficiente:

$$\binom{n}{0}\binom{n}{n} + \binom{n}{1}\binom{n}{n-1} + \binom{n}{2}\binom{n}{n-2} + \cdots + \binom{n}{n-1}\binom{n}{1} + \binom{n}{n}\binom{n}{0}$$

Usando la propiedad que $\binom{n}{k} = \binom{n}{n-k}$, nos queda el coeficiente de x^n de la siguiente manera:

$$\binom{n}{0}\binom{n}{0} + \binom{n}{1}\binom{n}{1} + \binom{n}{2}\binom{n}{2} + \cdots + \binom{n}{n}\binom{n}{n}$$

y como ya sabíamos que este coeficiente era igual a $\dfrac{2n!}{(n!)^2}$, hemos demostrado entonces que:

$$\binom{n}{0}^2 + \binom{n}{1}^2 + \cdots + \binom{n}{n}^2 = \frac{2n!}{(n!)^2}$$

■

Problema 6.19

Calcular

$$\sum_{k=0}^{n} \frac{\binom{n}{k}}{k+1}.$$

Solución

Aprovechando las propiedades de estos coeficientes, obtenemos

$$\frac{\binom{n}{k}}{k+1} = \frac{n!}{k!(n-k)!(k+1)} = \frac{n!}{(k+1)!(n-k)!} = \frac{1}{(n+1)}\frac{(n+1)!}{(k+1)!(n-k)!)}$$

$$= \frac{1}{n+1}\binom{n+1}{k+1}.$$

Luego

$$\sum_{k=0}^{n} \frac{\binom{n}{k}}{k+1} = \sum_{k=0}^{n} \frac{1}{n+1}\binom{n+1}{k+1} = \frac{1}{n+1}\sum_{k=0}^{n}\binom{n+1}{k+1}$$

$$= \frac{1}{n+1}\left(\sum_{k=1}^{n+1}\binom{n+1}{k}\right) \quad \textit{(haciendo cambio de índices)}$$

$$= \frac{1}{n+1}\left(\sum_{k=0}^{n+1}\binom{n+1}{k} - \binom{n+1}{0}\right),$$

(sumando y restando el término para k = 0)

Ahora nos queda la suma de (n + 1) coeficientes binomiales, y esta sumatoria la conocemos (Corolario 6.1), por lo tanto:

$$\sum_{k=0}^{n} \frac{\binom{n}{k}}{k+1} = \frac{1}{n+1}\left(2^{n+1} - 1\right)$$

Ejercicios Propuestos 6.4

1. Encuentre el término general a_n en cada una de las siguientes sucesiones y calcule $\displaystyle\sum_{i=1}^{n} a_i$

   (a) $1 \cdot 2,\ 2 \cdot 3,\ 3 \cdot 4,\ 4 \cdot 5 \dots$

   (b) $1^2, 3^2, 5^2, 7^2 \dots$

   (c) $1 \cdot 2^2,\ 2 \cdot 3^2,\ 3 \cdot 4^2,\ 4 \cdot 5^2 \dots$

2. Calcule:

   (a) $\displaystyle\sum_{i=1}^{n} i(i+1)(i+3)$

   (b) $\displaystyle\sum_{i=1}^{n} \frac{1}{i(i+1)}$

   (c) $\displaystyle\sum_{i=0}^{2n} (-1)^i\, i^2$

   (d) $\displaystyle\sum_{i=0}^{n} (m+k)^2$

3. Sea $\{a_n\}$ sucesión. Si $\displaystyle\sum_{i=1}^{n} a_i = 2n^2 + 3n$ para cada $n \in \mathbb{N}$, determine el término general a_k y calcule $\displaystyle\sum_{k=p}^{2p} a_k$

4. Determine el valor de n de modo que se cumpla

$$\sum_{i=1}^{2n} (i^2 - 48i) = 2\sum_{i=1}^{n} (i^2 - 48i)$$

5. Calcule:

   (a) $S = 1^2 + (1^2 + 2^2) + (1^2 + 2^2 + 3^2) + \cdots$ hasta n términos

   (b) $S = \dfrac{1}{1 \cdot 3} + \dfrac{1}{3 \cdot 5} + \dfrac{1}{5 \cdot 7} + \cdots$ hasta n términos

6. Calcule:

   (a) $\displaystyle\sum_{i=1}^{n} \left(\frac{i^3 + i^2 + 1}{i(i+1)} \right)$

   (b) $1^2 \cdot 3 + 2^2 \cdot 4 + 3^2 \cdot 5 + \cdots$ hasta n términos

   (c) $\dfrac{1}{n(n+1)} + \dfrac{1}{(n+1)(n+2)} + \dfrac{1}{(n+2)(n+3)} + \cdots$ hasta n términos

   (d) $1 \cdot n^2 + 2(n-1)^2 + 3(n-2)^2 + \cdots$ hasta n términos

   (e) $1^2 - 2^2 + 3^2 - 4^2 + \cdots$ hasta n términos cuando n es par y cuando n es impar

   (f) $n(n+1) + (n+1)(n+2) + (n+2)(n+3) + \cdots$ hasta n términos

7. Demuestre por inducción

   (a) $\displaystyle\sum_{k=1}^{n} \frac{1}{4k^2 - 1} = \frac{n}{2n+1}$

   (b) $\displaystyle\sum_{k=1}^{n} (k^2 + 1) \cdot k! = n(n+1)!$

   (c) $\displaystyle\sum_{k=1}^{n} \frac{k \cdot 2^k}{(k+2)!} = 1 - \frac{2^{n+1}}{(n+2)!}$

8. Calcule:

   (a) $\displaystyle\sum_{k=1}^{n} \frac{k+2}{k(k+1)2^k}$

   (b) $\displaystyle\sum_{k=1}^{n} \frac{k}{(k+1)!}$

(c) $\displaystyle\sum_{k=1}^{n} \frac{2k-1}{k(k+1)(k+2)}$

(d) $\displaystyle\sum_{k=1}^{n} \frac{k^2+3k+6}{k(k+1)(k+2)(k+3)}$

9. Calcule la suma de $2n$ términos de

$$1^2 + 2^3 + 3^2 + 4^3 + 5^2 + 6^3 + \cdots$$

10. A partir de $a_r = r^2(r-1)^2(2r-1), r \in \mathbb{N}$, simplifique $a_{r+1} - a_r$ y calcule

$$\sum_{r=1}^{n} r^4$$

11. Encuentre la suma de n términos de

$$1 + (3+5+7) + (9+11+13+15+17) + \cdots$$

12. Calcule:

$$\sum_{i=1}^{n} \sum_{j=1}^{i} \left(\frac{2^j}{3^i}\right)$$

13. Calcule:

$$\sum_{i=1}^{10} \sum_{j=1}^{20} 2^{j-1}$$

14. Calcule la suma de todos los múltiplos de 7 que están comprendidos entre 100 y 400.

15. Se canceló una deuda de modo que el primer pago fue de \$ 50.000 y cada pago siguiente aumentó en \$ 15.000. El último pago fue de \$ 230.000 ¿Cuál era la deuda y en cuántos pagos se canceló?

16. La suma de cuatro números en P.A. es 24 y la suma de sus cuadrados es 164. Encuentre los números.

17. Demuestre que la suma de un número impar de términos consecutivos de una P.A. es igual al término central multiplicado por el número de términos.

18. Sea $\{a_n\}_{n\in\mathbb{N}}$ una sucesión de números que satisface

$$\sum_{k=1}^{n} a_k = 2n + 3n^2$$

Demuestre que es una P.A. y encuentre una expresión para a_n en términos de n.

19. Dados $a_1 \ldots a_n$ números en P.A. cuya suma es S_n, se interpolan m medios aritméticos entre cada par de términos consecutivos. Demuestre que la suma de todos los números interpolados es $S = \dfrac{m(n-1)}{n} S_n$.

20. Sea $n \in \mathbb{N}$, demuestre que

(a) $\left(1 + \dfrac{1}{n}\right)^n < \left(1 + \dfrac{1}{n+1}\right)^{n+1}$

(b) $(n+1)^{n+1} < 2^{n+1} n^n$, si $n > 1$

(c) $n! < \left(\dfrac{n+1}{2}\right)^n$, si $n > 1$

(d) $2^{n+4} > (n+4)^2$

(e) $n^n > 1 \cdot 3 \cdot 5 \cdot \ldots (2n-1)$

(f) $2^n > 1 + n\sqrt{2^{n-1}}$

(g) $(n!)^3 < n^n \left(\dfrac{n+1}{2}\right)^{2n}$

(h) $\dfrac{1}{2}(n+1) <$
$$(1^1 \cdot 2^2 \cdot 3^3 \ldots n^n)^{\frac{2}{n^2+n}} < \dfrac{1}{3}(2n+1)$$

21. Demuestre:

(a) $\dfrac{(2n)!}{n!} = 2^n\left(1 \cdot 3 \cdot 5 \ldots (2n-1)\right)$

(b) $r\dbinom{n}{r} = n\dbinom{n-1}{r-1}$

(c) $\dbinom{n}{r+1} = \dfrac{n-r}{r+1}\dbinom{n}{r}$

22. Encuentre el término independiente de x en el desarrollo de

$$(2x + 1)\left(1 + \frac{2}{x}\right)^{15}$$

23. Encuentre el valor de a para que los coeficientes de x^7 y x^6 en el desarrollo de $(x + a)^5 \cdot (x - 2a)^3$ sean iguales.

24. Encuentre el mayor coeficiente numérico en el desarrollo de

$$(1 + 5x)^{13}$$

25. Encuentre el coeficiente de x^4 en el desarrollo de

$$\left(1 + 2x + 3x^2\right)^5.$$

26. Encuentre el coeficiente de x^7 en el desarrollo de

$$\left(1 - x^2 - x^3\right)^{10}$$

27. Encuentre el coeficiente de x^{25} en el desarrollo de

$$(1 - x)^{50}\left(x^{-1} + 1 + x^2\right)$$

28. Encuentre la suma y el producto entre $(2 + \sqrt{3})$ y $(2 - \sqrt{3})$. Pruebe que la parte entera de $(2 + \sqrt{3})$ es 10.083

29. Encuentre el coeficiente de x^n en el desarrollo de

$$(1 + (n + 1)x) \cdot (1 + x)^{2n-1}$$

y pruebe que

$$\binom{n}{0}^2 + 2\binom{n}{1}^2 + \cdots +$$
$$(n + 1)\binom{n}{n}^2 = \frac{(n + 2)(2n - 1)!}{n!(n - 1)!}$$

30. Encuentre el coeficiente de x^n en

(a) $\left(1 + \frac{1}{4}x\right)^{2n}$

(b) $\left(x^2 + \frac{1}{x}\right)^{2n}$

31. Demuestre:

$$\binom{n}{0}\binom{n}{1} + \frac{n}{1}\binom{n}{2} + \cdots$$
$$+ \binom{n}{n-1}\binom{n}{n} = \frac{(2n)!}{(n+1)!(n-1)!}$$

32. Demuestre que

$$\frac{\binom{n}{1}}{\binom{n}{0}} + \frac{2\binom{n}{2}}{\binom{n}{1}} + \cdots + \frac{n\binom{n}{n}}{\binom{n}{n-1}} = \frac{1}{2}n(n+1)$$

33. Si n es par, demuestre que:

$$\binom{n}{1} + \binom{n}{2} + \cdots + \binom{n}{n} =$$
$$\binom{n}{1} + \binom{n}{3} + \cdots \binom{n}{n-1}$$

34. Demuestre que

$$\binom{n}{1} + 2\binom{n}{2} + 3\binom{n}{3} + \cdots + n\binom{n}{n} = n \cdot 2^{n-1}$$

35. Demuestre por inducción que:

(a) $\displaystyle\sum_{k=0}^{n}\binom{r+k}{k} = \binom{r+n+1}{n}, r \in \mathbb{N}$

(b) $\displaystyle\sum_{k=0}^{n}\binom{k}{m} = \binom{n+1}{m+1}, m \in \mathbb{N}$

(c) $\displaystyle\sum_{r=0}^{n}\binom{r}{k}(-1)^k = (-1)^n\binom{r-1}{n},$ $r \in \mathbb{N}$

36. Calcule:

(a) $\displaystyle\sum_{k=0}^{n}k\binom{n}{k}x^k$

(b) $\displaystyle\sum_{k=0}^{n}k^2\binom{n}{k}x^k$

(c) $\displaystyle\sum_{k=0}^{n} \binom{n}{k} x^{n-k}(x-1)^{n-k}(x+1)^{k}$

(d) $\displaystyle\sum_{k=0}^{n} (-1)^{k-1} k \binom{n}{k}$

(e) $\displaystyle\sum_{k=0}^{n} \binom{n}{k}(a+kd) \quad , a, d \in \mathbb{R}$

(f) $\displaystyle\sum_{k=0}^{n} \binom{n}{k} aq^{k} \quad , a, q \in \mathbb{R}$

37. Calcule la suma de n-términos de $1, 3x, 6x^2, 10x^3, \cdots$

38. Calcule $\displaystyle\sum_{k=0}^{n} 2^{k} \binom{n}{k}$

39. Pruebe que
$$(1+x)^{2n} - 2nx(1+x)^{2n-1} +$$
$$\frac{2n(2n-2)}{2!}x^2(1+x)^{2n-2} -$$
$$\cdots \text{ (hasta } 2n \text{ términos)} = \left(1 - x^2\right)^{n}$$

40. Demuestre que:
$$\binom{n}{0}x + \binom{n}{1}\frac{x^2}{2} + \binom{n}{2}\frac{x^3}{3} + \cdots$$
$$+ \binom{n}{n}\frac{x^{n+1}}{n+1} = \frac{1}{n+1}\left((1+x)^{n+1} - 1\right)$$

Autoevaluación 6

1. Demuestre que

$$\forall n \in \mathbb{N} \left(n! < \left(\frac{n+1}{2}\right)^n,\ n \geq 2 \right)$$

2. Sea $\{x_n\}_{n=1}^{\infty}$ una progresión aritmética de primer término $x_1 = 5$ y diferencia $d = 7$

   Calcule

$$\sum_{k=1}^{n} \binom{n}{k} x_k$$

3. *a)* Calcule la suma de los cuadrados de los primeros 50 números impares.

   b) Calcule la siguiente suma: $\displaystyle n\sum_{k=2}^{n} \binom{n-1}{k-1}(-1)^k \frac{3^k}{k}$

4. Calcule

$$\sum_{k=3}^{n+1}\sum_{i=2}^{k}(-1)^i \binom{k}{i-1} 2^{k-i}$$

5. Encuentre el coeficiente de x^{25} en el desarrollo de

$$(1-x)^{50}\left(x^{-1}+1+x^2\right)$$

6. Encuentre en el desarrollo del binomio $(3x+2)^{19}$ dos coeficientes de potencias consecutivas de x que sean iguales

7. Calcule $\displaystyle \sum_{k=1}^{n} \binom{n}{k}\left(\frac{1+2+\ldots+k}{k}\right)$

7 Polinomios y números complejos

Introducción   7.1.1

El propósito de esta sección es extender nuestro sistema numérico para admitir soluciones de ciertas ecuaciones que en los reales no existen. Por ejemplo:

$$x^2 + 1 = 0.$$

Hemos extendido el conjunto de los naturales al conjunto de los enteros para que la operación de resta siempre sea posible. Desde el punto de vista algebraico, $\mathbb{N} \subset \mathbb{Z}$, y como estructuras, las operaciones de suma, producto y el orden de los naturales coincide con el de los enteros, salvo que ahora tenemos además la operación de resta, el neutro aditivo y un inverso aditivo para cada número entero. De manera análoga, se expandió el conjunto de los enteros al conjunto de los racionales, para que la división sea siempre posible (salvo por 0). Nuevamente en este caso $\mathbb{Z} \subset \mathbb{Q}$ y las propiedades algebraicas se traspasan, salvo que ahora tenemos división e inverso multiplicativo para cada número racional distinto de cero. Finalmente, se introdujeron las raíces, y para ello extendimos los racionales a los reales. En el Capítulo 9 veremos que esta última extensión se realizó en realidad, para que ciertas sucesiones tengan límites. Ahora nos gustaría continuar con el procedimiento y extender $\mathbb{R}$ para que ciertas ecuaciones tengan soluciones en el nuevo conjunto. Desafortunadamente, es imposible obtener un sistema numérico que amplíe a $\mathbb{R}$ en cuanto a estructura y que tenga la propiedad que buscamos, es decir, que toda ecuación tenga al menos una solución. El sistema de los números complejos $\mathbb{C}$ que introduciremos a continuación, será una extensión de $\mathbb{R}$ en relación a las operaciones, pero no con respecto al orden.

Intuitivamente, queremos tener un número $i \in \mathbb{C}$ tal que sea solución de la ecuación $x^2 + 1 = 0$; por lo tanto, debe cumplirse que $i^2 = -1$. También queremos mantener una estructura de campo que extienda a la de $\mathbb{R}$, por lo tanto necesitamos que:

1. $\forall r \in \mathbb{R}\,(r \cdot i \in \mathbb{C})$

2. $\forall r \in \mathbb{R}\,\forall s \in \mathbb{R}\,(r \cdot i + s \in \mathbb{C})$

3. La suma y producto de dos números de la forma $r \cdot i + s$ debe darnos como resultado un número de la misma forma.

Teniendo estas consideraciones en mente, podemos definir

$$\mathbb{C} = \{a + bi : a, b \in \mathbb{R}\}$$

donde subyacen dos unidades de medición:

1. La unidad real: 1

2. La nueva unidad: i

Como es fácil ver, podemos identificar cada número de la forma $a + bi$ con el par ordenado de números reales (a, b) en donde la primera coordenada mide la unidad real y la segunda mide la nueva unidad. Introduciremos a continuación los números complejos como pares ordenados.

El sistema de los números complejos 7.1.2

Definición

Definición 7.1 Conjunto $\mathbb{C}$

Se denota por $\mathbb{C}$ al conjunto de los pares ordenados de $\mathbb{R} \times \mathbb{R}$ provisto de las siguientes operaciones:

- $(a, b) + (c, d) = (a + c, b + d)$, *para todo* $a, b, c, d \in \mathbb{R}$
- $(a, b) \cdot (c, d) = (a \cdot c - b \cdot d, a \cdot d + b \cdot c)$ *para todo* $a, b, c, d \in \mathbb{R}$

A los elementos de $\mathbb{C}$ los llamamos números complejos y se denotan por z, u, v, w etc., y utilizamos $z + u$ y $z \cdot u$ para denotar la suma y producto que acabamos de definir.

Observación

Dado que hemos definido un número complejo como un par ordenado de números reales, entonces se cumple que:

$$(a, b) = (c, d) \leftrightarrow a = c \wedge b = d$$

Ejemplos

Ejemplo 7.1

$(-1, 2) \cdot [(2, -1) + (3, -2)] = (1, 13)$

Ejemplo 7.2

$(0, 1) \cdot (a, b) = (-b, a)$

Ejemplo 7.3

$(1, 0) \cdot (a, b) = (a, b)$

El siguiente teorema establece las propiedades de campo de los números complejos.

Teorema

Teorema 7.1

- *Las operaciones de suma y producto en $\mathbb{C}$ son asociativas y conmutativas.*
- *El $(0, 0)$ es el neutro de la suma y todo número complejo (a, b) tiene un único inverso aditivo $(-a, -b)$.*

- *El $(1, 0)$ es el neutro multiplicativo y todo número complejo (a, b) distinto de $(0, 0)$ tiene un único inverso multiplicativo*

$$\left(\frac{a}{a^2 + b^2}, \frac{-b}{a^2 + b^2} \right)$$

- *El producto se distribuye sobre la suma de números complejos.*

Demostración

Todas las propiedades resultan directamente de las definiciones de suma y producto en $\mathbb{C}$. ∎

Definición

Definición 7.2 *Inverso aditivo*

Sean $u = (a, b)$ y $z = (c, d)$ dos números complejos, entonces $-u = (-a, -b)$

Definición 7.3 *Operación de resta en $\mathbb{C}$*

$z - u = z + (-u)$.

Definición 7.4 *Inverso multiplicativo*

$$u^{-1} = \left(\frac{a}{a^2 + b^2}, \frac{-b}{a^2 + b^2} \right)$$

Definición 7.5 *Operación de división en $\mathbb{C}$*

Si $u \neq (0, 0)$ entonces $\dfrac{z}{u} = z \cdot u^{-1}$

Definición 7.6 *Parte real del complejo*

$Re(u) = a$ y se llama **la parte real del complejo** *u*

Definición 7.7 *Parte imaginaria del complejo*

$Im(u) = b$ y se llama **la parte imaginaria del complejo** *u*

Ejemplos

Ejemplo 7.4

Calcular

$$\frac{(1,-1)-(2,3)}{(2,-1)}$$

Solución

Aplicando las definiciones obtenemos:

$$\frac{(1,-1)-(2,3)}{(2,-1)} = \frac{(-1,-4)}{(2,1)} = (-1,-4)\cdot\left(\frac{2}{5},-\frac{1}{5}\right) = \left(-\frac{6}{5},-\frac{7}{5}\right)$$

Ejemplo 7.5

Sean $z, w \in \mathbb{C}$. Probar que:

i) $Re(w \cdot z) = Re(w)Re(z) - Im(w)Im(z)$

ii) $Im(w \cdot z) = Im(w)Re(z) + Re(w)Im(z)$

Demostración

i) Sea $w = (a, b)$ y $z = (c, d)$, entonces $w \cdot z = (ac - bd, ad + bc)$.
Luego, por definición, tenemos que:

$$Re(w \cdot z) = ac - bd = Re(w)Re(z) - Im(w)Im(z).$$

En forma análoga se demuestra ii).

Observación

Si definimos $\mathbb{C}_0 = \{z \in \mathbb{C} : Im(z) = 0\}$, es decir, el conjunto de números complejos cuya parte imaginaria es 0; podemos fácilmente ver que se trata de un conjunto cerrado bajo la suma y el producto; además, sus elementos tienen inverso aditivo y si $Re(z) \neq 0$ entonces tienen inverso multiplicativo también.

Identificamos al conjunto $\mathbb{C}_0$ con $\mathbb{R}$, es decir, al número real r lo identificamos con el número complejo $(r, 0)$. También al número complejo $(0, 1)$ lo denotamos por i y con estas convenciones vemos que:

$$i^2 = i \cdot i = (0, 1) \cdot (0, 1) = (-1, 0) = -1.$$

Es decir, el número complejo i no puede ser identificado con un número real, pues al elevarlo al cuadrado, da como resultado un número real negativo.

Basándonos en la identificación que acabamos de hacer, y dado que:

$$(a, b) = (a, 0) \cdot (1, 0) + (b, 0) \cdot (0, 1)$$

podemos entonces escribir el número complejo $z = (a, b)$ de la siguiente manera:

$$z = a + bi$$

Esta forma aditiva de escribir un número complejo se llama la **forma canónica.**

Ejemplos

Ejemplo 7.6

Calcular

$$\frac{2 - i}{1 + i} - \frac{1 - 2i}{2i}$$

Solución

$$
\begin{aligned}
\frac{2 - i}{1 + i} - \frac{1 - 2i}{2i} &= (2 - i)(1 + i)^{-1} - (1 - 2i)(2i)^{-1} \\
&= (2 - i)\left(\frac{1}{2} - \frac{1}{2}i\right) - (1 - 2i)\left(-\frac{1}{2}i\right) \\
&= \left(\frac{1}{2} - \frac{3}{2}i\right) - \left(-\frac{1}{2}i - 1\right) \\
&= \frac{3}{2} - i
\end{aligned}
$$

Ejemplo 7.7

Calcular

$$\frac{(3-2i)^2}{(1-i)}$$

Solución

$$\frac{(3-2i)^2}{(1-i)} = (5-12i)(1-i)^{-1}$$

$$= (5-12i)\left(\frac{1}{2}+\frac{1}{2}i\right)$$

$$= \frac{17}{2}-\frac{7}{2}i$$

Definición

Definición 7.8 *Complejo conjugado*

Sea $z = a + bi$, se define:

$\overline{z} = a - bi$

$\overline{z}$ se llama **el conjugado de** z

Definición 7.9 *Modulo de un complejo*

$|z| = \sqrt{a^2 + b^2}$

$|z|$ se llama el **módulo de** z

A continuación veremos las propiedades más importantes del conjugado y el módulo de un número complejo.

Teorema

Teorema **7.2** *Sean $z, u \in \mathbb{C}$ entonces:*

(I) $\overline{\overline{z}} = z$

(II) $\overline{z + u} = \overline{z} + \overline{u}$

(III) $\overline{z \cdot u} = \overline{z} \cdot \overline{u}$

(IV) $\overline{\left(\dfrac{z}{u}\right)} = \dfrac{\overline{z}}{\overline{u}}$ *siempre que* $z \neq (0,0)$

(V) $z + \overline{z} = 2\,Re(z)$ *y* $z - \overline{z} = 2\,Im(z)\,i$

(VI) $z \in \mathbb{R} \;\leftrightarrow\; z = \overline{z}$

(VII) $z \cdot \overline{z} = |z|^2$

(VIII) $z = 0 \;\leftrightarrow\; |z| = 0 \;\leftrightarrow\; \overline{z} = 0$

(IX) $|-z| = |\overline{z}| = |z|$

(X) $\left|\dfrac{z}{u}\right| = \dfrac{|z|}{|u|}$ *siempre que* $u \neq (0,0)$

(XI) $|z \cdot u| = |z| \cdot |u|$

Demostración

Demostraremos solamente VII *dejando el resto como ejercicio para el lector.*
Sea $z = a + bi$, *entonces:*

$$\begin{aligned}
z \cdot \overline{z} &= (a + bi)(a - bi) \\
&= a^2 + b^2 \\
&= |z|^2
\end{aligned}$$

Problemas

Problema 7.1

Probar que:

$$Re\left(\frac{z}{z+v}\right) + Re\left(\frac{v}{z+v}\right) = 1$$

Demostración

Sea $u = (a, b)$ y $w = (c, d)$, entonces:

$$Re(u + w) = Re(a + c, b + d) = a + c = Re(u) + Re(w)$$

Por lo tanto,

$$Re\left(\frac{z}{z+v}\right) + Re\left(\frac{v}{z+v}\right) = Re\left(\frac{z+v}{z+v}\right) = Re(1) = 1$$

$\blacksquare$

Problema 7.2

Probar que si $\left(z + \dfrac{1}{z}\right)$ es un número real, entonces $Im(z) = 0$ o $|z| = 1$

Demostración

Sea $z = (a, b)$, entonces,

$$z + \frac{1}{z} = (a, b) + \left(\frac{a}{a^2 + b^2}, \frac{-b}{a^2 + b^2}\right)$$

$$= \left(\frac{a^3 + ab^2 + a}{a^2 + b^2}, \frac{a^2 b + b^3 - b}{a^2 + b^2}\right)$$

$$z + \frac{1}{z} \in \mathbb{R} \ \leftrightarrow \ a^2 b + b^3 - b = 0$$

$$\leftrightarrow \ b(a^2 + b^2 - 1) = 0$$

$$\leftrightarrow \ b = 0 \ \vee \ a^2 + b^2 = 1$$

$$\leftrightarrow \ Im(z) = 0 \ \vee \ |z| = 1$$

$\blacksquare$

Problema 7.3

Encontrar las raíces de la ecuación:

$$x^2 - 6x + 13 = 0$$

Solución

Dado que $x = \dfrac{6 \pm \sqrt{36 - 52}}{2}$ *y como* $\sqrt{-16} = \pm 4i$, *se obtienen las raíces:*

$$x = \frac{6 \pm 4i}{2} = 3 \pm 2i$$

Problema 7.4

Dado $z \in \mathbb{C}$, determine un número complejo w tal que $w^2 = z$

Solución

Sean $z = a + bi$ *y* $w = x + yi$. *El problema consiste en encontrar los números reales* x *e* y *de tal manera que* $(x + yi)^2 = (a + bi)$. *Esto significa que debe cumplirse:*

$$x^2 - y^2 = a \ \ y \ \ 2xy = b. \ \ (*)$$

Utilizando la identidad:

$$(x^2 + y^2)^2 = (x^2 - y^2)^2 + 4x^2y^2 \ \ (**)$$

la que es muy fácil de comprobar, y combinándola con $(*)$ *tenemos:*

$$x^2 + y^2 = \sqrt{a^2 + b^2}.$$

Utilizando nuevamente $(*)$, *tenemos:*

$$x^2 = \frac{\sqrt{a^2 + b^2} + a}{2} \ \ \ \ y^2 = \frac{\sqrt{a^2 + b^2} - a}{2}$$

Al extraer las raíces cuadradas, obtenemos dos valores para x *y dos para* y, *los cuales al combinarlos nos arrojan cuatro posibles soluciones. Sin embargo, no todas ellas son soluciones a nuestro problema, pues debemos considerar que* $(*)$ *nos restringe, al decir que* $2xy = b$.

- *Caso 1: Si* $b > 0$, *entonces debemos tomar* x *e* y *ambos con el mismo signo.*
- *Caso 2: Si* $b < 0$, *entonces debemos tomar* x *e* y *con signo contrario.*

Es decir:

$$w = \pm \left(\frac{\sqrt{a^2 + b^2} + a}{2} + \frac{\sqrt{a^2 + b^2} - a}{2} i \right) \quad \text{si } b > 0$$

y

$$w = \pm \left(\frac{\sqrt{a^2 + b^2} + a}{2} - \frac{\sqrt{a^2 + b^2} - a}{2} i \right) \quad \text{si } b < 0$$

Si $b = 0$, se obtiene que $x^2 = a$, $y^2 = 0$, lo que nos da para w las soluciones $\pm\sqrt{a}$. Si $a \geq 0$, entonces w es un número real, pero si $a < 0$, entonces w es un número imaginario puro, es decir, su parte real es 0

Observación

Es imposible definir en $\mathbb{C}$ un orden $<$ que extienda el de los números reales. Efectivamente, si suponemos que es posible, entonces debe cumplirse que:

$$i < 0 \ \vee \ i > 0$$

Veamos que cualquiera de las dos posibilidades nos conduce a una contradicción.

Si $i < 0$, entonces sumando $-i$ a ambos lados de la desigualdad, obtenemos que $0 < -i$ y multiplicando por $-i$ que es un número positivo, nos queda $0 < -1$, lo que es contradictorio.

Si $i > 0$, entonces multiplicamos por i y nos queda que $-1 > 0$, lo que constituye una contradicción.

Forma polar de un número Complejo   7.2

Gráfico de números complejos   7.2.1

Dado que los números complejos tienen una parte real y una parte imaginaria, es fácil visualizar que para graficar, debemos tener dos ejes coordenados: uno, **el eje real** y otro que será el **eje imaginario**. El plano determinado por estos dos ejes perpendiculares, se llama el **plano complejo**.

> ### Ejemplo 7.8

Sean $z_1 = 1 + 2i$ y $z_2 = 2 - i$. Grafique z_1, z_2 y $z_1 + z_2$.

Solución

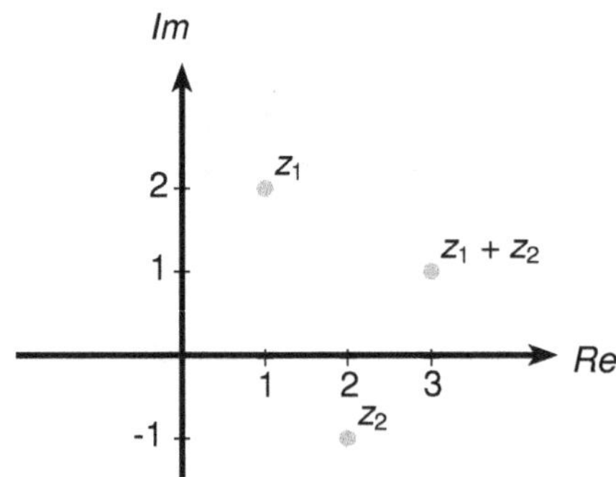

Figura 7.1: Gráfico de $z_1 = 1 + 2i$ y $z_2 = 2 - i$

Definición

> **Definición 7.10** *Forma polar*
>
> La **forma polar** *del número complejo $z = a + bi$ está dada por:*
>
> $$z = r(\cos(\theta) + i\operatorname{sen}(\theta))$$
>
> *donde $r = |z|$ y $\tan(\theta) = \dfrac{b}{a}$ si $a \neq 0$.*
>
> *En caso de que $a = 0$, entonces su forma polar es: $r\left(\cos(\frac{\pi}{2}) + i\operatorname{sen}(\frac{\pi}{2})\right)$*
>
> *A r se le dice el **módulo** de z y al ángulo θ se le llama el **argumento** de z.*

Es claro que el argumento de z no es único, pero la diferencia entre dos argumentos de z es 2π. Es tradicional escoger el ángulo de la siguiente manera:

- Si $a > 0$, entonces escogemos $\theta \in\,] - \dfrac{\pi}{2}, \dfrac{\pi}{2} [$

- Si $a < 0$, entonces $\theta = \pi + \arctan(b/a)$

- Si $a = 0 \wedge b < 0$, entonces $\theta = \dfrac{\pi}{2}$

- Si $a = 0 \wedge b < 0$, entonces $\theta = -\dfrac{\pi}{2}$

Ejemplo 7.9

Escriba los siguientes números complejos en forma polar y grafíquelos:

$$a)\ z_1 = 1 + i \quad b)\ z_2 = -1 + \sqrt{3}i \quad c)\ z_3 = -4\sqrt{3} - 4i$$

Solución

a) $|z_1| = \sqrt{2}$ y $\tan(\theta) = 1$ *Por lo tanto* $\theta = \dfrac{\pi}{4}$
  Luego:

$$z_1 = \sqrt{2}\left(\cos\left(\frac{\pi}{2}\right) + i\,\text{sen}\left(\frac{\pi}{2}\right)\right)$$

b) $|z_2| = \sqrt{4} = 2$ y $\tan(\theta) = -\dfrac{\sqrt{3}}{1}$. *Por lo tanto* $\theta = \pi + \arctan(-\sqrt{3}) = \dfrac{2\pi}{3}$
  Luego:

$$z_2 = 2\left(\cos\left(\frac{2\pi}{3}\right) + i\,\text{sen}\left(\frac{2\pi}{3}\right)\right)$$

c) $|z_3| = \sqrt{48 + 16} = 8$ y $\tan(\theta) = -\dfrac{\sqrt{3}}{3}$. *Por lo tanto* $\theta = -\dfrac{5\pi}{6}$
  Luego:

$$z_3 = 8\left(\cos\left(-\frac{5\pi}{6}\right) + i\,\text{sen}\left(-\frac{5\pi}{6}\right)\right)$$

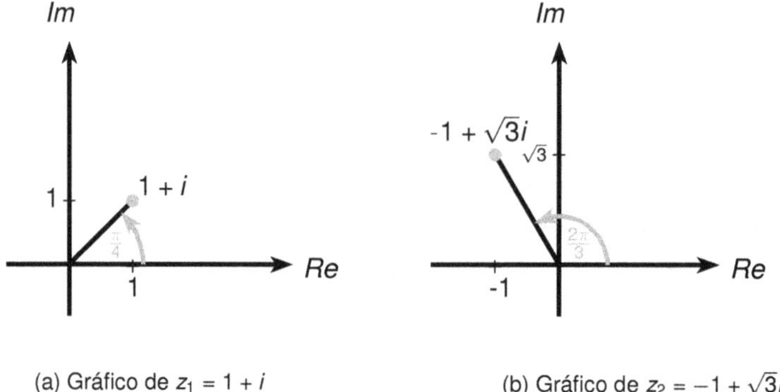

(a) Gráfico de $z_1 = 1 + i$

(b) Gráfico de $z_2 = -1 + \sqrt{3}i$

Figura 7.2: Gráfico de los números complejos del Ejemplo 7.9

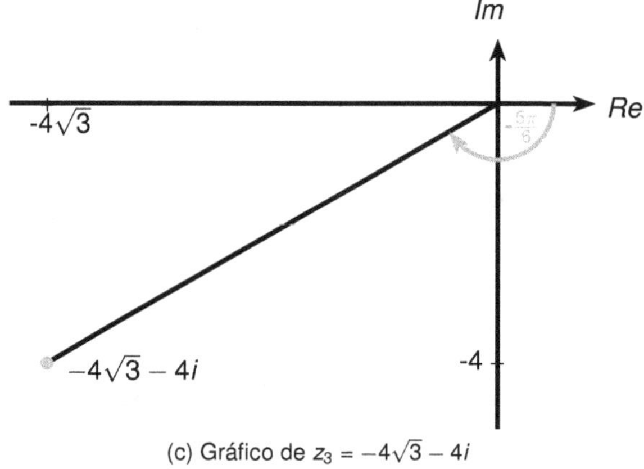

(c) Gráfico de $z_3 = -4\sqrt{3} - 4i$

Figura 7.1: Gráfico de los números complejos del Ejemplo 7.9 (cont.)

Notación

Abreviamos la expresión $\cos(\theta) + i\operatorname{sen}(\theta)$ por $\operatorname{cis}(\theta)$.

Proposición

Proposición 7.1 *Sean $z_1 = r_1 \operatorname{cis}(\theta_1)$ y $z_2 = r_2 \operatorname{cis}(\theta_2)$. Entonces:*

(1) $z_1 z_2 = r_1 r_2 \operatorname{cis}(\theta_1 + \theta_2)$

$(\text{II})\ \dfrac{z_1}{z_2} = \dfrac{r_1}{r_2}\,cis\,(\theta_1 - \theta_2),\quad z_2 \neq 0$

Demostración

Demostraremos la parte (I) *y la* (II) *queda como ejercicio.*

$z_1 z_2 = r_1\,cis\,(\theta_1)r_2\,cis\,(\theta_2) = r_1 r_2((\cos(\theta_1)\cos(\theta_2) - \operatorname{sen}(\theta_1)\operatorname{sen}(\theta_2))$

$+ i(\operatorname{sen}(\theta_1)\cos(\theta_2) + \operatorname{sen}(\theta_2)\cos(\theta_1))) = r_1 r_2(\,cis\,(\theta_1 + \theta_2)$ ∎

Teorema de DeMoivre   7.2.2

Dado $z = r\,cis\,(\theta)$ entonces para todo $n \in \mathbb{N}$ se tiene

$$z^n = r^n\,cis\,(n\theta).$$

Demostración

El teorema se demuestra por inducción sobre n.

Si $n = 1$ *es inmediato.*

Supongamos que la H.I. es:
$$z^n = r^n\,cis\,(n\theta).$$

Entonces:
$$z^{n+1} = z^n z = r^n\,cis\,(n\theta)r\,cis\,(\theta)\ \text{por H.I.}$$

Utilizando la proposición anterior, esto es:

$$z^{n+1} = r^{n+1}\,cis\,((n+1)\theta)$$

que es lo que queríamos demostrar. ∎

Problema 7.5

Calcular z^{10} donde $z = 1 + i$

Solución

Dado que $z = \sqrt{2}\,cis\left(\dfrac{\pi}{4}\right)$ entonces utilizando el teorema de DeMoivre tenemos que

$$z^{10} = 2^5\,cis\left(\dfrac{5\pi}{2}\right) = 2^5 i$$

Definición

Definición 7.11 *Raíz n-ésima*

Una **raíz n-ésima** *de un número complejo z es un número complejo w tal que*
$w^n = z$

Teorema

Teorema 7.3 *Sea* $z = r\,cis(\theta)$. *Entonces z tiene n raíces n-ésimas distintas y ellas están dadas por:*

$$w_k = \sqrt[n]{r}\,cis\left(\frac{\theta + 2k\pi}{n}\right) \quad \text{para } k = 0, 1, 2 \ldots (n-1)$$

Demostración

Tenemos que encontrar un número complejo w tal que $w^n = z$.

Una raíz n-ésima de z es $w_0 = \sqrt[n]{r}\,cis\left(\dfrac{\theta}{n}\right)$, *porque* $w_0^n = z$ *por el teorema de DeMoivre.*

Pero el argumento θ *de z se puede reemplazar por* $\theta + 2k\pi$ *para cualquier entero k. Luego obtendremos para esta expresión valores distintos para* $k = 0, 1, 2 \ldots (n-1)$. *Con lo que queda demostrado el teorema.* ∎

Problemas

Problema 7.6

Encontrar las raíces cúbicas de $z = i$.

Solución

Tenemos aquí que $z = i = cis\left(\dfrac{\pi}{2}\right)$

Luego por el teorema anterior se tiene que:

$$w_k = cis\left(\frac{\frac{\pi}{2} + 2k\pi}{3}\right) \quad \text{para } k = 0, 1 \text{ y } 2$$

Luego las raíces cúbicas de i son:

$$w_0 = cis\left(\frac{\pi}{6}\right) = \frac{\sqrt{3}}{2} + i\frac{1}{2}, \quad w_1 = cis\left(\frac{5\pi}{6}\right) = -\frac{\sqrt{3}}{2} + i\frac{1}{2} \text{ y } w_2 = cis\left(\frac{3\pi}{2}\right) = -i$$

Gráficamente podemos observar dónde se sitúan estas raíces dentro del círculo.

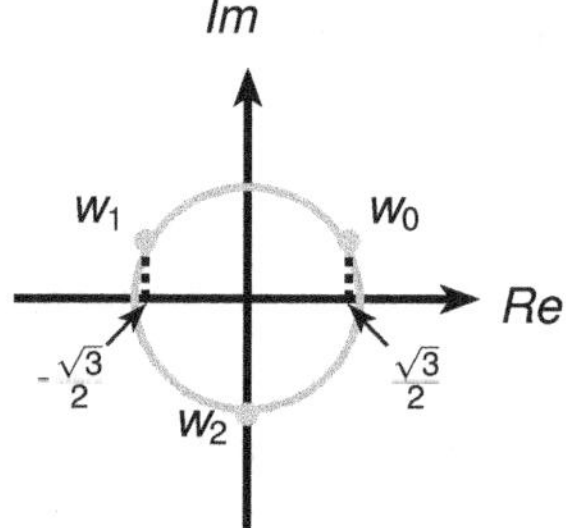

Figura 7.2: Gráfico de las raíces cúbicas de $z = i$

Problema 7.7

Encontrar las raíces cúbicas de la unidad.

Solución

Tenemos aquí que $z = 1 = cis(0)$.
Luego por el teorema anterior tenemos que

$$w_k = cis\left(\frac{2k\pi}{4}\right), \quad \text{para } k = 0, 1 \text{ y } 2$$

Esto es:

$$w_0 = 1, w_1 = cis\left(\frac{2\pi}{3}\right) = -\frac{1}{2} + i\frac{\sqrt{3}}{2} \text{ y } w_2 = cis\left(\frac{4\pi}{3}\right) = -\frac{1}{2} - i\frac{\sqrt{3}}{2}$$

Problema 7.8

Sea w una raíz cúbica de la unidad distinta de 1. Demostrar que:

i) $w^2 = \overline{w}$

ii) $1 + w + w^2 = 0$

Demostración

i) *Si $w \neq 1$ y es una raíz cúbica de la unidad, entonces $w = \text{cis}\left(\dfrac{2\pi}{3}\right)$ o*

$$w = \text{cis}\left(\frac{4\pi}{3}\right)$$

Si $w = \text{cis}\left(\dfrac{2\pi}{3}\right) = -\dfrac{1}{2} + i\dfrac{\sqrt{3}}{2} \implies w^2 = \text{cis}\left(\dfrac{4\pi}{3}\right) = -\dfrac{1}{2} - i\dfrac{\sqrt{3}}{2} = \overline{w}$

Si $w = \text{cis}\left(\dfrac{4\pi}{3}\right) = -\dfrac{1}{2} - i\dfrac{\sqrt{3}}{2} \implies w^2 = \text{cis}\left(\dfrac{8\pi}{3}\right) = -\dfrac{1}{2} + i\dfrac{\sqrt{3}}{2} = \overline{w}$

En ambos casos se cumple que:

$$w^2 = \overline{w}$$

ii) $1 + w + w^2 = 1 + w + \overline{w} = 1 + 2Re(w) = 1 + 2 \cdot \dfrac{-1}{2} = 0$

■

Problema 7.9

Resolver la ecuación
$$z^3 + 27 = 0$$

Solución

Tenemos que $z^3 + 27 = 0 \iff z^3 = -27 \iff z = \sqrt[3]{-27}$

Por lo tanto $z = 27\,\text{cis}\,(\pi)$

Luego sus raíces cúbicas son:

$$z_k = \sqrt[3]{27}\,\text{cis}\left(\frac{\pi + 2k\pi}{3}\right) \text{ para } k = 0, 1 \text{ y } 2$$

Luego las soluciones de la ecuación son:

$$(z_0 = \frac{3}{2} + i\frac{\sqrt{3}}{2})\,(z_1 = -3)\ y\ (z_2 = \frac{1}{2} - i\frac{\sqrt{3}}{2})$$

Problema 7.10

Sea $z = (\text{sen}(\alpha) - \text{sen}(\beta)) - i\,(\cos(\alpha) - \cos(\beta))$, demuestre que:

$$z^{40} = 2^{40}\,\text{sen}^{40}\left(\frac{\alpha - \beta}{2}\right)\ \text{cis}\,(20\alpha + 20\beta)$$

Demostración

Como $z = (\text{sen}(\alpha) - \text{sen}(\beta)) - i\,(\cos(\alpha) - \cos(\beta))$.
Usando prostaféresis tenemos que:

$$z = 2\,\text{sen}(\frac{\alpha - \beta}{2})\cos(\frac{\alpha + \beta}{2}) + 2i\,\text{sen}(\frac{\alpha + \beta}{2})\,\text{sen}(\frac{\alpha - \beta}{2})$$

Luego el módulo de z es $2\,\text{sen}(\frac{\alpha-\beta}{2})$ *y*

$$z = 2\,\text{sen}\left(\frac{\alpha - \beta}{2}\right)\,\text{cis}\left(\frac{\alpha + \beta}{2}\right)$$

Por lo tanto

$$z^{40} = 2^{40}\,\text{sen}^{40}\left(\frac{\alpha - \beta}{2}\right)\ \text{cis}\,(20\alpha + 20\beta)$$

Problema 7.11

Sean

$$z_1 = 2\big(\cos(\pi/7) + i\ \text{sen}(\pi/7)\big) \qquad z_2 = 1 - i \qquad z_3 = 1 + i\,\sqrt{3}$$

Evaluar $\dfrac{z_1^{21}\,z_2^{6}}{z_3^{7}}$ y expresar el resultado en la forma $a + i\,b$.

Solución

$$z_1 = 2\,\text{cis}\,(\pi/7), \quad z_1 = \sqrt{2}\,\text{cis}\,(-\pi/4) \quad y \quad z_3 = 2\,\text{cis}\,(\pi/3)$$

Entonces

$$\frac{z_1^{21}\, z_2^6}{z_3^7} = \frac{2^{21}\, cis\,(21\cdot\pi/7)\cdot(\sqrt{2})^6\, cis\,(-6\cdot\pi/4)}{2^7\, cis\,(7\cdot\pi/3)}$$

$$= \frac{2^{21+3-7}\, cis\,(3\pi)\cdot cis\,(-3\pi/2)}{cis\,(7\pi/3)}$$

$$= 2^{17}\, cis\,(3\pi - 3\pi/2 - 7\pi/3)$$
$$= 2^{17}\, cis\,(-5\pi/6)$$
$$= 2^{17}\left[\cos(\pi/6 - \pi) + i\,\text{sen}(\pi/6 - \pi)\right]$$
$$= 2^{17}\left[-\cos(\pi/6) - i\,\text{sen}(\pi/6)\right]$$
$$= 2^{17}(-\sqrt{3}/2 - i/2)$$
$$= -2^{16}\sqrt{3} - 2^{16}i$$

Polinomios　　　　　　　　　　　　　　　　7.3

Definición

Definición 7.12　*Polinomio*

*Se llama **polinomio** en x a cualquier función P definida para todo x mediante una expresión de la forma:*

$$P(x) = a_0 + a_1 x + a_2 x^2 + \cdots + a_n x^n; \quad n \in \mathbb{N} \cup \{0\}$$

*donde los a_i, $i = 0, \cdots, n$ son constantes llamadas **coeficientes** del polinomio.*

*Si $a_n \neq 0$ y $n \neq 0$, n es el **grado** del polinomio P.*

Si $a_n = 0$ y $n = 0$, P no tiene grado.

Proposición

Proposición　7.2　*La suma, resta y producto de polinomios solo produce polinomios.*

Demostración

Sean $P(x) = a_0 + a_1 x + a_2 x^2 + \cdots + a_n x^n$ y $Q(x) = b_0 + b_1 x + b_2 x^2 + \cdots + b_m x^m$ dos polinomios. Sin pérdida de generalidad, podemos suponer que $n \leq m$ y definimos $a_{n+k} = 0$, entonces es claro que:

$$P(x) + Q(x) = (a_0 + b_0) + (a_1 + b_1)x + (a_2 + b_2)x^2 + \cdots + (a_m + b_m)x^m$$

es un polinomio. El caso de la resta se hace igual. Además,

$$
\begin{aligned}
P(x) \cdot Q(x) &= (a_0 + a_1 x + a_2 x^2 + \cdots + a_n x^n)(b_0 + b_1 x + b_2 x^2 + \cdots + b_m x^m) \\
&= c_0 + c_1 x + c_2 x^2 + \cdots + c_{n+m} x^{n+m}
\end{aligned}
$$

Donde:

$$
\begin{aligned}
c_o &= a_0 b_0 \\
c_1 &= a_0 b_1 + a_1 b_0 \\
c_2 &= a_0 b_2 + a_1 b_1 + a_2 b_0 \\
&\;\;\vdots \\
c_k &= \sum_{i+j=k} a_i b_j \\
&\;\;\vdots \\
c_{n+m} &= a_n b_m
\end{aligned}
$$

Es claro entonces, que $P(x) \cdot Q(x)$ es un polinomio. ∎

Ejemplos

Ejemplo 7.10

a) $P(x) = 1 - x^3 + (1 - i)x^5$ es polinomio de grado 5, con coeficientes complejos

b) $P(x) = 3x^3$ es polinomio de grado 3, con coeficientes enteros

c) $P(x) = 0$ es polinomio, pero no tiene grado

d) $P(x) = 3$ es polinomio de grado 0

Ejemplo 7.11

Sean $P(x) = 3 + x - x^2$ y $Q(x) = 5 + x^2$, entonces:

$P(x) + Q(x) = 8 + x$

$P(x) - Q(x) = -2 + x - 2x^2$

$P(x) \cdot Q(x) = 15 + 5x - 2x^2 + x^3 - x^4$

Definición

Definición 7.13 Raíz de un polinomio

Si α es un número para el cual $P(\alpha) = 0$, se dice que α es una **raíz** del polinomio P.

Observaciones

1. Es claro de la demostración anterior y de los ejemplos, que el grado del polinomio suma de dos polinomios es menor o igual al grado del mayor de ellos. En el caso del grado del polinomio producto, resulta la suma de los grados de los polinomios originales.

2. Como $P(0) = a_0$, se deduce que, si 0 es una raíz de P (y solo en ese caso), $a_0 = 0$ y el polinomio puede expresarse en la forma:

$$\begin{aligned} P(x) &= a_1 x + a_2 x^2 + \cdots + a_n x^n) \\ &= x(a_1 + a_2 x + \cdots + a_n x^{n-1}) \end{aligned}$$

Es decir, $P(x) = xQ(x)$, donde Q es un polinomio de menor grado que P. Luego, en el caso general, vemos que el polinomio

$$P(x) = a_0 + a_1 x + a_2 x^2 + \cdots + a_n x^n$$

puede escribirse en la forma:

$$P(x) = a_0 + a_1(\alpha + (x - \alpha)) + a_2(\alpha + (x - \alpha))^2 + \cdots + a_n(\alpha + (x - \alpha))^n$$

Esto es, si desarrollamos las potencias de $(\alpha + (x - \alpha))$ mediante el teorema del binomio, podemos escribir P en la forma:

$$P(x) = b_0 + b_1(x - \alpha) + b_2(x - \alpha)^2 + \cdots + b_n(x - \alpha)^n$$

Observamos que $P(\alpha) = b_0$ y, por lo tanto, α es una raíz de P si y solamente si $b_0 = 0$, en cuyo caso:

$$P(x) = b_1(x - \alpha) + b_2(x - \alpha) + b_3(x - \alpha)^2 + \cdots + b_n(x - \alpha)^{n-1}$$

lo que es equivalente, si utilizamos nuevamente el teorema del binomio y reordenamos, a la expresión:

$$P(x) = (x - \alpha)(c_1 + c_2x + c_3x^2 + \cdots + c_nx^{n-1}).$$

En general, si α es una raíz de P, entonces el polinomio es **divisible** por $(x - \alpha)$, es decir, expresable en la forma:

$$P(x) = (x - \alpha)Q(x)$$

donde Q es un polinomio de menor grado que P. Es obvio que si $P(x)$ es expresable en dicha forma, entonces α es raíz de P, de modo que podemos asegurar que α **es raíz de** P **si y solo si éste es divisible por** $(x - \alpha)$.

Teorema

Teorema 7.4   Si un polinomio $P(x) = a_0 + a_1x + a_2x^2 + \cdots + a_nx^n$ con $a_n \neq 0$ tiene más de n raíces diferentes, necesariamente todos los coeficientes del polinomio son nulos(es decir, $P(x) = 0$ para todo x)

Demostración

Si α es una raíz de P, ya establecimos en la Observación 1 que podemos escribir el polinomio P como sigue:

$$P(x) = (x - \alpha)Q(x)$$

donde Q es un polinomio de menor grado que P. Por lo tanto, si β es cualquier número distinto de α, tenemos:

$$P(\beta) = (\beta - \alpha)Q(\beta)$$

luego, β es raíz de P si y solamente si, β es raíz de Q y en tal caso, tenemos que:

$$Q(x) = (x - \beta)S(x),$$

donde S es un polinomio de grado menor que Q. Por lo tanto:

$$P(x) = (x - \alpha)(x - \beta)S(x)$$

Si continuamos con este razonamiento, podemos demostrar por inducción que si $\alpha_1, \alpha_2, \cdots, \alpha_n$ son raíces todas distintas del polinomio P, entonces:

$$P(x) = (x - \alpha_1)(x - \alpha_2)\cdots(x - \alpha_n)k$$

donde k es una constante.

Luego, si P tuviera otra raíz distinta de las anteriores, tendría que ser k = 0, pero entonces, desarrollando el producto, todos los coeficientes resultan nulos y el polinomio P(x) sería 0 para todo x ∎

Corolario

Corolario **7.1** *Dos polinomios tienen los mismos valores para cada x si y solamente si sus coeficientes homólogos son iguales.*

Demostración

Si dos polinomios valen lo mismo en cada x, entonces el polinomio diferencia de ambos tiene un exceso de raíces reales y, por lo tanto, todos sus coeficientes son nulos. El recíproco es obvio. ∎

División de un polinomio por un polinomio de grado uno | 7.3.1

Sea $P(x) = a_0 + a_1 x + a_2 x^2 + \cdots + a_n x^n$ polinomio de grado n. En la Observación 1 vimos que si α es un número, entonces podemos también escribir P de la siguiente manera:

$$P(x) = b_n(x - \alpha)^n + b_{n-1}(x - \alpha)^{n-1} + \cdots + b_1(x - \alpha) + b_0 \quad (*)$$

por lo tanto,

$$\frac{P(x)}{(x - \alpha)} = b_n(x - \alpha)^{n-1} + b_{n-1}(x - \alpha)^{n-2} + \cdots + b_1 + \frac{b_0}{(x - \alpha)}$$

Si desarrollamos con el teorema del binomio la última expresión, obtenemos:

$$\frac{P(x)}{(x - \alpha)} = c_n x^{n-1} + c_{n-1} x^{n-2} + \cdots + c_1 + \frac{b_0}{(x - \alpha)}$$

El polinomio $c_n x^{n-1} + c_{n-1} x^{n-2} + \cdots + c_1$ se llama el **cuociente** y la constante b_0 el **resto** de la división de $P(x)$ por el binomio $(x - \alpha)$.

Es importante notar que $(*)$ implica que **el resto de la división de** $P(x)$ **por** $(x - \alpha)$ **es el valor de** P **para** $x = \alpha$.

Este método, conocido como el de coeficientes indeterminados, permite calcular los coeficientes del polinomio cuociente y también el resto de la división, sin efectuar los desarrollos anteriores, sino resolviendo un sistema de ecuaciones; a saber, el que se plantea igualando los coeficientes homólogos de ambos miembros en:

$$P(x) = (x - \alpha)(c_n x^{n-1} + c_{n-1} x^{n-2} + \cdots + c_2 x + c_1) + b_0$$

es decir:

$$
\begin{aligned}
c_n &= a_n \\
c_{n-1} &= a_{n-1} + \alpha c_n \\
c_{n-2} &= a_{n-2} + \alpha c_{n-1} \\
&\vdots \\
c_1 &= a_1 + \alpha c_2 \\
b_0 &= a_0 + \alpha c_1
\end{aligned}
$$

Hemos demostrado entonces el siguiente teorema:

Teorema

Teorema 7.5 *Teorema del resto* *Para cualquier número* α *y polinomio* P, *el resto de la división de* $P(x)$ *por* $(x - \alpha)$ *es* $P(\alpha)$. *Esto es, si*

$$P(x) = Q(x)(x - \alpha) + R$$

con grado de R *menor que* 1, *entonces* $P(\alpha) = R$.

Ejemplo 7.12

Dividir $P(x) = 2x^4 - x^3 + 3x + 4$ *por* $(x + 1)$.

Solución

Comenzamos ordenando los coeficientes del polinomio P en orden decreciente de potencias de x (si una potencia no aparece, colocamos 0). En este ejemplo, queremos dividir por el binomio $(x + 1)$, es decir, $\alpha = -1$. Sabemos que:

$$\frac{P(x)}{(x + 1)} = c_4x^3 + c_3x^2 + c_2x + c_1 + \frac{b_0}{(x + 1)}$$

donde

$$
\begin{aligned}
c_4 &= a_4 &&= 2 \\
c_3 &= a_3 + (-1)c_4 &&= -1 - 2 &&= -3 \\
c_2 &= a_2 + (-1)c_3 &&= 0 + 3 &&= 3 \\
c_1 &= a_1 + (-1)c_2 &&= 3 - 3 &&= 0 \\
b_0 &= a_0 + (-1)c_1 &&= 4 + 0 &&= 4
\end{aligned}
$$

Podemos resumir lo que acabamos de hacer en el siguiente cuadro:

α	a_4	a_3	a_2	a_1	a_0
	2	-1	0	3	4
-1					
		-2	3	-3	0
	2	-3	3	0	4
	c_4	c_3	c_2	c_1	b_0

Cabe destacar, que $b_0 = P(-1) = 4$ Por lo tanto:

$$\frac{P(x)}{(x + 1)} = 3x - 3x^2 + 2x^3 + \frac{4}{(x + 1)}$$

El siguiente teorema nos entrega un algoritmo de división entre dos polinomios arbitrarios:

Teorema

Teorema `7.6` Sean P y S dos polinomios, donde S es distinto del polinomio 0. Entonces existen dos únicos polinomios Q y R tales que:

(I) $P(x) = Q(x) \cdot S(x) + R(x)$

(II) El grado de R es menor que el grado de S 0 R es el polinomio 0

Demostración

i) Demostraremos primero la existencia. Debemos considerar dos casos:

Caso (1) Supongamos que el grado de S es mayor que el grado de P.
En este caso, podemos escribir el polinomio P como sigue:

$$P(x) = 0 \cdot S(x) + P(x)$$

y es claro que se cumplen las conclusiones del teorema.

Caso (2) Supongamos ahora que el grado de S es menor o igual que el grado de P.
Haremos la demostración utilizando el segundo principio de inducción sobre el grado n de P. Supondremos como hipótesis de inducción que el teorema es verdadero para todo polinomio de grado menor que n.

Supongamos que P tiene grado n, entonces:

$$P(x) = a_0 + a_1 x + a_2 x^2 + \cdots + a_n x^n, \ con \ a_n \neq 0$$

Sea

$$S(x) = b_0 + b_1 x + b_2 x^2 + \cdots + b_m x^m, \ con \ b_m \neq 0 \ y \ m \leq n$$

y sea

$$P_1(x) = P(x) - \frac{a_n}{b_m} x^{n-m} S(x)$$

Entonces P_1 es un polinomio de grado menor o igual que n porque el término de grado n de P : $a_n x^n$ se canceló con el término de grado n de $\dfrac{a_m}{b_m} x^{n-m} S(x)$ que es:

$$\frac{a_n}{b_m} x^{n-m} b_m x^m = a_n x^n$$

Utilizando la hipótesis de inducción aplicada a P_1, tenemos:

$$P_1(x) = Q_1(x) \cdot S(x) + R(x)$$

donde el grado de R es menor que el de S. Luego

$$
\begin{aligned}
P(x) &= P_1(x) + \frac{a_n}{b_m} x^{n-m} S(x) \\
&= Q_1(x) \cdot S(x) + \frac{a_n}{b_m} x^{n-m} S(x) + R(x) \\
&= \left(Q_1(x) + \frac{a_n}{b_m} x^{n-m} \right) S(x) + R(x) \\
&= Q(x) \cdot S(x) + R(x)
\end{aligned}
$$

Por lo tanto,

$$Q(x) = Q_1(x) + \frac{a_n}{b_m} x^{n-m}$$

Con lo cual queda demostrada la existencia.

ii) Ahora demostraremos la unicidad.
Sea

$$
\begin{aligned}
P(x) &= Q_1(x) \cdot S(x) + R_1(x) \\
&= Q_2(x) \cdot S(x) + R_2(x)
\end{aligned}
$$

con grado de R_1 y grado de R_2, ambos menores que el grado de S. Entonces

$$S(x)(Q_1(x) - Q_2(x)) = R_1(x) - R_2(x)$$

Por lo tanto, como el grado de $S(Q_1 - Q_2)$ es igual al grado de S más el grado de $(Q_1 - Q_2)$(observación [7.3.5]) y el grado de $(R_1 - R_2)$ es menor o igual que el máximo de los grados de R_1 y R_2, y ambos son menores que el grado de S, tenemos que el grado de S más el grado de $(Q_1 - Q_2)$ es menor que el grado de S. La única forma que esto pueda cumplirse es que $(Q_1 - Q_2)$ no tenga grado, es decir, que sea el polinomio 0, con lo cual $Q_1 = Q_2$.
Por lo tanto:

$$R_1(x) = P(x) - Q_1(x) \cdot S(x) = P(x) - Q_2(x) \cdot S(x) = R_2(x)$$

■

Ejemplo 7.13

Sea $P(x) = 2x^3 + 3x^2 - 4x + 1$ y $S(x) = x^2 + x + 1$. Encontrar el resto (R) y el cuociente (Q) de la división de P por S.

Solución

Dado que el grado de P es mayor que el grado de S, aplicaremos el procedimiento de la demostración del teorema anterior en el caso (2).

   i) Escribimos los polinomios P y S en orden decreciente de sus potencias.

   ii) El término de mayor grado de P es $2x^3$ y el de S es x^2. Buscamos entonces el factor que multiplicado por x^2 nos da $2x^3$, en este caso es $2x$.

   iii) Calculamos $P_1(x)$ definido en la demostración anterior:

$$P_1(x) = P(x) - \frac{a_n}{b_m} x^{n-m} S(x)$$

En nuestro caso nos queda:

$$P_1(x) = x^2 - 6x + 1$$

   iv) Si el grado de P_1 es menor que el grado de S, el proceso termina y P_1 es el resto; si no, se comienza nuevamente el proceso, pero ahora con el polinomio P_1. En nuestro caso, el grado de P_1 es 2 y es igual al grado de S, luego debemos repetir el procedimiento con el polinomio P_1. Así, en este caso, obtenemos el polinomio $P_2(x) = -7x$, cuyo grado es menor que el grado de S, lo cual nos dice que el proceso ha finalizado.

   v) El polinomio cuociente Q se obtiene sumando los factores que aparecen en el punto ii) y el resto R es el polinomio que se obtiene al finalizar el proceso del punto iv). En este caso resulta $Q(x) = 2x + 1$ y $R(x) = P_2(x) = -7x$.

Podemos resumir el procedimiento de la siguiente manera:

$$
\begin{array}{rrrrrlll}
2x^3 & + \; 3x^2 & - \; 4x & + \; 1 & : & x^2 + x + 1 & = & 2x + 1 \\
2x^3 & + \; 2x^2 & + \; 2x & & & & & \\
\hline
 & x^2 & - \; 6x & + \; 1 & & & & \\
 & x^2 & + \; x & + \; 1 & & & & \\
\hline
 & & - \; 7x & + \; 0 & & & &
\end{array}
$$

Proposición

Proposición `7.3` Si $P(x) = a_0 + a_1 x + \cdots + a_n x^n$ es un polinomio con coeficientes enteros que tiene

una raíz racional de la forma $\dfrac{p}{q}$, donde p y q son enteros primos relativos (es decir,

no tienen factores comunes distintos del 1), entonces p divide a a_0 y q divide a a_n.

Demostración

Dado que $\dfrac{p}{q}$ es raíz de P, se tiene que:

$$a_0 + a_1 \left(\frac{p}{q} \right) + \cdots + a_n \left(\frac{p}{q} \right)^n = 0$$

Luego

$$a_0 q^n + a_1 p q^{n-1} + \cdots + a_n p^n = 0$$

Por lo tanto

$$a_0 q^n + a_1 p q^{n-1} + \cdots + a_{n-1} p^{n-1} q = -a_n p^n$$

Como el número q es un factor del lado izquierdo de la identidad anterior, tenemos entonces, que debe dividir el lado derecho, es decir, q divide a $a_n p^n$, pero por hipótesis p y q son primos relativos, por lo tanto q divide a a_n.

Similarmente

$$a_1 p q^{n-1} + \cdots + a_n p^n = -a_0 q^n,$$

por lo que p divide a $a_0 q^n$. Como p no divide a q^n, divide entonces a a_0. ∎

Ejemplo 7.14

Encontrar las raíces racionales de $P(x) = x^3 - 2x^2 - 25x + 50$.

Solución

Aplicando la proposición anterior, sabemos que si $P(x)$ tiene alguna raíz racional $\frac{p}{q}$, entonces p divide a 50 y q divide a 1. Por lo tanto los posibles valores de $\frac{p}{q}$ son:

$$\pm 1, \pm 2, \pm 5, \pm 10, \pm 25, \pm 50$$

Verificando cada uno de los números, obtenemos que $P(2) = 0$, luego 2 es una raíz racional. Además

$$\frac{P(x)}{x-2} = x^2 - 25.$$

Luego

$$P(x) = (x-2)(x-5)(x+5).$$

Por lo tanto las raíces racionales de $P(x)$ son:$2, 5, -5$.

Observación

*Cuando definimos polinomios al inicio de esta sección, hablamos de los coeficientes diciendo que son números constantes, pero no nos pronunciamos sobre qué tipo de números pueden ser. Diremos que un polinomio es **real** si todos sus coeficientes son números reales y diremos que es **complejo** si sus coeficientes son números complejos.*

Aceptaremos el siguiente teorema sin demostración dado que ella es demasiado complicada para este texto.

Teorema fundamental del Álgebra 7.3.2

Todo polinomio complejo no constante tiene al menos una raíz compleja.

Teorema

Teorema 7.7 *Si P es un polinomio real y α es una raíz compleja de P, entonces $\overline{\alpha}$ también es raíz de P.*

Demostración

Sea

$$P(x) = a_0 + a_1 x + \cdots + a_n x^n$$

con sus coeficientes reales. Tenemos que:

$$0 = P(\alpha) = a_0 + a_1 \alpha + \cdots + a_n \alpha^n$$

Como el conjugado de un número real es el mismo número real y utilizando las propiedades del conjugado vistas en el teorema 7.2, tenemos:

$$0 = \overline{P(\alpha)} = a_0 + a_1 \overline{\alpha} + \cdots + a_n \overline{\alpha^n} = P(\overline{\alpha})$$

$\blacksquare$

Definición

Definición 7.14   *Polinomio irreducible*

*Un polinomio P real no constante es **irreducible** si y solo si no existen polinomios reales Q, R de grado mayor o igual a uno y menor que el grado de P tales que:*

$$P(x) = Q(x)R(x)$$

para todo $x \in \mathbb{R}$.

Teorema

Teorema 7.8   *Todo polinomio real P no constante puede escribirse como producto de polinomios reales irreducibles, es decir:*

$$P(x) = P_1(x)P_2(x) \cdots P_m(x)$$

donde $P_1, P_2, \cdots, P_m$ son irreducibles.

Demostración

La demostración es por inducción sobre el grado de P. Sea n el grado de P, como P no es constante, tenemos $n \geq 1$.
Si $n = 1$, entonces P es irreducible.
Supongamos como H.I. que todo polinomio de grado menor que n cumple con el teorema. Entonces tenemos dos casos para P de grado n:

i) Si P es irreducible, entonces el resultado es claro.

ii) Si P no es irreducible, tenemos que:

$$P(x) = Q(x)R(x)$$

con el grado de Q y de R mayores o iguales que 1 y menores que n. Luego, aplicando la H.I. a los polinomios Q y R obtenemos el resultado.

■

Teorema

Teorema 7.9   *Los polinomios reales irreducibles son los polinomios de primer grado y los de segundo grado con discriminante negativo.*

Demostración

Sea P un polinomio de grado mayor que 2. Demostraremos que es reducible. Por el teorema fundamental del álgebra, P tiene por lo menos una raíz α. Entonces:

$$P(x) = (x - \alpha)Q(x)$$

Si α es real, entonces $(x - \alpha)$ también lo es, y por lo tanto Q debe ser polinomio real. Luego, P(x) es reducible, pues el grado de $(x - \alpha)$ es 1 que es menor que el grado de P y el grado de Q es $n - 1$ que es menor que n.

Si α no es real, entonces $\overline{\alpha}$ es también raíz de P y son números distintos. Por lo tanto tenemos que:

$$P(x) = (x - \alpha)(x - \overline{\alpha})Q_1(x)$$

Dado que

$$(x - \alpha)(x - \overline{\alpha}) = x^2 - (\alpha + \overline{\alpha})x + \alpha\overline{\alpha}$$

es un polinomio real, entonces Q_1 también lo es y el grado de Q_1 es $n - 2$ que es mayor o igual que 1 y menor que n. Por lo tanto, P no es irreducible.

Hemos demostrado entonces, que los polinomios irreducibles son de grado 1 o 2. Es claro que los de grado 1 son irreducibles. Además los polinomios de grado 2 con *discriminante no negativo tienen raíces reales, por lo que no son irreducibles. Sea ahora, $P(x) = ax^2 + bx + c$ un polinomio real de grado 2 con discriminante negativo. Si fuera reducible tendríamos:*

$$P(x) = (c_1 x + d_1)(c_2 x + d_2)$$

con $c_1, c_2 \neq 0$. Entonces, $\dfrac{-d_1}{c_1}$ y $\dfrac{-d_2}{c_2}$ serían raíces reales de P, lo que es imposible por ser el discriminante negativo. Por lo tanto, P es irreducible. ∎

Teorema

Teorema **7.10** *Todo polinomio real de grado impar tiene por lo menos una raíz real.*

Demostración

Sea P polinomio de grado n impar. Sabemos que P puede escribirse como producto de factores irreducibles:

$$P(x) = Q_1(x)Q_2(x) \cdots Q_m(x)$$

Si todos los factores fueran de segundo grado, se tendría que:

$$n = 2m$$

lo que es una contradicción. Entonces, por lo menos uno de los factores es de grado 1, digamos que $Q_1(x) = ax + b$, con $a \neq 0$. Entonces $\dfrac{-b}{a}$ es una raíz real de P. ∎

Ejemplo 7.15

Factorizar $P(x) = x^4 - 2x^3 + 6x^2 + 22x + 13$ como producto de polinomios irreducibles, sabiendo que $2 + 3i$ es una raíz compleja de P.

Solución

Sabemos entonces que $2 - 3i$ es raíz de P, por lo tanto P es divisible por $(x - (2 + 3i))$ y por $(x - (2 - 3i))$, luego P es divisible por el producto, es decir:

$$(x - (2 + 3i))(x - (2 - 3i)) = x^2 - 4x + 13$$

es un factor irreducible de P (su discriminante es negativo).Dividamos ahora P por esta factor y obtenemos:

$$\frac{x^4 - 2x^3 + 6x^2 + 22x + 13}{x^2 - 4x + 13} = x^2 + 2x + 1$$

Es decir, el polinomio x^2+2x+1 es un factor también de P; sin embargo, no es irreducible, pues es de grado 2 y su discriminante es positivo. Claramente

$$x^2 + 2x + 1 = (x + 1)^2$$

Por lo tanto los factores primos de P son $(x^2 - 4x + 13)$ y $(x + 1)$, luego:

$$P(x) = x^4 - 2x^3 + 6x^2 + 22x + 13 = (x^2 - 4x + 13)(x + 1)(x + 1)$$

Ejercicios Propuestos   7.4

1. Exprese el número complejo $\dfrac{1}{3+4i}$ en forma canónica.

2. Encuentre las partes reales e imaginarias del número complejo: $\dfrac{3+i}{2-3i}$

3. Encuentre las partes reales e imaginarias del número complejo: $\dfrac{(1-i)(2+3i)}{(2-3i)}$

4. Resuelva la ecuación $x^2 - 6x + 10 = 0$

5. Encuentre la ecuación cuyas raíces son $5 = 1 \pm 4i$

6. Si $z = 1 + i$, exprese $\dfrac{z}{\overline{z}}$ en su forma canónica.

7. Si $z = \dfrac{1}{2-3i}$, evalúe $z \cdot \overline{z}$

8. Si $x + yi = \dfrac{3-i}{2+i}$, encuentre x e y

9. Si $x + yi = (a+bi)(c+di)$, demuestre que $x - yi = (a-bi)(c-di)$

10. Dados
$$z = 3 - 2i \ , \ u = 2i - 4,$$
calcule:

   (a) $z + u$

   (b) $z \cdot u$

   (c) $\dfrac{z}{\overline{u}}$

   (d) $|(z-u)|$

11. Calcule los módulos de los siguientes números complejos:

   (a) $\dfrac{(2-i)^2 \cdot (1+i)^3}{(2+i)}$

   (b) $(1+i) \cdot \sqrt{1-i}$

12. Resuelva las ecuaciones:

   (a) $ix^2 + ix + 1 + i = 0$

   (b) $(\dfrac{1}{x} + 2)/x = 1 + i$

13. Demuestre que si $ad - bc = 0$, entonces
$$\dfrac{a+bi}{c+di} \in \mathbb{R}$$

14. Encuentre un número complejo z tal que
$$|z| = \dfrac{1}{|z|} = |1 - z|$$

15. Resuelva las siguientes ecuaciones:

   (a) $|z| - z = 1 + 2i$

   (b) $|z| + z = 2 + i$

16. Demuestre que para todo número complejo $z \neq -1$ existe un número real t tal que:
$$z = \dfrac{1 + ti}{1 - ti}$$

17. Halle la forma polar de los siguientes complejos

   (a) $i - \sqrt{3}$

   (b) $1 + i\sqrt{3}$

   (c) $\sqrt{2} - i$

   (d) $1 + i\sqrt{2}$

   (e) $5i$

   (f) -20

   (g) $3 - 4i$

   (h) $-7i$

18. (a) Pruebe la siguiente identidad
$$\cos(5\theta) = 16\cos^5(\theta) - 20\cos^3(\theta) + 5\cos(\theta)$$

281

(b) Demuestre que las soluciones de $z^4 - 3z^2 + 1 = 0$ están dadas por $z = 2\cos(36);\ 2\cos(72);\ 2\cos(216);\ 2\cos(256)$

19. Calcule z^{2010} sabiendo que $z = \dfrac{i + \sqrt{3}}{1 - i}$

20. Para todo $n \in \mathbb{N}$ demuestre que

$$z_n = \left(\frac{-1 + i\sqrt{3}}{2}\right)^n + \left(\frac{-1 - i\sqrt{3}}{2}\right)^n$$

es un número real y determine explícitamente su valor.

21. (a) Determine las raíces de $z^6 + 1 = i\sqrt{3}$

    (b) Resuelva la ecuación $(z + i)^n - (z - i)^n = 0$

22. Demuestre que $(x + 1)^n - x^n - 1$ es divisible por $x^2 + x + 1$ si y solo si n es un natural no múltiplo de 3

23. Sea $w \neq 1$ una raíz cúbica de la unidad. Determine el valor de

$$(1 + w)^n + (1 + w^2)^n$$

24. Dado el número complejo $z = (\sin(\alpha) - \sin(\beta)) + i(\cos(\alpha) - \cos(\beta))$ demuestre que

$$z^{10} = 2^{10} \sin^{10}\left(\frac{\alpha - \beta}{2}\right) e^{5i(\alpha+\beta)}$$

25. Dé un ejemplo de dos polinomios P y Q no constantes tales que:

    (a) El grado del polinomio suma es estrictamente menor que el grado de P.

    (b) El grado del polinomio suma es estrictamente menor que el grado de Q.

26. Demuestre que $x^2 + x + 1$ es polinomio irreducible.

27. Pruebe que $x^4 + 3x^3 + 3x^2 + 3x + 2$ es divisible por $x + 2$.

28. Divida:

    (a) $x^7 + 3x^6 + 2x^3 + 3x^2 - x + 1$ por $x^4 - x + 1$

    (b) $x^5 - 3x^2 + 6x - 1$ por $x^2 + x + 1$

    (c) $(x - 1)^7 - x^7 - 1$ por $(x^2 + x + 1)^2$

29. Pruebe que $(x + 1)^n - x^n - 1$ es divisible por $x^2 + x + 1$ si y sólo si n es impar no múltiplo de 3

30. Encuentre el cuociente y el resto al dividir:

    (a) $2x^4 - 6x^3 + 7x^2 - 5x$ por $x + 2$

    (b) $-x^4 + 7x^3 - 4x^2$ por $x - 3$

    (c) $(n - 1)x^n - nx^{n-1} + 1$ por $(x - 1)^2$

31. Si al dividir $x^4 + px^3 + qx^2 - 16x - 12$ por $(x^2 + 1)(x + 3)$, el resto es $5x^2 - 18x - 9$, encuentre p y q

32. Pruebe que $x^5 - 3x^4 - x^2 - 2x - 3$ es divisible por $x - 3$

33. Encuentre a y b tales que: $3x^3 - 4x^2 + ax + b$ sea divisible por $x^2 - 1$

34. Pruebe que las raíces de $x^2 + x + 1$ satisfacen la ecuación:

$$x^6 + 4x^5 + 3x^4 + 2x^3 + x + 1 = 0.$$

35. Factorice en factores irreducibles $P(x) = 20x^3 - 30x^2 + 12x - 1$.

36. Encuentre todas las raíces de $P(x) = x^3 - 2(1 + i)x^2 - (1 - 2i)x + 2(1 + 2i)$ sabiendo que $1 + 2i$ es una raíz.

37. Encuentre todas las raíces de $P(x) = x^4 - 2x^3 + 6x^2 + 22x + 13$, sabiendo que $2 + 3i$ es una raíz.

38. Encuentre las raíces racionales de:

    (a) $P(x) = 3x^3 - 26x^2 + 34x - 12$

    (b) $P(x) = 2x^3 + x^2 + 1$

    (c) $P(x) = 6x^3 - x^2 + x - 2$

39. En cada uno de los siguientes casos, determine si Q es factor de P:

    (a) $P(x) = x^4 + 3x^3 - 5x^2 + 2x - 24$, $Q(x) = x - 2$

    (b) $P(x) = x^3 - 4x^2 - 18x + 19$, $Q(x) = x + 3$

    (c) $P(x) = 2x^4 + 5x^3 + 3x^2 + 8x + 12$, $Q(x) = 2x + 3$

40. Demuestre que $x - y$ es factor de $x^5 - y^5$, $x^6 - y^6$, $x^7 - y^7$, y $x^8 - y^8$. Encuentre el cuociente en cada caso.

41. Demuestre que $x + y$ es factor de $x^5 + y^5$ y de $x^7 + y^7$. Encuentre el cuociente en cada caso.

42. Indique todas las raíces de los siguientes polinomios:

    (a) $(x - 2)(x - 3)^2(x + 4)^3$

    (b) $(x + 7)(2x - 3)^3$

    (c) $(x^2 - 4x + 4)(x^2 + 3x - 10)$

    (d) $(x + 1)^2(x - 2)^3$

    (e) $(3x + 5)(x^2 - 6x + 9)^2$

43. En cada uno de los siguientes casos, encuentre un polinomio de tercer grado con coeficientes enteros cuyas raíces son:

    (a) $3, 2 - i$

    (b) $-4, 6i$

    (c) $-(1/3), 3 + \sqrt{2}i$

    (d) $(2/3), ((-3 + \sqrt{5}i)/2)$

44. Demuestre que si $ax^3 + bx^2 + cx + d$ tiene a $(x - 1)^2$ como factor, entonces $b = d - 2a$ y $c = a - 2d$

45. Encuentre el valor de k para el cual las raíces del polinomio

$$P(x) = 2x^3 + 6x^2 + 5x + 5k$$

estén en progresión aritmética.

46. Encuentre a y b de modo que el polinomio:

$$P(x) = anx^n - b(n + 1)x^{n-1} + x + 2$$

sea divisible por $x^2 - 3x + 2$

Autoevaluación 7

1. *a)* Resuelva la siguiente ecuación compleja en la incógnita z:

$$\frac{3-i}{\overline{z}+i} + 4 - 3i = 1 + i$$

y escriba las soluciones en la forma $a + bi$

b) Determine todos los $z \in \mathbb{C}$ que satisfacen:

$$|z + i| = \frac{1}{|z+i|} = |\overline{1+z}|$$

2. Sea $p(x)$ un polinomio de grado 2009, tal que $p(1) = 1$, $p(-1) = 3$, $p(0) = 4$. Determine el resto que resulta al dividir $p(x)$ por el polinomio $q(x) = x^3 - x$

3. *a)* Sea $p(x) = x^3 + ax^2 + bx + c$ un polinomio con coeficientes reales. Si se tiene que $1 + i$ es raíz de $p(x)$ y que el polinomio $q(x) = p(x^2)$ tiene a $x = -2$ como una raíz, determine los coeficientes de $p(x)$.

b) Pruebe que las raíces de $x^2 + x + 1$ satisfacen la ecuación

$$x^6 + 4x^5 + 3x^4 + 2x^3 + x + 1 = 0$$

4. *a)* Utilizando la forma polar de los números complejos, demuestre que:

$$(1 + i)^{4n} - (1 - i)^{4n} = 0, \quad n \in \mathbb{N}$$

b) Sea $z_k = i^{2k} + i^{-1000k} + \overline{(i^{-19})} + |1 - i|^2$ con $k \in \mathbb{Z}$. Determine para cada $k \in \mathbb{Z}$ la parte imaginaria y la parte real de z_k

5. Determine $c \in \mathbb{R}$ si se sabe que al dividir el polinomio

$$p(x) = x^4 - 3x^3 + 11x^2 + 15 \text{ por } x - c$$

el resto de la división es $3c^3 + 12c - 3$

6. *a)* Sea $z^5 = 1$ ($z \neq 1$). Sean: $\alpha_1 = z - z^4$, $\alpha_2 = z^2 - z^3$, demuestre que $\alpha_1^2 \cdot \alpha_2^2 = 5$

b) Sea $z = (\operatorname{sen}(\alpha) - \operatorname{sen}(\beta)) - i(\cos(\alpha) - \cos(\beta))$, demuestre que:

$$z^{40} = 2^{40}\operatorname{sen}^{40}\!\left(\frac{\alpha - \beta}{2}\right)\operatorname{cis}(20\alpha + 20\beta)$$

7. Dado el polinomio $p(x) = x^3 - 6x^2 + (b^2 + 12)x - 2a$ con $a, b \in \mathbb{R}$

    a) Determine a y b si se sabe que el resto al dividir $p(x)$ por el polinomio $x^2 - 1$ es $16x - 6$

    b) Encuentre la raíz real del polinomio si se sabe que $\alpha = 2 - \sqrt{3}\,i$ es una raíz compleja de $p(x)$.

8 Logaritmo y exponencial

En este capítulo introduciremos las funciones logaritmo y exponencial. Tendremos que saltarnos algo de la formalidad que hemos utilizado hasta ahora en las definiciones, por falta de herramientas matemáticas. En un curso formal de cálculo, se volverán a introducir formalmente estas funciones; sin embargo, es muy útil poder utilizarlas lo antes posible, porque ellas modelan un gran número de situaciones de la vida real.

Definición

Definición 8.1 *Función exponencial*

La función exponencial con base a, $a > 0$ *y* $a \neq 1$ *se define para todo* $x \in \mathbb{R}$ *por:*

$$f(x) = a^x$$

Su gráfica puede verse en la siguiente figura:

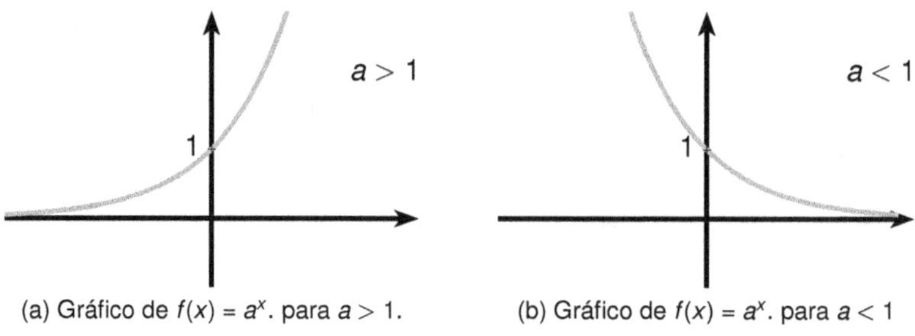

(a) Gráfico de $f(x) = a^x$. para $a > 1$.   (b) Gráfico de $f(x) = a^x$. para $a < 1$

Figura 8.1: Gráfico de la función exponencial

Ejemplo 8.1

Ejemplo 8.2

La gráfica de $f_1(x) = 2^x$, $f_2(x) = 3^x$ y $f_3(x) = \left(\dfrac{1}{2}\right)^x$ se muestran en la siguiente figura.

Solución

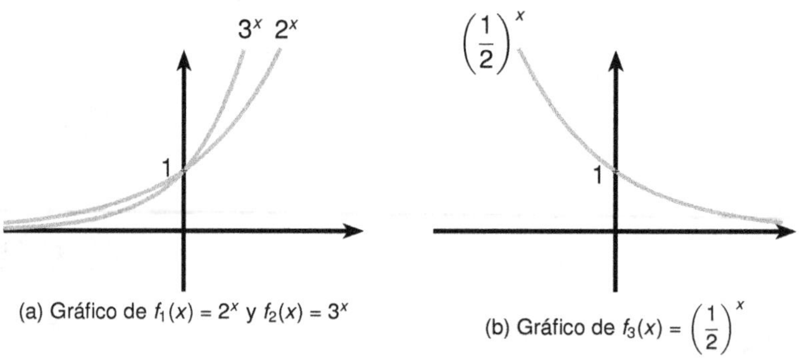

(a) Gráfico de $f_1(x) = 2^x$ y $f_2(x) = 3^x$ (b) Gráfico de $f_3(x) = \left(\dfrac{1}{2}\right)^x$

Figura 8.2: Gráfico de $f_1(x) = 2^x$, $f_2(x) = 3^x$, y $f_3(x) = \left(\dfrac{1}{2}\right)^x$

Observaciones

i) *El dominio de la función exponencial es* $\mathbb{R}$ *y su recorrido es* $\mathbb{R}^+$

ii) *Dada la sucesión* $a_n = \left(1 + \dfrac{1}{n}\right)^n$ *veremos en el Capítulo 10 que para valores muy grandes de* $n \in \mathbb{N}$ *esta función se acerca muchísimo a un número irracional que se define como* e *y su valor aproximado es de* $2,718281828\ldots$ *La función exponencial con base* e *se llama la función exponencial natural* $f(x) = e^x$.

Ejemplos de modelamiento con la función exponencial natural

8.2.1

Ejemplo 8.3

Propagación de un rumor.

Se ha modelado el número n *de personas en una comunidad que escucha un rumor mediante la fórmula:*

$$n = p\left(1 - e^{-0.15d}\right)$$

donde p *es la población total de la comunidad y* d *es el número de días que se cuentan a partir del comienzo del rumor.*

Si la comunidad estudiantil de un cierto ramo de cálculo en la universidad cuenta con 750 *personas, ¿cuántos de ellos han escuchado el rumor al cabo de 3 días?, ¿,y al cabo de 5 días?*

Solución

Tenemos que al cabo de 3 días, según la fórmula que modela esta situación es:

$$n = 750(1 - e^{-0,45}) \simeq 272 \text{ personas}$$

y al cabo de 5 días es:

$$n = 750(1 - e^{-0,75}) \simeq 396 \text{ personas}$$

Ejemplo 8.4

La presión atmosférica p *decrece cuando aumenta la altura* h. *Esta presión medida en milímetros de mercurio, depende de los kilómetros en que se mide la altura sobre el nivel del mar y la relación es:*

$$p(h) = 760e^{-0,145h}$$

¿Cuál es la presión atmosférica a 10 km de altura sobre el nivel del mar?

Solución

Tenemos que a 10 km de altura la relación es:

$$p(10) = 760e^{-1,45} \simeq 178,273 \text{ milmetros de mercurio}$$

Ejemplo 8.5

Se ha descubierto que el porcentaje P de personas que responde a una propaganda en el periódico después de t días es:

$$P(t) = 50 - 100e^{-0,3t}$$

a) ¿Qué porcentaje responde después de 5 días?

b) ¿Qué porcentaje responde después de 10 días?

c) ¿Cuál es el porcentaje más alto que se espera que responda?

Solución

a) Para 5 días tenemos:

$$P(5) = 50 - 100e^{-1,5} \simeq 27,68983\,\%$$

b) Para 10 días tenemos:

$$P(10) = 50 - 100e^{-3} \simeq 45,02129\,\%$$

c) Es claro que el valor de P va a ser más grande cuando $e^{-0,3t}$ sea más chico, y esto se produce para valores muy, muy grandes de t, de forma que $e^{-0,3t}$ es muy, muy pequeño; luego el valor máximo esperado es de 50 %.

Ejemplo 8.6

Modelo del decaimiento radiactivo

Si m_0 es la masa inicial de una sustancia radiactiva con vida media h (esto es, el tiempo requerido para que se desintegre la mitad de su masa), entonces la masa restante en el tiempo t se modela por:

$$m(t) = m_0 e^{-rt} \quad \text{donde} \quad r = \frac{0,693}{h}$$

Si el polonio 210 tiene una vida media de 140 días y si una muestra de este elemento tiene una masa de 300 mg, calcule la masa que queda después de 1 año. ¿Cuánto tarda en desintegrarse hasta llegar a una masa de 200 mg?

Solución

Aquí tenemos que $r = \dfrac{0,693}{140} \simeq 0,00495$

Luego

$$m(t) = 300e^{-0,00495t}$$

con t está medido en días, luego

$$m(365) = 300e^{-0,00495 \cdot 365} \simeq 49,256 \text{ mg}$$

Además, si queremos llegar a una masa de 200 mg, tenemos que:

$$200 = 300e^{-0,00495t_0}$$

Esto da como resultado aproximadamente 82 días. La solución a esta ecuación la tendremos en la próxima sección, cuando introduzcamos la función logaritmo.

Ejemplo 8.7

Interés compuesto.

Sean

   i) C el capital inicial

   ii) i la tasa de interés por año

   iii) n número de veces que se capitaliza el interés por año

   iv) t número de años.

Entonces, el interés compuesto $A(t)$ se modela mediante la fórmula:

$$A(t) = C \left(1 + \frac{i}{n} \right)^{nt}$$

Si se invierte \$10.000 a una tasa de interés del 12% anual, calcule cuánto tiene en la cuenta después de 3 años si el interés se capitaliza anualmente, semestralmente o trimestralmente.

Solución

- Anualmente: $A(3) = 10.000 \left(1 + \dfrac{0,12}{1} \right)^{3} = \$14.049,3$

- Semestralmente: $A(3) = 10.000 \left(1 + \dfrac{0,12}{2} \right)^{6} = \$14.185,2$

- Trimestralmente: $A(3) = 10.000 \left(1 + \dfrac{0,12}{4} \right)^{12} = \$14.307,7$

La Función Logaritmo　　　　　8.3

A partir de los gráficos de la función exponencial, se puede notar (y esto no es demostración) que es función inyectiva en su dominio, por lo tanto es invertible. La función inversa de la exponencial es la que definiremos como función logaritmo.

Definición

Definición 8.2　Función logaritmo

Sea $a \in \mathbb{R}^+$, $a \neq 1$. La función logaritmo en base a denotada por $f(x) = \log_a(x)$ se define por:

$$y = \log_a(x) \iff a^y = x$$

En particular

- *Si $a = e$, entonces denotamos $\log_e(x)$ por $\ln(x)$*

- *Si $a = 10$, entonces denotamos $\log_{10}(x)$ por $\log(x)$*

A continuación vemos el gráfico de la función logaritmo, como la inversa de la función exponencial.

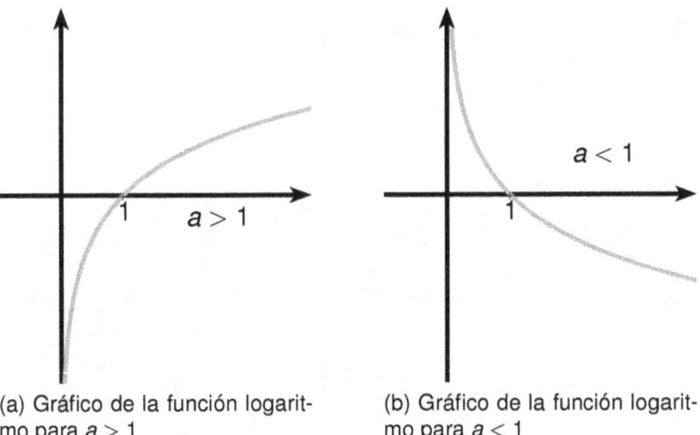

(a) Gráfico de la función logaritmo para $a > 1$

(b) Gráfico de la función logaritmo para $a < 1$

Figura 8.3: Gráfico de la función logaritmo

293

Propiedades

1 $\log_a(a^x) = x, \ x \in \mathbb{R}$

2 $a^{\log_a(x)} = x, \ x > 0$

3 $\text{Dom}(\log_a) = \mathbb{R}^+$

4 $\log_a(1) = 0$

5 $\log_a(a) = 1$

6 $\log_a(xy) = \log_a(x) + \log_a(y)$

7 $\log_a\left(\dfrac{x}{y}\right) = \log_a(x) - \log_a(y)$

8 $\log_a(x^y) = y\log_a(x)$

Demostración

Las propiedades (1), (2), (3), (4) y (5) salen de la definición de la función logaritmo.

6. *Sean:*
$$\log_a(x) = u \iff a^u = x$$

y
$$\log_a(y) = v \iff a^v = y$$

Luego
$$\log_a(xy) = \log_a(a^u a^v) = \log_a(a^{u+v}) = u + v = \log_a(x) + \log_a(y)$$

7.
$$\log_a(x) = \log_a\left(\frac{x}{y} \cdot y\right) \overset{(6)}{=} \log_a\left(\frac{x}{y}\right) + \log_a(y)$$

Despejando:
$$\log_a\left(\frac{x}{y}\right) = \log_a(x) - \log_a(y)$$

8. *Sea*

$$\log_a(x) = u \iff a^u = x$$

Entonces:

$$\log_a(x^y) = \log_a\left((a^u)^y\right) = \log_a(a^{uy}) = uy = y\log_a(x)$$

■

Cambio de base | 8.3.1

Dado $y = \log_a(x)$ nos interesa encontrar $\log_b(x)$, es decir, hacer un cambio de base. Veamos como:

$$y = \log_b(x) \iff b^y = x \iff \log_a(b^y) = \log_a(x)$$

$$\iff y\log_a(b) = \log_a(x) \iff \log_b(x) = \frac{\log_a(x)}{\log_a(b)}$$

■

Observación

Dado que con lo que acabamos de demostrar, podemos utilizar cualquier base en la función logaritmo, siempre trataremos de usar la más conveniente y en general el logaritmo natural

Problemas

Problema 8.1

Resolver la ecuación:

$$3^{x+2} = 7$$

Solución

$$3^{x+2} = 7 \iff \ln(3^{x+2}) = \ln(7) \iff (x+2)\ln(3) = \ln(7) \iff x = \frac{\ln(7)}{\ln(3)} - 2$$

Problema 8.2

Resolver la ecuación:

$$e^{2x} = \frac{5}{2}$$

Solución

$$e^{2x} = \frac{5}{2} \iff \ln(e^{2x}) = \ln\left(\frac{5}{2}\right) \iff x = \frac{\ln(5/2)}{2}$$

Problema 8.3

Resolver la ecuación:

$$3xe^x + x^2 e^x = 0$$

Solución

$$3xe^x + x^2 e^x = 0 \iff xe^x(3 + x) = 0$$

Dado que $e^x \neq 0$, se tiene que

$$x(3 + x) = 0 \iff x = 0 \ \vee \ x = -3$$

Luego el conjunto solución es $\{0, -3\}$

Problema 8.4

Resolver la ecuación:

$$\log(3x + 2) = \log(x - 4) + 1$$

Solución

$$\log(3x + 2) - \log(x - 4) = 1 \iff \log\left(\frac{3x + 2}{x - 4}\right) = 1 \iff 10^{\log\left(\frac{3x + 2}{x - 4}\right)} = 10^1$$

$$\iff \frac{3x + 2}{x - 4} = 10 \iff x = \frac{42}{7} = 6$$

Problema 8.5

Resolver

$$e^x + e^{-x} = 2$$

Solución

$$e^x + e^{-x} = 2 \iff e^x + \frac{1}{e^x} = 2 \iff e^{2x} - 2e^x + 1 = 0 \iff (e^x - 1)^2 = 0$$

$$\iff e^x = 1 \iff x = 0$$

Problema 8.6

Sea $f(x) = \log_2\left(3\log(10x) - 2\right)$. Asumiendo que f es inyectiva, determine su función inversa.

Solución

$$y = \log_2\left(3\log(10x) - 2\right) \iff 2^y = 3\log(10x) - 2 \iff \frac{2^y + 2}{3} = \log(10x)$$

$$\iff 10^{(2^y+2)/3} = (10x) \iff x = 10^{(2^y-1)/3}$$

Luego

$$f^{-1}(y) = 10^{(2^y-1)/3}$$

Problema 8.7

La población de un país aumenta según el modelo exponencial $y = y_0 e^{kt}$ siendo y el número de habitantes en el instante t y k es una constante (y_0 es la población inicial). Si en 1997 la población del país era de 12 millones de habitantes y en 2007 era de 16 millones, ¿qué población se estima para el 2012?

Solución

Elegimos $t = 0$ en 1997. Por lo tanto, la población t años después viene dada por

$$y(t) = 12\,e^{kt}\ \text{millones}$$

El 2007 corresponde a $t = 10$ y sabemos que

$$y(10) = 16 = 12\,e^{10k} \quad \Rightarrow \quad k = \frac{1}{10}\ln\left(\frac{4}{3}\right),$$

de modo que $\quad y(t) = 12\,e^{\frac{1}{10}\ln\left(\frac{4}{3}\right)t}$

El 2012 corresponde a $t = 15$ y la población es, entonces

$$y(15) = 12\,e^{\frac{15}{10}\ln\left(\frac{4}{3}\right)} = 12\left(\frac{4}{3}\right)^{3/2} = \frac{32}{\sqrt{3}} \approx 18,5\ \text{millones}$$

Problema 8.8

Sea $g : \mathbb{R} \longrightarrow (-\infty, 0]$ una función inyectiva. Demuestre que la función

$$f(x) = \begin{cases} e^{g(x)} - 1, & \text{si } x \leq 0 \\ \\ \ln\left(2 - g(x)\right), & \text{si } x > 0 \end{cases}$$

también es inyectiva.

Solución

Como la función e^x es inyectiva, tenemos que $f(x)$ es inyectiva en $(-\infty, 0]$, pues

$$x_1, \ x_2 \leq 0 \quad \wedge \quad f(x_1) = f(x_2) \quad \Rightarrow \quad e^{g(x_1)} - 1 = e^{g(x_2)} - 1$$

$$\Rightarrow \quad e^{g(x_1)} = e^{g(x_2)} \quad \Rightarrow \quad g(x_1) = g(x_2)$$

y esto último implica que $x_1 = x_2$ por la inyectividad de la función g.

Por otra parte, la inyectividad de la función $\ln$ implica la inyectividad de $f(x)$ en $(0, \infty)$ pues

$$x_1, \ x_2 > 0 \quad \wedge \quad f(x_1) = f(x_2) \quad \Rightarrow \ln(2 - g(x_1)) = \ln(2 - g(x_2))$$

$$\Rightarrow \quad 2 - g(x_1) = 2 - g(x_2) \quad \Rightarrow \quad g(x_1) = g(x_2)$$

y nuevamente obtenemos que $x_1 = x_2$ por la inyectividad de la función g.

Por último, notamos que si $x_1 \leq 0 < x_2$, entonces $f(x_1) \neq f(x_2)$, pues, como $g(x) \leq 0$,

$$f(x_2) = \ln(2 - g(x_2)) \geq \ln(2) > 0 \geq e^{g(x)} - 1 = f(x_1)$$

con lo cual tenemos que f en inyectiva en todo $\mathbb{R}$.

Ejercicios Propuestos　　　　8.4

1. ¿Para qué valores de $n \in \mathbb{N}$ se verifican:

   - $\log_{a^n} b^n = \log_a b$
   - $\log_{a^n} b = \log_{a^n} b^{1/n}$

2. Sabiendo que $a^2 + b^2 = 7\,ab$, demuestre que:

   $$\log\left((1/3)\cdot|a+b|\right) = (1/2).\left(\log|a| + \log|b|\right)$$

3. Resuelva la ecuación

   $$\ln\left((x^2 - 5x + 6)(x^2 - 5x + 5)\right) = \ln(x-2) + \ln(x-3)$$

4. Dada la función $h(x) = \dfrac{e^x - e^{-x}}{2}$, determine $x \in \mathbb{R}$ tal que $h(x) = 2\sqrt{2}$

5. A partir de la solución de la inecuación: $e^x \leq 1$ resuelva la inecuación:

   $$x\,e^x \leq x$$

6. Resuelva las ecuaciones siguientes:

   (a) $\left(\dfrac{1}{2}\right)^{x+2} = 16$

   (b) $9^{2x} \cdot \left(\dfrac{1}{3}\right)^{x+2} = 27 \cdot (3^x)^{-2}$

   (c) $8^{3x-5} = \sqrt{2}$

   (d) $\ln(2+x) = 1$

   (e) $2\log(x) = \log(2) + \log(3x - 4)$

   (f) $\log_2(x^2 - x - 2) = 2$

   (g) $\log_x\left(\sqrt[3]{7}\right) = \dfrac{2}{3}$

   (h) $2\log(x) = 1 + \log(x - 0,9)$

(i) $\dfrac{\ln(35 - x^3)}{\ln(5 - x)} = 3$

7. Si $f(x) = 3^x$ calcule $\dfrac{f(x+2) - f(x)}{2}$ en función de f

8. Dada las funciones $f(x) = e^{3x-1}$, $g(x) = 5 + \log(x - 1)$

   - Grafíquelas y determine el dominio y el recorrido
   - Determine donde sea posible la inversa

9. Dada la función $f(x) = a^x$ con $a > 0$, $a \neq 1$, demuestre que $\forall\, x, z \in \mathbb{R}$:

   - $f(x + z) = f(x) \cdot f(z)$
   - $f(-x) = \dfrac{1}{f(x)}$
   - $f(bx) = (f(x))^b$

10. Determine cuáles de las funciones siguientes satisfacen la condición

   $$f\left(\dfrac{x+y}{2}\right) = \dfrac{1}{2}\left(f(x) + f(x)\right)$$

   - $\ln(x)$
   - $2x$
   - 2^x

11. Resuelva los sistemas:

   (a) $\left. \begin{array}{rcl} 2^x - 4^{2y} &=& 0 \\[4pt] x - y &=& 15 \end{array} \right|$

   (b) $\left. \begin{array}{rcl} \log(x) + \log(y^3) &=& 5 \\[6pt] \log\left(\dfrac{x}{y}\right) &=& 1 \end{array} \right|$

12. Grafique las siguientes funciones, indique el dominio y el recorrido.

    (a) $f(x) = \ln(|x - 1|)$

    (b) $f(x) = \left| \ln(x - 1) \right|$

    (c) $f(x) = \ln(|x| + 1) - 1$

    (d) $f(x) = \log([x])$, $[x]$ denota la parte entera de x

    (e) $f(x) = [\log(x)]$, $[x]$ denota la parte entera de x

13. La población de cierta isla como función del tiempo t que está dada por:

$$f(t) = \frac{20000}{1 + 6 \cdot 2^{-0,1\,t}}$$

Halle el incremento entre $t = 10$ y $t = 20$

14. Las estrellas se clasifican en categorías de brillo llamadas magnitudes. A las estrellas más débiles (con flujo luminoso L_0) se les asigna magnitud 6. A las estrellas más brillantes se les asigna magnitud conforme a la fórmula:

$$m(L) = 6 - 2,5 \cdot \log\left(\frac{L}{L_0}\right)$$

en donde L es el flujo luminoso de la estrella.

    (a) Determine m si $L = 10^{0,4} \cdot L_0$

    (b) Resuelva la fórmula para evaluar L en términos de m y de L_0

15. Si se detuviera de repente la contaminación del lago Erie, se ha estimado que el nivel de contaminantes decrecería de acuerdo con la fórmula

$$y(t) = y_0 \cdot e^{-0;3821\,t}$$

en la que t está en años e y_0 es el nivel de contaminantes cuando se dejó de contaminar. ¿Cuántos años tomará eliminar el 50 % de los contaminantes?

16. Los sismólogos miden la magnitud de los terremotos mediante la escala de Richter. Esta escala define la magnitud R de un terremoto como:

$$R = \log\left(\frac{I}{I_0}\right)$$

donde I es la intensidad media del terremoto e I_0 es la intensidad de un terremoto de *nivel cero*.

    (a) Determine la medida en escala de Richter de un terremoto que es 1000 veces más intenso que un terremoto de nivel cero.

    (b) El gran terremoto de San Francisco en 1906 tuvo una medida aproximada en escala de Richter de 8, 3. c Compare la intensidad de este terremoto con respecto de un terremoto de nivel cero.

17. En los ejercicios siguientes suponga que una población o sustancia crece a una razón continua r por unidad de tiempo. Si A_0 corresponde a la cantidad inicial, entonces la cantidad A presente después de t unidades de tiempo está dada por:

$$A(t) = A_0\, e^{r\,t}, \quad r > 0$$

    (a) De acuerdo con el almanaque mundial, la población mundial en 1986 se estimaba en 4, 7 miles de millones de personas. Suponiendo que la población mundial crece a razón de 1, 8 % al año. Estime la población mundial al año 2010. ¿En qué año la población mundial será de 10 mil millones?

(b) Suponga que una colonia de bacterias crece aproximadamente de 600 a 4.500 en 12 horas. Determine un modelo de crecimiento exponencial para estas bacterias.

(c) Una cierta raza de conejos fue introducida en una pequeña isla hace 8 años. Se estima que la población actual es de 4.100, con una tasa relativa de crecimiento del 55 % anual. ¿Cuál fue el tamaño inicial de la población? Estime la población dentro de 12 años, a partir de ahora.

18. En los ejercicios siguientes suponga que una población o sustancia decrece a una razón continua r por unidad de tiempo. Si A_0 corresponde a la cantidad inicial, entonces la cantidad A presente después de t unidades de tiempo está dada por:

$$A(t) = A_0\, e^{-rt} \quad , r > 0$$

(a) 100 gramos de sustancia radiactiva decae a razón de 4 % por hora. ¿En cuánto tiempo quedarán solo 50 gramos de sustancia?

(b) El cuerpo elimina cierto fármaco a través de la orina, a razón de 80 % por hora. Suponiendo que la dosis inicial es de 10 mg Estime la cantidad de medicamento en el cuerpo 8 horas después de la dosis inicial.

Autoevaluación 8

1. Si se detuviera de repente la contaminación del lago Rapel, se ha estimado que el nivel de contaminantes decrecería de acuerdo con la fórmula:

$$y(t) = y_0 e^{-0,3t}$$

En la que t se mide en años e y_0 es el nivel de contaminantes cuando se detuvo la contaminación. ¿Cuántos años tomaría eliminar 50 % de los contaminantes?

2. Resuelva la desigualdad: $0 \leq \ln(x^2 - x) \leq 1$

3. Sea $g : \mathbb{R} \longrightarrow (-\infty, 0]$ una función inyectiva. Demuestre que la función

$$f(x) = \begin{cases} e^{g(x)} - 1, & \text{si } x \leq 0 \\ \ln(2 - g(x)), & \text{si } x > 0 \end{cases}$$

también es inyectiva.

4. El número de bacterias de un cultivo se modela por la función

$$y(t) = 500\, e^{\ln(81)t}$$

donde t se mide en horas e y se mide en millones. Determine EXACTAMENTE cada cuántas horas se triplica el número de las bacterias en este cultivo.

5. Resuelva el sistema de ecuaciones

$$\begin{vmatrix} 9^x \cdot 3^y &=& 27 \\ 2^{xy} \cdot 4^x &=& 4 \end{vmatrix}$$

6.   *a)* Una comunidad de conejos ha sido liberada en una isla perdida. Se ha estimado que el nivel de crecimiento de dicha población está dado por:

$$N(t) = N_0 e^{0,1t}$$

siendo t medido en meses y N_0 en número de conejos existentes al ser liberados en la isla. Determine el tiempo transcurrido para que la población se haya triplicado.

b) Resuelva la ecuación:

$$5^x - 25^x = -6$$

7. La población de un país aumenta según el modelo exponencial $y = y_0 e^{kt}$ siendo y el número de habitantes en el instante t y k es una constante (y_0 es la población inicial). Si en 1997 la población del país era de 12 millones de habitantes y en 2007 era de 16 millones, ¿qué población se estima para el año 2012?

Geometría analítica

La línea Recta 9.1

En todo este capítulo trabajaremos en el plano con los ejes coordenados ya introducidos en el Capítulo 2. Uno de los resultados más importantes de la geometría analítica es la fórmula que nos permite calcular la distancia entre dos puntos del plano. Aquí la introduciremos como una definición.

Definición

Definición 9.1 *Distancia entre dos puntos*

Sean $P_1(x_1, y_1)$ y $P_2(x_2, y_2)$ dos puntos del plano. Se define la distancia entre ellos como:

$$|P_1 P_2| = \sqrt{(x_2 - x_1)^2 + (y_2 - y_1)^2}$$

Pendiente e inclinación de una recta 9.1.1

Sea L una recta no vertical. Sean $P_1(x_1, y_1)$ y $P_2(x_2, y_2)$ dos puntos distintos sobre ella, como se muestran en la siguiente figura:

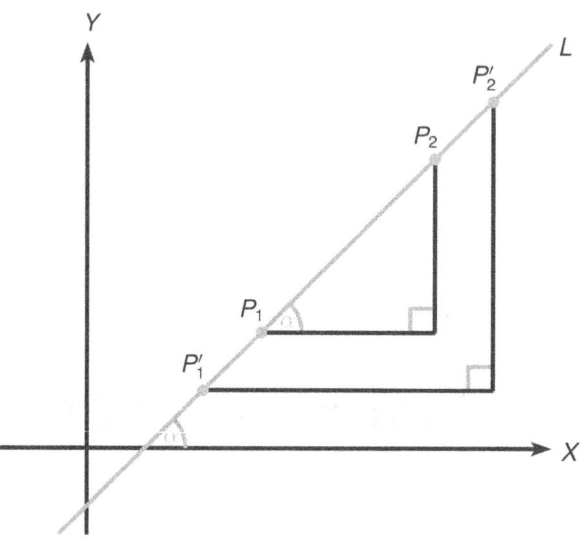

Figura 9.1: Recta L

Sea m un número definido por:

$$m = \frac{y_2 - y_1}{x_2 - x_1} \quad (*)$$

Usando triángulos semejantes se demuestra fácilmente que si $P_1'(x_1', y_1')$ y $P_2'(x_2', y_2')$ son otros dos puntos distintos de L, entonces

$$m = \frac{y_2' - y_1'}{x_2' - x_1'}$$

Por lo tanto, el número m es independiente de la elección de los puntos P_1 y P_2 en la recta y por lo tanto es una característica inherente a la recta.

Definición

Definición 9.2 *Pendiente de una recta*

El número m definido en (*) se llama **pendiente** *de la recta L, siempre que la recta no sea vertical.*

Definición 9.3 *Inclinación de una recta*

Sea α ángulo que forma la recta con el eje X positivo, entonces es inmediato que $m = \tan(\alpha)$; α se llama la **inclinación** *de la recta L.*

Observación

Si L es una recta horizontal, entonces $m = 0$ y $\alpha = 0$. En el caso que L sea vertical, entonces $\alpha = \dfrac{\pi}{2}$ y como no existe $\tan\left(\dfrac{\pi}{2}\right)$, no está definida la pendiente de esta familia de rectas.

Definición

Definición 9.4 *Rectas paralelas*

Dos rectas L_1 y L_2 no verticales, de pendientes m_1 y m_2 respectivamente, son **paralelas** *si y solo si $m_1 = m_2$.*

Definición 9.5 *Rectas perpendiculares*

Dos rectas L_1 y L_2 no verticales, de pendientes m_1 y m_2 respectivamente, son **perpendiculares** *si y solo si $m_1 \cdot m_2 = -1$.*

Problema 9.1

Encuentre la pendiente m_2 de una recta L_2 que sea perpendicular a la recta L_1 que pasa por los puntos $P_1(-2, 1)$ y $P_2(3, 5)$.

Solución

La pendiente m_1 de la recta L_1 es:

$$m_1 = \frac{5 - 1}{3 + 2} = \frac{4}{5}$$

Por lo tanto $m_2 = -\dfrac{5}{4}$

Ecuación de la recta 9.1.2

Ecuación punto-pendiente

1. Si L es una recta vertical, entonces todos los puntos de L tienen la misma abscisa; si esta abscisa es a, entonces un punto $P(x, y)$ del plano está en L si y solo si $x = a$.
   Por lo tanto, L es la gráfica de la relación

$$\{(x, y) \in \mathbb{R} \times \mathbb{R} : x = a\}$$

Esta recta la denotamos como

$$L : x = a$$

2. Si L es una recta horizontal, entonces todos los puntos de L tienen la misma ordenada; si esta ordenada es a, entonces un punto $P(x, y)$ del plano está en L si y solo si $y = b$.

Por lo tanto, L es la gráfica de la relación

$$\{(x, y) \in \mathbb{R} \times \mathbb{R} : y = b\}$$

Esta recta la denotamos como

$$L : y = b$$

3. Si L no es ni vertical, ni horizontal, pasa por el punto $P_1(x_1, y_1)$ y tiene pendiente m, entonces un punto $P(x, y)$ del plano está en L si y solo si la pendiente del segmento PP_1 es m, es decir:

$$P(x, y) \in L \iff m = \frac{y - y_1}{x - x_1}$$

Como L no es vertical, entonces $x \neq x_1$. Luego:

$$P(x, y) \in L \iff y - y_1 = m(x - x_1) \quad (1)$$

La ecuación obtenida en (1) se conoce como la ecuación **punto-pendiente** de la recta L.

Ecuación común

Toda recta no vertical debe intersectar el eje Y en algún punto de la forma $P_1(b, 0)$, por lo tanto, si su pendiente es m, entonces utilizando la ecuación (1) de la recta, tenemos que

$$P(x, y) \in L \iff y = mx + b$$

La ecuación de la recta $y = mx + b$ se conoce como la forma común de la recta L.

Ecuación simétrica

Toda recta no vertical ni horizontal debe intersectar tanto al eje X en $P_1(a, 0)$ y al eje Y en $P_2(0, b)$. Entonces podemos calcular su pendiente $m = \dfrac{b}{a}$.
Luego utilizando (1) nuevamente, tenemos que

$$P(x, y) \in L \iff \frac{x}{a} + \frac{y}{b} = 1$$

La ecuación de la recta no horizontal ni vertical $\dfrac{x}{a} + \dfrac{y}{b} = 1$ se conoce como la forma **simétrica** de la recta L.

Teorema

Teorema 9.1 *Toda recta en el plano coordenado es la gráfica de una ecuación lineal de la forma:*

$$Ax + By + C = 0$$

donde A, B y C son números reales arbitrarios, con la única restricción que A y B no sean simultáneamente 0.

Demostración

Ya vimos que la ecuación $y = mx + b$ tiene como gráfica una recta no vertical y la ecuación $x = a$ es la gráfica de una recta vertical y cada una de estas ecuaciones es una ecuación lineal en x e y. ∎

Teorema

Teorema 9.2 *La gráfica de toda ecuación de primer grado en dos variables, de la forma*

$$Ax + By + C = 0$$

con A y B no simultáneamente cero, es una recta.

Demostración

Caso 1)

Si $B \neq 0$ entonces

$$Ax + By + C = 0 \iff y = -\frac{A}{B}x - \frac{C}{B}$$

y la gráfica de la última ecuación es una recta.

Caso 2)

Si $B = 0$ entonces $A \neq 0$ y en este caso nos queda la ecuación

$$x = -\frac{C}{A}$$

que es la ecuación de una recta vertical. ∎

Problema 9.2

Encuentre la ecuación de la recta que pasa por el punto de intersección de las rectas $x - 3y + 2 = 0$ y $5x + 6y - 4 = 0$ y que es paralela a la recta de ecuación $4x + y + 7 = 0$.

Solución

Para buscar el punto de intersección de las dos rectas, resolvemos el sistema:

$$\left. \begin{array}{rcl} x - 3y + 2 & = & 0 \\ 5x + 6y - 4 & = & 0 \end{array} \right|$$

Su solución es el punto $P_1\left(0, \dfrac{2}{3}\right)$

La recta $4x + y + 7 = 0$ *es la misma que la recta* $y = -4x - 7$ *por lo tanto su pendiente es* -4.

Luego la recta pedida tiene pendiente -4 *y pasa por el punto* $P_1\left(0, \dfrac{14}{21}\right)$ *por lo que su ecuación es:*

$$y = -4x + \dfrac{2}{3}$$

Observación

Dadas dos rectas de ecuaciones:

$$L_1 : A_1x + B_1y + C_1 = 0 \quad y \quad L_2 : A_2x + B_2y + C_2 = 0$$

con $B_1 \neq 0$ *y* $B_2 \neq 0$ *las podemos reescribir como:*

$$L_1 : y = m_1x + b_1 \quad y \quad L_2 : y = m_2x + b_2$$

y tenemos las siguientes tres posibilidades para ellas:

i) Si $m_1 \neq m_2$, *las rectas se cortan.*

ii) Si $m_1 = m_2$ *y* $b_1 \neq b_2$, *las rectas son paralelas por tener igual pendiente, pero diferente ordenada en el origen.*

iii) Si $m_1 = m_2$ *y* $b_1 = b_2$, *entonces las rectas coinciden.*

Distancia de un punto a una recta   9.2

Definición

Definición 9.6   *Distancia de un punto a una recta*

Sea L *una recta y* $P_1(x_1, y_1)$ *un punto que no está en* L. *Se define la* **distancia** *de* P *a* L *como la distancia entre los puntos* P *y* Q *donde* Q *es el punto de* *intersección de la recta que pasa por P y es perpendicular a L. Esta distancia se denota por $d(P, L)$.*

En la siguiente figura se describe la definición:

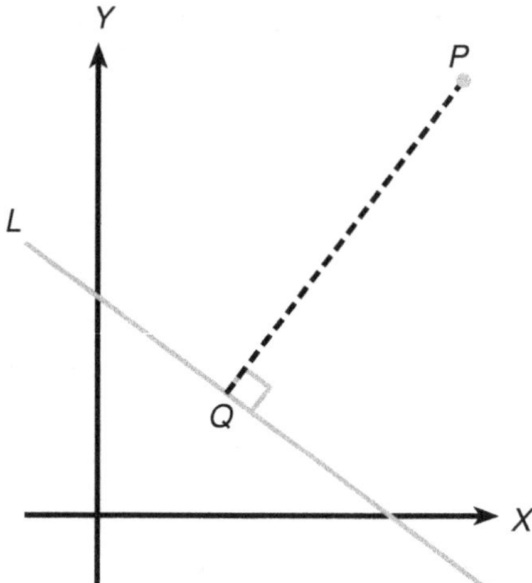

Figura 9.2: Distancia de un punto P a una recta L

Teorema

Teorema 9.3 *La distancia del punto $P(x_1, y_1)$ a la recta no vertical L de ecuación*

$$Ax + By + C = 0$$

está dada por

$$d(P, L) = \frac{|Ax_1 + By_1 + C|}{\sqrt{A^2 + B^2}}$$

Demostración

Dado que la recta no es vertical, tenemos que $B \neq 0$ y por lo tanto, podemos escribir la ecuación de la recta L como

$$y = mx + b \text{ donde } m = -\frac{A}{B} \text{ y } b = -\frac{C}{B} (*)$$

312

La ecuación de la recta que pasa por P y es perpendicular a L es

$$y = -\frac{1}{m}(x - x_1) + y_1$$

Para encontrar el punto Q de intersección de ambas rectas, debemos resolver el sistema:

$$\left. \begin{array}{l} y = mx + b \\[2ex] y = -\dfrac{1}{m}(x - x_1) + y_1 \end{array} \right|$$

La solución es:

$$Q\left(\frac{m(y_1 - b) + x_1}{1 + m^2}, \frac{m^2 y_1 + mx_1 + b}{1 + m^2} \right)$$

Por definición d(P, L) = |PQ| y para calcular |PQ| tenemos:

$$(x - x_1) = \frac{(y_1 - b - mx_1)}{1 + m^2}$$

$$(y - y_1) = \frac{m(mx_1 + b - y_1)}{1 + m^2}$$

Por lo tanto:

$$d(P, L) = \sqrt{\frac{(y_1 - b + mx_1)^2}{1 + m^2}} = \frac{|y_1 - b + mx_1|}{\sqrt{1 + m^2}}$$

Reemplazando en esta ecuación los valores de m y b dados en (*) obtenemos:

$$d(P, L) = \frac{|Ax_1 + By_1 + C|}{\sqrt{A^2 + B^2}}$$

■

Problema 9.3

Encontrar la distancia del punto de intersección de las rectas $x - y - 1 = 0$ y $x - 2y + 1 = 0$ a la recta $5x + 12y - 13$.

Solución

Resolviendo el sistema:

$$y = 1 - x$$
$$2y = x + 1$$

Se obtiene el punto de intersección $P(3, 2)$.
Por lo tanto la distancia a la recta dada es:

$$\frac{|15 + 24 - 13|}{\sqrt{25 + 144}} = 2$$

La circunferencia 9.3

Definición

Definición 9.7 *Circunferencia*

*La circunferencia $\mathcal{C}$ es el conjunto de puntos del plano que equidistan de un punto fijo llamado **centro**; la distancia de este a cualquier punto de la circunferencia se llama **radio**.*

Observación

Sea $O(h, k)$ el centro de una circunferencia $\mathcal{C}$ de radio $r > 0$. Entonces un punto $P(x, y)$ pertenece a la circunferencia si y solo si su distancia a O es r, es decir:

$$P(x, y) \in \mathcal{C} \iff |PO| = r \iff \sqrt{(x - h)^2 + (y - k)^2} = r \iff (x - h)^2 + (y - k)^2 = r^2$$

Con esto, hemos demostrado:

Teorema

Teorema 9.4 *La circunferencia de centro en $O(h, k)$ y radio $r > 0$ es la gráfica de la ecuación:*

$$(x - h)^2 + (y - k)^2 = r^2$$

*que se conoce como **forma reducida** de la ecuación de la circunferencia.*

Problema 9.4

Encuentre la ecuación de la circunferencia que tiene como extremos de un diámetro los puntos $A(-4, 6)$ y $B(2, 0)$.

Solución

El centro $O(h, k)$ de la circunferencia es el punto medio del segmento que une los punto A y B. Por lo tanto sus coordenadas son:

$$h = \frac{-4 + 2}{2} = -1$$

$$k = \frac{6 + 0}{2} = 3$$

Además, como r es la distancia del centro a cualquiera de los extremos del diámetro, tenemos:

$$r = \sqrt{(2 + 1)^2 + (0 - 3)^2} = \sqrt{18}$$

Por lo tanto, la ecuación buscada es:

$$(x + 1)^2 + (y - 3)^2 = 18$$

Teorema

Teorema 9.5 *Cualquier circunferencia es la gráfica de una ecuación de la forma:*

$$x^2 + y^2 + Dx + Ey + F = 0, \quad \text{para} \quad D, E, F \in \mathbb{R}$$

llamada **forma general** *de la ecuación de la circunferencia.*

Demostración

Sea $\mathcal{C}$ una circunferencia de centro $O(h, k)$ y radio $r > 0$. Entonces ella es la gráfica de la ecuación:

$$(x - h)^2 + (y - k)^2 = r^2.$$

Desarrollando los cuadrados tenemos que la circunferencia $\mathcal{C}$ tiene por ecuación:

$$x^2 + y^2 - 2hx - 2ky + h^2 + k^2 - r^2 = 0$$

Sean:

- $D = -2h$

- $E = -2k$

- $F = h^2 + k^2 - r^2$

Entonces reemplazando, la ecuación de $\mathcal{C}$ es:

$$x^2 + y^2 + Dx + Ey + F = 0$$

Teorema

Teorema 9.6 *La gráfica de la ecuación*

$$x^2 + y^2 + Dx + Ey + F = 0$$

puede ser una circunferencia, o un punto o el conjunto vacío.

Demostración

Completando cuadrados en la ecuación $x^2 + y^2 + Dx + Ey + F = 0$ nos queda equivalente a

$$\left(x - \frac{D}{2}\right)^2 + \left(y - \frac{F}{2}\right)^2 = t$$

donde $t = \dfrac{1}{4}(D^2 + E^2 - 4F)$

Entonces tenemos tres casos, a saber:

i) $t > 0$, en este caso la ecuación es la gráfica de una circunferencia con centro en $= (-D/2, -E/2)$ y radio $\sqrt{t}$.

ii) $t = 0$, en este caso la ecuación se reduce al punto $(-D/2, -E/2)$.

iii) $t < 0$, como la suma de cuadrados no puede ser negativa, en este caso se trata del conjunto vacío.

■

Problema 9.5

Determine la forma de la gráfica de las siguientes ecuaciones:

1) $5x^2 + 5y^2 - 14x + 7y - 24 = 0$
2) $x^2 + y^2 + 6x - 2y + 10 = 0$
3) $x^2 + y^2 + 8x - 18y + 100 = 0$

Solución

1) $5x^2 + 5y^2 - 14x + 7y - 24 = 0 \iff x^2 + y^2 - \dfrac{14}{5}x + \dfrac{7}{5}y - \dfrac{24}{5} = 0$

$$\iff \left(x - \frac{7}{5}\right)^2 + \left(y + \frac{7}{10}\right)^2 = \frac{145}{20}$$

Por lo tanto se trata de una circunferencia con centro en $= (7/5, -7/10)$ y radio
$$r = \sqrt{\frac{145}{20}}$$

2) $x^2 + y^2 + 6x - 2y + 10 = 0 \iff (x + 3)^2 + (y - 1)^2 = 0$

Por lo tanto se trata del punto $P(-3, 1)$.

3) $x^2 + y^2 + 8x - 18y + 100 = 0 \iff (x + 4)^2 + (y - 9)^2 = -3$

Por lo tanto aquí tenemos el conjunto vacío.

Definición

Definición 9.8 *Recta tangente a la circunferencia*

*La recta **tangente** a la circunferencia C en un punto P de ella es la recta perpendicular al radio en dicho punto.*

Observación

La recta tangente a la circunferencia $(x - h)^2 + (y - k)^2 = r^2$ en el punto $P(x_1, y_1)$ de ella, será entonces:

$$y - y_1 = \left(\frac{h - x_1}{y_1 - k} \right)(x - x_1)$$

Problema 9.6

Encontrar las ecuaciones de las tangentes a la circunferencia $x^2 + y^2 = 4$ que pasan por el punto $(2, 2)$.

Solución

A partir de la observación, vemos que las tangentes a esta circunferencia en el punto $P(x_1, y_1)$ tienen como ecuación

$$y - y_1 = -\frac{x_1}{y_1}(x - x_1) \iff yy_1 + xx_1 = x_1^2 + y_1^2 = 4$$

Dado que el punto $(2, 2)$ no está en la circunferencia, como vemos en la figura, van a haber dos tangentes desde este punto a la circunferencia y para determinar las ecuaciones, necesitamos encontrar los puntos de tangencia.

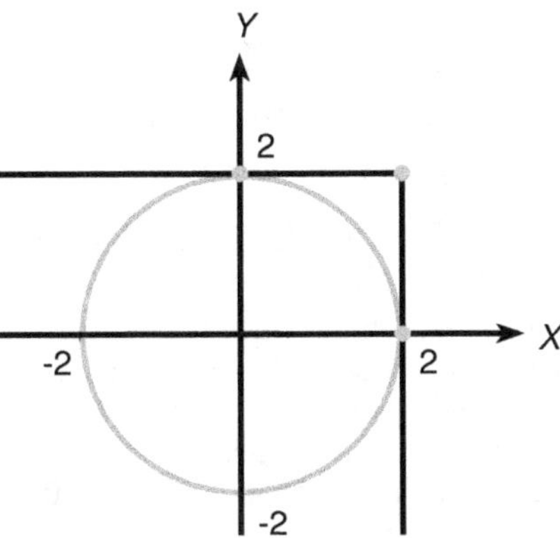

Figura 9.3: Rectas tangentes a la circunferencia del problema 9.6

Dado que la recta que une el centro de la circunferencia con los puntos de tangencia tiene pendiente $m_1 = \dfrac{y_1}{x_1}$ *y la recta que pasa por* $(2,2)$ *y los puntos de tangencia, tiene pendiente* $m_2 = \dfrac{y_1 - 2}{x_1 - 2}$ *y por definición de tangente, estas dos rectas deben ser perpendiculares, obtenemos que* $m_1 = -\dfrac{1}{m_2}$.

Esto plantea que

$$\frac{y_1}{x_1}\left(\frac{y_1 - 2}{x_1 - 2}\right) = -1$$

Es decir:

$$y_1^2 + x_1^2 = 2y_1 + 2x_1 \iff 4 = 2y_1 + 2x_1 \iff x_1 = 2 - y_1$$

Sustituyendo este valor en la ecuación de la circunferencia, obtendremos los puntos de tangencia:

$$(2 - y_1)^2 + y_1^2 = 4 \iff 2y_1^2 - 4y_1 = 0 \iff 2y_1(y_1 - 2) = 0.$$

Por lo tanto tenemos dos soluciones: $y_1 = 0$ *y* $y_1 = 2$

Luego los puntos de tangencia son: $(2, 0)$ *y* $(0, 2)$

Con lo cual las ecuaciones de las tangentes solicitadas son:

$$x = 2 \quad y \quad y = 2$$

<table><tr><td>Eje radical</td><td>9.3.1</td></tr></table>

Sean $G_1(x, y) = 0$ y $G_2(x, y) = 0$ dos ecuaciones en las variables x e y, y $k_1, k_2 \in \mathbb{R}$. Considere la ecuación:

$$k_1\, G_1(x, y) + k_2\, G_2(x, y) = 0 \;(*)$$

Es claro que si un punto $P(x_1, y_1)$ satisface las ecuaciones $G_1(x, y) = 0$ y $G_2(x, y) = 0$, entonces también satisface la ecuación (*). Esto significa que si $P(x_1, y_1)$ es un punto en la intersección de las gráficas $G_1(x, y) = 0$ y $G_2(x, y) = 0$, entonces pertenece a la gráfica de la ecuación (*), es decir, la ecuación (*) contiene los puntos que están en la intersección, si es que existen, de las gráficas $G_1(x, y) = 0$ y $G_2(x, y) = 0$.

Considere ahora las circunferencias que son las gráficas de las ecuaciones:

$$x^2 + y^2 + D_1 x + E_1 y + F_1 = 0 \;\text{ y }\; x^2 + y^2 + D_2 x + E_2 y + F_2 = 0$$

entonces

$$k_1(x^2 + y^2 + D_1 x + E_1 y + F_1) + k_2(x^2 + y^2 + D_2 x + E_2 y + F_2) = 0, \;(**)$$

es la ecuación de una curva que pasa por los puntos de intersección, si es que existen de las dos circunferencias dadas.

Si $(k_1 + k_2) \neq 0$, entonces dividiendo ambos lados de (**) por $k_1 + k_2$ obtenemos la ecuación

$$x^2 + y^2 + Dx + Ey + F = 0$$

cuya gráfica es una circunferencia o un punto o el conjunto vacío.

Si $k_1 + k_2 = 0$, la ecuación (**) se reduce a una ecuación lineal y por lo tanto, su gráfica es una línea recta, que se llama **eje radical** de las dos circunferencias; si las dos circunferencias se intersectan, entonces el eje radical pasa por los puntos de intersección y si son tangentes, entonces el eje radical es la tangente común a ambas.

Para hallar los puntos de intersección de dos circunferencias que se cortan, conviene determinar la ecuación del eje radical y luego buscar las soluciones comunes a la ecuación del eje y a una de las circunferencias. La ecuación del eje radical se obtiene de modo fácil, restando miembro a miembro las ecuaciones de las dos circunferencias, preferiblemente en su forma normal.

Ejemplo 9.1

Encuentre la ecuación del eje radical de las circunferencias C_1 y C_2 y determine las coordenadas de sus puntos de intersección, donde

$$C_1 : (x+2)^2 + (y-4)^2 = 10 \quad \text{y} \quad C_2 : (x-1/2)^2 + (y-3/2)^2 = 5/2$$

Solución

Tenemos que las ecuaciones en forma normal de las circunferencias son:

$$x^2 + y^2 + 4x - 8y + 10 = 0 \quad \text{y} \quad x^2 + y^2 - x - 3y = 0$$

restando la segunda menos la primera obtenemos el eje radical cuya ecuación es:

$$x - y + 2 = 0$$

Resolviendo el par de ecuaciones

$$\left. \begin{array}{l} x - y + 2 = 0 \\ x^2 + y^2 - x - 3y = 0 \end{array} \right|$$

obtenemos que $(-1, 1)$ y $(1, 3)$ son los puntos de intersección de las dos circunferencias.

La parábola 9.4

Definición

Definición 9.9 Parábola

Una parábola es el conjunto de puntos del plano que equidistan de un punto fijo F llamado **foco** y de una recta fija DD' denominada **directriz**. La recta que pasa por el foco y es perpendicular a la parábola se llama eje de la parábola. El punto medio del segmento de recta que pasa por el foco y es perpendicular a la directriz, se llama el **vértice** de la parábola.

En la siguiente figura están indicados estos puntos.

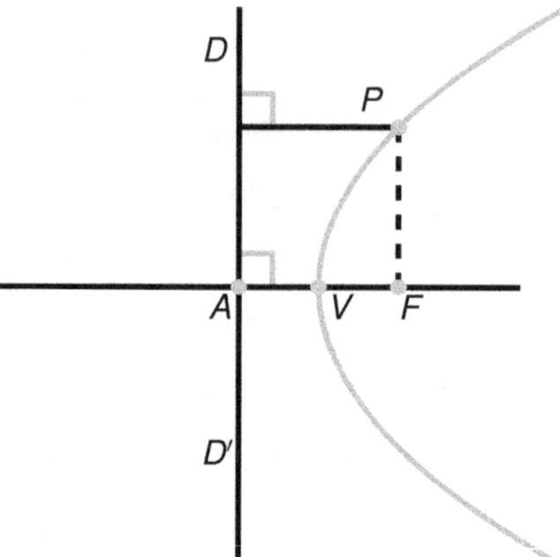

Figura 9.4: Elementos de una parábola

| **Ecuación de la parábola** | 9.4.1 |

Escogemos los ejes coordenados para que el eje X coincida con el eje de la parábola y el vértice en el origen. Sea $p > 0$, entonces el foco tiene coordenadas $F(p, 0)$ y la directriz es la gráfica de la ecuación $x = -p$.

Sea P un punto que no está en la directriz y sea M el pie de la perpendicular desde P a la directriz.

Entonces P está en la parábola si y solo si:

$$|PM| = |PF| \iff |PF| = \sqrt{(x - p)^2 + y^2} = |PM| = |x + p|$$

Por lo tanto, P está en la parábola si y solo si:

$$(x + p)^2 = (x - p)^2 + y^2 \iff y^2 = 4px$$

Con esto hemos demostrado:

Teorema

Teorema **9.7**   *La parábola de foco* $F(p, 0)$, $p > 0$ *con vértice en el origen y directriz* $x = -p$ *es la gráfica de la ecuación*

$$y^2 = 4px$$

Observaciones

En la siguientes figuras se observan las gráficas de las parábolas centradas para los casos que $p > 0$ y $p < 0$ respectivamente.

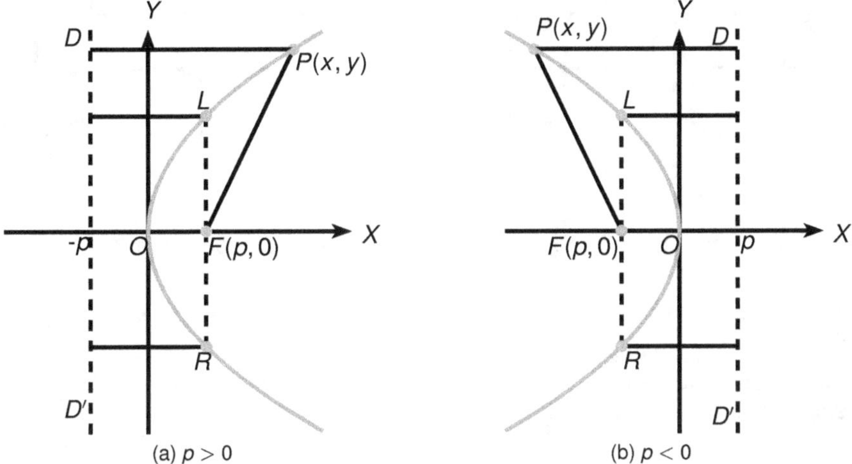

Figura 9.5: Parábolas con su eje coincidiendo con el eje X

En forma análoga, considerando el eje de la parábola como el eje Y y el vértice en el origen, se tiene:

Teorema

Teorema 9.8 La parábola de foco $F(0,p)$ con vértice en el origen y directriz $y = -p$ es la gráfica de la ecuación

$$x^2 = 4px.$$

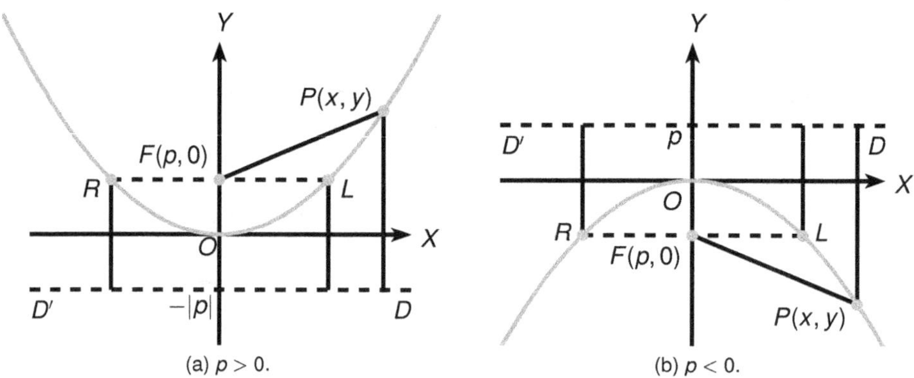

(a) $p > 0$.

(b) $p < 0$.

Figura 9.6: Parábolas con su eje coincidiendo con el eje Y

Problema 9.7

Demuestre que las rectas $my = m^2 + p$, y $my + x = -pm^2$ con $m \neq -1$ se cortan sobre la directriz de la parábola $y^2 = 4px$.

Solución

La directriz de la parábola tiene ecuación $x = -p$ por lo tanto, si demostramos que las rectas se cortan en un punto tal que su ordenada es $-p$, el problema queda demostrado.

Como

$$x = -pm^2 - my \implies my = m^2(-pm^2 - my) + p \implies my + m^3 y = p - pm^4$$

$$\implies my(1 - m^2) = p(1 - m^4) = p(1 - m^2)(1 + m^2)$$

Como $m \neq 1$ *entonces* $y = \dfrac{p(1 - m^2)}{m}$
Luego

$$x = -pm^2 - p(1 - m^2) = -p$$

Elementos de una parábola — 9.4.2

Definición

Definición 9.10 Cuerda focal de un parábola

Todo segmento de recta que pasa por el foco y cuyos extremos son puntos de la curva, se llama **cuerda focal**

Definición 9.11 Lado recto de una parábola

La cuerda focal que es perpendicular al eje de la parábola, se llama **lado recto**

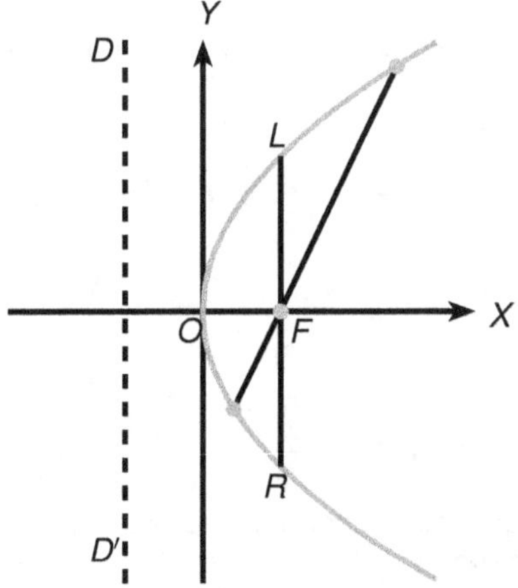

Figura 9.7: Elementos de una parábola

Observación

*Si S es la proyección del punto L sobre la directriz (como se ve en la figura anterior),
entonces por definición de parábola, tenemos que
$|LS| = |FA| = |2p|$, por lo que la longitud del lado recto de una parábola es:*

$$|LR| = |4p|.$$

Problema 9.8

Encuentre el vértice, el foco, los puntos extremos del lado recto y la ecuación de la
directriz de la parábola $y^2 = -8x$.

Solución

*La ecuación $y^2 = -8x$ es de la forma $y^2 = 4px$ con $p = -2$.
Por lo tanto el vértice está en el origen y el foco es $F(-2, 0)$ y la ecuación de la
directriz es $x = 2$.
Dado que el lado recto mide $|4p| = 8$ entonces $|FL| = |FR| = 4$.
Por lo tanto*

$$L = (-2, 4) \ \ y \ \ R = (-2, -4).$$

Translación de ejes coordenados   9.4.3

En ocasiones es necesario introducir un nuevo sistema de ejes coordenados, además
del original. Vamos a suponer que ambos son rectangulares, que el sistema original tiene
origen O y ejes rectangulares X e Y. El nuevo sistema tiene origen O' y ejes
rectangulares X' e Y' como se ve en la siguiente figura:

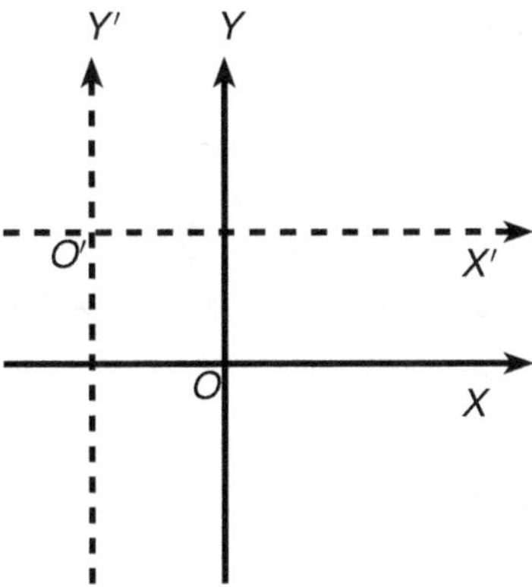

Figura 9.8: Translación de un eje coordenado

Si X y X' son paralelos al igual que Y y Y' y en el mismo sentido, entonces se dice que el sistema $X'O'Y'$ se obtiene del sistema XOY mediante una **translación** de ejes coordenados.

Sean (h, k) las coordenadas de O' en relación al sistema original y sea P un punto del plano que tiene (x, y) como coordenadas en el sistema original y tiene (x', y') como coordenadas en el sistema trasladado, como se muestra en la siguiente figura:

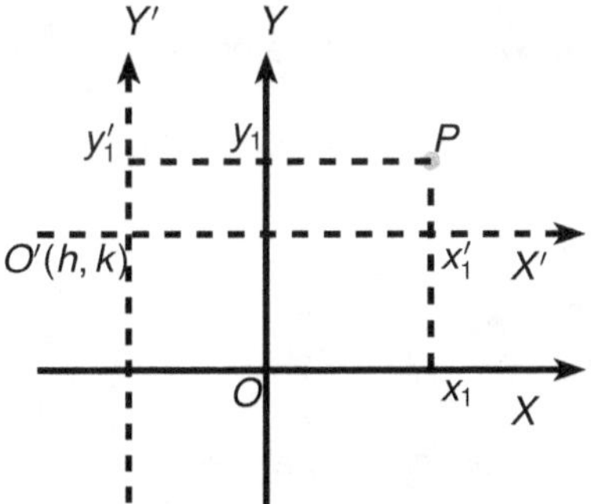

Figura 9.9: Relación entre las coordenadas de un sistema trasladado

Entonces podemos ver que:

$$\left.\begin{array}{rcl} x &=& x' + h \\[2mm] y &=& y' + k \end{array}\right|\ (*) \qquad \left.\begin{array}{rcl} x' &=& x - h \\[2mm] y' &=& y - k \end{array}\right|\ (**)$$

Las ecuaciones (*) y (**) se llaman **ecuaciones de traslación.**

Problema 9.9

Sea C la gráfica de la ecuación:

$$(x + 1)^2 + (y - 3)^2 = 18$$

Traslade el sistema coordenado de tal manera que en el nuevo sistema la ecuación de la gráfica C esté centrada en el nuevo origen y determine su nueva ecuación con respecto al nuevo sistema.

Solución

Para ello necesitamos que el nuevo origen tenga coordenadas $(-1, 3)$.
Por lo tanto las ecuaciones de translación son:

$$x' = x + 1 \quad \text{y} \quad y' = y - 3$$

Haciendo la sustitución correspondiente obtenemos su nueva ecuación:

$$(x')^2 + (y')^2 = 18$$

Teorema

Teorema 9.9 *Una parábola de eje paralelo al eje X con su vértice en (h, k) y con p como distancia dirigida del vértice al foco, es la gráfica de la ecuación:*

$$(y - k)^2 = 4p(x - h)$$

Si el eje de la parábola es paralelo al eje Y, entonces es la gráfica de la ecuación:

$$(x - h)^2 = 4p(y - k)$$

Demostración

Consideremos la parábola con eje horizontal y vértice en (h, k). Hagamos una translación de ejes coordenados al sistema $X'O'Y'$ donde el nuevo origen es $O'(h, k)$. Entonces la ecuación de la parábola respecto al sistema nuevo es:

$$(y')^2 = 4px'$$

En la siguiente figura se aprecia la situación descrita para cuando $p > 0$ y $p < 0$ respectivamente.

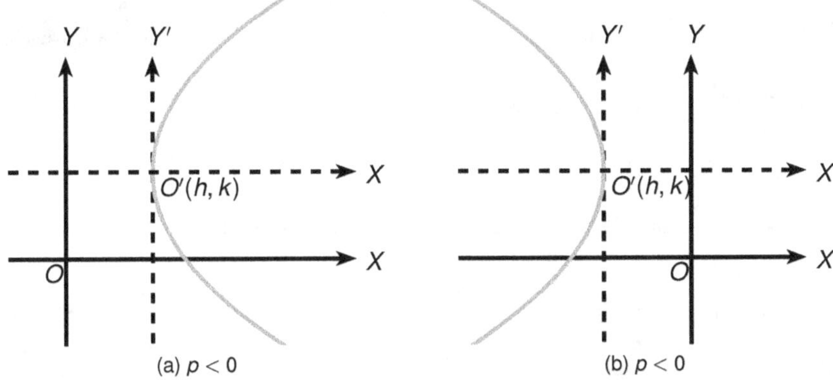

Figura 9.10: Parábola bajo la traslación de ejes coordenados

Dado que:

$$x' = x - h \ \text{ y } \ y' = y - k$$

haciendo la sustitución correspondiente en la ecuación, obtenemos que la parábola dada es la gráfica de la ecuación:

$$(y - k)^2 = 4p(x - h)$$

Se hace la misma translación para el caso de la parábola con eje vertical. ∎

Teorema

Teorema 9.10   *La gráfica de*

$$By^2 + Dx + Ey + F = 0 \ \text{ con } \ B \neq 0 \ \text{ y } D \neq 0$$

es una parábola de eje paralelo al eje X o superpuesto a él.

Demostración

Completando cuadrados vemos que la ecuación dada es equivalente a:

$$\left(y + \frac{E}{2B}\right)^2 = -\frac{D}{B}\left(x - \left(\frac{E^2}{4B^2 D} - \frac{F}{D}\right)\right)$$

y el teorema anterior nos dice que la gráfica de esta ecuación es una parábola de eje paralelo al eje X y será superpuesto a él cuando $E = 0$. ∎

Teorema

Teorema 9.11   *La gráfica de*

$$Ax^2 + Dx + Ey + F = 0 \ \text{ con } \ A \neq 0 \ \text{ y } \ E \neq 0$$

es una parábola de eje paralelo al eje Y o coincidente con él.

La demostración es similar al teorema anterior y queda de ejercicio para el lector.

Problemas

Problema 9.10

Demostrar que la gráfica de

$$Ax^2 + Dx + F = 0; \ \text{ con } \ A \neq 0$$

está formada por dos rectas paralelas al eje Y, o por una recta paralela al eje Y o por el conjunto vacío.

Demostración

$$Ax^2 + Dx + F = 0; \ \text{ con } \ A \neq 0 \iff x = \frac{-D \pm \sqrt{D^2 - 4AF}}{2A}$$

Entonces tenemos tres posibles casos:

1) *Si $D^2 - 4AF < 0$, entonces no hay solución real y tenemos el conjunto vacío como solución.*

2) Si $D^2 - 4AF = 0$, entonces la única solución es $x = \dfrac{D}{2A}$ lo que corresponde a una recta paralela al eje Y.

3) Si $D^2 - 4AF > 0$, entonces tenemos dos soluciones que son las rectas paralelas al eje Y dadas por

$$x = \frac{-D + \sqrt{D^2 - 4AF}}{2A} \quad y \quad x = \frac{-D - \sqrt{D^2 - 4AF}}{2A}$$

En forma similar se puede demostrar que la ecuación:

$$Ax^2 + Ey + F = 0; \text{ con } A \neq 0$$

es la gráfica de dos rectas paralelas al eje X, o una recta paralela al eje X o el conjunto vacío. ∎

Problema 9.11

Se define una recta como tangente a la parábola en el punto $P_0(x_0, y_0)$ de la parábola, si la recta intersecta a la parábola solamente en P_0 y no es paralela a su eje. Determine la ecuación de la tangente a la parábola $x^2 = 4py$ en el punto $P_0(x_0, y_0)$ de la parábola.

Solución

La ecuación de la tangente en P_0 debe tener la forma:

$$y - y_0 = m(x - x_0)$$

Como por definición, la intersección de la recta con la parábola debe ser solamente el punto P_0, entonces tenemos que el discriminante de la ecuación

$$x^2 - 4pmx + 4pmx0 - x0^2 = 0$$

debe ser cero, es decir:

$$m = \frac{x_0}{2p}$$

Por lo tanto, la ecuación de la tangente es:

$$y = \frac{xx_0}{2p} - y_0$$

La elipse 9.5

Definición

Definición 9.12 *Elipse*

*Sean F_1 y F_2 dos puntos fijos y a un número positivo. Se define la **elipse** $\mathcal{E}$ como el conjunto de puntos del plano tales que la suma de las distancias a F_1 y a F_2 es la constante $2a$.*
*Los puntos fijos F_1 y F_2 se llaman los **focos** de la elipse.*

La ecuación de la elipse 9.5.1

Por lo tanto, un punto P del plano pertenece a la elipse $\mathcal{E}$ si y solo si:

$$|PF_1| + |PF_2| = 2a$$

Introducimos los ejes coordenados, de modo que la recta que une los focos sea el eje X y el origen sea el punto medio del segmento $\overline{F_2 F_1}$.

En la figura siguiente se grafica la situación.

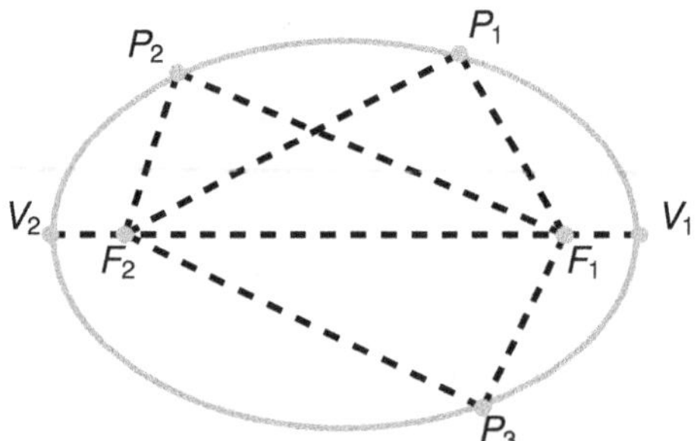

Figura 9.11: Elipse

Entonces en este sistema coordenado tenemos que $F_2(-c, 0)$ y $F_1(c, 0)$. Luego,

$$P(x, y) \in \mathcal{E} \iff \sqrt{(x - c)^2 + y^2} + \sqrt{(x + c)^2 + y^2} = 2a$$

$$\iff -\sqrt{(x - c)^2 + y^2} = \sqrt{(x + c)^2 + y^2} - 2a$$

$$\iff (x - c)^2 + y^2 = 4a^2 - 4a\sqrt{(x + c)^2 + y^2} + (x + c)^2 + y^2$$

$$\iff a\sqrt{(x + c)^2 + y^2} = a^2 + cx$$

$$\iff (a^2 - c^2)x^2 + a^2 y^2 = a^2(a^2 - c^2)$$

$$\iff \frac{x^2}{a^2} + \frac{y^2}{a^2 - c^2} = 1$$

Dado que por definición, $a > c$ y por lo tanto $a^2 - c^2 > 0$ designamos por $b^2 = a^2 - c^2$ y la ecuación cuya gráfica es la elipse es:

$$\frac{x^2}{a^2} + \frac{y^2}{b^2} = 1 \quad \text{donde} \quad b^2 = a^2 - c^2$$

Con esto hemos demostrado:

Teorema

Teorema 9.12 *La elipse $\mathcal{E}$ de focos $F_1(c, 0)$ y $F_2(-c, 0)$ en la cual $2a$ es la suma de las distancias de un punto de ella a ambos focos, es la gráfica de la ecuación:*

$$\frac{x^2}{a^2} + \frac{y^2}{b^2} = 1 \quad \text{donde} \quad b^2 = a^2 - c^2 \ (*)$$

Los elementos de la elipse 9.5.2

(a) La recta que pasa por los focos de la elipse se llama **eje focal**

(b) Los puntos V_1 y V_2 en los que el eje focal intersecta a la elipse se denominan **vértices** de la elipse

(c) El punto medio del segmento $\overline{F_1 F_2}$ se llama el **centro** de la elipse

(d) El segmento $\overline{V_1 V_2}$ se denomina **eje mayor de la elipse**

(e) El segmento de recta $\overline{B_1 B_2}$ determinado por los puntos de intersección de la elipse con la recta perpendicular al eje focal que pasa por el centro, se llama **eje menor**

(f) Los segmentos determinados por las intersecciones de la elipse con las rectas que pasan por los focos y son perpendiculares al eje focal se denominan **lados rectos** de la elipse.

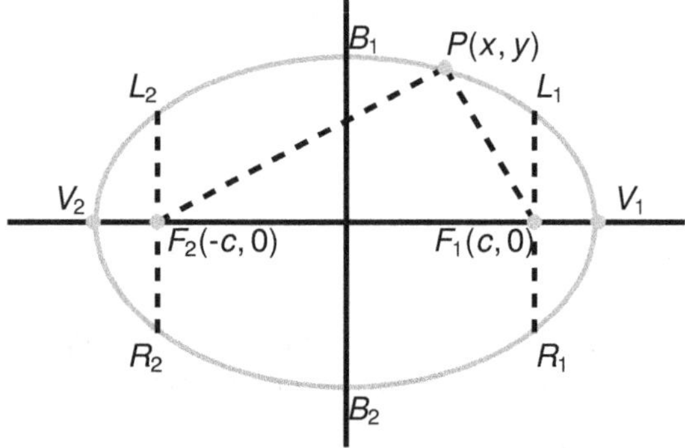

Figura 9.12: Elementos de una elipse

Teorema

Teorema 9.13 *La elipse $\mathcal{E}$ de focos $F_1(0, c)$ y $F_2(0, -c)$ en la cual $2a$ es la suma de las distancias de un punto de ella a ambos focos, es la gráfica de*

$$\frac{x^2}{b^2} + \frac{y^2}{a^2} = 1 \text{ donde } b^2 = a^2 - c^2 \;(\ast\ast)$$

Demostración

Similar a la anterior y queda como ejercicio para el lector. ∎

334

Observación

No debe perderse de vista que en las ecuaciones (*) y (**) el número a es mayor que b, por lo tanto si tenemos la ecuación:

$$\frac{x^2}{\alpha} + \frac{y^2}{\beta} = 1$$

Entonces tenemos tres opciones:

1. $\alpha > \beta$ entonces su gráfica es una elipse con eje mayor horizontal

2. $\alpha < \beta$ entonces su gráfica es una elipse con eje mayor vertical

3. $\alpha = \beta$ entonces se trata de una circunferencia centrada en el origen de radio α

Problema 9.12

Construya la gráfica de la ecuación

$$16x^2 + 25y^2 = 400$$

Determine focos, vértices, longitud de lados rectos y los valores de a, b y c.

Solución

Dividiendo la ecuación por 400 obtenemos que estamos buscando la gráfica de la ecuación:

$$\frac{x^2}{25} + \frac{y^2}{16} = 1$$

Dado que $25 > 16$ se trata de una elipse con eje mayor horizontal donde $a = 5$ y $b = 4$.

Esto nos dice que $c^2 = 25 - 16 = 9$ por lo que $c = 3$. Luego los focos son $F_1 = (3,0)$ y $F_2(-3,0)$. Los vértices son: $V_1 = (5,0)$ y $V_2 = (-5,0)$.

Para los lados rectos, tenemos que

$$|R_1 L_1| = |R_2 L_2| = \frac{2b^2}{a} = \frac{2(16)}{5} = \frac{32}{5}$$

Luego los extremos de los lados rectos son:

$$R_1\left(3, -\frac{16}{5}\right), L_1\left(3, \frac{16}{5}\right), R_2\left(-3, -\frac{16}{5}\right), L_2\left(-3, \frac{16}{5}\right).$$

A partir de los últimos dos teoremas y utilizando translaciones de ejes cartesianos, tenemos las elipses desplazadas:

Teorema

Teorema 9.14   *La elipse con centro en (h, k) cuya distancia focal es $2c$ y cuyo eje mayor es horizontal y de longitud $2a$ es la gráfica de la ecuación*

$$\frac{(x-h)^2}{a^2} + \frac{(y-k)^2}{b^2} = 1 \quad \text{donde } b^2 = a^2 - c^2$$

Teorema 9.15   *La elipse con centro en (h, k) cuya distancia focal es $2c$ y cuyo eje mayor es vertical y de longitud $2a$ es la gráfica de la ecuación*

$$\frac{(x-h)^2}{b^2} + \frac{(y-k)^2}{a^2} = 1 \quad \text{donde } b^2 = a^2 - c^2$$

Teorema 9.16   *Sea*

$$Ax^2 + Cy^2 + Dx + Ey + F = 0, \quad \text{con } AC > 0 \ \text{ y } \ A \neq C$$

Al escribir esta ecuación en forma equivalente, completando cuadrados, nos queda:

$$A\left(x + \frac{D}{2A}\right)^2 + C\left(y + \frac{E}{2C}\right)^2 = M$$

donde

$$M = \frac{D^2}{4A} + \frac{E^2}{4C} - F$$

Entonces

- *Si $M = 0$ entonces la gráfica es el punto $(-D/2, -E/2)$.*
- *Si $M > 0$ entonces la gráfica es una elipse con centro en $(-D/2A, -E/2C)$ eje mayor horizontal o vertical, dependiendo de que M/A sea o no mayor que M/C.*
- *Si $M < 0$ la gráfica es el conjunto vacío.*

Problema 9.13

Determine las gráficas de las siguientes ecuaciones:

1. $25x^2 + 9y^2 + 150x - 36y + 36 = 0$

2. $x^2 + 4y^2 - 2x - 8y + 5 = 0$

Solución

1.

$$25x^2 + 9y^2 + 150x - 36y + 36 = 0 \iff \frac{(x+3)^2}{9} + \frac{(y-2)^2}{25} = 1$$

Dado que $25 > 0$ *se trata de una elipse en que* $a^2 = 25$ *y* $b^2 = 9$, *luego su eje mayor es vertical con centro en* $C(-3,2)$ *y como* $c = \sqrt{a^2 - b^2} = 4$ *entonces* $V_1(-3,7)$ *y* $V-2(-3,-3)$, *los extremos del eje menor son* $B_1(0,2)$ *y* $B_2(-6,2)$.

2. $x^2 + 4y^2 - 2x - 8y + 5 = 0 \iff (x-1)^2 + 4(y-1)^2 = 0$.
Luego se trata del punto $(1,1)$.

La hipérbola　　　　9.6

Definición

Definición 9.13　Hipérbola

Dados dos puntos fijos F_1 *y* F_2 *y un número positivo* a, *la hipérbola* $\mathcal{H}$ *es el conjunto de puntos del plano que tienen la propiedad de que un punto* P *pertenece a* $\mathcal{H}$ *si y solo si, el valor absoluto de las diferencias de las distancias* $|PF_1|$ *y* $|PF_2|$ *de* P *a los dos puntos fijos* F_1 *y* F_2 *es igual a* $2a$.
Es decir

$$P \in \mathcal{H} \iff ||PF_1| - |PF_2|| = 2a.$$

Los puntos fijos F_1 *y* F_2 *se llaman los* **focos** *de la hipérbola y la distancia que los separa se representa usualmente por* $2c$.

Es fácil deducir que $a < c$ como se ve en la siguiente figura.

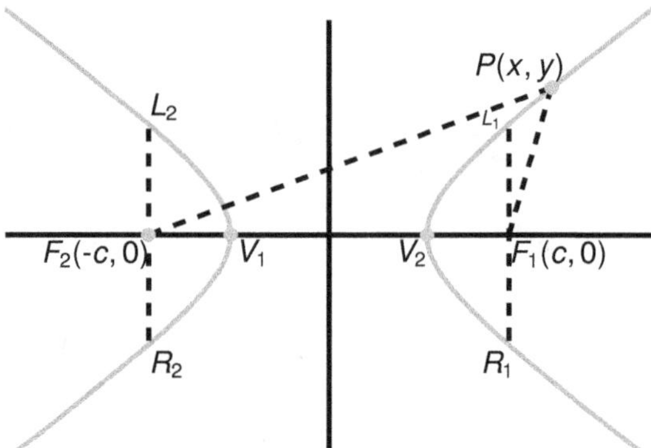

Figura 9.13: Hipérbola

La ecuación de la hipérbola 9.6.1

Dado que

$$P \in \mathcal{H} \iff ||PF_1| - |PF_2|| = 2a \iff \sqrt{(x-c)^2 + y^2} - \sqrt{(x+c)^2 + y^2} = \pm 2a$$

$$\iff (c^2 - a^2)x^2 - a^2 y^2 = a^2(c^2 - a^2) \iff \frac{x^2}{a^2} - \frac{y^2}{c^2 - a^2} = 1$$

Dado que $a < c$ entonces $c^2 - a^2 > 0$ y por lo tanto lo llamamos b^2

Entonces la ecuación cuya gráfica es una hipérbola es:

$$\frac{x^2}{a^2} - \frac{y^2}{b^2} = 1$$

Con lo cual hemos demostrado:

Teorema

Teorema 9.17   *La hipérbola de focos $F_1(c, 0)$ y $F_2(-c, 0)$ en la cual $2a$ es el valor de la diferencia de las distancias de un punto de ella a ambos focos, es la gráfica de la ecuación:*

$$\frac{x^2}{a^2} - \frac{y^2}{b^2} = 1 \quad \text{donde} \quad b^2 = c^2 - a^2 (*)$$

Teorema `9.18`   *La hipérbola de focos $F_1(0, c)$ y $F_2(0, -c)$ en la cual $2a$ es el valor de la diferencia de las distancias de un punto de ella a ambos focos, es la gráfica de la ecuación:*

$$\frac{y^2}{a^2} - \frac{x^2}{b^2} \quad \text{donde} \quad b^2 = c^2 - a^2 \, (**)$$

Elementos de la hipérbola   9.6.2

(a) Las abscisas en el origen de la hipérbola representada por (*) son a y $-a$ y son las coordenadas de los puntos $V_1(a, 0)$ y $V_2(-a, 0)$ que se llaman los **vértices** de la hipérbola. En el caso de la hipérbola representada por (**), las ordenadas en el origen nos dan sus vértices, a saber $V_1(0, a)$ y $V_2(0, -a)$.

(b) La recta que pasa por los focos se llama **eje focal**.

(c) El centro de la hipérbola es el punto medio del segmento $\overline{F_1 F_2}$.

(d) El segmento $\overline{V_1 V_2}$ se llama **eje transverso**.

Definición

Definición 9.14 *Asíntota*

*Sea $\mathcal{H}$ una hipérbola y $P(x, y)$ un punto en ella. Una recta $\mathcal{L}$ con la propiedad de que la distancia d de P a $\mathcal{L}$ puede hacerse tan chica como se quiera, cuando x toma valores sumamente grandes (o sumamente chicos) se llama una **asíntota** de $\mathcal{H}$.*

Observación

Puede demostrarse (aunque no lo vamos a hacer aquí) que las asíntotas para la hipérbola dada por (*) son las rectas:

$$y = \frac{b}{a}x \quad e \quad y = -\frac{b}{a}x$$

Para el caso de la hipérbola dada por (**), sus asíntotas son:

$$y = \frac{a}{b}x \quad e \quad y = -\frac{a}{b}x$$

Problema 9.14

Demostrar que el producto de las distancias de un punto de una hipérbola a cada una de sus asíntotas es constante.

Solución

Para la hipérbola que es la gráfica de la ecuación (*):

Sea $P_1(x_1, y_1)$ un punto de la hipérbola. Sean d_1 y d_2 las distancias respectivas a cada una de las dos asíntotas, entonces:

$$d_1 = \frac{|bx_1 - ay_1|}{\sqrt{a^2 + b^2}} \quad y \quad d_2 = \frac{|bx_1 + ay_1|}{\sqrt{a^2 + b^2}}$$

Por lo tanto su producto es:

$$d_1 d_2 = \frac{|b^2 x_1^2 - a^2 y_1^2|}{a^2 + b^2} = \frac{a^2 b^2}{a^2 + b^2}$$

De manera similar se demuestra para la otra hipérbola.

Definición

Definición 9.15 *Hipérbola equilátera*

*Cuando las asíntotas de una hipérbola son perpendiculares entre sí, la hipérbola se llama **equilátera**.*

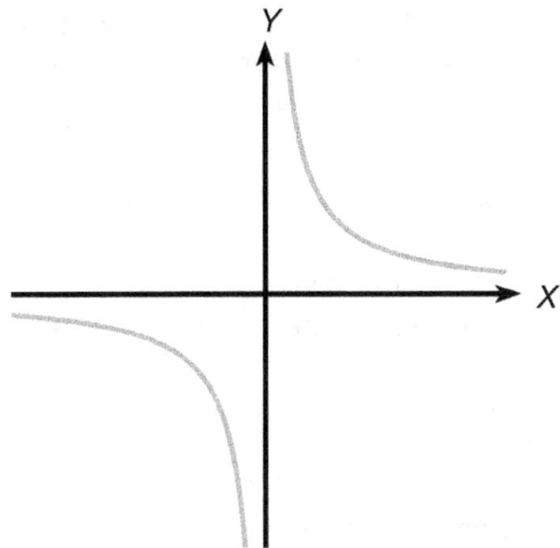

Figura 9.14: Hipérbola equilátera

Observaciones

i) Si la hipérbola es equilátera de la forma (*), tenemos que:

$$\left(\frac{b}{a}\right)\left(-\frac{b}{a}\right) = -1 \iff b^2 = a^2 \iff a = b$$

porque tanto a como b son números positivos.
En consecuencia, la ecuación de la hipérbola equilátera con centro en el origen, eje transverso de longitud $2a$ y focos en el eje X es:

$$x^2 - y^2 = a^2$$

Si es de la forma (**), llegamos a la ecuación:

$$y^2 - x^2 = a^2$$

ii) Dado que en una hipérbola podemos tener que $a > b$ o $b > a$ entonces cuando vemos una ecuación de la forma

$$\frac{x^2}{\alpha} + \frac{y^2}{\beta} \quad \text{con} \quad \alpha\beta < 0$$

debemos fijarnos en:
Si $\alpha > 0$ entonces $\beta < 0$ y estamos en el caso de la hipérbola tipo (*).
Si $\alpha < 0$ entonces $\beta > 0$ y estamos en el caso de la hipérbola tipo (**).

341

Podemos generalizar nuestra situación para tener hipérbolas cuyo centro no necesariamente sea el origen y esto mediante una traslación de ejes coordenados.

Teorema

Teorema 9.19 *La hipérbola con centro en (h, k), cuya semidistancia focal es c y cuyo eje transverso es horizontal y de longitud 2a es la gráfica de la ecuación:*

$$\frac{(x - h)^2}{a^2} - \frac{(y - k)^2}{b^2} = 1, \quad \text{donde } b = \sqrt{c^2 - a^2}$$

Teorema 9.20 *La hipérbola con centro en (h, k), cuya semidistancia focal es c y cuyo eje transverso es vertical y de longitud 2a es la gráfica de la ecuación:*

$$\frac{(y - k)^2}{a^2} - \frac{(x - h)^2}{b^2} = 1, \quad \text{donde } b = \sqrt{c^2 - a^2}$$

Teorema 9.21 *Sea*

$$AX^2 + Cy^2 + Dx + Ey + F = 0 \quad \text{con } AC < 0$$

completando cuadrados, ella es equivalente a la ecuación:

$$A\left(x + \frac{D}{2A}\right)^2 + C\left(y + \frac{E}{2C}\right)^2 = M$$

donde

$$M = \frac{D^2}{4A} + \frac{E^2}{4C} - F$$

Entonces

(I) Si $M = 0$, la gráfica está formada por dos rectas que se cortan

(II) Si $M \neq 0$ la gráfica es una hipérbola con centro en $(-D/2A, -E/2C)$, su eje es horizontal si M/A es positivo y M/C negativo; y el eje es vertical en caso contrario.

Problemas

Problema 9.15

Encontrar la ecuación cuya gráfica sea una hipérbola con vértices en $(\pm 2, 0)$ y focos en $(\pm 4, 0)$.

Solución

Ya sabemos que debe ser de la forma:

$$\frac{x^2}{a^2} - \frac{y^2}{b^2} = 1$$

En este caso $a^2 = 4, b^2 = c^2 - a^2 = 16 - 4 = 12$

La ecuación es:

$$\frac{x^2}{4} - \frac{y^2}{12} = 1$$

Problema 9.16

Determine la gráfica de

$$5x^2 - 4y^2 - 20x - 24y - 36 = 0$$

Solución

$$5x^2 - 4y^2 - 20x - 24y - 36 = 0 \iff 5(x - 2)^2 - 4(y - 3)^2 = 20 \iff$$

$$\iff \frac{(x - 2)^2}{4} - \frac{(y - 3)^2}{5} = 1.$$

Tenemos entonces la gráfica de una hipérbola con eje horizontal, focos $F_1(5, 3)$ y $F_2(-1, 3)$ y vértices $V_1(4, 3)$ y $V_2(0, 3)$.

Ecuación general de segundo grado   9.7

En esta sección estudiaremos la ecuación general de segundo grado que viene dada por:

$$Ax^2 + Bxy + Cy^2 + Dx + Ey + F = 0$$

A excepción de la hipérbola equilátera, hasta ahora no habíamos considerado ecuaciones que tuvieran el término xy y por lo tanto, aquí veremos que con una rotación apropiada de los ejes coordenados podemos obtener una ecuación equivalente a la original pero sin el término xy, con lo cual podemos reconocer su gráfica. Veamos primero un resumen de la ecuación de segundo grado, pero sin el término xy.

Teorema

Teorema 9.22   *La gráfica de la ecuación*

$$Ax^2 + Cy^2 + Dx + Ey + F = 0$$

corresponde al conjunto vacío, o a un punto, o a una recta, o a dos rectas, o a una circunferencia, o a una parábola, o a una elipse, o a una hipérbola.

Demostración

(I) Si $A = C = 0$, la gráfica es una línea recta.

(II) Si $A = C \neq 0$, la gráfica corresponde a una circunferencia, un punto o el conjunto vacío.

(III) Si uno solo de los coeficientes A o C es nulo, la gráfica es una parábola, dos rectas paralelas, una sola recta o el conjunto vacío.

(IV) Si $AC > 0$, la gráfica es una elipse, un punto o el conjunto vacío.

(V) Si $AC < 0$, la gráfica es una hipérbola o un par de rectas que se cortan.

Todo esto fue probado en las secciones previas de este capítulo. ■

Rotación de ejes coordenados   9.7.1

Considere dos sistemas ortogonales con el mismo origen O, como se indica en la siguiente figura:

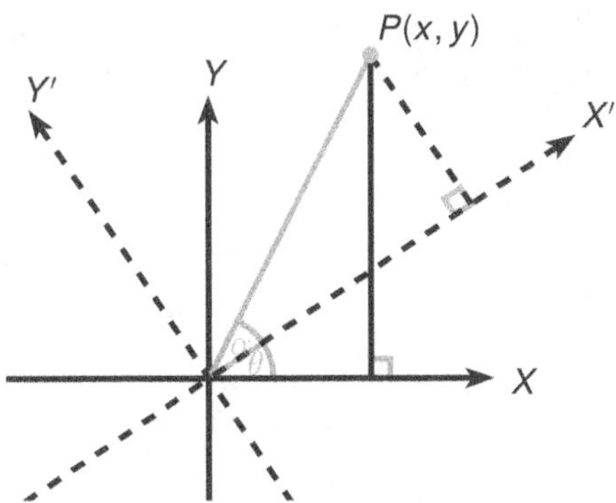

Figura 9.15: Sistemas ortogonales con el mismo origen O

Sea θ el ángulo que forma OX con OX' medido a partir de OX. Sea P un punto del plano, distinto del origen y sea α el ángulo que forma OP con OX', medido también a partir de X'. Si P tiene coordenadas (x_1, y_1) en el sistema XOY y (x_1', y_1') en el sistema $X'OY'$, entonces:

$$\frac{x_1}{OP} = \cos(\theta + \alpha)$$

o sea

$$\frac{x_1}{OP} = \cos(\theta)\cos(\alpha) - \operatorname{sen}(\theta)\operatorname{sen}(\alpha)$$

Pero como

$$\operatorname{sen}(\alpha) = \frac{y_1'}{OP} \quad \text{y} \quad \cos(\alpha) = \frac{x_1'}{OP}$$

Entonces

$$x_1 = x_1'\cos(\theta) - y_1'\operatorname{sen}(\theta) \; (*)$$

Similarmente

$$y_1 = x_1'\operatorname{sen}(\theta) + y_1'\cos(\theta). \; (**)$$

El ángulo θ recibe el nombre de ángulo de **rotación** y las ecuaciones (*) y (**) **ecuaciones de transformación** de un sistema a otro para el caso de una rotación a través de un ángulo θ.

Problema 9.17

Sea G la gráfica de la ecuación

$$5x^2 + 4xy + 2y^2 = 1$$

Encuentre su ecuación respecto a un nuevo sistema coordenado, obtenido haciendo girar el sistema original en un ángulo agudo θ tal que $\tan(\theta) = 1/2$.

Solución

De la figura siguiente

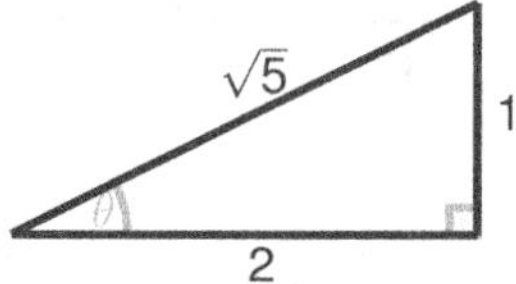

Figura 9.16: Triángulo rectángulo que cumple $\tan(\theta) = 1/2$

vemos que $\operatorname{sen}(\theta) = \dfrac{1}{\sqrt{5}}$ *y* $\cos(\theta) = \dfrac{2}{\sqrt{5}}$

Luego sustituyendo en (*) y en (**) obtenemos las ecuaciones:

$$x = \frac{2x' - y'}{\sqrt{5}} \quad y \quad y = \frac{x' + 2y'}{\sqrt{5}}$$

Reemplazando estas ecuaciones en la ecuación dada, obtenemos la ecuación:

$$6x'^2 + y'^2 = 1 \iff \frac{x'^2}{\left(\dfrac{1}{\sqrt{6}}\right)^2} + y'^2 = 1$$

Esta ecuación tiene como gráfico una elipse con eje mayor, coincidiendo con el eje Y' como se puede ver en la figura.

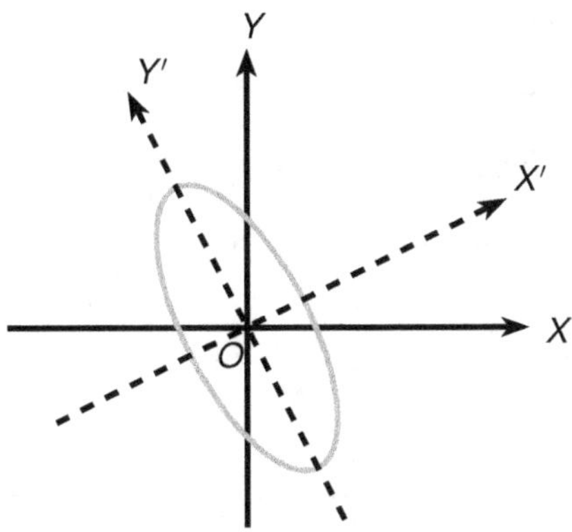

Figura 9.17: Gráfica de la ecuación $5x^2 + 4xy + 2y^2 = 1$

Teorema

Teorema 9.23 *Sea G la gráfica, respecto del sistema coordenado XOY de una ecuación de general de segundo grado:*

$$Ax^2 + Bxy + Cy^2 + Dx + Ey + F = 0 \quad con \quad B \neq 0$$

y sea $X'OY'$ un nuevo sistema obtenido del original mediante una rotación. Si el ángulo de rotación θ se escoge tal que

$$\tan(2\theta) = \frac{B}{A - C}, \quad si \quad A \neq C \quad y \quad \theta = 45°, \quad si \quad A = C$$

entonces G es la gráfica respecto al sistema $X'OY'$ rotado de la ecuación

$$A'x'^2 + C'y'^2 + D'x' + E'y' + F' = 0$$

Demostración

Realizando la rotación de ejes por medio de las ecuaciones de transformación (*) y (**), la ecuación se transforma en:

$$A'x'^2 + B'x'y' + C'y'^2 + D'x' + E'y' + F' = 0$$

donde:

347

- $A' = A\cos^2(\theta) + B\,\mathrm{sen}(\theta)\cos(\theta) + C\,\mathrm{sen}^2(\theta)$

- $B' = B\cos(2\theta) - (A - C)\,\mathrm{sen}(2\theta)$

- $C' = A\,\mathrm{sen}^2(\theta) - B\,\mathrm{sen}(\theta)\cos(\theta) + C\cos^2(\theta)$

- $D' = D\cos(\theta) + E\,\mathrm{sen}(\theta)$

- $E' = E\cos(\theta) - D\,\mathrm{sen}(\theta)$

- $F' = F$

Veamos que $B' = 0$

$$B' = 0 \iff B\cos(2\theta) - (A - C)\,\mathrm{sen}(2\theta) = 0 \iff \tan(2\theta) = \frac{B}{A - C} \ \text{ si } A \neq C$$

En el caso que $A = C$ *la ecuación se reduce a* $B\cos(2\theta) = 0$ *y basta tomar* $\theta = 45°$ *para que se cumpla.* ∎

Problemas

Problema 9.18

Encontrar la gráfica de la ecuación $xy = 1$.

Solución

En este caso se tiene que $A = C$ *por lo tanto, para la rotación de ejes escogemos* $\theta = \dfrac{\pi}{4}$. *Luego las ecuaciones de transformación son:*

$$x = x'\frac{\sqrt{2}}{2} - y'\frac{\sqrt{2}}{2} = \frac{x'}{\sqrt{2}} - \frac{y'}{\sqrt{2}}$$

$$y = \frac{x'}{\sqrt{2}} + \frac{y'}{\sqrt{2}}$$

Al reemplazar en la ecuación, queda la ecuación:

$$\frac{x'^2}{2} - \frac{y'^2}{2} = 1$$

Lo que ya sabemos que es una hipérbola con eje X'.

Problema 9.19

Encontrar la gráfica de la ecuación

$$9x^2 - 24xy + 16y^2 - 40x - 30y = 100$$

Solución

Aquí tenemos que $\tan(2\theta) = \dfrac{24}{7}$. *Con lo cual:*

$$\cos(\theta) = \sqrt{\frac{1 + \cos(2\theta)}{2}} = \frac{4}{5}$$

$$\text{sen}(\theta) = \sqrt{\frac{1 - \cos(2\theta)}{2}} = \frac{3}{5}$$

Por lo tanto las ecuaciones de transformación son:

$$x = x'\frac{4}{5} - y'\frac{3}{5}$$

$$y = x'\frac{3}{5} + y'\frac{4}{5}$$

Al reemplazar en la ecuación original, queda la ecuación:

$$y'^2 = -\frac{500}{111}\left(x' + \frac{5}{2}\right)$$

lo que corresponde a una parábola.

Ejercicios Propuestos — 9.8

1. Demuestre que el triángulo cuyos vértices $A(10,5)$, $B(3,2)$, $C(6,-5)$ es triángulo rectángulo. Calcule su área.

2. Determine un punto que equidiste de los puntos $A(4,3)$, $B(2,7)$ y $C(-3,-8)$.

3. Utilice el concepto de pendiente para determinar cuáles de los siguientes tríos de puntos son colineales:

   (a) $(4,1),(5,-2),(6,-5)$

   (b) $(a,0),(2a,-b),(-a,2b)$

4. Una recta pasa por los puntos $(3,2)$ y $(-4,-6)$, mientras que otra pasa por el punto $(-7,1)$ y un punto A de ordenada -6. Si ambas rectas son perpendiculares entre sí. Determine la abscisa de A.

5. Demuestre que dos rectas cuyas pendientes son a y $\dfrac{1+a}{1-a}$ se cortan en un ángulo de $45°$.

6. Encuentre e identifique el **lugar geométrico** (es decir, la gráfica) de los puntos que equidistan de los puntos $A(1,-2)$ y $B(5,4)$.

7. Un punto se mueve de manera que su distancia al punto $(2,3)$ es siempre igual a 1. Encuentre e identifique su lugar geométrico.

8. Dos vértices de un triángulo son los puntos $A(-1,3)$ y $B(5,1)$. Encuentre la ecuación del lugar geométrico del tercer vértice C del triángulo si la pendiente del lado AC es siempre el doble de la de BC.

9. Halle un punto $P(x,y)$ sobre la recta determinada por los puntos $O(0,0)$ y $A(2,2)$ que diste cuatro unidades del punto A.

10. Demuestre que la recta que pasa por los puntos $(4,-1)$ y $(7,2)$ dimidia al segmento cuyos extremos son $(8,-3)$ y $(-4,-3)$.

11. Determine el valor del parámetro k, de manera que la recta correspondiente a la familia $3x+ky-7=0$ que le corresponda sea perpendicular a la recta $7x+4y-11=0$. Escriba su ecuación.

12. Determine la ecuación de la recta que pasa por el punto $(-2,1)$ e intercepta en las rectas $3x+y-2=0$, $x+5y+10=0$ un segmento que queda dimidiado por dicho punto.

13. Un punto se mueve de manera que su distancia a la recta $5x+12y-20=0$ es el triple de la distancia a la recta $4x-3y+12=0$. Encuentre, identifique y grafique el lugar geométrico.

14. Desde un punto P, que se mueve sobre la recta $x-y-1=0$ se bajan perpendiculares PR y PS a las rectas $x=2y$ y $3x-y=5$ respectivamente. Encuentre la ecuación del L.G. del punto medio de RS.

15. Halle la ecuación de la circunferencia que tiene como diámetro el segmento que une los puntos $(4,7)$ y $(2,-3)$.

16. Encuentre la ecuación de la circunferencia circunscrita al triángulo de vértices $(4,3)$, $(3,-3)$, $(-1,2)$.

17. Determine la ecuación de la circunferencia que pasa por los puntos $(1,-11)$ y $(5,2)$, y tiene su centro en la recta $x-2y+9=0$.

18. Determine las ecuaciones de las circunferencias que pasan por los puntos $(2,3)$ y $(3,6)$, y son tangentes a la recta $2x+y-2=0$.

19. Calcule la longitud de la tangente trazada desde el punto $(-2, -1)$ a la circunferencia $x^2 + y^2 - 6x - 4y - 3 = 0$.

20. Calcule la distancia máxima y la mínima desde el punto $(10, 7)$ a la circunferencia $x^2 + y^2 - 4x - 2y - 20 = 0$.

21. Encuentre la ecuación de la circunferencia que pasa por el punto $(3, 1)$ y por los puntos de intersección de las circunferencias

$$x^2 + y^2 - x - y - 2 = 0$$

$$x^2 + y^2 + 4x - 4y - 8 = 0$$

22. Halle las ecuaciones de las circunferencias que pasa por los puntos de intersección de las circunferencias $x^2 + y^2 - 6x + 4 = 0$, $x^2 + y^2 - 2 = 0$ y es tangente a la recta $x + 3y - 14 = 0$.

23. Demuestre que los puntos de intersección de las circunferencias $x^2 + y^2 - 20y - a^2 = 0$, $x^2 + y^2 - 2bx + a^2 = 0$, los centros de estas circunferencias y el origen están sobre una misma circunferencia.

24. Dada la circunferencia $x^2 + y^2 - 6x - 2y + 6 = 0$, determine los valores de m para los cuales las rectas de la familia $y = mx + 3$:

    (a) Corten a la circunferencia en dos puntos diferentes

    (b) Sean tangentes a las circunferencias

    (c) No tengan puntos comunes con la circunferencia

25. Si 0 es el origen y Q se mueve sobre la circunferencia $x^2 + y^2 - 4x + 3 = 0$, encuentre la ecuación del lugar geométrico de P, punto de trisección de OQ más cercano al origen.

26. Dadas las rectas $y = x + 9$; $x + 2y - 24 = 0$. Encuentre una recta que pasa por la intersección de las rectas anteriores y determine en la circunferencia $x^2 + y^2 - 4x + 4y + 7 = 0$ una cuerda de longitud $\frac{\sqrt{3}}{2}$.

27. Desde un punto cualquiera de una circunferencia circunscrita a un triángulo dado se trazan las perpendiculares a los lados de dicho triángulo. Pruebe que los pies de las perpendiculares son colineales.

28. Determine la ecuación de una parábola, cuyo eje coincide con el eje x, vértice en el origen y pasa por el punto $(-2, 4)$. Encuentre también su foco y la ecuación de su directriz.

29. Halle la longitud de la cuerda focal de la parábola $x^2 = 8y$ que es paralela a la recta $3x + 4y - 7 = 0$.

30. Demuestre que la longitud del radio vector de cualquier punto $P_1(x_1, y_1)$ de la parábola $y^2 = 4px$ es $|x_1 + p|$.

31. Encuentre la ecuación de la parábola de vértice $(-4, 3)$ y foco $(-1, 3)$. Determine sus elementos principales.

32. Dibuje el gráfico e indique los elementos principales de las siguientes parábolas:

    (a) $y = x^2 - x$;

    (b) $y = -x^2 - x$

    (c) $y = 2x^2 - 6x + 5$

    (d) $x = -y^2 - 1$

33. Encuentre e identifique el lugar geométrico de un punto que se mueve en el plano de manera que su distancia al punto $(2, 3)$ es igual a su distancia a la recta $y = -2$.

34. Determine el valor de k para que las rectas de la familia $x + 2y + k = 0$ corten a la parábola $y^2 - 2x + 6y + 9 = 0$, en:

(a) dos puntos distintos

(b) un solo punto

(c) ningún punto

35. Demuestre que si una circunferencia tiene por diámetro una cuerda focal de una parábola, entonces es tangente a la directriz.

36. Encuentre e identifique el lugar geométrico de los puntos medios de las cuerdas focales de la parábola $y^2 = 4px$.

37. Encuentre la ecuación de la elipse cuyos vértices son $(0, 6)$ y $(0, -6)$ y cuyos focos son $(0, 4)$ y $(0, -4)$.

38. Dados los puntos p y p' sobre las hipérbolas

$$\frac{x^2}{a^2} - \frac{y^2}{b^2} = 1 \quad y \quad \frac{x^2}{b^2} - \frac{y^2}{a^2} = 1$$

respectivamente, tales que $OP = r$ y $OP' = r'$, demuestre que si $OP \perp OP'$ entonces

$$\frac{1}{r^2} - \frac{1}{r'^2} = \frac{1}{a^2} - \frac{1}{b^2}$$

39. Demuestre que toda la recta que sea paralela a una asíntota de una hipérbola corta a la curva solamente en un punto.

40. Determine $k \in \mathbb{R}$ para que las asíntotas de la hipérbola

$$\frac{x^2}{9} - \frac{y^2}{k^2} = 1$$

pasen por los focos de la elipse $16x^2 + 25y^2 - 50y - 375 = 0$. Graficar.

41. Si un proyectil es disparado con una velocidad inicial de v_0 pies/s a un ángulo α arriba de la horizontal, entonces su posición después de t segundos está dada por las ecuaciones paramétricas:

$$x = (v_0 \cos(\alpha))t \quad y = (v_0 \operatorname{sen}(\alpha))t - 16t^2$$

donde x e y se miden en pies. Muestre que la trayectoria del proyectil es una parábola eliminando el parámetro t.

42. Con referencia al ejercicio anterior, suponga que una pistola dispara una bala al aire con velocidad inicial de 2048pies/s a un ángulo de 30^0 respecto a la horizontal.

(a) ¿Después de cuántos segundos la bala tocará el suelo?

(b) ¿A qué distancia de la pistola la bala chocará contra el suelo?

(c) ¿Cuál es la altura máxima que alcanza la bala?

43. Una nave se localiza a 40 millas de una orilla recta. Las estaciones LORAN A y B se localizan en la orilla, separadas 300 millas. A partir de las señales LORAN, el capitán determina que su nave está 80 millas más cerca a A que a B. Encuentre la ubicación de la nave. (Coloque a A y B sobre el eje Y con el eje X en el medio. Encuentre las coordenadas x e y de la nave.)

44. Simplifique cada una de las siguientes ecuaciones mediante una rotación y una translación adecuadas. Construya la gráfica de la ecuación dada y haga aparecer en ella todos los sistemas coordenados utilizados.

(a) $x^2 - 3xy + y^2 = 8$

(b) $4x^2 - 3xy = 18$

(c) $xy = 4$

(d) $16x^2 - 24xy + 9y^2 - 85x - 30y + 175 = 0$

Autoevaluación 9

1. El punto $A(5, 2)$ es un vértice de un cuadrado, uno de cuyos lados está sobre la recta de ecuación: $2x + y + 7 = 0$. Determine el área de los cuadrados y las coordenadas de sus centros (el punto de intersección de sus diagonales).

2. Determine la ecuación de la circunferencia cuyo centro está sobre la recta de ecuación: $2x - y - 1 = 0$, que pasa por los puntos $A(-3, 3)$ y $B(1, -1)$. Calcule el área del círculo correspondiente.

3. Determine la ecuación de la elipse que tiene focos en el eje Y, centro en el origen, longitud del eje menor igual a 6 y que pasa por el punto $P(2, \sqrt{10})$.

4. La recta $x + 2y = 1$ corta a la circunferencia $C : x^2 + y^2 = 13$ en los punto A y B. Encuentre la ecuación de la circunferencia que tiene a $\overline{AB}$ como diámetro.

5. La suma de las longitudes de la tangente desde un punto P a las circunferencias:

$$C_1 : x^2 + y^2 = 4 \quad \text{y} \quad C_2 : x^2 + y^2 = 9$$

es constante e igual a 5. Determine el lugar geométrico de los puntos P.

6. Dada la circunferencia C de ecuación $x^2 + y^2 - 4x + 5y - \dfrac{25}{4} = 0$

   a) Determine su centro y su radio.

   b) Sea C_1 otra circunferencia cuyo centro es el mismo que el centro de C y es tangente a la recta $4x - 12y = 1$, determine la ecuación de C_1.

7. Encuentre la ecuación de la parábola, determinada por los puntos que equidistan del $(2, 1)$ y del eje Y. Determine su vértice, foco y directriz.

10 Axioma del supremo y limites de sucesiones

Axioma del supremo

Axioma del supremo   10.1

En el Capítulo 2 hemos construido los números reales como un conjunto de objetos que verificaban los axiomas de cuerpo, los axiomas de orden y el axioma provisional que nos permitía trabajar con raíces. En esta sección completaremos la construcción introduciendo el axioma del supremo, también llamado axioma de completud. Existen distintas versiones de este axioma, todas ellas equivalentes. Nosotros enunciaremos la que consideramos más apropiada a este texto. Para enunciar el axioma del supremo, necesitaremos los conceptos de cota superior e inferior y de supremo e ínfimo.

Definición

Definición 10.1 *Cota superior*

*Sea $A \subseteq \mathbb{R}$ y $a \in \mathbb{R}$. a es **cota superior** de A $\leftrightarrow$ $\forall x \in A(x \leq a)$*

Definición 10.2 *Cota inferior*

a **es cota inferior de** A $\leftrightarrow$ $\forall x \in A(a \leq x)$

Definición 10.3 *Acotado superiormente*

A **es acotado superiormente** $\leftrightarrow$ $\exists a \in \mathbb{R}$ *(a es cota superior de A)*

Definición 10.4 Acotado inferiormente

A **es acotado inferiormente** $\leftrightarrow$ $\exists a \in \mathbb{R}$ *(a es cota inferior de A)*

Definición 10.5 Acotado

A **es acotado** $\leftrightarrow$ *A es acotado superior e inferiormente.*

Definición 10.6 Supremo

a **es supremo de** *A* $\leftrightarrow$ *a es cota superior de A* $\wedge$ $\forall b \in \mathbb{R}$ *(b cota superior de A $\rightarrow a \leq b$).*

Definición 10.7 Ínfimo

a **es ínfimo de** *A* $\leftrightarrow$ *a es cota inferior de A* $\wedge$ $\forall b \in \mathbb{R}$ *(b cota inferior de A $\rightarrow b \leq a$).*

Definición 10.8 Máximo

a **es máximo de** *A* $\leftrightarrow$ *a es supremo de A* $\wedge$ *a $\in$ A.*

Definición 10.9 Mínimo

a **es mínimo de** *A* $\leftrightarrow$ *a es ínfimo de A* $\wedge$ *a $\in$ A.*

Antes de demostrar las principales propiedades de estos conceptos veremos algunos ejemplos sencillos.

Ejemplos

Ejemplo 10.1

Sea $A = \{-\frac{1}{3},\ -1,\ 0\}$.

0 y 2 son cotas superiores de A, en cambio, -1 no lo es.

-1 y -8 son cotas inferiores de A, en cambio, $-\frac{1}{2}$ y 0 no lo son.

A es acotado.

-1 es ínfimo de A y es también mínimo de A, y 0 es supremo y máximo de A.

Ejemplo 10.2

$\mathbb{R}^-, \{1, 2, 3, 4\}, \{x \in \mathbb{R} : x < 2\}$ y $[-2, 2]$ *son acotados superiormente.*

$\mathbb{N}, \mathbb{R}^+, \{x : x^2 > 2\}, [-2, 2]$ y $\{0, 1, 2\}$ *son acotados inferiormente.*

$\mathbb{Z}$ y $\mathbb{Q}$ *no son acotados ni superior ni inferiormente.*

Ejemplo 10.3

2 *es supremo de* $\{x \in \mathbb{R} : x < 2\}$, *pero no es máximo.*

0 *es supremo de* $\mathbb{R}^-$, *pero no es máximo.*

2 *es supremo de* $[-2, 2]$, *de* $[-2, 2[$ *y* $\{0, 1, 2\}$ *y es máximo de* $[-2, 2]$ *y de* $\{0, 1, 2\}$.

2 *es ínfimo de* $\{x \in \mathbb{R} : x > 2\}$, *pero no es mínimo.*

0 *es ínfimo de* $\mathbb{R}^+$, *pero no es mínimo.*

3 *es ínfimo y mínimo de* $\{3, 4, 5\}$.

Teorema

Teorema 10.1   *Sean* $a, b \in \mathbb{R}$ *y* $A \subseteq \mathbb{R}$. *Si* a *y* b *son supremos de* A, *entonces* $a = b$.

Demostración

Como a *es supremo de* A, *tenemos que* $\forall x \in \mathbb{R}$ *(x cota superior de* $A \to a \leq x$) *y entonces* $a \leq b$.

Como b *es supremo de* A, *tenemos que* $\forall x \in \mathbb{R}$ *(x cota superior de* $A \to b \leq x$) *y entonces* $b \leq a$, *y por lo tanto* $a = b$. ∎

En forma similar se demuestra la unicidad del ínfimo, máximo y mínimo de un conjunto, en caso de existir.

Con este teorema podemos introducir la siguiente notación:

Definición

Definición 10.10 *Supremo de A*

Sea $A \subseteq \mathbb{R}$ y $a \in \mathbb{R}$. Sup $A = a$ $\leftrightarrow$ a es supremo de A.

Definición 10.11 *Ínfimo de A*

Inf $A = a$ $\leftrightarrow$ a es ínfimo de A.

Definición 10.12 *Máximo de A*

Max $A = a$ $\leftrightarrow$ a es máximo de A.

Definición 10.13 *Mínimo de A*

Min $A = a$ $\leftrightarrow$ a es mínimo de A.

El siguiente teorema es útil para demostrar que un número real es el supremo o el ínfimo de un conjunto.

Teorema

Teorema 10.2   *Sean $a \in \mathbb{R}$ y $A \subseteq \mathbb{R}$.*

(I) *Sup $A = a$ $\leftrightarrow$ $\forall x \in A(x \leq a) \wedge \forall \epsilon \in \mathbb{R}^+\ \exists x \in A(x > a - \epsilon)$,*
equivalentemente

Sup $A = a$ $\leftrightarrow$ a es cota superior de $A \wedge \forall \epsilon \in \mathbb{R}^+$ ($a - \epsilon$ no es cota superior de A)

(II) *Inf $A = a$ $\leftrightarrow$ $\forall x \in A(a \leq x) \wedge \forall \epsilon \in \mathbb{R}^+\ \exists x \in A(x < a + \epsilon)$,*
equivalentemente

Inf $A = a$ $\leftrightarrow$ a es cota inferior de $A \wedge \forall \epsilon \in \mathbb{R}^+$ ($a + \epsilon$ no es cota inferior de A)

Demostración

Demostraremos (I) dejando (II) al lector.

(¡ Supongamos que Sup A = a, entonces por la definición 10.6,

$$\forall x \in A\,(x \le a)$$

Además si $\epsilon \in \mathbb{R}^+$, $a - \epsilon < a$, y por la definición 10.6, $a - \epsilon$ no es cota superior de A, es decir, $\neg\forall x \in A(x \le a - \epsilon)$ o equivalentemente

$$\exists x \in A(x > a - \epsilon)$$

Supongamos ahora que

$\forall x \in A(x \le a) \wedge \forall \epsilon \in \mathbb{R}^+ \exists x \in A(x > a - \epsilon)$

y sea b cota superior de A, es decir, $\forall x \in A(x \le b)$. Si suponemos que $b < a$ entonces $\epsilon = a - b \in \mathbb{R}^+$, luego existe $x \in A$ tal que $x > a - \epsilon = a - (a - b) = b$, es decir, $x > b$ lo que contradice que b sea cota superior de A.

Entonces $b \ge a$ y por la definición 10.6, $Sup\, A = a$.

■

Problema 10.1

Demostrar que el supremo de $]-\infty, 2[$ es 2.

(I) *2 es cota superior de $]-\infty, 2[$ porque si $x \in\,]-\infty, 2[$, entonces $x < 2$.*

    Luego $\forall x \in\,]-\infty, 2[\,(x \le 2)$.

(II) *$\forall \epsilon \in \mathbb{R}^+$ $(2 - \epsilon$ no es cota superior de $]-\infty, 2[)$:*
    Sea $\epsilon \in \mathbb{R}^+$, entonces $\dfrac{\epsilon}{2} \in \mathbb{R}^+$ y $\quad 2 - \dfrac{\epsilon}{2} \in\,]-\infty, 2[$ y $\quad 2 - \dfrac{\epsilon}{2} > 2 - \epsilon$,
    es decir, $\exists x \in\,]-\infty, 2[\,(x > 2 - \epsilon)$.

    Por Teorema [10.1.5(i)], 2 es supremo de $]-\infty, 2[$.

Ahora podemos enunciar el último de nuestros axiomas:

Axioma del supremo 10.1.1

Axioma del supremo

Axioma 10.1 **Todo conjunto de números reales no vacío y acotado superiormente tiene un supremo en $\mathbb{R}$.**

La propiedad análoga para conjuntos no vacíos acotados inferiormente es consecuencia de este axioma.

Teorema

Teorema 10.3 *Todo conjunto de números reales no vacío y acotado inferiormente tiene un ínfimo en $\mathbb{R}$.*

Demostración

Sea A conjunto no vacío de números reales acotado inferiormente y sea a cota inferior de A.

Sea $B = \{x \in \mathbb{R} : -x \in A\}$

(I) B es no vacío:

Como A es no vacío, existe $x \in A$ y entonces $-x \in B$.

(II) $-a$ es cota superior de B:

Sea $x \in B$. Entonces $-x \in A$ y como a es cota inferior de $A, -x \geq a$, de donde $x \leq -a$. Luego $\forall x \in B (x \leq -a)$.

Tenemos entonces que B es un conjunto de números reales no vacío y acotado superiormente. Por axioma 10.1, B tiene un supremo. Sea b el supremo de B.

Demostraremos que $-b$ es ínfimo de A:

(III) $-b$ es cota inferior de A:

Sea $x \in A$. Entonces $-x \in B$ y como b es cota superior de $B, -x \leq b$, luego $x \geq -b$, es decir, $\forall x \in A (x \geq -b)$.

(IV) *$\forall c \in \mathbb{R}$ (c cota inferior de $A \rightarrow -b \geq c$)*

Si c es cota inferior de A, entonces $-c$ es cota superior de B y como b es la menor cota superior de B, tenemos que $-c \geq b$, de donde $c \leq -b$.

Tenemos entonces que A tiene un ínfimo en $\mathbb{R}$.

■

Otras consecuencias importantes del axioma del supremo son las siguientes:

Teorema

Teorema 10.4   (I) **Propiedad arquimediana:**
$$\forall x \in \mathbb{R}^+ \; \forall y \in \mathbb{R}^+ \; \exists n \in \mathbb{N} \, (nx > y)$$

(II) $\mathbb{N}$ **no es acotado superiormente:**
$$\forall x \in \mathbb{R} \; \exists n \in \mathbb{N} \; (n > x)$$

(III) $\forall x \in \mathbb{R}^+ \; \exists n \in \mathbb{N} \; \left(\dfrac{1}{n} < x \right)$

(IV) $\forall x \in \mathbb{R} \; \exists p \in \mathbb{Z} \; \exists q \in \mathbb{Z} \; (p < x < q)$

(V) $\forall x \in \mathbb{R} \; \exists! p \in \mathbb{Z} \; (p \leq x < p + 1)$

(VI) $\mathbb{Q}$ **es denso en** $\mathbb{R}$:
$$\forall x \in \mathbb{R} \; \forall y \in \mathbb{R} \, (x < y \rightarrow \exists q \in \mathbb{Q} \, (x < q < y))$$

Demostración

(I) *Supongamos que no se cumple $\forall x \in \mathbb{R}^+ \; \forall y \in \mathbb{R}^+ \; \exists n \in \mathbb{N}(nx > y)$*

y sean $x \in \mathbb{R}^+$ e $y \in \mathbb{R}^+$ tales que $\forall n \in \mathbb{N} \, (nx \leq y)$.

Sea $A = \{nx : n \in \mathbb{N}\}$.

$A \neq \phi$ dado que $x \in A$ e y es cota superior de A pues $\forall n \in \mathbb{N} \, (nx \leq y)$.

Entonces por axioma 10.1, A tiene un supremo a.

Como $a - x$ no es cota superior de A, $\exists n \in \mathbb{N} \, (a - x \leq nx)$, pero entonces $a \leq (n+1)x$ y $(n+1)x \in A$, lo que contradice que a es cota superior de A.

(II) *Si $x \in \mathbb{R}^+$, como caso particular de (I) tenemos que:*

$$\exists n \in \mathbb{N} \, (n \cdot 1 > x,$$

de donde $\exists n \in \mathbb{N} \, (n > x)$.

Si $x \in \mathbb{R}^- \cup \{0\}$ es claro que $n > x$ para todo $n \in \mathbb{N}$

(III) *Como caso particular de I tenemos:*

$$\forall x \in \mathbb{R}^+ \, \exists n \in \mathbb{N} \, \left(n \cdot 1 > \frac{1}{x} \right), \text{ de donde } \forall x \in \mathbb{R}^+ \exists n \in \mathbb{N} \, \left(\frac{1}{n} < x \right)$$

(IV) *Por (II) $\exists n \in \mathbb{N} \, (n > x)$ y $\exists m \in \mathbb{N} \, (m > -x)$ lo cual equivale a $-m < x < n$, y $(-m) \in \mathbb{Z}$ y $n \in \mathbb{Z}$*

(V) *Por (IV) tenemos $p < x < q$ con $p, q \in \mathbb{Z}$. Sea $n = q - p$ entonces $p < x < p + n$ de donde*

$$x \in \,]p, p + n[\, = \,]p, p + 1[\, \cup \, [p + 1, p + 2[\, \dots \cup \, [p + n - 1, p + n[$$

como $]p, p + 1[\, \subseteq \, [p, p + 1[$, entonces $\exists r \in \mathbb{Z} \, (x \in [r, r + 1[)$, es decir

$\exists r \in \mathbb{Z} \, (r \leq x < r + 1)$.

Para ver la unicidad, supongamos que también existe $s \in \mathbb{Z}$ tal que

$$s \leq x < s + 1$$

entonces tenemos:

si $r < s$ entonces $r + 1 \leq s$ de donde $r \leq x < r + 1 \leq s \leq x$ lo cual implica $x < x$ que es una contradicción.

Análogamente si suponemos que $s < r$, llegamos a una contradicción.

Por lo tanto, $r = s$.

(VI) *Si $x < y$ entonces $y - x \in \mathbb{R}^+$, y por (III) existe $n \in \mathbb{N}$ tal que $\frac{1}{n} < y - x$. Tenemos entonces*

$$x + \frac{1}{n} < y \rightarrow \frac{xn + 1}{n} < y$$

pero por (V) $\exists ! p \in \mathbb{Z}$, $p \leq xn + 1 < p + 1$ y dividiendo por n

$$\frac{p}{n} \leq \frac{xn + 1}{n} < \frac{p + 1}{n}$$

Sea $q = \dfrac{p}{n} \in \mathbb{Q}$

Por un lado,

$$q \leq \frac{xn+1}{n} < y \qquad \text{y por otro}$$

$$\frac{p}{n} - \frac{1}{n} \leq x < q \qquad , \quad \text{es decir } x < q$$

Entonces $\quad x < q < y$

■

Otra aplicación importante del axioma del supremo, es la existencia de raíces cuadradas, es decir, el axioma provisional del Capítulo 2 es una consecuencia del axioma del supremo.

Primero veremos, desarrollando algunos ejemplos, un caso particular y luego lo generalizaremos para demostrar la existencia de raíces arbitrarias.

Ejemplos

Ejemplo 10.4

Sea $a \in \mathbb{R}$, *entonces:* $(a > 0 \wedge a^2 < 2) \to \exists x \in \mathbb{R}^+((a+x)^2 < 2)$

Demostración

Supongamos $a^2 < 2$, *entonces* $\dfrac{2-a^2}{2a+1} > 0$ *y por teorema* III *existe* $n \in \mathbb{N}$ *tal que*

$$\frac{1}{n} < \frac{2-a^2}{2a+1}$$

Sea $x = \dfrac{1}{n}$, *entonces* $x \in \mathbb{R}^+$ *y*

$$(a+x)^2 = a^2 + 2ax + x^2 = a^2 + \frac{2a}{n} + \frac{1}{n^2} \leq a^2 + \frac{2a+1}{n} < a^2 + (2-a^2) = 2$$

es decir, $(a+x)^2 < 2$ ■

Ejemplo 10.5

Sea $a \in \mathbb{R}$, *entonces* $(a > 0 \wedge a^2 > 2) \to \exists x \in \mathbb{R}^+((a-x)^2 > 2)$

Demostración

Sea $(a > 0 \wedge a^2 > 2)$, *entonces* $a^2 - 2 > 0$ *y por lo tanto* $\dfrac{(a^2-2)}{(2a+1)} > 0$

luego

$$\exists n \in \mathbb{N} \ \left(\frac{1}{n} < \frac{(a^2 - 2)}{(2a + 1)} \right) \quad (*)$$

Sea $x = \dfrac{1}{n}$, *entonces*

$$(a - x)^2 = a^2 - 2ax + x^2 = a^2 - \frac{2a}{n} + \frac{1}{n^2} \geq a^2 - \frac{2a}{n} - \frac{1}{n} = a^2 - \frac{2a + 1}{n}$$

Aplicando $(*)$ *tenemos que :*

$$\frac{2a + 1}{n} < a^2 - 2$$

por lo tanto:

$$(a - x)^2 \geq a^2 - \frac{2a + 1}{n} > a^2 - (a^2 - 2) = 2$$

■

Ejemplo 10.6

$\exists x \in \mathbb{R}^+ (x^2 = 2)$

Demostración

Sea $A = \{ x \in \mathbb{R} : x^2 < 2 \}$

(I) $A \neq \phi$:

    $1 \in A$

(II) *2 es cota superior de A:*

    si $x \geq 2$, *entonces* $x^2 \geq 4$, *y por lo tanto,* $x \notin A$, *es decir, si* $x \in A$, *entonces* $x < 2$.
    Por lo tanto, A tiene supremo, sea $a = Sup\,A$.

(III) $a > 0$:

    $1 \in A$, *luego* $1 \leq a$, *de donde* $0 < 1 \leq a$.

(IV) $a^2 = 2$.

    Si $a^2 < 2$, *por el ejemplo 10.4, existe* $x \in \mathbb{R}^+$ *tal que* $(a + x)^2 < 2$, *y por lo tanto,*
    $a + x \in A$; *pero,* $a + x > a$, *lo que contradice que a es supremo de A.*

    Si $a^2 > 2$, *por el ejemplo 10.4existe* $x \in \mathbb{R}^+$ *tal que* $(a - x)^2 > 2$.

    Dado que $a > 0$ *y que si achicamos x, la desigualdad se sigue cumpliendo, podemos*
    escoger, x de modo que $(a - x) > 0$.

    Además, $a - x$ *no es cota superior de A y por lo tanto, existe* $y \in A$ *tal que* $a - x < y$,
    luego $(a - x)^2 < y^2 < 2$, *lo que es una contradicción.*
    Por lo tanto, $a^2 = 2$.

■

Este ejemplo se puede generalizar para todo real positivo.

Teorema

Teorema `10.5` $\forall a \in \mathbb{R}^+ \ \forall n \in \mathbb{N}^+ \ \exists! x \in \mathbb{R}^+ (x^n = a)$

(Todo real positivo admite una raíz n-ésima).

Demostración

La existencia de raíces cuadradas es un caso particular de este teorema para $n = 2$.

Sea $A = \{x \in \mathbb{R}^+ : x^n < a\}$. Entonces:

(I) $A \neq \phi$:

$\quad$ *Sea $x = \dfrac{a}{1+a}$, es claro que $0 < x < 1$ y que $x < a$. Por lo tanto, $x \in A$*

(II) *A es acotado superiormente: Sea $x = a + 1$, entonces $(x > 1 \wedge x > a)$, luego $x^n > x > a$. Por lo tanto, si $y \in A$, entonces $y^n < a < x$, luego x es cota superior de A.*
Luego por Axioma 10.1, A tiene supremo.

(III) *Sea $b = \mathrm{Sup}\, A$. Demostraremos por contradicción que $b^n = a$.*

$\quad$ a) *Supongamos que $b^n < a$. Sea ϵ un número entre 0 y 1 tal que*

$$\epsilon < \frac{a - b^n}{(b+1)^n - b^n} \quad (*)$$

$\quad$ *Entonces aplicando el teorema del binomio, tenemos:*

$$(b+\epsilon)^n = \sum_{k=0}^{n} \binom{n}{k} b^{n-k}\epsilon^k = b^n + \epsilon \sum_{k=1}^{n} \binom{n}{k} b^{n-k}\epsilon^{k-1}$$

$\quad$ *Dado que $0 < \epsilon < 1$ obtenemos:*

$$(b+\epsilon)^n < b^n + \epsilon \sum_{k=1}^{n} \binom{n}{k} b^{n-k} = b^n + \epsilon((b+1)^n - b^n)$$

$\quad$ *Utilizando $(*)$ se tiene que:*

$$(b+\epsilon)^n < b^n + \frac{a - b^n}{(b+1)^n - b^n}((b+1)^n - b^n) = a$$

Luego $b + \epsilon \in A$, lo que contradice el hecho que $b = \operatorname{Sup} A$

b) *En forma similar, se demuestra que si suponemos que $b^n > a$, entonces llegamos a una contradicción.*

Por lo tanto hemos demostrado que $b^n = a$

(IV) *Veamos la unicidad: supongamos que $x_1^n = a \wedge x_2^n = a \wedge x_1 \in \mathbb{R}^+ \wedge x_2 \in \mathbb{R}^+$. Entonces $x_1^n = x_2^n$ de donde es claro que $x_1 = x_2$*

■

El siguiente teorema enfatiza las diferencias ya mencionadas entre $\mathbb{R}$ y $\mathbb{Q}$.

Teorema

Teorema **10.6** (I) $\mathbb{R} \neq \mathbb{Q}$

(II) *Existe un conjunto de números reales A tal que $A \neq \phi \wedge A \subseteq \mathbb{Q} \wedge A$ es acotado superiormente en $\mathbb{Q}$ y A no tiene supremo en $\mathbb{Q}$ ($\mathbb{Q}$ no cumple el axioma del supremo).*

Demostración

(I) *Del ejemplo 10.6 tenemos que $\sqrt{2} \in \mathbb{R}$ y en 2.1 demostramos que*

$$\sqrt{2} \notin \mathbb{Q}$$

(II) *$A = \{x \in \mathbb{Q} : x^2 < 2\}$ cumple las condiciones pedidas*

■

El siguiente teorema dice que todo número real es supremo de algún conjunto de números racionales.

Teorema

Teorema 10.7 $Si\ a \in \mathbb{R},\ entonces\ Sup\{x \in \mathbb{R} : x \in \mathbb{Q} \wedge x < a\} = a$

Demostración

Sea $A = \{x \in \mathbb{R} : x \in \mathbb{Q} \wedge x < a\}$

Es claro que a es cota superior de A.

Sea $\epsilon \in \mathbb{R}^+$. Entonces $a - \epsilon < a$ y por teorema VI existe $x \in \mathbb{Q}$ tal que $a - \epsilon < x < a$, es decir, $a - \epsilon$ no es cota superior de A.   ∎

Definición

Definición 10.14   Exponenciación real de a

Sean $a, x \in \mathbb{R}$ con $a > 0$ Se define la **exponenciación** real de a como sigue:

$$a^x = \begin{cases} Sup\{a^r : r \le x \wedge r \in \mathbb{Q}\} & si\ \ a > 1 \\ 1 & si\ \ a = 1 \\ Inf\{a^r : r \le x \wedge r \in \mathbb{Q}\} & si\ \ a < 1 \end{cases}$$

Observación

Esta definición se basa en el hecho de que el conjunto $\{a^r : r \le x \wedge r \in \mathbb{Q}\}$ es acotado superiormente cuando $a > 1$ y es acotado inferiormente cuando $0 < a < 1$. También es importante hacer notar que si $x \in \mathbb{Q}$, entonces esta definición de a^x coincide con la que se dio previamente en el Capítulo 2.

Limites de sucesiones 10.2

La definición central de esta sección es la de **convergencia** de una sucesión. La idea intuitiva que queremos formalizar es la siguiente:

Supongamos que tenemos la sucesión $\{\frac{1}{n}\}_{n\in\mathbb{N}}$, sabemos que es de la forma :

$$1, \frac{1}{2}, \frac{1}{3} \cdots \frac{1}{n} \cdots$$

Por lo tanto, vemos que si n es un natural muy grande, el término n-ésimo de la sucesión es muy chico; de hecho, a medida que n es más y más grande, a_n está cada vez más cercano al cero, es decir, a partir de un punto en adelante, el valor de los términos de la sucesión se aproximan a cero tanto como se quiera. En este caso decimos que $\left\{\frac{1}{n}\right\}_{n\in\mathbb{N}}$ converge a cero.

Tomemos ahora la sucesión $\{n\}_{n\in\mathbb{N}}$, en este caso vemos que si n es grande, el término n-ésimo de la sucesión también es grande; de hecho, a medida que avanzamos en el orden de los términos de la sucesión, sus valores crecen indefinidamente, es decir, no se aproximan a ningún valor real. En este caso decimos que la sucesión $\{n\}_{n\in\mathbb{N}}$ diverge a ∞.

También vemos que si consideramos la sucesión $\{(-1)^n\}_{n\in\mathbb{N}}$, no podemos saber si el término n-ésimo de ella es 1 o -1, y a medida que avanzamos en los términos de la sucesión continúa la dualidad, es decir, no nos acercamos a un único valor fijo y por lo tanto, esta sucesión igual diverge.

Definición

Definición 10.15 *Convergencia al número a*

Sea $\{a_n\}_{n\in\mathbb{N}}$ sucesión, $a \in \mathbb{R}$, decimos que $\{a_n\}_{n\in\mathbb{N}}$ **converge al número** *a, en símbolos: $\lim\limits_{n\to\infty} a_n = a$ si y solo si:*

$$\forall \epsilon > 0 \; \exists n_0 \in \mathbb{N} \, (\forall n > n_0)(|a_n - a| < \epsilon).$$

Si una sucesión no converge, decimos que diverge.

Ejemplos

Ejemplo 10.7

Demostrar que

$$\lim_{n \to \infty} \frac{1}{n} = 0$$

Demostración

Debemos demostrar que:

$$\forall \epsilon > 0 \; \exists n_0 \in \mathbb{N} \, (\forall n > n_0) \left(\left| \frac{1}{n} - 0 \right| < \epsilon \right)$$

Es decir, dado $\epsilon > 0$, hay que encontrar $n_0 \in \mathbb{N}$ tal que si $n > n_0$ entonces:
$\left| \frac{1}{n} \right| < \epsilon$. *Esto es equivalente a encontrar $n_0 \in \mathbb{N}$ tal que si $n > n_0$ entonces:*
$\frac{1}{n} < \epsilon$. *Sea $n_0 \in \mathbb{N} \land n_0 > \frac{1}{\epsilon}$*

La propiedad Arquimediana nos garantiza la existencia de n_0. Luego,
Si $n > n_0$, entonces

$$\frac{1}{n} < \frac{1}{n_0} < \epsilon$$

Por lo tanto

$$\lim_{n \to \infty} \frac{1}{n} = 0$$

∎

Ejemplo 10.8

Demostrar que

$$\lim_{n \to \infty} \frac{n}{n+1} = 1$$

Demostración

Debemos demostrar que:

$$\forall \epsilon > 0 \; \exists n_0 \in \mathbb{N} \; (\forall n > n_0) \left(\left| \frac{n}{n+1} - 1 \right| < \epsilon \right)$$

Esto es equivalente a demostrar que:

$$\forall \epsilon > 0 \ \exists n_0 \in \mathbb{N} \ (\forall n > n_0) \left(\frac{1}{n+1} < \epsilon \right)$$

Sea $\epsilon > 0$ *y sea* $n_0 \in \mathbb{N} \ \wedge \ n_0 > \dfrac{1 - \epsilon}{\epsilon}$, *nuevamente su existencia está garantizada por la propiedad arquimediana.*
Entonces si $n > n_0$ *se tiene:*

$$n + 1 > \frac{1 - \epsilon}{\epsilon} + 1 = \frac{1}{\epsilon}$$

Por lo tanto

$$\frac{1}{n+1} < \epsilon$$

Por lo tanto

$$\lim_{n \to \infty} \frac{n}{n+1} = 1$$

Proposición

Proposición 10.1 *Si* $\{a_n\}_{n \in \mathbb{N}}$ *es sucesión convergente, entonces su límite es único.*

Demostración

Supongamos que no es único el límite, entonces:

$$\exists l_1 \in \mathbb{R} \ \exists l_2 \in \mathbb{R} \ (l_1 \neq l_2 \ \wedge \ \lim_{n \to \infty} a_n = l_1 \ \wedge \ \lim_{n \to \infty} a_n = l_2)$$

Sea

$$\epsilon = \frac{|l_1 - l_2|}{2}.$$

Entonces, $\epsilon > 0$ *y tenemos que:*

$$\exists n_0 \in \mathbb{N} \ (\forall n > n_0) \ (|a_n - l_1| < \epsilon) \ (*)$$

$$\exists n_1 \in \mathbb{N} \ (\forall n > n_1) \ (|a_n - l_2| < \epsilon) \ (**)$$

Por lo tanto, si $n_2 = Max\{n_0, n_1\}$ *y* $n > n_2$

$$|l_1 - l_2| = |l_1 - a_n + a_n - l_2| \leq |a_n - l_1| + |a_n - l_2| < \epsilon + \epsilon \ \text{(utilizando } (*) \text{ y} (**))$$

Luego:

$$|l_1 - l_2| < 2\epsilon = |l_1 - l_2|$$

lo que es contradictorio.

Por lo tanto $l_1 = l_2$. ■

Teorema

Teorema 10.8 *Si la sucesión $\{a_n\}_{n\in\mathbb{N}}$ es convergente entonces es acotada. Es decir:*

$$\exists M \in \mathbb{R}^+ \, \forall n \in \mathbb{N} \, (|a_n| \leq M)$$

Demostración

Sea $l \in \mathbb{R} \wedge \lim_{n\to\infty} a_n = l$.

Sea $\epsilon = 1$, entonces aplicando la definición de límite tenemos:

$$\exists n_0 \in \mathbb{N}(n > n_0)(|a_n - l| < 1),$$

con lo cual obtenemos que si $n > n_0$ entonces

$$||a_n| - |l|| \leq |a_n - l| < 1$$

luego:

$$\forall n > n_0 \, (|a_n| < 1 + |l|)$$

Sea entonces:

$$M = Max\{|a_1|, |a_2|, \cdots, |a_{n_0}|, 1 + |l|\}$$

Claramente, obtenemos que

$$\forall n \in \mathbb{N} \, (|a_n| < M)$$

■

Observación

El teorema anterior nos dice que el hecho de ser convergente es condición suficiente para que la sucesión sea acotada; sin embargo, es falsa la propiedad recíproca. Por ejemplo, la sucesión $\{(-1)^n\}_{n\in\mathbb{N}}$ es acotada, pero no es convergente dado que es oscilatoria.

Proposición

Proposición 10.2 *Sea $p \in \mathbb{N}$ y sea $\{a_n\}_{n \in \mathbb{N}}$ sucesión convergente, entonces*

$$\lim_{n \to \infty} a_n = \lim_{n \to \infty} a_{n+p}$$

Demostración

Sea $\lim_{n \to \infty} a_n = l$ con $l \in \mathbb{R}$. Sea $\epsilon > 0$, sabemos que

$$\exists n_0 \in \mathbb{N}\, (\forall n > n_0)(|a_n - l| < \epsilon)$$

sea $n_1 = n_0 + p$, entonces si $n + p > n_1$ se tiene que $n > n_0$ y por lo tanto se cumple que:

$$(\forall n > n_0)(|a_n - l| < \epsilon)$$

en particular,

$$|a_{n+p} - l| < \epsilon$$

es decir:

$$\lim_{n \to \infty} a_{n+p} = l$$

∎

Ejemplos

Ejemplo 10.9

Demostrar que

$$\lim_{n \to \infty} \frac{1}{n + 1} = 0$$

Demostración

Dado que

$$\lim_{n \to \infty} \frac{1}{n} = 0$$

usando la propiedad anterior con $p = 1$ se obtiene el resultado.

∎

Ejemplo 10.10

Demostrar que

$$\lim_{n \to \infty} \frac{n+2}{n+3} = 1$$

Demostración

Utilizando el ejemplo [10.2.2(2)] tenemos que

$$\lim_{n \to \infty} \frac{n}{n+1} = 1$$

y utilizando la propiedad anterior con $p = 2$ se obtiene el resultado. ∎

Ejemplo 10.11

Demuestre que si $\lim_{n \to \infty} a_n = 0$ y $\{b_n\}_{n \in \mathbb{N}}$ es una sucesión acotada, entonces $\lim_{n \to \infty} a_n b_n = 0$.

Demostración

Sea $M \in \mathbb{R}^+$ tal que $|b_n| \leq M$, $\forall n \in \mathbb{N}$. Sea $\epsilon > 0$, entonces tenemos que

$$\exists n_0 \in \mathbb{N}(\forall n > n_0)(|a_n| < \frac{\epsilon}{M})$$

Sea $n > n_0$, entonces:

$$|a_n b_n| = |a_n||b_n| < \frac{\epsilon}{M}M = \epsilon$$

∎

Observación

Notemos que si $\lim_{n \to \infty} a_n \neq 0$, esta propiedad no es cierta. Por ejemplo:

$$\lim_{n \to \infty} \frac{n}{n+1} = 1, \quad y \quad |(-1)^n| \leq 1$$

sin embargo la sucesión producto: $(-1)^n \dfrac{n}{n+1}$ diverge.

Proposición

Proposición | **10.3** $\quad$ *Si* $\lim\limits_{n\to\infty} a_n = l \,\wedge\, l \neq 0$ *entonces* $\exists n_0 \in \mathbb{N} \,\forall n > n_0$ $(\,\mathrm{signo}(a_n) =$
$\mathrm{signo}(l))$ *donde* $sg(x)$ *denota el signo de* x.

Demostración

Tenemos dos casos para l;

1. *Si* $l < 0$, *entonces* $-l > 0$, *sea* $\epsilon = \dfrac{-l}{2}$, *como* $\lim\limits_{n\to\infty} a_n = l$, *entonces*

$$\exists n_0 \in \mathbb{N}(\forall n > n_0)\left(|a_n - l| < \frac{-l}{2}\right)$$

Por lo tanto:

$$\frac{l}{2} < a_n - l < -\frac{l}{2},$$

$$\frac{3l}{2} < a_n < \frac{l}{2}, \ \forall n > n_0$$

Es decir, a partir de n_0, $a_n < 0$.

2. *Si* $l > 0$, *sea* $\epsilon = \dfrac{l}{2}$, *entonces* $\exists n_0 \in \mathbb{N}(\forall n > n_0)\left(|a_n - l| < \frac{l}{2}\right)$. *Por lo tanto:*

$$\frac{-l}{2} < a_n - l < \frac{l}{2}, \ \forall n > n_0$$

$$0 < \frac{l}{2} < a_n < \frac{3l}{2}, \ \forall n > n_0$$

Es decir, a partir de n_0, $a_n > 0$.

Corolario

Corolario | **10.1** $\quad$ *Si* $a_n > 0$ $\ \forall n \in \mathbb{N}$ *y* $\{a_n\}_{n\in\mathbb{N}}$ *es convergente, entonces* $\lim\limits_{n\to\infty} a_n \geq 0$.

Demostración

Es una consecuencia inmediata de la proposición anterior. ∎

Teorema

Teorema **10.9** *Sea* $\lim\limits_{n\to\infty} a_n = A \,\wedge\, \lim\limits_{n\to\infty} b_n = B$, *entonces:*

(I) $\lim\limits_{n\to\infty} c = c$, *c constante*

(II) $\lim\limits_{n\to\infty} (a_n \pm b_n) = A \pm B$

(III) $\lim\limits_{n\to\infty} ca_n = cA$, *c* constante

(IV) $\lim\limits_{n\to\infty} a_n \cdot b_n = A \cdot B$

(V) $\lim\limits_{n\to\infty} \dfrac{1}{b_n} = \dfrac{1}{B}$, *si* $B \neq 0$ *y* $b_n \neq 0\ \forall n \in \mathbb{N}$

(VI) $\lim\limits_{n\to\infty} \dfrac{a_n}{b_n} = \dfrac{A}{B}$, *si* $B \neq 0$ *si* $B \neq 0$ *y* $b_n \neq 0$

(VII) $\lim\limits_{n\to\infty} a_n^r = A^r$, $r \in \mathbb{Q}$

donde si $r \in \mathbb{Z}^-$ *entonces* $A \neq 0$ *y si* $r \in \mathbb{Q} - \mathbb{Z}$, *entonces* $a_n \geq 0$

Demostración

Demostraremos (II), (V) y (VII), dejando el resto como ejercicios.

(II) Sea $\epsilon > 0$ *entonces por las hipótesis del teorema tenemos que:*

$$\exists n_1 > 0 \left(\forall n > n_1 \right)\left(|a_n - A| < \frac{\epsilon}{2}\right) \quad (*)$$

$$\exists n_2 > 0 \left(\forall n > n_2 \right)\left(|b_n - B| < \frac{\epsilon}{2}\right) \quad (**)$$

Sea $n_0 = Max\{n_1, n_2\}$. *Entonces:*

Si $n > n_0$, $|(a_n + b_n) - (A + B)| \leq |a_n - A| + |b_n - B| < \dfrac{\epsilon}{2} + \dfrac{\epsilon}{2} = \epsilon$ (utilizando$(*)$ y$(**)$)

(V) *Sea $\epsilon > 0$ y sea $\epsilon_1 = \dfrac{|B|}{2}$ entonces por las hipótesis tenemos que:*

$$\exists n_1 \in \mathbb{N} \, (\forall n > n_2)(|b_n - B| < \epsilon_1)$$

Por lo tanto, si $n > n_1$, tenemos:

$$|B| = |B - b_n + b_n| \leq |b_n - B| + |b_n| < \frac{|B|}{2} + |b_n|$$

Es decir que si $n > n_1$, entonces $|b_n| > \dfrac{|B|}{2}$ $(*)$

Sea ahora $\epsilon_2 = \dfrac{\epsilon B^2}{2}$, entonces existe $n_2 \in \mathbb{N}$ tal que:

$$\forall n > n_2 \left(|b_n - B| < \frac{\epsilon B^2}{2} \right) \quad (**)$$

Sea $n_0 = Max\{n_1, n_2\}$, entonces, si $n > n_0$ tenemos al aplicar $(*)$ y $(**)$ que:

$$\left| \frac{1}{b_n} - \frac{1}{B} \right| = \frac{|b_n - B|}{|B||b_n|} < \epsilon$$

(VII) *Sea $\epsilon > 0$. Dado que $\{a_n\}_{n\in\mathbb{N}}$ es sucesión convergente, entonces es acotada por M. Sean*

$L = Max\{M, |A|\}$ y $\epsilon_1 = \dfrac{\epsilon}{|r|L^{r-1}}$. Entonces sabemos que

$$\exists n_0 \in \mathbb{N} \, (n > n_0) \left(|a_n - A| < \frac{\epsilon}{|r|L^{r-1}} \right)$$

Sea $n > n_0$, entonces

$$
\begin{aligned}
|a_n^r - A^r| \; &= \; |a_n - A||a_n^{r-1} + a - n^{r-2}A + \cdots + a_n A^{r-2} + A^{r-1}| \\
&\leq \; \epsilon_1(M^{r-1} + M^{r-2}|A| + \cdots + M|A|^{r-2} + |A|^{r-1}) \\
&\leq \; \epsilon_1(|r|L^{r-1}) \\
&= \; \epsilon
\end{aligned}
$$

Ejemplos

Ejemplo 10.12

Calcular

$$\lim_{n\to\infty} \frac{4n^2 - 3n}{n^2 - 3n}$$

Solución

$$\lim_{n\to\infty} \frac{4n^2 - 3n}{n^2 - 3n} = \lim_{n\to\infty} \frac{4 - \frac{3}{n}}{1 - \frac{3}{n}} = \frac{4 - 3 \cdot 0}{1 - 3 \cdot 0} = 4$$

Ejemplo 10.13

Calcular

$$\lim_{n\to\infty} \frac{3}{\sqrt{n}}$$

Solución

$$\lim_{n\to\infty} \frac{3}{\sqrt{n}} = 3 \lim_{n\to\infty} \left(\frac{1}{n}\right)^{1/2} = 3 \cdot \sqrt{0} = 0$$

Proposición

Proposición 10.4 *Si* $\lim_{n\to\infty} a_n = A \ \wedge \ \lim_{n\to\infty} b_n = B \ \wedge \ \forall n \in \mathbb{N} \ (a_n \leq b_n),$ *entonces* $A \leq B.$

Demostración

Supongamos que $B - A < 0,$ *entonces*

$$B - A = \lim_{n\to\infty} b_n - \lim_{n\to\infty} a_n < 0$$

Luego

$$\lim_{n\to\infty} (b_n - a_n) < 0$$

Por lo tanto, al aplicar la proposición 10.3, tenemos:

$$\exists n_0 \in \mathbb{N}\, (\forall n > n_0)(b_n - a_n < 0)$$

lo cual contradice la hipótesis.

Luego $B - A \geq 0$, por lo tanto, $A \leq B$. ∎

Teorema del sándwich	10.2.1

Teorema

Teorema **10.10**   *Sea $\lim\limits_{n\to\infty} a_n = l$ y $\lim\limits_{n\to\infty} c_n = l$. Suponga además que*

$$a_n \leq b_n \leq c_n, \quad \forall n > n_0$$

Entonces $\lim\limits_{n\to\infty} b_n = l$

Demostración

Consideraremos dos casos posibles:

1. *Si $a_n = 0, \forall n \in \mathbb{N}$, entonces, $\lim\limits_{n\to\infty} c_n = 0$ y como $0 \leq b_n \leq c_n, \quad \forall n > n_0$ tenemos que:*

$$\forall \epsilon > 0 \;\; \exists n_1 \in \mathbb{N}\, (\forall n > n_1)(|b_n - 0| = |b_n| = b_n \leq c_n = |c_n| < \epsilon).$$

Por lo tanto, en este caso hemos probado que $\lim\limits_{n\to\infty} b_n = 0$

2. *Supongamos que $a_n \neq 0$ para algún $n \in \mathbb{N}$. Entonces como:*

$$a_n \leq b_n \leq c_n \text{ para } n > n_0, \to 0 \leq b_n - a_n \leq c_n - a_n, \, n > n_0$$

Como

$$\lim_{n\to\infty} (c_n - a_n) = \lim_{n\to\infty} c_n - \lim_{n\to\infty} a_n = l - l = 0$$

aplicamos el caso 1 y obtenemos que

$$\lim_{n\to\infty} (b_n - a_n) = 0$$

Por lo tanto:

$$\lim_{n\to\infty} b_n = \lim_{n\to\infty} (b_n - a_n + a_n) = \lim_{n\to\infty} (b_n - a_n) + \lim_{n\to\infty} a_n = 0 + l = l$$

∎

Ejemplos

Ejemplo 10.14

Calcular

$$\lim_{n\to\infty} (\sqrt{n+1} - \sqrt{n})$$

Solución

Dado que:

$$\sqrt{n+1} - \sqrt{n} = \frac{n+1-n}{\sqrt{n+1} + \sqrt{n}} < \frac{1}{\sqrt{n}}$$

Tenemos:

$$0 \le \sqrt{n+1} - \sqrt{n} \le \frac{1}{\sqrt{n}} = \sqrt{\frac{1}{n}},$$

Y aplicando el teorema del sándwich, obtenemos que:

$$\lim_{n\to\infty} (\sqrt{n+1} - \sqrt{n}) = 0$$

Ejemplo 10.15

Sea $a_n = \dfrac{1}{n^2+1} + \dfrac{1}{n^2+2} + \cdots + \dfrac{1}{n^2+n}$. *Calcular* $\lim\limits_{n\to\infty} a_n$

Solución

Tenemos que:

$$n \cdot \frac{1}{n^2+n} \le \frac{1}{n^2+1} + \frac{1}{n^2+2} + \cdots + \frac{1}{n^2+n} \le n \cdot \frac{1}{n^2+1}$$

Además,

$$\lim_{n\to\infty}\frac{n}{n^2+n}=\lim_{n\to\infty}\frac{\frac{1}{n}}{1+\frac{1}{n}}=0 \quad (*)$$

$$\lim_{n\to\infty}\frac{n}{n^2+1}=\lim_{n\to\infty}\frac{\frac{1}{n}}{1+\frac{1}{n^2}}=0 \quad (**)$$

De $(*)$ y $(**)$ obtenemos por el teorema del sándwich que:

$$\lim_{n\to\infty} a_n = 0$$

Ejemplo 10.16

Calcular

$$\lim_{n\to\infty}\frac{\operatorname{sen}(n\pi)}{n}$$

Solución

Sabemos que

$$-1 \leq \sin(n\pi) \leq 1$$

Por lo tanto:

$$-\frac{1}{n} \leq \frac{\sin(n\pi)}{n} \leq \frac{1}{n}$$

Luego,

$$\lim_{n\to\infty}\frac{\sin(n\pi)}{n}=0$$

Ejemplo 10.17

Demostrar que

$$\lim_{n\to\infty}\sqrt[n]{n}=1$$

Solución

Sea $a_n = \sqrt[n]{n}$, entonces, para todo $n \in \mathbb{N}$ se tiene que $a_n > 1$, por lo tanto podemos escribir

$$a_n = 1 + h_n, \quad \text{con} \quad h_n > 0$$

Luego

$$\sqrt[n]{n} = 1 + h_n, \quad \text{es decir}$$

$$n = (1 + h_n)^n = \sum_{k=0}^{n} \binom{n}{k} h_n^k \geq 1 + nh_n + \frac{n(n-1)}{2}h_n^2 > \frac{n(n-1)}{2}h_n^2$$

Es decir:

$$h_n^2 < \frac{2}{n-1}$$

y

$$0 < h_n < \sqrt{\frac{2}{n-1}}$$

Por lo tanto

$$\lim_{n\to\infty} h_n = 0$$

Luego,

$$\lim_{n\to\infty} \sqrt[n]{n} = \lim_{n\to\infty} (1 + h_n) = 1$$

Ejemplo 10.18

Demostrar que

$$\lim_{n\to\infty} r^n = \begin{cases} 0 & \text{si } |r| < 1 \\ 1 & \text{si } r = 1 \\ \text{no existe en otros casos} \end{cases}$$

Demostración

(ı) *Si* $r > 1$, *entonces* r^n *no es acotada y por lo tanto diverge*

(ıı) *Si* $r = 0$, *es obvio*

(ııı) *Si* $0 < r < 1$, *entonces* $r = \dfrac{1}{s}$ *con* $s > 1$. *Por lo tanto,* $s = 1 + h$ *con* $h > 0$.
   Luego

$$r^n = \frac{1}{(1 + h)^n}$$

$$= \frac{1}{\displaystyle\sum_{k=0}^{n} \binom{n}{k} h^k} < \frac{1}{nh}$$

Por lo tanto,

$$0 < r^n < \frac{1}{nh}$$

Aplicando el teorema del sandwich, obtenemos que en este caso:

$$\lim_{n\to\infty} r^n = 0$$

(IV) Si $-1 < r < 0$, entonces

$$-|r|^n \le r^n \le |r|^n$$

Nuevamente, como $0 < |r| < 1$ utilizando el caso (iii) y el teorema del sándwich, tenemos que

$$\lim_{n\to\infty} r^n = 0$$

(V) Si $r = 1$, es obvio el resultado

(VI) Si $r = -1$, la sucesión resultante es:

$$-1, 1, -1, 1, \cdots$$

la cual es divergente

(VII) Si $r < -1$, entonces la sucesión r^n no es acotada y por lo tanto no tiene límite

■

Ejemplo 10.19

Dada la sucesión:

$$0.3, 0.33, 0.333, 0.3333 \cdots$$

Demostrar que

$$\lim_{n\to\infty} a_n = \frac{1}{3}$$

Demostración

Tenemos que:

$$a_1 = \frac{3}{10}$$

$$a_2 = \frac{3}{10} + \frac{3}{10^2}$$

$$a_3 = \frac{3}{10} + \frac{3}{10^2} + \frac{3}{10^3}$$

$$\vdots = \vdots$$

$$a_n = \sum_{k=1}^{n} \frac{3}{10^k}$$

Luego

$$\lim_{n\to\infty} a_n = \lim_{n\to\infty} 3\sum_{k=1}^{n} \frac{1}{10^k}$$

$$= \lim_{n\to\infty} \frac{3}{10} \frac{(1 - (\frac{1}{10})^n)}{(1 - \frac{1}{10})}$$

$$= \frac{1}{3} \lim_{n\to\infty} \left(1 - \left(\frac{1}{10}\right)^n\right)$$

$$= \frac{1}{3}$$

Ejemplo 10.20

Calcular

$$\lim_{n\to\infty} \frac{2^n - 1}{3^n + 1}$$

Solución

Tenemos que

$$\lim_{n\to\infty} \frac{2^n - 1}{3^n + 1} = \lim_{n\to\infty} \frac{(\frac{2}{3})^n - (\frac{1}{3})^n}{1 + (\frac{1}{3})^n}$$

Utilizando el ejercicio anterior, sabemos que:

$$\lim_{n\to\infty} \frac{1}{3^n} = 0 \quad y \quad \lim_{n\to\infty} \left(\frac{2}{3}\right)^n = 0$$

Por lo tanto

$$\lim_{n\to\infty} \frac{2^n - 1}{3^n + 1} = 0$$

Teorema

Teorema 10.11 *Sea $\{a_n\}_{n\in\mathbb{N}}$ sucesión monótona y acotada, entonces $\{a_n\}_{n\in\mathbb{N}}$ es convergente.*

Demostración

Vamos a demostrar el teorema para el caso en que la sucesión dada sea creciente, de manera análoga se demuestra en el caso que sea decreciente.

Sea $A = \{a_n : n \in \mathbb{N}\}$, entonces $A \subseteq \mathbb{R}$ y A es acotado superiormente, por lo tanto tiene supremo.

Sea $l = \operatorname{Sup} A$, demostraremos que $\lim_{n\to\infty} a_n = l$.

Sea $\epsilon > 0$, como $l = \operatorname{Sup} A$, tenemos que $\exists x \in A (l - \epsilon < x \leq l)$, pero $x \in A$ si y solo si $x = a_{n_0}$, para algún $n_0 \in \mathbb{N}$. Por lo tanto,

$$l - \epsilon < a_{n_0} \leq l$$

Si $n > n_0$ tenemos que $a_n \geq a_{n_0}$ por ser sucesión creciente, y como $a_n \in A$ entonces $a_n \leq l$. Luego

$$l - \epsilon < a_{n_0} \leq a_n \leq l \rightarrow -\epsilon < a_n - l \leq 0 < \epsilon \; |a_n - l| < \epsilon.$$

con lo cual, $\lim_{n\to\infty} a_n = l$ ■

Observación

Es fácil modificar la demostración que acabamos de hacer para generalizar el teorema pidiendo que la sucesión acotada sea monótona a partir de un $n_0 \in \mathbb{N}$. También es claro que si la sucesión es creciente, basta ver que sea acotada superiormente, pues el primer término es una cota inferior. Análogamente, si la sucesión es decreciente, basta encontrar una cota inferior, pues el primer término es cota superior.

Ejemplos

Ejemplo 10.21

Sea $a_1 = \sqrt{2}$ y $a_{n+1} = \sqrt{2 + a_n}$. Demostrar que $\{a_n\}_{n\in\mathbb{N}}$ es convergente y encontrar su límite.

Demostración

- *Veamos por inducción que $\{a_n\}_{n\in\mathbb{N}}$ es sucesión creciente. Efectivamente*

$$a_1 = \sqrt{2} < \sqrt{2 + \sqrt{2}} = a_2$$

Supongamos como H.I. que se cumple que $a_n < a_{n+1}$
Entonces:

$$a_n + 2 < a_{n+1} + 2 \rightarrow \sqrt{a_n + 2} < \sqrt{a_{n+1} + 2} \rightarrow a_{n+1} < a_{n+2}$$

- *Veamos ahora por inducción que $\forall n \in \mathbb{N}(a_n < 2)$*
Efectivamente

$$a_1 = \sqrt{2} < 2$$

Supongamos como H.I. que se cumple que $a_n < 2$
Entonces

$$2 + a_n < 2 + 2 \rightarrow \sqrt{2 + a_n} < \sqrt{4} \rightarrow a_{n+1} < 2$$

- *Por lo tanto, según el teorema anterior, tenemos que $\{a_n\}_{n\in\mathbb{N}}$ es convergente. Sea entonces, $\lim\limits_{n\to\infty} a_n = l$.*
Luego,

$$\lim_{n\to\infty} a_n = l \ \text{ y por lo tanto}$$
$$\lim_{n\to\infty} a_{n+1} = l$$
$$\lim_{n\to\infty} \sqrt{2 + a_n} = l$$
$$\sqrt{2 + l} = l$$
$$2 + l = l^2$$
$$l^2 - l - 2 = l$$

Luego

$$l = \frac{1 \pm 1\sqrt{1 + 8}}{2} = \frac{1 \pm 3}{2}$$

Por lo tanto $(l = 2 \vee l = -1)$

Como $a_n > 0, \forall n \in \mathbb{N}$, descartamos $l = -1$ por las propiedades vistas anteriormente y obtenemos:

$$\lim_{n\to\infty} a_n = 2$$

Ejemplo 10.22

Demostrar que $a_n = \left(1 + \dfrac{1}{n}\right)^n$ es sucesión convergente.

Demostración

En 6.13 hemos demostrado que:

$$\left(1+\frac{1}{n}\right)^n < \left(1+\frac{1}{n+1}\right)^{n+1}$$

con esto hemos establecido que la sucesión es creciente. Veamos ahora que ella es acotada:

$$
\begin{aligned}
\left(1+\frac{1}{n}\right)^n &= \sum_{k=0}^{n} \binom{n}{k}\frac{1}{n^k} \\
&= \sum_{k=0}^{n} \frac{1\cdot 2\cdots n}{1\cdot 2\cdots(n-k)\ k!\,n^k} \\
&= \sum_{k=0}^{n} \frac{(n-k+1)\cdots n}{k!\,n\cdots n} \\
&= \sum_{k=0}^{n} \frac{1}{k!}\left(1-\left(\frac{k-1}{n}\right)\right)\cdots\left(1-\frac{1}{n}\right) \\
&< \sum_{k=0}^{n} \frac{1}{k!} \\
&= 2+\sum_{k=2}^{n} \frac{1}{k!} \\
&\leq 2+\sum_{k=2}^{n} \frac{1}{2^{k-1}} \quad (*) \\
&= 2+\left(1-\left(\frac{1}{2}\right)^{n-2}\right) \ \text{por ser PG} \\
&< 3
\end{aligned}
$$

La desigualdad $(*)$ resulta de demostrar por inducción que

$$k! \geq 2^{k-1}$$

Por lo tanto la sucesión es acotada y por el teorema anterior, concluimos que es convergente, más aún, observando las desigualdades que utilizamos para ver que es acotada, obtenemos que:

$$2 \leq \lim_{n\to\infty} a_n \leq 3$$

∎

Definición

Definición 10.16 *Número natural e*

$$\lim_{n\to\infty} \left(1 + \frac{1}{n}\right)^n = e$$

Luego sabemos que $(e \in \mathbb{R} \;\wedge\; 2 \le e \le 3)$

Ejemplo 10.23

Calcular

$$\lim_{n\to\infty} \left(1 - \frac{1}{n}\right)^n.$$

Solución

$$
\begin{aligned}
\lim_{n\to\infty} \left(1 - \frac{1}{n}\right)^n
&= \lim_{n\to\infty} \left(\frac{n-1}{n}\right)^n \\[2mm]
&= \lim_{n\to\infty} \frac{1}{\left(\frac{n}{n-1}\right)^n} \\[2mm]
&= \lim_{n\to\infty} \frac{1}{\left(1 + \left(\frac{1}{n-1}\right)\right)^{n-1+1}} \\[2mm]
&= \lim_{n\to\infty} \frac{1}{\left(1 + \left(\frac{1}{n-1}\right)\right)^{n-1} \cdot \left(1 + \left(\frac{1}{n-1}\right)\right)} \\[2mm]
&= \frac{1}{e} \cdot 1 \\[2mm]
&= e^{-1}
\end{aligned}
$$

Proposición

Proposición 10.5 *Sea* $a_n > 0$ *y* $\lim_{n\to\infty} \dfrac{a_{n+1}}{a_n} = l < 1$. *Entonces* $\lim_{n\to\infty} a_n = 0$

Demostración

Por hipótesis tenemos que $\lim_{n\to\infty} \dfrac{a_{n+1}}{a_n} = l$, *por lo tanto, como* $l < 1$, *sea* ϵ *un* *número positivo tal que $l + \epsilon < 1$, entonces por definición de límite,*

$$\exists n_0 \in \mathbb{N} \; (\forall n > n_0) \left(\left| \frac{a_{n+1}}{a_n} - l \right| < \epsilon \right)$$

Por lo tanto, tenemos:

$$0 \; < \; \frac{a_{n_0+2}}{a_{n_0+1}} \; < \; l + \epsilon = k < 1, \, luego$$

$$a_{n_0+2} \; < \; k \, a_{n_0+1}$$

$$a_{n_0+3} \; < \; k \, a_{n_0+2} < k^2 a_{n_0+1}$$
$$\vdots$$
$$0 \; < \; a_{n_0+p} \; < \; k^{p-1} a_{n_0+1}$$

Aplicando el teorema del sándwich tenemos:

$$\lim_{p \to \infty} a_{n_0+p} = 0 \; pues \; k < 1$$

Por lo tanto, $\displaystyle\lim_{n \to \infty} a_n = 0$ por teorema 10.2. ■

Problemas

Problema 10.2

Calcular

$$\lim_{n \to \infty} \frac{n^p}{a^n}, \quad a > 1$$

Solución

Utilizaremos la proposición anterior:

$$\lim_{n \to \infty} \frac{a_{n+1}}{a_n} = \lim_{n \to \infty} \frac{\frac{(n+1)^p}{a^{n+1}}}{\frac{n^p}{a^n}} = \lim_{n \to \infty} \frac{1}{a} \left(1 + \frac{1}{n} \right)^p = \frac{1}{a} < 1$$

Por lo tanto:

$$\lim_{n \to \infty} \frac{n^p}{a^n} = 0$$

Problema 10.3

Calcular

$$\lim_{n\to\infty} \frac{a^n}{n!}$$

Solución

Utilizaremos nuevamente la proposición anterior:

$$\lim_{n\to\infty} \frac{a_{n+1}}{a_n} = a \lim_{n\to\infty} \frac{1}{n+1} = 0 < 1$$

Por lo tanto,

$$\lim_{n\to\infty} \frac{a^n}{n!} = 0$$

Problema 10.4

Calcular

$$\lim_{n\to\infty} \sqrt[n]{e^n + \pi^n}$$

Solución

$$\lim_{n\to\infty} \sqrt[n]{e^n + \pi^n} = \lim_{n\to\infty} \pi \sqrt[n]{1 + \left(\frac{e}{\pi}\right)^n} = \pi \lim_{n\to\infty} \sqrt[n]{1 + \left(\frac{e}{\pi}\right)^n}$$

Además,

$$0 < e < \pi \;\to\; 0 < \left(\frac{e}{\pi}\right)^n < 1 \;<\; 1 + \left(\frac{e}{\pi}\right)^n < 2 < n \text{ para } n > 2$$

$$\to 1 < \sqrt[n]{1 + \left(\frac{e}{\pi}\right)^n} < \sqrt[n]{n}$$

Por Ejemplo 10.17 y Teorema 10.10, se tiene:

$$\lim_{n\to\infty} \sqrt[n]{e^n + \pi^n} = \pi$$

Ejercicios Propuestos 10.3

1. Determine si los siguientes conjuntos de números reales son o no acotados superior y/o inferiormente. En cada caso de ejemplos de cotas superiores y/o inferiores y determine el supremo y/o el ínfimo del conjunto cuando exista:

   (a) $\mathbb{N} -]2, \infty[$

   (b) $\mathbb{Q}^+$

   (c) $\{x \in \mathbb{R} : x > 1 \vee x = -1\}$

   (d) $[-2, 1] \cup [0, 7[$

   (e) $\mathbb{Z} \cap [-10, 10]$

   (f) $\{x \in \mathbb{R} : x^2 < 3\}$

   (g) $\{x \in \mathbb{Q} : x^2 > 5\}$

2. Sea $A \subseteq \mathbb{R}^+$ un conjunto acotado. Sean $\operatorname{Sup} A = M \neq 0$ y $\operatorname{Inf} A = m \neq 0$ y $B = \{x \in \mathbb{R} : \dfrac{1}{x} \in A\}$

   Demuestre que:

   $$\operatorname{Sup} B = \frac{1}{m} \quad e \quad \operatorname{Inf} B = \frac{1}{M}$$

3. Sean $A, B \subseteq \mathbb{R}$, acotados y $a \in \mathbb{R}$.

   Definamos:

   $$\begin{aligned} A + B &= \{x + y : \ x \in A \wedge y \in B\} \\ A \cdot B &= \{x \cdot y : \ x \in A \wedge y \in B\} \ y \\ a \cdot A &= \{a \cdot x : \ x \in A\} \end{aligned}$$

   Demuestre:

   (a) $\operatorname{Sup}(A + B) = \operatorname{Sup} A + \operatorname{Sup} B$

   (b) $a > 0 \rightarrow \operatorname{Sup}(a \cdot A) = a \cdot (\operatorname{Sup} A)$

   (c) $A, B \subseteq \mathbb{R}^+ \rightarrow \operatorname{Sup}(A \cdot B) = (\operatorname{Sup} A) \cdot (\operatorname{Sup} B)$

   (d) $\operatorname{Inf}(A + B) = \operatorname{Inf} A + \operatorname{Inf} B$

   (e) $a > 0 \rightarrow \operatorname{Inf}(a \cdot A) = a \cdot (\operatorname{Inf} A)$

   (f) $A, B \subseteq \mathbb{R}^+ \rightarrow \operatorname{Inf}(A \cdot B) = (\operatorname{Inf} A) \cdot (\operatorname{Inf} B)$

   (g) $a < 0 \rightarrow \operatorname{Sup}(aA) = a \cdot (\operatorname{Inf} A)$

   (h) $a < 0 \rightarrow \operatorname{Inf}(aA) = a \cdot (\operatorname{Sup} A)$

4. Demuestre que si $a \in \mathbb{R}$ y $A \subseteq \mathbb{R}$, entonces

   $$\begin{aligned} \operatorname{Inf} A = a \ \leftrightarrow \ &(\forall x \in A(a \leq x) \\ &\wedge \forall h \in \mathbb{R}^+ \exists x \in A(x < a + h)) \end{aligned}$$

5. Sean $A, B \subseteq \mathbb{R}$, no vacíos tales que $\forall x \in A \ \forall y \in B(x < y)$ Entonces

   $$\exists z \in \mathbb{R} \ \forall x \in A \ \forall y \in B(x \leq z \leq y)$$

   Sugerencia: Usar el axioma del supremo para demostrar que A y B tienen supremo e ínfimo, respectivamente.

   Demuestre que $\operatorname{Sup} A \leq \operatorname{Inf} B$ y usar $z = \dfrac{\operatorname{Sup} A + \operatorname{Inf} B}{2}$

6. Dada la sucesión $a_n = \dfrac{2n - 1}{3n + 1}$

   (a) Encuentre intuitivamente el número l tal que $\lim\limits_{n \to \infty} a_n = l$

   (b) Determine el menor natural n_0 tal que $\forall n > n_0(|a_n - l| < 0,001)$

   (c) Demuestre usando la definición de límite que $\lim\limits_{n \to \infty} a_n = l$

7. Usando la definición de límite, demuestre que:

   $$\lim\limits_{n \to \infty} \frac{3n^2 + 2n - 1}{n^2 + 2} = 3$$

8. Calcule

   $$\lim\limits_{n \to \infty} \frac{\sqrt{n^2 + 1}}{2n - 1}$$

9. Calcule los límites de las sucesiones cuyo n-ésimo término es:

   (a) $\dfrac{2n^4 + 3n^2 + 1}{5n^4 - n^3 + n - 1}$

   (b) $\dfrac{(n+1)(n+2)(n+3)}{n^3}$

   (c) $\dfrac{\sum\limits_{k=1}^{n} k^2}{n^3}$

   (d) $\dfrac{1 - n + n^2 - n^3}{6n^3 + n^2 + n + 1}$

   (e) $\dfrac{n^4}{n^3 - 1} - \dfrac{n^3}{n^2 + n + 1}$

10. Calcule los límites de las sucesiones cuyo n-ésimo término es:

    (a) $\sqrt[3]{n+1} - \sqrt[3]{n}$

    (b) $\dfrac{\sqrt{n}}{\sqrt{n + \sqrt{n + \sqrt{n}}}}$

    (c) $(\sqrt{n+1} - \sqrt{n})\sqrt{n + \dfrac{1}{2}}$

    (d) $\left(\sqrt[3]{8 + \dfrac{2}{n}} - 2\right)$

    (e) $\dfrac{2^{n+1} + 3^{n+1}}{2^n + 3^n}$

11. Calcule los límites de las sucesiones cuyo n-ésimo término es:

    (a) $\sqrt[n]{0,000004}$

    (b) $\sqrt[n]{n^2}$

    (c) $\sqrt[n]{n^2 + 2n + 3}$

    (d) $\dfrac{n}{(1.01)^n}$

    (e) $\dfrac{n}{(0.99)^n}$

12. Calcule el límite de la sucesión:

    $a_1 = 0.2$, $a_2 = 0.23 \cdots$, $a_n = 0.23333 \cdots (n-1)$ cifras

13. Si $0 < b \leq a$, demuestre que
    $$\lim_{n \to \infty} \sqrt[n]{a^n + b^n} = a$$

14. Calcule el límite de la sucesión:

    $$a_n = \dfrac{1}{n^2 + 1} + \dfrac{1}{n^2 + 2} + \dfrac{1}{n^2 + 3} + \cdots + \dfrac{1}{n^2 + n}$$

15. Calcule el límite de la sucesión: $a_n = \dfrac{1}{\sqrt{n^2 + 1}} + \dfrac{1}{\sqrt{n^2 + 2}} + \dfrac{1}{\sqrt{n^2 + 3}} + \cdots + \dfrac{1}{\sqrt{n^2 + n}}$

16. Demuestre que

    $$\lim_{n \to \infty} \left(\dfrac{1}{n^2} + \dfrac{1}{(n+1)^2} + \cdots \dfrac{1}{(2n)^2} \right) = 0$$

17. Demuestre que la sucesión $a_n = \dfrac{1}{n} + \dfrac{1}{n+1} + \dfrac{1}{n+2} + \cdots + \dfrac{1}{2n}$ es convergente

    y su límite está comprendido entre $1/2$ y 1

18. Calcule $\lim\limits_{n \to \infty} \sqrt[n]{1^p + 2^p + 3^p + \cdots + n^p}$ con $p \in \mathbb{N}$ fijo

19. Si $a_1 = 4$ y $a_{n+1} = \dfrac{6a_n^2 + 6}{a_n^2 + 11}$, demuestre que la sucesión es convergente y calcular su límite. (Indicación: 3 es cota de a_n.

20. Demuestre que si $\lim\limits_{n \to \infty} a_n = A$, entonces $\lim\limits_{n \to \infty} |a_n| = |A|$, pero la proposición recíproca es falsa

21. Calcule el límite de las sucesiones cuyo n-ésimo término es:

    (a) $\left(1 + \dfrac{1}{2n}\right)^n$

    (b) $\left(1 + \dfrac{3}{n}\right)^n$

    (c) $\left(1 + \dfrac{1}{n+1}\right)^{4n}$

(d) $\left(1 - \dfrac{1}{n+1}\right)^n$

(e) $\left(\dfrac{an+b}{an+c}\right)^n$

22. Demuestre que:

    (a) $\displaystyle\lim_{n\to\infty} \dfrac{2^n}{n!} = 0$

    (b) $\displaystyle\lim_{n\to\infty} \dfrac{n!}{n^n} = 0$

Autoevaluación   10

1. Sea $A = \{\dfrac{n}{n+1} : n \in \mathbb{N}\}$. Demuestre que A es un conjunto acotado superiormente y encontrar su supremo.

2. Sean $A, B \subseteq \mathbb{R}$ conjuntos acotados y $a \in \mathbb{R}$ Se define:

$$A + B = \{x + y : x \in A \land y \in B\}, \quad a \cdot A = \{a \cdot x : x \in A\}$$

   Demuestre:

   a) $\text{Sup}\,(A + B) = \text{Sup}\,(A) + \text{Sup}\,(B)$

   b) $\text{Inf}\,(A + B) = \text{Inf}\,(A) + \text{Inf}\,(B)$

   c) $a < 0 \rightarrow \text{Sup}\,(a \cdot A) = a \cdot (\text{Inf}\,(A))$

   d) $a < 0 \rightarrow \text{Inf}\,(a \cdot A) = a \cdot \text{Sup}\,(A)$

3. Considere la sucesión definida por: $a_1 = 3$ y $a_{n+1} = \dfrac{(1 + a_n)}{2}$

   a) Pruebe por inducción que $\forall n \in N(a_n > 1)$ y que $(a_{n+1} < a_n)$

   b) Pruebe que a_n es convergente y encuentre su límite

4. Se define la sucesión $(a_n)_{n \in \mathbb{N}}$ por: $a_1 = 10$, $a_{n+1} = 10 - \dfrac{1}{a_n}$, demuestre que la sucesión $(a_n)_{n \in \mathbb{N}}$ converge

5. Sea (a_n) la sucesión dada por:

$$a_n = \frac{1}{n\sqrt{n}} + \frac{1}{n\sqrt{n+1}} + \frac{1}{n\sqrt{n+2}} + \cdots + \frac{1}{n\sqrt{2n}}.$$

   Calcule $\lim\limits_{n \to \infty} a_n$

6. Calcule $\lim\limits_{n \to \infty} \left(\dfrac{n+2}{n+1} \right)^{3n}$

7. a) Sea $\{a_n\}_{n \in \mathbb{N}}$ sucesión de términos positivos y creciente. Demuestre que la sucesión $\{\dfrac{1}{a_n}\}_{n \in \mathbb{N}}$ es convergente

b) Calcular $\displaystyle\lim_{n\to\infty}\left(\sqrt[3]{27+\dfrac{1}{n}}-1\right)$

c) Calcule $\displaystyle\lim_{n\to\infty} a_n$, D donde

$$a_n = \frac{n}{\sqrt{n^4+1}} + \frac{n}{\sqrt{n^4+2}} + \cdots + \frac{n}{\sqrt{n^4+n}}$$

Autoevaluación   Final

I.- El examen tiene 18 preguntas

II.- Cuenta con 2 horas con 30 minutos para trabajar

III.- La nota N que Ud. obtendrá en esta prueba se calcula mediante la fórmula:

$$N = MAX \left(\frac{4B - M}{12} + 1, 1 \right),$$

donde B es el número de respuestas correctas y M es el número de respuestas incorrectas.

Traspase con cuidado sus respuestas en la siguiente tabla

PREGUNTA	1	2	3	4	5	6	7	8	9	10	11	12	13	14	15	16	17	18
	A	A	A	A	A	A	A	A	A	A	A	A	A	A	A	A	A	A
	B	B	B	B	B	B	B	B	B	B	B	B	B	B	B	B	B	B
RESPUESTAS	C	C	C	C	C	C	C	C	C	C	C	C	C	C	C	C	C	C
	D	D	D	D	D	D	D	D	D	D	D	D	D	D	D	D	D	D
	E	E	E	E	E	E	E	E	E	E	E	E	E	E	E	E	E	E

PREGUNTAS BUENAS (B)		PREGUNTAS MALAS (M)		PREGUNTAS OMITIDAS (O)		NOTA	

1. El valor mínimo de la expresión $|x - 1| + |x + 2|$ es:

   a) 0

   b) 1

   c) 2

   d) 3

   e) 4

2. La figura muestra el gráfico de la función $f(x)$ junto con cinco curvas más. De estas últimas, la que corresponde al gráfico de $2f(x + 6)$ es:

   a) La curva 1

   b) La curva 2

   c) La curva 3

   d) La curva 4

   e) La curva 5

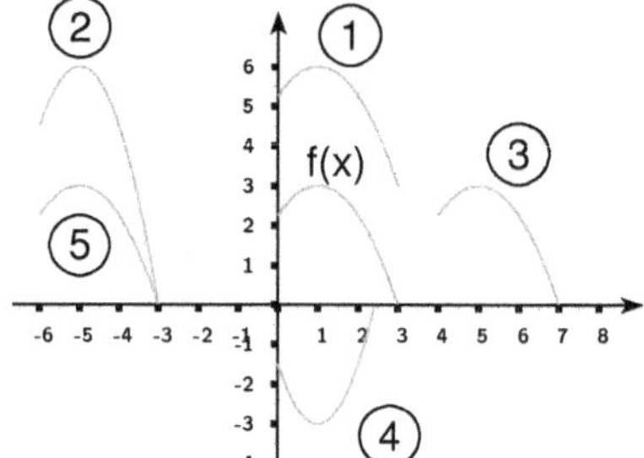

3. Considere el polinomio $p(x) = mx^4 + qx^3 + qx^2 - mx + q$, con m y q números reales. Si $x + 1$ divide a $p(x)$ y el resto al dividirlo por $x + 2$ es -24, entonces:

   a) $m = 0, \quad q = -1$

   b) $m = 1, \quad q = 9$

   c) m es cualquier real, $\quad q = 3$

   d) $m = 1, \quad q = -2$

   e) $m = -1, \quad q = 2$

4. El dominio de la función $\quad f(x) = \dfrac{1}{\sqrt{\ln(2 - x^2)}}\quad$ es:

   a) $(-\infty, 1]$

   b) $(-\infty, \sqrt{2}\,]$

   c) $(-1, 1)$

   d) $(-\infty, -1) \cup (\sqrt{2}, \infty)$

   e) $(-1, \sqrt{2})$

5. El lugar geométrico de un punto $P(x, y)$ que se mueve de modo que el producto de las pendientes de las rectas que lo unen a los puntos $A(-a, 0)$ y $B(a, 0)$ es constante y negativo es una:

   a) Recta

   b) Circunferencia

   c) Parábola

   d) Elipse

   e) Hipérbola

6. Sean $\{a_n\}$ y $\{b_n\}$ dos sucesiones, definidas por: $a_n = -2+5n$, $b_n = \dfrac{2}{3^{1-n}}$, $\forall n \in \mathbb{N}$

se afirma que:

   I) $\displaystyle\sum_{i=1}^{n} a_i = 1 + 5n$ y $b_{n+1} - b_n = 4 \cdot 3^n, \forall n \in \mathbb{N}$

   II) $a_n - a_{n-1} = 5$ y $\dfrac{b_{n+1}}{b_n} = 3, \forall n \in \mathbb{N}$

   III) $\displaystyle\sum_{j=1}^{n} b_j = 3^n - 1$ y $a_{20} = 98$

De las afirmaciones anteriores es verdadera:

   a) Solo I y II

   b) Solo II y III

   c) Solo I y III

   d) Solo I

   e) Solo II

7. El conjunto solución de la ecuación $2\,\text{sen}\,x = \sqrt{3}\tan x$, con $-\dfrac{\pi}{2} < x < \dfrac{\pi}{2}$ es:

   a) $\{0\}$

   b) $\left\{\dfrac{\pi}{6}\right\}$

   c) $\left\{0, \dfrac{\pi}{6}\right\}$

   d) $\left\{-\dfrac{\pi}{6}, 0, \dfrac{\pi}{6}\right\}$

e) $\left\{-\dfrac{\pi}{6},\dfrac{\pi}{6}\right\}$

8. La ecuación de la recta cuya pendiente es -2 y que pasa por el centro de la circunferencia $x^2 + y^2 + 2x - 10y - 2 = 0$ es:

    a) $2x + y - 3 = 0$

    b) $2x + y + 3 = 0$

    c) $2x + y + 20 = 0$

    d) $2x - y - 3 = 0$

    e) $2x - y + 3 = 0$

9. El valor de $\displaystyle\sum_{k=1}^{100}\left(\,5(k+1)5^k - k5^k\,\right)$ es:

    a) $5(101 \cdot 5^{100} - 5)$

    b) $100 \cdot 5^{100} - 5$

    c) $5(101 \cdot 5^{100} - 1)$

    d) $101 \cdot 5^{100} - 5$

    e) $101 \cdot 5^{101} - 1$

10. Si $|x| < 3$, entonces:

    a) $1 - 2x < 5$

    b) $|1 - 2x| < 7$

    c) $2x - 1 < 3$

    d) $|2x - 1| < 5$

    e) $|2x + 1| < 5$

11. El valor de la suma $\displaystyle\sum_{k=1}^{n}\left(\sum_{i=0}^{k}\binom{k}{i}\right)$ es:

    a) $2^{n+1} - 1$

    b) $1 - 2^{n+1}$

    c) $2 - 2^{n+1}$

    d) $2^{n+1} - 2$

    e) $2^n - 2$

12. Si $f(x) = x - 4$ y $g(x) = (x + 4)^2$, entonces $(f \circ g)(x) - (g \circ f)(x)$ es igual a:

   a) $8x + 12$

   b) $16x$

   c) 0

   d) x^2

   e) 4^2

13. El número complejo $(1 + i)^{10}$ es igual a:

   a) $1 + i$

   b) $\sqrt{2}\,(1 + 10\,i)$

   c) $\sqrt{2}\,(1 - 10\,i)$

   d) $64\,i$

   e) $32\,i$

14. La solución de la inecuación $e^{2x} - 3e^x + 2 \leq 0$ es:

   a) $[\ln(2), \infty)$

   b) $[0, \ln(2)]$

   c) $(-\infty, 0) \cup (\ln(2), \infty)$

   d) $(-\infty, 0] \cup [\ln(2), \infty)$

   e) $(-\infty, 0]$

15. El lugar geométrico de los puntos del plano, cuya suma de los cuadrados de las distancias a los puntos $(2, 0)$ y $(-1, 0)$ es igual a 5, corresponde a:

   a) Una recta horizontal

   b) Una circunferencia

   c) Una elipse

   d) Una parábola

   e) Una hipérbola

16. Para todo x en el intervalo $[-1,\ 1]$, el valor de la expresión $\operatorname{sen}(2\arcsin(x))$ es:

    a) $2x$

    b) $\sqrt{1-(2x)^2}$

    c) $2x\sqrt{1-x^2}$

    d) $2x\sqrt{1-4x^2}$

    e) $\operatorname{sen}(2)$

17. El coeficiente de x^{23} en el desarrollo de $\left(x+\dfrac{2}{x}\right)^{25}$ es:

    a) 50

    b) $25\cdot 2^{23}$

    c) $\binom{25}{2}2$

    d) $\binom{25}{23}2^{23}$

    e) 25

18. La gráfica de la ecuación: $4x^2 - 9y^2 - 16x + 18y + 43 = 0$ está dada por:

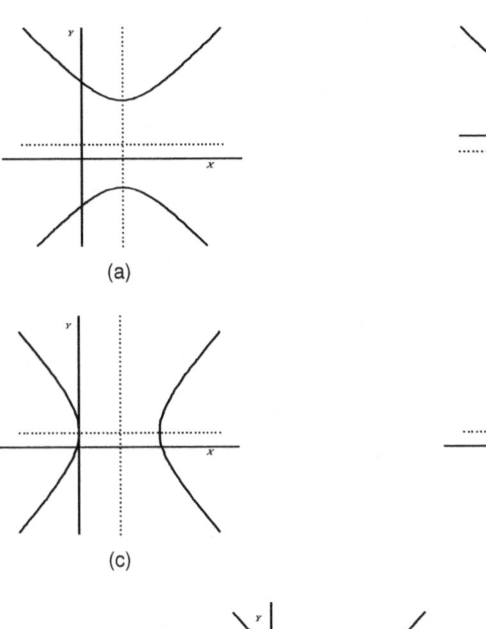

(a)

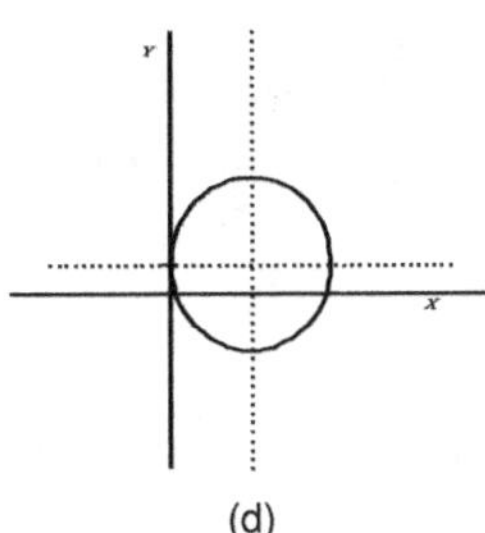

(b)

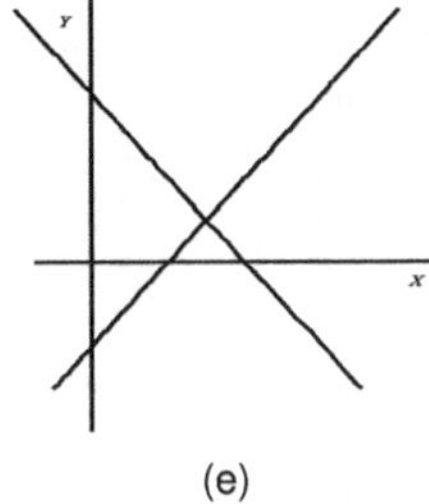

(c)

(d)

(e)

Respuestas a Algunos Ejercicios

1 a) $\neg(2 \cdot 4 = 16 \rightarrow (4)^2 = 32)$

b) $((-2)^2 = 9 \wedge (-3)^2 > 7)$

c) $((2 > 0 \vee (-2) > 0) \wedge (2 \ngtr 0 \wedge (-2) \ngtr 10))$

d) $\exists x \in \mathbb{Z}\,(x > 2)$

e) $\exists x \in \mathbb{N}\,(x^2 + 3 = 1)$

f) $\forall x \in \mathbb{R}\,(x \neq 0 \rightarrow (x > 0 \vee (-x) > 0))$

g) $\forall x \in \mathbb{R}\,(x^2 > 3x)$

h) $\forall x \in \forall y \in \mathbb{N}\,(x + y > x \wedge x + y > y)$

i) $\forall x \in \mathbb{R}\,(x = x)$

j) $\exists x \in \mathbb{Z}\,\exists y \in \mathbb{Z}\,(x = 2y) \wedge \exists x \in \mathbb{Z}\,\exists y \in \mathbb{Z}\,(x = 2y + 1)$

k) $\exists x \in \mathbb{R}\,(x > 0 \wedge x < 0)$

l) $(0 \ngtr 0 \wedge 0 \nless 0)$

m) $\forall x \in \mathbb{R}\,(x < 0 \rightarrow x^2 > 0)$

n) $\forall x \in \mathbb{R}\,(x \cdot 1 = x)$

ñ) $\forall x \in \mathbb{R}\,(x \neq 0 \to \exists z \in \mathbb{R}\,(x \cdot z = 1))$

o) $\forall x \in \mathbb{Z}\forall y \in \mathbb{Z}((x < 0 \wedge y < 0) \to x \cdot y < 0)$

p) $\forall x \in \mathbb{R}(x > 0 \vee x = 0 \vee x < 0)$

q) $\forall x \in \mathbb{N}\exists y \in \mathbb{N}\,(x < y)$

r) $\forall x \in \mathbb{R}\,(x > 0 \to \dfrac{1}{x} > 0)$

s) $\exists x \in \mathbb{N}\exists y \in \mathbb{N}\,(x - y \notin \mathbb{N})$

t) $\neg\exists x \in \mathbb{R}\,(x < 0 \wedge \forall y \in \mathbb{R}\,(y < 0 \to x \geq y))$

u) $\forall x \in \mathbb{R}\forall y \in \mathbb{R}\,((x + y)^2 x^2 + 2xy + y^2)$

v) $\forall x \in \mathbb{R}\,(x > 0 \to \exists y \in \mathbb{R}\,((y > 0 \wedge y = \sqrt{x}) \leftrightarrow y^2 = x))$

w) $\forall x \in \mathbb{R}\exists y \in \mathbb{R}\,(y^2 = x)$

2 a) Todo número natural es mayor que 3.

b) Dado cualquier número natural, existe un natural menor que él.

c) Si un número real es mayor que 3, entonces su cuadrado es mayor que 8.

d) El 0 es el neutro de la suma en los reales.

e) Todo número real positivo tiene una raíz cuadrada.

f) Entre dos números naturales distintos, siempre existe un real estrictamente entre ellos.

g) Existe un número natural que al sumarle 3 nos da 10.

h) Existe un número natural que es menor que otro natural.

i) La suma de cualquier par de números reales es mayor que el doble de cualquiera de ellos.

j) Todo número real distinto de cero, tiene inverso multiplicativo.

k) Existe un número real que no es natural cuyo inverso aditivo es natural.

l) Todo número real mayor que dos, al sumarle uno, nos da un número mayor que tres.

m) No existe ningún número real que sea mayor que uno y menor que ocho.

n) Existe un número real que es dos o que es tres.

ñ) Si dos es menor que cero, entonces todos los números reales son menores que cero.

3 a)
  1) $p \vee q$

  2) $(\neg p \rightarrow (r \wedge q))$

  3) $(p \wedge q)$

  4) $(r \leftrightarrow \neg s)$

b)
1) Si dos no es par, entonces es impar.

2) Que tres sea par es equivalente a que tres no es impar.

3) Si dos y tres son números pares, entonces dos no es impar y tres tampoco es impar.

4 a)
  1) $\forall x \in \mathbb{Z}\, r(x)$

  2) $\exists x \in \mathbb{Z}\, (p(x) \wedge r(x))$

  3) $\exists x \in \mathbb{Z}\, (r(x) \wedge s(x))$

b)
1) Todo número natural es par o es impar.

2) Si un número natural no es mayor que cinco, entonces es menor que diez.

3) No existe un natural menor que diez y que no sea mayor que cinco.

5 a) $\forall x \in A\, \forall y \in A(x * y = y * x)$

b) $\forall x \in A \, \forall y \in A \, \forall z \in A ((x * y) * z) = x * (y * z))$

c) $\forall x \in A \, (x * a = x)$

d) $\exists x \in A \, (a * x \neq x)$

e) $\neg \forall x \in A \, (x * x = x)$

f) $\exists x \in A \, \exists y \in A \, (x * y \neq y * x)$

6 a) Sean α, β, γ los ángulos interiores del triángulo ABC. Entonces

$$\alpha + \beta + \gamma = 180^0.$$

b) Sea ABC un triángulo rectángulo en A. Entonces

$$a^2 = b^2 + c^2$$

c) $\forall x \in \mathbb{R} \, \forall y \in \mathbb{R} \, ((x + y)^2 = x^2 + 2xy + y^2)$

8 a) a es mayor que cero o no es mayor que cero. Verdadera

c) Si b es menor que cero, entonces b^2 es mayor que cero. Verdadera

e) a no es mayor que cero y a^2 no es mayor que cero. Falsa

g) a^2 es mayor que cero o b^2 es mayor que cero. Verdadera

i) Si a^2 es mayor que cero entonces a es mayor que cero. Verdadera

k) a^2 es mayor que cero y a es mayor que cero. Verdadera.

ll) Si a^2 es mayor que cero entonces a no es mayor que ceero.Falsa.

n) b es menor que cero y a^2 es mayor que cero. Verdadera.

9 a) Verdadera

b) Verdadera

c) Verdadera

d) Falsa

e) Falsa

f) Verdadera

g) Verdadera

h) Falsa.

10 a) Verdadera

b) Falso

c) Verdadera

d) Verdadera

e) Falsa

f) Verdadera

g) Verdadera

h) Falsa

i) Verdadera

12 a) Falsa

c) Falsa

e) Verdadera

13 a) Falsa

b) Falso

c) Falsa

d) Verdadera

e) Verdadera

f) Verdadera

24 a) $(r \vee q)$

b) $(p \wedge \neg q)$

c) $\neg q$

d) $\neg q$

e) $\neg p$

25 a) $\neg(\neg p \wedge \neg q)$

b) $\neg(q \wedge \neg p)$

c) $(p \wedge \neg q)$

d) $\neg(p \wedge \neg q) \wedge \neg(q \wedge \neg p) \wedge (p \wedge \neg r) \wedge \neg(r \wedge \neg p)$

26 a) $\neg p \wedge p$

c) $p \wedge r$

e) $(r \vee q \vee s)$

27 a) $\forall x \in A (x = 0)$

b) $\exists x \in A (x > 1 \wedge x \neq 2)$

c) $\forall x \in A (x \not> 2 \vee x^2 = 3)$

d) $\exists x \in A (x \not\leq 5)$

e) $\exists x \in A \forall y \in A (y \not> x)$

f) $\forall x \in A \exists y \in A (x \not\leq y)$

g) $\forall x \in A \forall y \in A (x + y \neq 3)$

h) $\exists x \in A \forall y \in A (x + y \notin A)$

i) $\forall x \in A (x + 1 \in A)$

28 a) $\exists x \in \mathbb{R} \exists y \in \mathbb{R} ((xy = 0 \wedge (x \neq 0 \wedge y \neq 0)) \vee ((x = 0 \vee y = 0) \wedge xy \neq 0))$

b) $(\exists x \in \mathbb{R} (x \not> 2) \vee \forall x \in \mathbb{R} (x \neq 1))$

c) $\exists x \in A \forall y \in A \exists z \in A \neg p(x, y, z)$

d) $\forall x \in A \exists y \in A ((p(x, y) \wedge \neg q(y)) \vee (q(y) \wedge \neg p(x, y)))$

e) $\forall x \in A\, p(x) \wedge \exists x \in A \neg q(x)$

f) $\exists x \in \mathbb{N} \exists y \in \mathbb{N} (x + y \text{ es par } \wedge (x \text{ es impar } \vee y \text{ es impar}))$.

33 Juan es pintor y peluquero, José es comerciante y músico y Joaquin es jardinero y chofer.

34 La asesina fué Mercedes.

Autoevaluación 1 A.2

1. $\forall x \in \mathbb{N} \, \exists y \in \mathbb{N} \, (y \le x) \wedge \neg \exists y \in \mathbb{N} \, \forall x \in \mathbb{N} \, (x \le y)$

2. Todo número natural distinto de cero, es el sucesor de algún número natural.

3. $\exists x \in A \, (x \ne \phi \wedge \forall y \, \forall z \, (y \notin x \wedge x \notin z))$

4. El argumento es válido.

5. Por ejemplo si $A = \mathbb{N}$ y $p(x, y) : x \le y$, entonces nos queda que el antecedente es verdadero, pero el consecuente es falso y por lo tanto, la proposición es falsa.

6. Por ejemplo $A = \mathbb{N}$ y $p(x) : x$ es par y $q(x) : x$ es impar nos quedad verdadera la proposición.

7. $p \vee (q \wedge (r \to \neg\neg r)) \equiv (p \vee q) \wedge (p \vee (r \to \neg\neg r)) \equiv (p \vee q) \wedge V \equiv (p \vee q)$.

Capítulo 2 A.3

7 b) $]-2, 0[\, \cup \,]3, 7[$

c) $\mathbb{R} - \{2\}$

d) $\left]0, \dfrac{1}{2}\right[$

e) $[1, 5[$

f) $[-3, 5[$

g) $\mathbb{R}^- \cup [3, \infty[$.

8 a) $\left\{ \dfrac{5 \pm \sqrt{29}}{2}, \dfrac{5 \pm \sqrt{13}}{2} \right\}$

b) $\{-1, 1\}$

c) ϕ

d) ϕ.

9 a) ϕ

b) $]-\infty, -5] \cup [-1, \infty[$

c) $]-\infty, 3[$

d) $\left]\dfrac{1}{2}, \infty\right[$

e) $]2, 4[\cup]6, 12[$

10 a) $]-\infty, 1[\cup]2, \infty[$

b) $\left]-\infty, -\dfrac{3}{4}\right[\cup \mathbb{R}^+$

c) ϕ

d) $]0, 4[$

e) $\left[-\dfrac{1}{2}, \dfrac{1}{2}\right]$

f) ϕ

11 a) 8 y 11

b) $\{7k : k \geq 2\} \cup \{7k : k \leq -3\}$

c) $2F \leq k \leq 100, \ \wedge \ F \geq 20,$ donde k es el número de títulos publicados por año y F son los libros de ficción.

12 $]1 - 2\sqrt{2}, 0[$

13 $\left\{\dfrac{1}{2}, \dfrac{3}{2}\right\}$

14 $]3, \infty[$

15 $\left[\dfrac{35}{4}, \infty\right[$

16 a) $\mathbb{R}$

b) $]-\infty, 1[\,\cup\,]4, \infty[$

c) $]3 - \sqrt{2}, 2[\,\cup\,]3 + \sqrt{2}, \infty[$

d) $\mathbb{R} - \{1, 2\}$

e) $]-2, -\sqrt{3}[\,\cup\,]0, \sqrt{3}[\,\cup\,]2, \infty[$

f) $]-\infty, -2[\,\cup\,]-1, 1[\,\cup\,]2, \infty[$

g) $]-3, -1[\,\cup\,]1, \infty[$

h) $]-\infty, -2[\,\cup\,]-\sqrt{3}, \sqrt{3}[\,\cup\,]2, \infty[$

i) $]-\infty, -1[\,\cup\,]1, \infty[$

j) $\left]-\infty, \dfrac{1}{2}\right[$

k) $\left]\dfrac{1 - \sqrt{33}}{4}, \dfrac{1 + \sqrt{33}}{4}\right[\,\cup\,]4, \infty[$

l) $\mathbb{R} - \{2, 3\}$

ll) $\left[\dfrac{5}{2}, 3\right]$

m) $\mathbb{R}$

n) $\left] \dfrac{1 + \sqrt{13}}{6}, 1 \right] \cup \left] 2, \infty \right[$

o) $\left] -\infty, \dfrac{11 + \sqrt{1381}}{42} \right[$

p) $[4, 5[$

q) $\left] \dfrac{-24 + 2\sqrt{319}}{5}, 5 \right[\cup \left] 7, \infty \right[$

r) $[6, \infty[$

17 Si $x > -1$ entonces $x^3 + 1 > x^2 + x$

Si $x < -1$ entonces $x^3 + 1 < x^2 + x$

18 Son los triángulos equiláteros de lado $\dfrac{25}{3}$.

19 Son los triángulos isosceles de cateto $\dfrac{c}{\sqrt{2}}$.

20 $a = -3, b = 36, c = -96$.

Autoevaluación 2

A.4

1. .

($\longrightarrow$) Nuestra hipótesis en esta dirección es que

$$x < y$$

Entonces por O1 tenemos que separar la demostración en todos los posibles casos, a saber:

Caso 1)

$$0 < x < y$$

Como ambos son positivos, utilizando O3 tenemos que: $x \cdot x < x \cdot y \wedge x \cdot y < y \cdot y$.

De ellas, utilizando O3 tenemos que $x^2 < y^2$.

Nuevamente por O5, $x^2 \cdot x < y^2 \cdot x$. Pero $0 < y \rightarrow 0 < y^2$ por O5 y de $x < y$ por O5 obtenemos que $x \cdot y^2 < y^2 \cdot y$.

Juntando tenemos que:

$$x^3 < y^2 \cdot x \wedge x \cdot y^2 < y^3$$

Por lo tanto, utilizando M2 y O3 concluimos que

$$x^3 < y^3$$

Caso 2)

$$x < y < 0$$

Por O6 tenemos $x^2 > x \cdot y$ y por O6 nuevamente $x^3 < x^2 \cdot y$.

Además, como $y < 0$ entonces por O6, $y^2 > 0$ y como $x < y$ usando O5, $x \cdot y^2 < y \cdot y^2$.

También, como $x < y$ entonces por O6, $x \cdot y > y^2$ y nuevamente O6, para tener que $x^2 \cdot y < x \cdot y^2$.

Juntando todo esto, tenemos que:

$$x^3 < x^2 \cdot y < x \cdot y^2 < y^3$$

Luego por O3 se cumple que

$$x^3 < y^3$$

Caso 3)

$$0 = x < y$$

Como $y > 0$ por O5, $0 \cdot y < y \cdot y$ y por O5 nuevamente, $0 = x = 0 \cdot y \cdot y < y^3$

Luego $0 = x^3 < y^3$

Aquí se utilizó la propiedad que

$$\forall x \in \mathbb{R}(x \cdot 0 = 0)$$

que se demostrará mas adelante.

Caso 4)

$$x < 0 < y$$

Por O6, $x^2 > 0$ y nuevamente por O6, $x^3 < 0$.

Como $0 < y$ por O5 dos veces se tiene que $0 < y^3$.

Luego:

$$x^3 < 0 < y^3$$

y por O3 se concluye que

$$x^3 < y^3$$

Caso 5)
$$x < 0 = y$$

Entonces por O6, 2 veces, se tiene:

$$x^3 < 0 = 0 \cdot 0 = 0 \cdot 0 \cdot 0 = y^3$$

Aquí estamos usando al igual que en el Caso 3 la propiedad que $\forall x \in \mathbb{R}(x \cdot 0 = 0)$. Esto sale de: $x \cdot 0 = x(1 + (-1))(A5) = x \cdot 1 - x \cdot 1(M6) = x - x(M4) = 0(A5)$
Por lo tanto
$$x^3 < y^3$$

($\longleftarrow$) Supongamos ahora que $x^3 < y^3$ entonces si $\neg(x < y)$ por O1 tenemos dos casos posibles:

Caso 1)
$$x = y$$

Entonces $x^2 = xy = y^2$ luego $x^3 = xy^2 = yy^2 = y^3$.

Caso 2)
$$x > y$$

En este caso, utilizamos la demostración en el otro sentido y tenemos que:

$$y < x \rightarrow y^3 < x^3$$

y esto contradice el axioma O2.

Por lo tanto, se concluye que
$$x < y$$

2. $\sqrt{ab} > \dfrac{2}{\dfrac{1}{a} + \dfrac{1}{b}} \longleftrightarrow \sqrt{ab} > \dfrac{ab}{a+b} \longleftrightarrow a + b > \sqrt{ab}$

$\longleftrightarrow a^2 + 2ab + b^2 > ab \longleftrightarrow a^2 + ab + b^2 > 0$ y esto es verdad porque es suma de números positivos.

3. $\left[-4, \dfrac{1}{6} \right]$

4. $\mathbb{R} - \{2, 3\}$

5. $\left[\dfrac{-3-\sqrt{5}}{2}, \dfrac{1}{2}\right] \cup \left[\dfrac{5-\sqrt{5}}{2}, \dfrac{15+\sqrt{21}}{6}\right]$

6. $[-1, 1]$

7. $m = 3$

Capítulo 3   A.5

1 a) Si

  b) NO

  c) No

  d) Si

  e) NO

2 a) NO

  b) Si

  c) NO

  d) NO

  e) Si

  f) No

  g) Si

5 $f_i \circ f_0 = f_1, \ \forall i \in I$

$$(f_0 \circ f_1)(x) = \frac{1}{x}, \ (f_0 \circ f_2)(x) = 1 - x, \ (f_0 \circ f_3)(x) = \frac{1}{1-x}, \ (f_0 \circ f_4)(x) = \frac{x-1}{x},$$

$(f_0 \circ f_5)(x) = \dfrac{x}{1-x}, \ (f_0 \circ f_6)(x) = x(x-1).$

$(f_1 \circ f_1)(x) = x, \ (f_1 \circ f_2)(x) = \dfrac{1}{1-x}, \ (f_1 \circ f_3)(x) = 1-x, \ (f_1 \circ f_4)(x) = \dfrac{x}{x-1},$

$(f_1 \circ f_5)(x) = \dfrac{x-1}{x}, \ (f_1 \circ f_6)(x) = \dfrac{1}{x(x-1)}$

$(f_2 \circ f_1)(x) = \dfrac{x-1}{x}, \ (f_2 \circ f_2)(x) = x, \ (f_2 \circ f_3)(x) = \dfrac{x}{x-1}, \ (f_2 \circ f_4)(x) = \dfrac{1}{x},$

$(f_2 \circ f_5)(x) = \dfrac{1}{1-x}, \ (f_2 \circ f_6)(x) = 1 - x(x-1)$

$(f_3 \circ f_1)(x) = \dfrac{x}{x-1}, \ (f_3 \circ f_2)(x) = \dfrac{1}{x}, \ (f_3 \circ f_3)(x) = \dfrac{x-1}{x}, \ (f_3 \circ f_4)(x) = x,$

$(f_3 \circ f_5)(x) = 1-x, \ (f_3 \circ f_6)(x) = \dfrac{1}{1-x(x-1)}$

$(f_4 \circ f_1)(x) = 1-x, \ (f_4 \circ f_2)(x) = 1\dfrac{x}{x-1}, \ (f_4 \circ f_3)(x) = x, \ (f_4 \circ f_4)(x) = \dfrac{1}{1-x},$

$(f_4 \circ f_5)(x) = \dfrac{1}{x}, \ (f_4 \circ f_6)(x) = \dfrac{x^2-x-1}{x(x-1)}$

$(f_5 \circ f_1)(x) = \dfrac{1}{1-x}, \ (f_5 \circ f_2)(x) = \dfrac{x-1}{x}, \ (f_5 \circ f_3)(x) = \dfrac{1}{x}, \ (f_5 \circ f_4)(x) = 1-x,$

$(f_5 \circ f_5)(x) = x, \ (f_5 \circ f_6)(x) = \dfrac{x(x-1)}{x^2-x-1}$

$(f_6 \circ f_1)(x) = \dfrac{1-x}{x^2}, \ (f_6 \circ f_2)(x) = x(x-1), \ (f_6 \circ f_3)(x) = \dfrac{x}{(1-x)^2},$

$(f_6 \circ f_4)(x) = \dfrac{1-x}{x^2},$

$(f_6 \circ f_5)(x) = \dfrac{x}{(x-1)^2}, \ (f_6 \circ f_6)(x) = x(x-1)(x^2-x-1)$

6 a) $g(0) = 0, \ f(1) = 2, \ g(3/2) = 3/2, \ g_1(\tfrac{1}{2} + x) = \dfrac{1}{\dfrac{1}{2} - x}, \ g \circ f_1(x) = \dfrac{1}{x},$

$f \circ g_1(x) = \dfrac{2}{1-x}$

b) $Dom(f \circ f_1) = \mathbb{R} - \{0\}, Rec f \circ f_1) = \mathbb{R} - \{0\}; \ Dom(f_1 \circ g) = \mathbb{R} - \{0\},$
$Rec(f_1 \circ g) = \mathbb{R} - \{0\}, \ Dom(f_1 \circ f) = \mathbb{R} - \{0\}, Rec(f_1 \circ f) = \mathbb{R} - \{0\};$
$Dom(g_1 \circ g) = \mathbb{R} - \{1\}, Rec(g_1 \circ g) = \mathbb{R} - \{0\}.$

7 a) $[-a, a]$

b) $[0, 1]$

c) $]-\infty, 2[\, \cup\,]2, \infty[$

d) ϕ

e) $[-2, 1]\, \cup\, [1, 2]$

f) $\mathbb{R} - \{-2, 1\}$

8 a) $6, 29, 72, 45.$

b) $Dom(f) = \mathbb{R}, Rec(f) =\,]-\infty, -13[\, \cup\, [0, \infty].$

10 $\dfrac{7}{4}$

11

$$(f \circ g)(x) = \begin{cases} x & , \ 0 \leq x \leq 1 \\ x + 2 & , \ x < -1 \\ (x + 2)^2 - 1 & , \ x > 1 \vee -1 \leq x < 0 \end{cases}$$

$$(g \circ f)(x) = \begin{cases} \sqrt{x + 1} & , \ 0 \leq x \leq 1 \\ x + 2 & , \ x < 0 \\ x & , \ x > 1 \vee 1 \leq x \leq \sqrt{2} \\ x^2 + 1 & , \ x > \sqrt{2} \end{cases}$$

13 a) $f^{-1}(x) = \sqrt[3]{x}$

b) No

c) NO

d) $f^{-1}(x) = \dfrac{1}{x}$

e) $f^{-1}(x) = \dfrac{x+3}{1-2x}$

f) No

14

$$f^{-1}(x) = \begin{cases} x-2 & , \ x \leq 4 \\ \frac{x}{2} & , \ x > 4 \end{cases}$$

16 $f^{-1}(x) = 1 - x, \ g^{-1}(x) = \dfrac{x}{x-1}, \ h^{-1}(x) = \dfrac{1+x}{x}, \ (f \circ g)(x) = \dfrac{1}{1-x},$

$(g \circ f)(x) = \dfrac{x-1}{x}, \ (f^{-1} \circ g^{-1})(x) = \dfrac{1}{1-x}, \ (f \circ g)^{-1}(x) = \dfrac{x-1}{x}$

21

$$(g \circ f)^{-1}(x) = \begin{cases} (\sqrt[3]{x+1})^2 - 1 & , \ x \geq 2 \\ (\frac{x-2}{3})^2 - 1 & , \ -1 < x < 2 \\ x - 4 & , \ x \leq -1 \end{cases}$$

24 $f^{-1}(x, y) = f(x, y)$

25 a) $Dom(f) = \mathbb{R}, Rec(f) = \mathbb{R}_0^+,$ y no es inyectiva

b) $Dom(f) = [-3, 3], Rec(f) = [0, 12],$ y no es inyectiva

c) $Dom(f) = [-1, 1], Rec(f) = [-1, 0],$ y no es inyectiva

d) $Dom(f) = \mathbb{R}, Rec(f) =\ ]-\infty, 1],$ y no es inyectiva

e) $Dom(f) = \mathbb{R}_0^+$, $Rec(f) = \mathbb{R}_0^+$, y es inyectiva

f) $Dom(f) = [-3, 5]$, $Rec(f) = [1,, 5]$, y no es inyectiva

g) $Dom(f) = \mathbb{R}_0^+$, $Rec(f) = [0, 5]$, y es inyectiva

h) $Dom(f) = \mathbb{R}$, $Rec(f) = \mathbb{R}_0^+$, y es inyectiva

27 a) No es par ni impar

b) No es par ni impar si $a \neq 0$, si $a = 0$ es par

c) No es par ni impar si $b \neq 0$, y es par si $b = 0$

d) Es impar.

29 $h(x) = \dfrac{f(x) + f(-x)}{2}$, $g(x) = \dfrac{f(x) - f(-x)}{2}$.

30 a) Creciente en $\mathbb{R}$

b) Creciente en $\mathbb{R}^+$ y decreciente de $\mathbb{R}^-$

c) Creciente en $]-\infty, -1[\,\cup\,]1, \infty[$ y decreciente en $]-1, 1[$

d) Creciente en $\mathbb{R}$

e) Creciente en $]-1, 1[$ y decreciente en $]-\infty, -1[\,\cup\,]1, \infty[$.

31

$$-f(x) = \begin{cases} -x & , \ x \leq 0 \\ -x - 2 & , \ x > 0 \end{cases}$$

$$|f(x)| = \begin{cases} -x & , \ x \leq 0 \\ x + 2 & , \ x > 0 \end{cases}$$

$$(f+3)(x) = \begin{cases} x+3 & , \quad x \le 0 \\ x+5 & , \quad x > 0 \end{cases}$$

$$5g(x) = \begin{cases} 5x-5 & , \quad x \le 1 \\ 20x & , \quad x > 1 \end{cases}$$

32 a) $[-3, -2]$

b) $[-5, -3]$

c) $[0, 1]$

d) $[0, 3]$.

35 El período es $\dfrac{P}{|a|}$.

37 a) No

b) $0 \le f(x) \le 1$

c) $-\dfrac{1}{2} \le f(x) \le \dfrac{1}{2}$

d) No

e) No, es acotada superiormente por 2 pero no tiene cotas inferiores.

40 a) $\dfrac{1}{2n}$

b) $\dfrac{n}{n+1}$

c) $1 - nx^2$.

41) Altura máxima: 68 pies.

42) Ganancia máxima: 88.500US$ para 15.000 unidades.

43) Área: $\left(\dfrac{x}{4}\right)^2 + \dfrac{\sqrt{3}}{4}\left(\dfrac{(10-x)}{3}\right)^2$, con $x = 4.35$m.

44) a) Área total: $900 - 3x$,

b) $x = 150$ pies.

Autoevaluación 3A.6

1. a) Graficando f y g, se tiene:

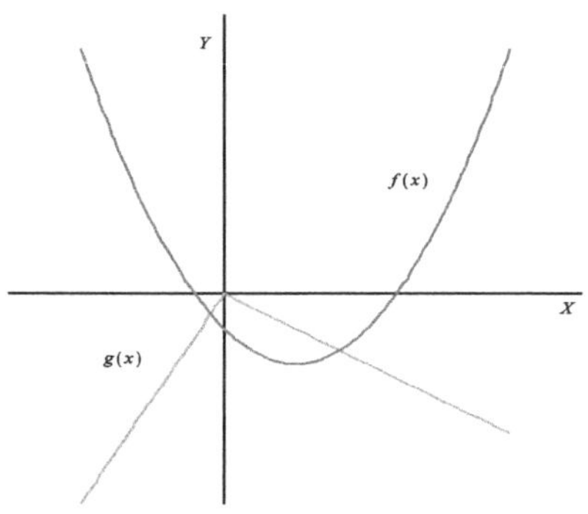

Por lo tanto el gráfico de h es:

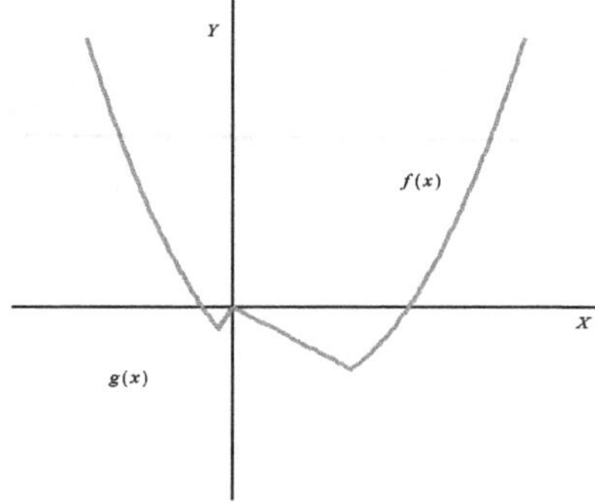

esto es:

$$h(x) = \begin{cases} x^2 - 2x - 1 & , x \leq \dfrac{5 - \sqrt{29}}{2} \ \vee \ x \geq \dfrac{1 + \sqrt{5}}{2} \\[4mm] x - 2|x| & , \dfrac{5 - \sqrt{29}}{2} < x < \dfrac{1 + \sqrt{5}}{2} \end{cases}$$

b) h no es inyectiva en $[-6, 2]$, pues

$$h(-1) = 2 = h(3)$$

c) el gráfico de $-h$ es:

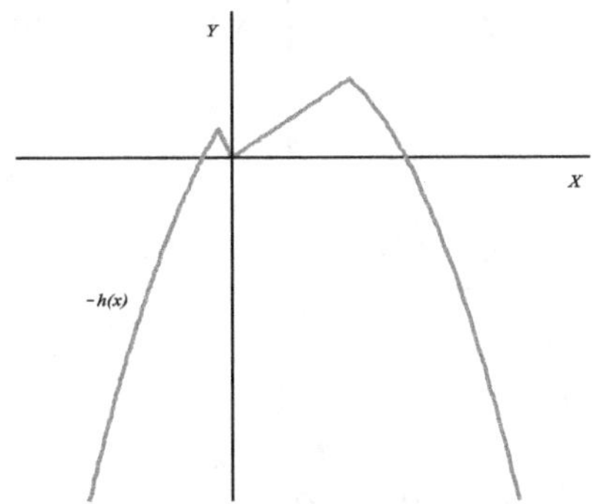

2. a) $\left]-1, \dfrac{3 - \sqrt{21}}{2}\right] \cup \left[\dfrac{3 + \sqrt{21}}{2}, 4\right]$

b)

i) $Rec(f) = \mathbb{R} - \{1\}$, $Rec(g) = \mathbb{R} - \{0\}$

ii) $\forall \, x_1 , x_2 \in \mathbb{R} - \{2\}$:

$$f(x_1) = f(x_2) \Longrightarrow \frac{x_1}{x_1 - 2} = \frac{x_2}{x_2 - 2} \Longrightarrow x_1(x_2 - 2) = x_2(x - 1 - 2)$$

$$\Longrightarrow -2x_1 = -2x - 2 \Longrightarrow x_1 = x_2$$

De donde f es inyectiva.

$\forall\, x_1\,,\, x_2 \in \mathbb{R} - \{2\}$:

$$g(x_1) = g(x_2) \implies \frac{1}{x_1 - 2} = \frac{1}{x_2 - 2} \implies x_2 - 2 = x - 1 - 2 \implies x_1 = x_2$$

De donde g es inyectiva.

iii) $\forall\, x \in \mathbb{R} - \{-1\,,\, 0\}$:

$$\left(f^{-1} \circ g^{-1}\right)(x) = \frac{2 + 4x}{1 + x}$$

3. a) Basta considerar la función:

$$f(x) = \begin{cases} x + 1 & \text{si } x \in [0, 1] \\[2em] x & \text{si } x \in\,]1, 2] \end{cases}$$

f es creciente en $[0, 1]$ y en $]1, 2]$, pero no es creciente en $[0, 2]$.

b)

$$h(-x) = f(-x) \cdot \big(g(-x)\big)^8 \overset{f\,par}{=} f(x) \cdot \big(g(-x)\big)^8 \overset{g\,impar}{=} f(x) \cdot \big(-g(x)\big)^8$$

$$= f(x) \cdot \big(g(x)\big)^8 = h(x) \implies h \text{ es par}$$

c) Sea $x \in \mathbb{R}$, tal que $n \le x < n + 1$, $n \in \mathbb{Z}$, entonces $[x] = n$ y

$$x - [x] = x - n \ge 0 \quad \text{y} \quad x - [x] = x - n < 1$$

$$\implies 0 \ge x - [x] < 1 \,,\, \forall\, x \in \mathbb{R}$$

$$\implies 0 \ge \left(x - [x]\right)^{45} < 1 \,,\, \forall\, x \in \mathbb{R}$$

4. • Reescribimos $f(x)$ como:

$$f(x) = \begin{cases} (x - 2)^2 + 3 & \text{si } x \ge 2 \\[2em] ax + b & \text{si } x < 2 \end{cases}$$

- $a > 0$, sino $ax + b$ tendría pendiente negativa y f no resulta inyectiva, puesto que la parábola $(x - 2)^2 + 3$ se abre hacia arriba y como alcanza el mínimo en el vértice $(x = 2)$, entonces $(x - 2)^2 + 3 \geq 3$. Luego para $x < 0$ siempre es posible hallar algún valor de forma que $ax + b$ coincida por ejemplo con 3.

- Para que f sea biyectiva, necesitamos que:

$$a \cdot 2 + b = 3$$

Si $2a + b > 3$, entonces f no es inyectiva, pues se tiene:

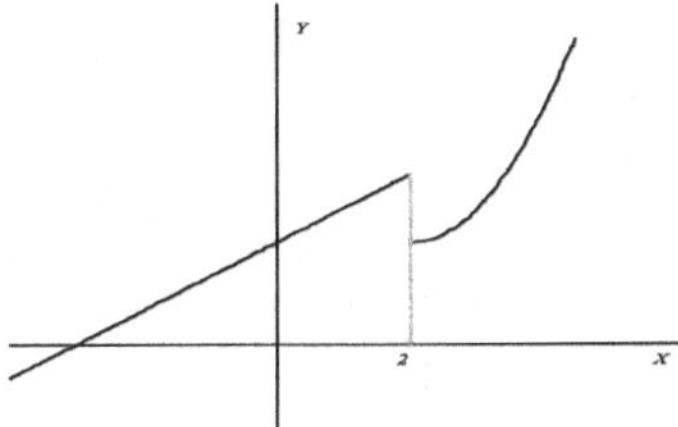

Si $2a + b < 3$, entonces f no es sobreyectiva en $\mathbb{R}$, pues se tiene:

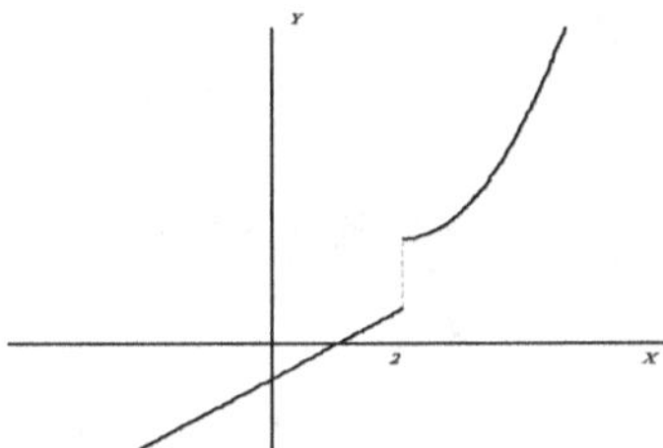

Luego las condiciones son:

$$2a + b = 3 \quad \wedge \quad a > 0 \quad (*)$$

Para probar que f es efectivamente una biyección sobre $\mathbb{R}$, reescribimos nuevamente f usando las condiciones $(*)$.

$$f(x) = \begin{cases} (x - 2)^2 + 3 & \text{si } x \geq 2 \\\\ ax + (3 - 2a) & \text{si } x < 2 ,\ a > 0 \end{cases}$$

Inyectividad:

(i). Sean $x_1 \geq 2$, $x_2 \geq 2$:

$$f(x_1) = f(x_2) \implies (x_1 - 2)^2 + 3 = (x_2 - 2)^2 + 3 \implies (x_1 - 2)^2 = (x_2 - 2)^2$$

$$\implies |x_1 - 2| = |x_2 - 2| \overset{x_1 > 0,\, x_2 > 0}{\implies} x_1 - 2 = x_2 - 2 \implies x_1 = x_2$$

(ii) Sean $x_1 < 2$, $x_2 < 2$:

$$f(x_1) = f(x_2) \implies ax_1 + (3 - 2a) = ax_2 + (3 - 2a) \implies ax_1 = ax_2 \overset{a \neq 0}{\implies} x_1 = x_2$$

(iii) Sea $x_1 \geq 2$ y $x_2 < 2$.

$$x_1 \geq 2 \implies f(x_1) = (x_1 - 2)^2 + 3 \implies f(x_1) \geq 3$$

$$x_2 < 2 \implies f(x_2) = ax_2 + (3 - 2a) < 2a + (3 - 2a) < 3$$

Luego, $f(x_1) \neq f(x_2)$.

Por lo tanto f es inyectiva.

Sobreyectividad:

$$Rec_1(f) = \{\, y \in \mathbb{R} \,/\, \exists x \in [2, +\infty[\,\wedge\, f(x) = y \,\}$$
$$= \{\, y \in \mathbb{R} \,/\, \exists x \in [2, +\infty[\,\wedge\, (x - 2)^2 + 3 = y \,\}$$

como

$$(x - 2)^2 + 3 = y \implies (x - 2)^2 = y - 3 \implies |x - 2| = \sqrt{y - 3} \overset{x \geq 2}{\implies} x = 2 + \sqrt{y - 3} \geq 2$$

Luego: $y - 3 \geq 0 \implies y \geq 3$
Así:

$$Rec_1(f) = [3, +\infty[$$

$$Rec_2(f) = \{\, y \in \mathbb{R} \,/\, \exists x \in]\infty, 2[\,\wedge\, f(x) = y \,\}$$
$$= \{\, y \in \mathbb{R} \,/\, \exists x \in [2, +\infty[\,\wedge\, ax + (3 - 2a) = y \,\}$$

ahora:

$$ax + (3 - 2a) = y \overset{a \neq 0}{\implies} x = \frac{y - (3 - 2a)}{a} < 2 \overset{a > 0}{\implies} y - (3 - 2a) < 2a$$

$$\implies y - 3 < 0 \implies y < 3$$

de donde:

$$Rec_2(f) =]-\infty, 3[$$

Como $Rec(f) = Rec_1(f) \cup Rec_2(f)$, entonces

$$Rec(f) = \mathbb{R}$$

por lo tanto f es sobreyectiva en $\mathbb{R}$.
Así f es una biyección sobre $\mathbb{R}$.

5.

$$f^{-1}(x) = \frac{2x+1}{x-1}$$

$$\left(g \circ f\right)^{-1}(x) = \begin{cases} -\dfrac{x^2 - 10x + 2}{(x-1)^2} & , \ x < \frac{2}{5} \ \vee \ x > 4 \\[4mm] \dfrac{3x}{x-1} & , \ \frac{2}{5} \leq x \leq 4 \end{cases}$$

6. Consideramos el que:

$$f(x) = 1 - 2x^2 + x = -2\left(x - \frac{1}{4}\right)^2 + \frac{9}{8}$$

luego el gráfico de f aplicando traslaciones, dilataciones, etc., es:

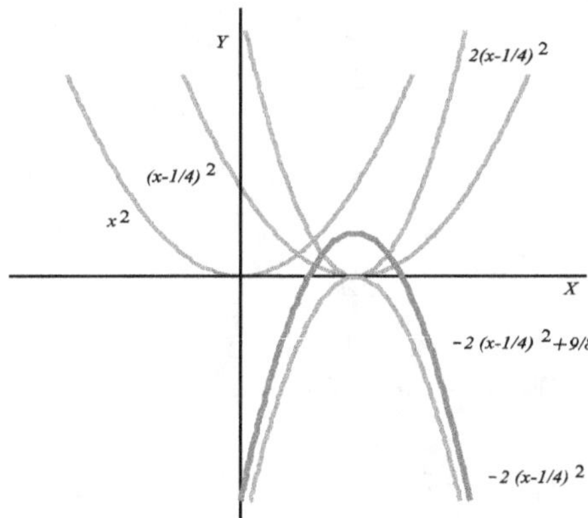

7. a) $Dom(f) = \mathbb{R} - \{1\}$, $Rec(f) = \mathbb{Z} \neq \mathbb{R}$, luego f no es sobre en $\mathbb{R}$.

b) El gráfico de f es:

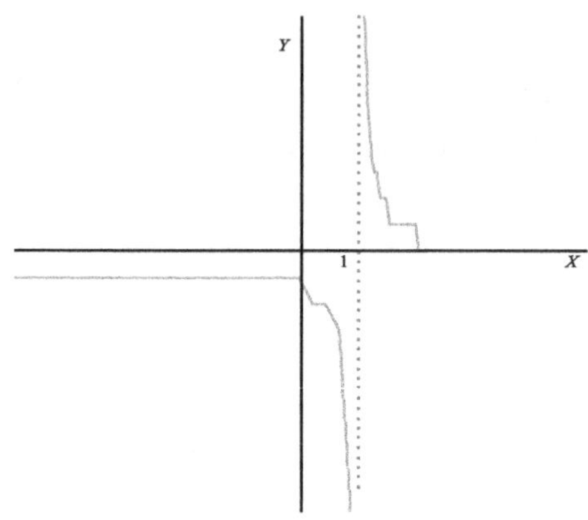

c)

$$f(x) = 3 \Longrightarrow \left[\frac{x}{x-1} - 1\right] = 3 \Longrightarrow 3 \leq \frac{x}{x-1} - 1 < 4$$

$$\Longrightarrow 4 \leq \frac{x}{x-1} < 5 \Longrightarrow x \in \left[\frac{3}{4}, \frac{4}{5}\right[$$

<table>
<tr><td>Capítulo 4</td><td>A.7</td></tr>
</table>

1 $\cos(\alpha) = \dfrac{p^2 - q^2}{p^2 + q^2}$, $\operatorname{cosec}(\alpha) = \dfrac{p^2 + q^2}{2pq}$.

2 $\dfrac{a^2 - b^2}{a^2 + b^2}$

3 Respuesta:3.

6 1) Período= 2π, amplitud= 2, y fase= 0.

2)Período= $\dfrac{2\pi}{3}$, amplitud= 2, y fase= 0.

3)Período= $\dfrac{2\pi}{3}$ amplitud= 2, y fase= $-\pi$.

4)Período= $\dfrac{2\pi}{3}$ amplitud= 2, y fase= $-\pi$.

5)Período= $\dfrac{\pi}{3}$ amplitud= 4,

7 Respuesta:$2\,\mathrm{sen}(\alpha)$.

9 $\mathrm{sen}(870^0) = \mathrm{sen}(30^0) = \dfrac{1}{2}$, $\cos(1530^0) = \cos(90^0) = 0$.

11 $\mathrm{sen}(15^0) = \dfrac{\sqrt{2}}{4}(\sqrt{3} - 1)$, $\mathrm{sen}(75^0) = \dfrac{\sqrt{2}}{4}(\sqrt{3} + 1)$.

12 Respuesta: $\dfrac{160\sqrt{3}}{3}$.

13 Altura:$4\sqrt{3}$ metros y asta:$8\sqrt{3}$ metros.

15 a) Período:π

   b) No es periódica.

   c) No es periódica

   d) Período:π

   e) Período:π

   f) Período:2π

17 a)$\left\{ \dfrac{k\pi}{4} : k \in \mathbb{Z} \right\}$

   b)$\left\{ 2k\pi \pm (2k + 1)\dfrac{\pi}{2}, \dfrac{k\pi}{2} + \dfrac{\pi}{12} : k \in \mathbb{Z} \right\}$.

c) $\left\{ \pm\dfrac{\pi}{2} + 2k\pi,\ \pm\dfrac{\pi}{4} + k\pi,\ \pm\dfrac{\pi}{8} + \dfrac{k\pi}{2}\ :\ k \in \mathbb{Z} \right\}$

d) $\left\{ \dfrac{\pi}{4} + 2k\pi,\ \dfrac{\pi}{3} + k\pi,\ -\dfrac{\pi}{3} + k\pi\ :\ k \in \mathbb{Z} \right\}$

e) $\left\{ \pm\dfrac{\pi}{3} + 2k\pi,\ \pm\dfrac{2\pi}{3} + 2k\pi\ :\ k \in \mathbb{Z} \right\}$

f) $\left\{ \dfrac{\pi}{4} + k\dfrac{\pi}{2};\ :\ k \in \mathbb{Z} \right\}$

g) $\left\{ \pm\dfrac{\pi}{4} + 2k\pi\ :\ k \in \mathbb{Z} \right\}$

h) $\left\{ \dfrac{\pi}{6} + 2k\pi,\ \dfrac{5\pi}{6} + 2k\pi,\ \dfrac{\pi}{4} + k\dfrac{\pi}{2}\ :\ k \in \mathbb{Z} \right\}$

i) $\left\{ \pm\dfrac{\pi}{4} + 2k\pi\ :\ k \in \mathbb{Z} \right\}$

j) $\left\{ (2k+1)\pi,\ \pm\dfrac{\pi}{3} + 2k\pi\ :\ k \in \mathbb{Z} \right\}$

19 $\left\{ \pm\dfrac{\pi}{5} + \dfrac{4}{5}k\pi,\ 4k\pi \pm \pi\ :\ k \in \mathbb{Z} \right\}$

25 a) La distancia es: $150(5 - 2\sqrt{3})$.

b) La distancia del buque al foco 1 es: $3\sqrt{2}$, y del foco dos es $\dfrac{3\sqrt{2}}{2}(\sqrt{3} - 1)$.

c) La distancia es aproximadamente $638,52$ pies.

d) El ángulo θ mide aproximadamente 72^0.

30) $h(\theta) = 2\operatorname{sen}(\theta) + 2\sqrt{16 - \cos^2(\theta)}$

31) Altura $= 119{,}2$m

32) Distancia entre las dos señales $= 4.194{,}3$ pies.

33) $\theta = 0,947^0$

34) a) $34, 35$ y 307 a 309

b) 274 días

35) a)$\theta = \arctan\left(\dfrac{10}{x}\right)$

b) 286,4 pies.

Autoevaluación 4 A.8

1. Sea $\alpha = \operatorname{arc\,sen}(x)$ y $\beta = \operatorname{arc\,cos}(x)$, entonces:

$$\alpha = \operatorname{arc\,sen}(x) \Longrightarrow \begin{cases} \operatorname{sen}(\alpha) = x \\ \wedge \\ -\dfrac{\pi}{2} \le \alpha \le \dfrac{\pi}{2} \end{cases} \qquad (1)$$

$$\beta = \operatorname{arc\,cos}(x) \Longrightarrow \begin{cases} \cos(\beta) = x \\ \wedge \\ 0 \le \beta \le \pi \end{cases} \qquad (2)$$

De (1) : $\cos(\alpha) > 0 \Longrightarrow \cos(\alpha) = \sqrt{1 - \operatorname{sen}^2(\alpha)} = \sqrt{1 - x^2}$

De (2) : $\operatorname{sen}(\beta) > 0 \Longrightarrow \operatorname{sen}(\beta) = \sqrt{1 - \cos^2(\beta)} = \sqrt{1 - x^2}$

Luego:

$$\cos\left(\operatorname{arc\,sen}(x)\right) + \operatorname{sen}(2\,\operatorname{arc\,cos}(x) = \cos(\alpha) + \operatorname{sen}(2\,\beta)$$

$$= \cos(\alpha) + 2\,\operatorname{sen}(\beta)\,\cos(\beta) = \sqrt{1 - x^2} + 2\,\sqrt{1 - x^2}\,x$$

$$= (1 + 2x)\,\sqrt{1 - x^2}$$

2. Tenemos que

$$\alpha + \beta + \gamma = \frac{\pi}{2} \Longrightarrow \gamma = \frac{\pi}{2} - (\alpha + \beta) \quad (*)$$

y se tiene:

$$\operatorname{sen}(2\alpha) + \operatorname{sen}(2\beta) + \operatorname{sen}(2\gamma) \overset{(*)}{=} \operatorname{sen}(2\alpha) + \operatorname{sen}(2\beta) + \operatorname{sen}\left(2\left(\frac{\pi}{2} - (\alpha + \beta)\right)\right)$$

$$= \operatorname{sen}(2\alpha) + \operatorname{sen}(2\beta) + \operatorname{sen}(2(\alpha + \beta))$$

$$\overset{\text{Prostaf.}}{=} 2\operatorname{sen}(\alpha + \beta)\cos(\alpha - \beta) + \operatorname{sen}(2(\alpha + \beta))$$

$$= 2\operatorname{sen}(\alpha + \beta)\cos(\alpha - \beta) + 2\operatorname{sen}(\alpha + \beta)\cos(\alpha + \beta)$$

$$= 2\operatorname{sen}(\alpha + \beta)\left[\cos(\alpha - \beta) + \cos(\alpha + \beta)\right]$$

$$\overset{\text{Prostaf.}}{=} 4\operatorname{sen}(\alpha + \beta)\cos(\alpha)\cos(-\beta)$$

$$= 4\operatorname{sen}\left(\frac{\pi}{2} - \gamma\right)\cos(\alpha)\cos(\beta)$$

$$= 4\cos(\gamma)\cos(\alpha)\cos(\beta)$$

3. a) Aplicando la función seno en la igualdad

$$\operatorname{arc sen}(x) = \operatorname{arc cos}(x) + \operatorname{arc sen}(3x - 2) \qquad (*)$$

se tiene

$$\operatorname{sen}\Big(\operatorname{arc sen}(x)\Big) = \operatorname{sen}\Big(\operatorname{arc cos}(x) + \operatorname{arc sen}(3x - 2)\Big)$$

$$\Longrightarrow x = \operatorname{sen}\Big(\operatorname{arc cos}(x)\Big)\cdot\cos\Big(\operatorname{arc sen}(3x-2)\Big) + \cos\Big(\operatorname{arc cos}(x)\cdot\operatorname{sen}\Big(\operatorname{arc sen}(3x-2)\Big)$$

$$\Longrightarrow x = \sqrt{1 - x^2}\cdot\sqrt{1 - (3x - 2)^2} + x\cdot(3x - 2)$$

$$\Longrightarrow 6x^3 - 15x^2 + 12x - 3 = 0 \Longrightarrow x = 1 \ \lor \ x = \frac{1}{2}$$

Reemplazando en $(*)$ para $x = 1$, se tiene:

$$\operatorname{arc sen}(1) = \operatorname{arc cos}(1) + \operatorname{arc sen}(1)$$

que se satisface trivialmente.

Reemplazando en $(*)$ para $x = \dfrac{1}{2}$, se tiene:

$$\operatorname{arc sen}\left(\frac{1}{2}\right) = \operatorname{arc cos}\left(\frac{1}{2}\right) + \operatorname{arc sen}\left(-\frac{1}{2}\right)$$

de donde se obtiene:

$$\frac{\pi}{6} = \frac{\pi}{3} - \frac{\pi}{6}$$

lo que es válido.

Por lo tanto las soluciones de $(*)$ son: $\left\{1, \dfrac{1}{2}\right\}$

b)

$$(1 - \tan(x))(\operatorname{sen}(2x) + 1) = 1 + \tan(x)$$

$$\Longrightarrow \operatorname{sen}(2x) + 1 - \tan(x)\operatorname{sen}(2x) - \tan(x) = 1 + \tan(x)$$

$$\Longrightarrow 2\operatorname{sen}(x)\cos(x) - 2\operatorname{sen}^2(x) - 2\frac{\operatorname{sen}(x)}{\cos(x)} = 0$$

$$\Longrightarrow 2\operatorname{sen}(x)\left[\cos(x) - \operatorname{sen}(x) - \frac{1}{\cos(x)}\right] = 0$$

$$\Longrightarrow 2\operatorname{sen}(x)\left[\frac{\cos^2(x) - \operatorname{sen}(x)\cos(x) - 1}{\cos(x)}\right] = 0$$

$$\Longrightarrow 2\operatorname{sen}(x)\left[\frac{-\operatorname{sen}^2(x) - \operatorname{sen}(x)\cos(x)}{\cos(x)}\right] = 0$$

$$\Longrightarrow -2\operatorname{sen}^2(x)\left[\frac{\operatorname{sen}(x) + \cos(x)}{\cos(x)}\right] = 0$$

$$\Longrightarrow \begin{cases} \operatorname{sen}(x) = 0 \\ \\ \tan(x) = -1 \end{cases} \Longrightarrow \begin{cases} x = k\pi \\ \vee \\ x = -\dfrac{\pi}{4} + k\pi \end{cases}, \ k \in \mathbb{Z}$$

4. a)

$$\left(\operatorname{sen}\left(\frac{\alpha}{2}\right) + \cos\left(\frac{\alpha}{2}\right)\right)^2 + \frac{1 + \cos(2\alpha)}{1 - \cos(2\alpha)}$$

$$= \operatorname{sen}^2\left(\frac{\alpha}{2}\right) + 2\operatorname{sen}\left(\frac{\alpha}{2}\right)\cos\left(\frac{\alpha}{2}\right) + \cos^2\left(\frac{\alpha}{2}\right) + \frac{1 + \cos(2\alpha)}{1 - \cos(2\alpha)}$$

$$= 1 + 2\operatorname{sen}\left(\frac{\alpha}{2}\right)\cos\left(\frac{\alpha}{2}\right) + \frac{2\cos^2(\alpha)}{1 + 2\operatorname{sen}^2(\alpha) - 1}$$

$$= 1 + \operatorname{sen}(\alpha) + \cot^2(\alpha)$$

b) $\forall x \in \mathbb{R}$:

$$\cos(x) + \cos(2x) + \cos(3x) + \cos(4x)$$

$$\overset{\text{Prostaf.}}{=} 2\cos\left(\frac{3x}{2}\right)\cos\left(-\frac{x}{2}\right) + 2\cos\left(\frac{7x}{2}\right)\cos\left(-\frac{x}{2}\right)$$

$$= 2\cos\left(\frac{x}{2}\right)\left[\cos\left(\frac{3x}{2}\right) + \cos\left(\frac{7x}{2}\right)\right]$$

$$\overset{\text{Prostaf.}}{=} 4\cos\left(\frac{x}{2}\right)\cos\left(\frac{5x}{2}\right)\cos(x)$$

5.

$$\cos(x) + \cos(2x) + \cos(3x) + \cos(4x) = 0 \overset{4b)}{\Longrightarrow} 4\cos(x)\cos\left(\frac{x}{2}\right)\cos\left(\frac{5x}{2}\right) = 0$$

$$\Longrightarrow \begin{cases} \dfrac{x}{2} = \pm\dfrac{\pi}{2} + 2k\pi \\[2mm] x = \pm\dfrac{\pi}{2} + 2k\pi \\[2mm] \dfrac{5x}{2} = \pm\dfrac{\pi}{2} + 2k\pi \end{cases}, k \in \mathbb{Z} \Longrightarrow \begin{cases} x = \pm\pi + 4k\pi \\[2mm] x = \pm\dfrac{\pi}{2} + 2k\pi \\[2mm] x = \pm\dfrac{\pi}{5} + \dfrac{4}{5}k\pi \end{cases}, k \in \mathbb{Z}$$

$$S = \left\{\pm\pi + 4k\pi, \pm\frac{\pi}{2} + 2k\pi, \pm\frac{\pi}{5} + \frac{4}{5}k\pi : k \in \mathbb{Z}\right\}$$

6.

$$2\left(bc\cos(\alpha) + ac\cos(\beta) + ab\cos(\gamma)\right) = 2bc\cos(\alpha) + 2ac\cos(\beta) + 2ab\cos(\gamma)$$

$$\overset{\text{T.coseno}}{=} (b^2 + c^2 - a^2) + (a^2 + c^2 - b^2) + (a^2 + b^2 - c^2) = a^2 + b^2 + c^2$$

7.

$$\cot\left(\frac{\beta}{2}\right) = \frac{a+c}{b} \iff \frac{\cos\left(\frac{\beta}{2}\right)}{\sin\left(\frac{\beta}{2}\right)} = \frac{a+c}{b} \iff b\cos\left(\frac{\beta}{2}\right) = (a+c)\operatorname{sen}\left(\frac{\beta}{2}\right)$$

$$\iff 2b\cos^2\left(\frac{\beta}{2}\right) = 2(a+c)\operatorname{sen}\left(\frac{\beta}{2}\right)\cos\left(\frac{\beta}{2}\right) \iff 2b\cos^2\left(\frac{\beta}{2}\right) = (a+c)\operatorname{sen}(\beta)$$

$$\iff 2b\cos^2\left(\frac{\beta}{2}\right) = a\operatorname{sen}(\beta) + c\operatorname{sen}(\beta) \overset{T.\,seno}{\iff} 2b\cos^2\left(\frac{\beta}{2}\right) = b\operatorname{sen}(\alpha) + b\operatorname{sen}(\gamma)$$

$$\Longleftrightarrow 2\cos^2\left(\frac{\beta}{2}\right) = \text{sen}(\alpha) + \text{sen}(\gamma) \overset{Prostaf.}{\Longleftrightarrow} 2\cos^2\left(\frac{\beta}{2}\right) = 2\,\text{sen}\left(\frac{\alpha+\gamma}{2}\right)\cos\left(\frac{\alpha-\gamma}{2}\right)$$

$$\Longleftrightarrow \cos^2\left(\frac{\beta}{2}\right) = \cos\left(\frac{\beta}{2}\right)\cos\left(\frac{\alpha-\gamma}{2}\right) \Longleftrightarrow \cos\left(\frac{\beta}{2}\right)\left[\cos\left(\frac{\beta}{2}\right) - \cos\left(\frac{\alpha-\gamma}{2}\right)\right] = 0$$

$$\overset{Prostaf.}{\Longleftrightarrow} -2\cos\left(\frac{\beta}{2}\right)\text{sen}\left(\frac{\beta+\alpha-\gamma}{4}\right)\text{sen}\left(\frac{\beta-\alpha+\gamma}{4}\right) = 0$$

$$\Longrightarrow \begin{cases} \dfrac{\beta}{2} = \dfrac{\pi}{2} \quad (1) \\[2em] \dfrac{\beta+\alpha-\gamma}{4} = 0 \quad (2) \\[2em] \dfrac{\beta-\alpha+\gamma}{4} = 0 \quad (3) \end{cases}$$

(1) es imposible pues como se trata de los ángulos interiores de un triángulo, se tiene que: $\alpha + \beta + \gamma = \pi$ y la condición (1) equivale a $\beta = \pi$.

De (2), se tiene:

$$\beta + \alpha - \gamma = 0 \Longrightarrow \pi - \gamma - \gamma = 0 \Longrightarrow 2\gamma = \pi \Longrightarrow \gamma = \frac{\pi}{2}$$

De (3), se tiene:

$$\beta - \alpha + \gamma = 0 \Longrightarrow \pi - \alpha - \alpha = 0 \Longrightarrow 2\alpha = \pi \Longrightarrow \alpha = \frac{\pi}{2}$$

De donde el triángulo resulta rectángulo.

<table>
<tr><td>Autoevaluación 5</td><td>A.9</td></tr>
</table>

1. a)

    i) Si $n = 1$ entonces $3^2 - 1 = 8$ que es divisible por 8.

    ii) H.I. $3^{2n} - 1$ es divisible por 8.

iii) P.D. $3^{2n+2} - 1$ es divisible por 8.
Efectivamente:

$$3^{2n+2} - 1 = 9(3^{2n}) - 1 = (3^{2n} - 1) + 8$$

Por H.I. $3^{2n} - 1$ es divisible por 8 y obviamente 8 también lo és.
Por lo tanto $3^{2n} - 1$ es divisible por 8.

b)

i) Si $n = 1$ entonces $6^2 + 4 = 40$ que es divisible por 5.

ii) H.I. $6^{n+1} + 4$ es divisible por 5.

iii) P.D. $6^{n+2} + 4$ es divisible por 5.
Efectivamente:

$$6^{n+2} + 4 = 6(6^{n+1}) + 4 = (6^{n+1} + 4) + 5$$

Por H.I. $6^{n+1} + 4$ es divisible por 5 y obviamente 5 también lo és.
Por lo tanto $6^{n+1} + 4$ es divisible por 5.

c) Es falso porque si por ejemplo $n = 3$ entonces $3 \cdot 2 = 6$ que no es divisible por 24.

2. Sea la P.G. de primer término d y razón s. Entonces

$$a = ds^{p-1}, \; b = ds^{q-1}, \; c = ds^{r-1}$$

Luego

$$a^{q-r}b^{r-p}c^{p-q} = \frac{a^q b^r c^p}{a^r b^p c^q} = \frac{d^{p+r+q}s^p q + rq + rp - p - q - r}{d^{p+r+q}s^p q + rq + rp - p - q - r} = 1$$

3.   i) Si $n = 1$ entonces $a_1 = 4 = 2 \cdot 3^1 - 2^1$.

    ii) H.I. $P(n):\; a_n = 2 \cdot 3^n - 2^n$.

    iii) P.D. $a_{n+1} = 2 \cdot 3^{n+1} - 2^{n+1}$ Tenemos que

$$a_{n+1} = 5a_n - 4 \cdot 3^n + 3 \cdot 2^n = 5(2 \cdot 3^n - 2^n) - 4 \cdot 3^n + 3 \cdot 2^n = 6 \cdot 3^n - 2 \cdot 2^n = 2 \cdot 3^{n+1} - 2^{n+1}.$$

    Luego
$$a_n = 2 \cdot 3^n - 2^n \; ; \; \text{para todo } n \in \mathbb{N}.$$

4.   i) Si $n = 1$ tenemos que $\dfrac{1}{3} = \dfrac{1}{2 + 1}$

    ii) H.I. $\dfrac{1}{3} + \cdots \dfrac{1}{4n^2 - 1} = \dfrac{n}{2n + 1}$

iii) P.D. $\dfrac{1}{3} + \cdots \dfrac{1}{4n^2 - 1} + \dfrac{1}{4n^2 + 8n + 3} = \dfrac{n+1}{2n+3}$

$$\dfrac{1}{3} + \cdots \dfrac{1}{4n^2 - 1} + \dfrac{1}{4n^2 + 8n + 3} \overset{H.I.}{=} \dfrac{n}{2n+1} + \dfrac{1}{(2n+1)(2n+3)}$$

$$= \dfrac{(2n+1)(n+1)}{(2n+1)(2n+3)} = \dfrac{n+1}{2n+3}$$

5.   i) Si $n = 1$ entonces $2 \leq 2$

    ii) H.I. $2n \leq 2^n$

    iii) P.D. $2n + 1 \leq 2^{n+1}$

$$2^{n+1} = 2 \cdot 2^n = 2^n + 2^n \overset{H.I.}{\geq} 2n + 2^n \geq 2n + 2$$

6.   i) Si $n = 4$ entonces $4! = 24 \geq 16 = 2^4$

    ii) H.I. $n! \geq 2^n$ para $n \geq 4$.

    iii) P.D. $(n+1)! \geq 2^{n+1}$

$$(n+1)! = n!(n+1) \overset{H.I.}{\geq} 2^n(n+1) \geq 2^n \cdot 2 = 2^{n+1}$$

7.   i) Si $n = 1$ entonces el conjunto $A = \{a\}$ y sus subconjuntos, es decir $\mathcal{P}(A) = \{\phi, \{a\}\}$ es decir $\mathcal{P}(A)$ tiene 2^1 elementos.

    ii) H.I. Si A tiene n elementos entonces $\mathcal{P}(A)$ tiene 2^n elementos.

    iii) P.D. Si A tiene $(n+1)$ elementos, entonces $\mathcal{P}(A)$ tiene 2^{n+1} elementos.

Sea $A = \{a_1, a_2, \ldots, a_{n+1}\}$ entonces $A = \{a_1, a_2, \ldots a_n\} \cup \{a_{n+1}\}$

Por H.I. $\mathcal{P}(\{a_1, \ldots a_n\}$ tiene $2^n)$ elementos y a cada uno de ellos le agregamos el elemento a_{n+1} y obtenemos otros 2^n elementos distintos.

Por lo tanto $\mathcal{P}(A)$ tiene $2^n + 2^n = 2^{n+1}$ elementos.

<table>
<tr><td>Capítulo 6</td><td style="text-align:right">A.10</td></tr>
</table>

1 a) $\dfrac{n(n+1)}{6}(2n+4)$

b) $\dfrac{4}{3}n(n+1)(n-1)+n$

c) $\dfrac{n(n+1)}{12}(3n^2+11n+10)$

2 a) $\dfrac{n(n+1)}{12}(21n^2+37n+8)$

b) $\dfrac{n}{n+1}$

c) $2n^2+n$

d) $\dfrac{(n+1)}{6}(6m^2+6m+2n^2+n)$

3 $a_k=4k+1,\ \displaystyle\sum_{k=p}^{2p}a_k=6p^2+7p+1$

4 No existe $n\in\mathbb{N}$ que satisfaga la igualdad

5 a) $\dfrac{1}{12}n(n+1)^2(n+2)$

b) $\dfrac{n}{2n+1}$

6 a) $n\left(\dfrac{n+1}{2}+\dfrac{1}{n+1}\right)$

b) $\dfrac{n(n+1)}{12}(3n^2+11n+4)$

c) $\dfrac{1}{2n}$

d) $\dfrac{n(n+1)}{6}(7n^2+10n-5)+n$

e) n par: $\dfrac{n}{2}(1-n)-n$

n impar: $\dfrac{n(n+1)}{2}$

f) $n^2(n-1)+\dfrac{n(n+1)3n-1)}{6}$

8 a) $1 - \dfrac{1}{2^n(n+1)}$

  b) $1 - \dfrac{1}{(n+1)!}$

  c) $\dfrac{1}{2(n+1)} - \dfrac{5}{2(n+2)} + \dfrac{3}{4}$

9 $n\left((n+1)(\tfrac{2}{3}(2n+1) + 2n(n+1) - 2) + 1\right)$

10 $a_{r+1} - a_r = r^2(10r^2 + 2)$, $\displaystyle\sum_{k=1}^{n} k^4 = \dfrac{1}{30}n(n+1)(2n+1)\left(3n(n+1) - 1\right)$

11 n^4

12 $4\left(\left(\dfrac{1}{3}\right)^n - \left(\dfrac{2}{3}\right)^n\right)$

13 $n(2^{20} - 1)$

14 7.224

15 Deuda:1.820.000 pesos en 13 pagos

16 $3, 5, 7, 9$

22 17

23 $a = 0$ y $a = \dfrac{1}{8}$

24 134.062.500

25 290

26 8.344

27 $\binom{50}{24} - \binom{50}{25} - \binom{50}{27}$

29 $(n+2)\binom{2n-1}{n}$

30 a) $\left(\frac{1}{4}\right)^n \binom{2n}{n}$

    b) $\binom{2n}{n}$

36 a) $nx(1+x)^{n-1}$

    b) $n(n-1)x^2(1+x)n - 2 + nx(1+x)^{n-1}$

    c) $(1+x^2)^n$

    d) 0

    e) $2^{n-1}(2a+dn)$

    f) $a(1+q)^n$

37 $\dfrac{1}{2}\left[\dfrac{(n+1)x^n}{x-1}\left(n+\dfrac{2}{(x-1)^2}\right) - \dfrac{2}{(x-1)}\left(1+\dfrac{1}{(x-1)^2}\right) - \dfrac{2x(x^n-1)}{(x-1)^2}\left(1+\dfrac{1}{(x-1)^2}\right)\right]$

38 3^n

Autoevaluación 6   A.11

1. Sean $a_1 = 1, a_2 = 2, \ldots a_n = n$ entonces como tenemos la desigualdad que $A > G$ nos queda:

$$\frac{a_1 + \cdots a_n}{n} > \sqrt[n]{a_1 \cdots a_n}$$

Por lo tanto

$$\frac{1 + \cdots + n}{n} > \sqrt[n]{n!} \leftrightarrow \frac{n(n+1)}{2n} > \sqrt[n]{n!} \leftrightarrow \left(\frac{n+1}{2}\right)^n > n!$$

2. Dado que:

$$k\binom{n}{k} = n\binom{n-1}{k-1} \text{ y } x_k = 5 + (k-1)7 = -2 + 7k$$

tenemos que

$$\sum_{k=1}^{n}\binom{n}{k}x_k = -2\sum_{k=1}^{50}\binom{n}{k} + 7n\sum_{k=1}^{50}\binom{n-1}{k-1} = -2(2^m - 1) + 7n2^{n-1}$$

3. a)

$$\sum_{k=1}^{50}(2k-1)^2 = 4\sum_{k=1}^{50}k^2 - 4\sum_{k=1}^{50}k + \sum_{k=1}^{50}1 = 166.750$$

b) Dado que:

$$\binom{n-1}{k-1}(-1)^k\frac{1}{k}n = \binom{n}{k}.$$

Entonces:

$$n\sum_{k=2}^{n}\binom{n-1}{k-1}(-1)^k\frac{3^k}{k} = \left(\sum_{k=0}^{n}\binom{n}{k}(-1)^k\frac{3^k}{k}\right) - (1-3n)$$

$$= (1-3)^n + 3n - 1 = (-2)^n + 3n - 1.$$

4. $$\sum_{k=3}^{n+1}\sum_{i=2}^{k}(-1)^i\binom{k}{i-1}2^{k-i} = \sum_{k=3}^{n+1}\sum_{i=1}^{k-1}(-1)^i\binom{k}{i}2^{k-i-1}$$

$$\sum_{k=3}^{n+1}\left(\sum_{i=1}^{k}(-1)^i\binom{k}{i}2^{k-i-1} - (-1)^k\frac{1}{2}\right) = \frac{1}{2}\left(\sum_{i=1}^{k}(-1)^i\binom{k}{i}2^{k-i-1} - (-1)^k\right)$$

$$= \frac{1}{2}\sum_{k=3}^{n+1}\left((1-2)^k - 2^k - (-1)^k\right) = 4\left(1 - 2^{n-1}\right)$$

5. $$(1-x)^{50}(x^{-1} + 1 + x^2) = \left(\frac{1}{x} + 1 + x^2\right)\sum_{k=0}^{50}(-1)^k x^{50-k}$$

$$= \sum_{k=0}^{50}(-1)^k x^{49-k} + \sum_{k=0}^{50}(-1)^k x^{50-k} + \sum_{k=0}^{50}(-1)^k x^{52-k}$$

Luego el coeficiente de x^{25} es:

$$\binom{50}{24} - \binom{50}{25} - \binom{50}{27}$$

6. $(3x + 2)^{19} = \sum_{k=0}^{19} \binom{19}{k} (3x)^k (2)^{19-k} = \sum_{k=0}^{19} \binom{19}{k} (3)^k x^k (2)^{19-k}$

Buscamos k entre 0 y 19 tal que:

$$\binom{19}{k} 3^k (2)^{19-k} = \binom{19}{k+1} 3^{k+1} (2)^{19-k-1}$$

Esto se da para $k = 11$ es decir los coeficientes de x^{11} y x^{12} son iguales y valen:

$$(139)(17)(19)3^{13}2^9)$$

7)

$$\sum_{k=1}^{n} \binom{n}{k} \left(\frac{1 + 2 + \cdots + k}{k} \right) = \sum_{k=1}^{n} \binom{n}{k} \frac{k(k+1)}{2k}$$

$$= \frac{1}{2} \left(\sum_{k=1}^{n} k \binom{n}{k} + \sum_{k=1}^{n} \binom{n}{k} \right)$$

Dado que

$$k \binom{n}{k} = n \binom{n-1}{k-1}$$

La sumatoria nos queda:

$$= \frac{1}{2} \left(n \sum_{k=0}^{n-1} \binom{n-1}{k} + \sum_{k=1}^{n} \binom{n}{k} \right) = 2^{n-2}(n+2)$$

<table>
<tr><td>**Capítulo 7**</td><td>**A.12**</td></tr>
</table>

1 $\dfrac{3}{25} - \dfrac{4}{25} i$

2 $Re = \dfrac{3}{13}, \; Im = \dfrac{11}{13}$

3 $Re = \dfrac{7}{13}, \; Im = \dfrac{17}{13}$

4 $x = 3 \pm i$

5 $x^2 - 2x + 17$

6 i

7 $\dfrac{1}{25}$

8 $x = 1, y = -1$

10 a) $z + u = -1$

b) $zu = -8 + 14i$

c) $\dfrac{z}{u} = -\dfrac{4}{5} + \dfrac{7}{10}i$

d) $|(z - u)| = 5\sqrt{13}.$

11 a) $2\sqrt{10}$

b) $2\sqrt[4]{2}$

12 a) $x = i, \ -1 - i$

b) $x = \dfrac{1}{2}\left[(1 + \sqrt{3} + \sqrt{5}) - (1 + \sqrt{5} - \sqrt{3})i\right], \dfrac{1}{2}\left[(1 - \sqrt{3} - \sqrt{5}) + (\sqrt{5} - \sqrt{3} - 1)i\right]$

14 $z = \dfrac{1}{2}\left(1 \pm \sqrt{3}i\right)$

15 a) $z = \dfrac{3}{2} + 2i$

b) $z = \dfrac{3}{4} + i$

17 a) $2cis(-\dfrac{\pi}{6})$

b) $2cis(\dfrac{\pi}{3})$

c) $\sqrt{3}cis(\arctan(-\sqrt{2})))$

d) $\sqrt{3}(cis(\arctan(\sqrt{2})))$

e) $5cis(\arctan(5))$

f) $20cis(\pi)$

g) $5(cis(\arctan(-\frac{4}{3})))$

h) $7cis(-\frac{\pi}{2})$

19 $2^{1005}\, cis(837,5\pi)$

21 a) $z = \sqrt[6]{2}cis(\dfrac{-\pi + 6k\pi}{18}), k = 0, 1, 2, 3, 4, 5.)$

23 $= (-1)^n 2\cos(\dfrac{n\pi}{3})$

28 a) $= x^3 - x^2 + 1 + \dfrac{4x^3 - 2x}{x^4 - x + 1}$

b) $x^3 - x^2 - 2 + \dfrac{8x + 1}{x^2 + x + 1}$

30 a) Cuociente$= 2x^3 - 10x^2 + 27x - 59,\ $ Resto$= -118$

b) Cuociente$= -x^3 + 4x^2 + 8x + 24,\ $ Resto$= 72$

c) Cuociente$= (n - 1)x^{n-2} + (n - 2)x^{n-3} + \cdots + 2,\ $ Resto$= \dfrac{1}{(x - 1)}.$

31 $p = 2, q = 3$

33 $a = -3,\ b = 4.$

35 $P(x) = 10(x - 1/2)\left(x - \left(\dfrac{1 + \sqrt{\frac{3}{5}}}{2}\right)\right)\left(x - \left(\dfrac{1 - \sqrt{\frac{3}{5}}}{2}\right)\right)$

36 $x = 1 + 2i, 2, -1$

37 $x = 2 + 3i, 2 - 3i, -1, -1$

38 a) $x = \dfrac{2}{3}$

   b) $x = -1$

   c) No tiene

39 a) Si
   b) No
   c) Si

42 a) $2, 3, 3, -4, -4, -4$

   b) $-7, \dfrac{3}{2}, \dfrac{3}{2}, \dfrac{3}{2},$

   c) $2, 2, 2, -5$

   d) $-1, -1, 2, 2, 2$

   e) $-\dfrac{5}{3}, 3, 3$

43 a) $x^3 - 7x^2 + 17x - 15$

   b) $x^3 - 4x^2 + 36x - 144$

   c) $3x^3 - 17x^2 + 27x + 11$

   d) $6x^3 + 21x^2 - 12x + 7.$

45 $k = \dfrac{1}{5}$

46 $a = \dfrac{32^{n-1} - 4}{n2^{n-1}}, \; b = \dfrac{32^n - 4}{(n+1)2^{n-1}}$

Autoevaluación 7 A.13

1. a)
$$\frac{3-i}{\overline{z}+i}+4-3i=1+i \implies \frac{3-i}{\overline{z}+i}=-3+4i \implies \overline{z}+i=\frac{3-i}{-3+4i}$$

$$\implies \overline{z}+i=\frac{5-9i}{25} \implies \overline{z}=\frac{1}{5}-\frac{34}{25}i \implies z=\frac{1}{5}+\frac{34}{25}i$$

b) Sea $z=x+yi$, de la condición $|z+i|=\dfrac{1}{|z+i|}$, se tiene:

$$|z+i|^2=1 \implies |x+(y+1)i|=1 \implies x^2+(y+1)^2=1$$

$$\implies x^2+y^2+2y=0 \quad (1)$$

Ahora, de la condición $|z+i|=|\overline{1+z}|$, se tiene:

$$|x+(y+1)i|=|\overline{(x+1)+yi}| \implies |x+(y+1)i|=|(x+1)-yi|$$

$$\implies x^2+(y+1)^2=(x+1)^2+y^2 \implies x=y$$

Reemplazando en (1), se tiene:

$$2y^2+2y=0 \implies y=0 \ \lor \ y=-1$$

Por lo tanto los $z \in \mathbb{C}$ que satisfacen la condición pedida son:

$$z_1=0+0i \ , \ z_2=-1-i$$

2. Por el algoritmo de división sabemos que

$$p(x)=(x^3-x)\,c(x)+r(x)$$

donde el grado de $r(x)$ es menor que el grado de $q(x)=x^3-x$

Por lo tanto $r(x) = ax^2 + bx + 2$, además:

$$p(0) = 4 \implies r(0) = 4 \quad (1)$$

$$p(1) = 1 \implies r(1) = 1 \quad (2)$$

$$p(-1) = 3 \implies r(-1) = 3 \quad (3)$$

Reemplazando (1), (2) y (3) en $r(x)$, se tiene:

$$a = -2 \, , \; b = -1 \, , \; c = 4$$

por lo tanto el resto de dividir $p(x)$ por $q(x) = x^3 - x$ es:

$$r(x) = -2x^2 - x + 4$$

3. a) Como $p(x)$ tiene coeficientes reales y $1 + i$ es una raíz de $p(x)$, entonces $1 - i$ también es raíz de $p(x)$, de donde $p(x)$ es divisible por:

$$\left(x - (1 + i)\right)\left(x - (1 - i)\right) = \left((x - 1) - i\right)\left((x - 1) + i\right) = x^2 + 2x + 2$$

dividiendo $p(x)$ por $x^2 + 2x + 2$, se obtiene resto igual a

$$(b + 2a + 2)x + (c - 2a - 4)$$

y como éste debe ser el polinomio nulo, se tiene que:

$$\left. \begin{array}{c} b + 2a + 2 = 0 \\[2mm] c - 2a - 4 = 0 \end{array} \right| \implies \left. \begin{array}{c} b + 2a = -2 \\[2mm] c - 2a = 4 \end{array} \right| \quad (I)$$

Además como $q(x) = p(x^2)$ tiene a $x = -2$ como raíz, entonces

$$q(-2) = p(4) = 0 \implies p(x) \text{ tiene a } 4 \text{ como raíz.}$$

Luego:

$$p(4) = 0 \implies 64 + 16a + 4b + c = 0 \implies 16a + 4b + c = -64 \quad (II)$$

Resolviendo el sistema (I) junto a la ecuación (II), se tiene que:

$$a = -6 \, , \; b = 10 \, , \; c = -8$$

b) Como las raíces de $x^2 + x + 1$, satisfacen $x^2 + x + 1 = 0$, tenemos:

$$x^6 + 4x^5 + 3x^4 + 2x^3 + x + 1 = (x^6 + x^5 + x^4) + 3x^5 + 2x^4 + 2x^3 + x + 1$$
$$= x^4(x^2 + x + 1) + 2(x^5 + x^4 + x^3) + x^5 + +x + 1$$
$$= x^4(x^2 + x + 1) + 2x^3(x^2 + x + 1) + (x^2 + x + 1) + (x^5 - x^2)$$
$$= x^4(x^2 + x + 1) + 2x^3(x^2 + x + 1) + (x^2 + x + 1) + x^2(x^3 - 1)$$
$$= x^4(x^2 + x + 1) + 2x^3(x^2 + x + 1) + (x^2 + x + 1) + x^2(x - 1)(x^2 + x + 1) = 0$$

De donde las raíces de $x^2 + x + 1$, satisfacen $x^6 + 4x^5 + 3x^4 + 2x^3 + x + 1 = 0$

4. a) Tenemos:

$$(1 + i) = \sqrt{2}\, cis\left(\frac{\pi}{4}\right) \quad y \quad (1 - i) = \sqrt{2}\, cis\left(-\frac{\pi}{4}\right)$$

$$\Longrightarrow (1 + i)^{4n} = \sqrt{2^{4n}}\, cis\left(4n \cdot \frac{\pi}{4}\right) \quad y \quad (1 - i)^{4n} = \sqrt{2^{4n}}\, cis\left(-4n \cdot \frac{\pi}{4}\right)$$

Luego

$$(1 + i)^{4n} - (1 - i)^{4n} = 2^{2n}\left(cis(n\pi) - cis(-n\pi)\right)$$

$$= 2^{2n}\left(\Big(\cos(n\pi) + sen(n\pi)i\Big) - \Big(\cos(-n\pi) - sen(-n\pi)i\Big)\right)$$

$$= 2^{2n}\cos(n\pi) - \cos(n\pi) = 0$$

b)

$$z_k = i^{2k} + i^{-1000k} + \overline{(i^{-19})} + |1 - i|^2 = (i^2)^k + \frac{1}{(i^{1000})k} + \overline{\left(\frac{1}{i^{19}}\right)} + (1 - i)^2$$

$$= (-1)^k + 1 + \overline{\left(\frac{1}{-i}\right)} + (\sqrt{2})^2 = (-1)^k + 3 + i$$

$$\Longrightarrow z_k = \left(3 + (-1)^k\right) + i$$

$$\Longrightarrow z_k = \begin{cases} 4 + i \text{ , si } k \text{ es par} \Longrightarrow \begin{cases} Re(z_k) = 4 \\ Im(z_k) = 1 \end{cases} \text{ , } k \text{ es par} \\ \\ 2 + i \text{ , si } k \text{ es impar} \Longrightarrow \begin{cases} Re(z_k) = 2 \\ Im(z_k) = 1 \end{cases} \text{ , } k \text{ es impar} \end{cases}$$

5. Como el resto la dividir $p(x)$ por $x - c$ es $p(c)$, entonces:

$$p(c) = 3c^3 + 12c - 3 \implies c^4 - 3c^3 + 11c^2 + 15 = 3c^3 + 12c - 3$$

Luego c satisface la ecuación:

$$c^4 - 6c^3 + 11c^2 - 12c + 18 = 0$$

La única solución real es 3, por lo tanto $c = 3$.

6.   a) $\alpha_1 = z - z^4$ y $\alpha_2 = z^2 - z^3$, luego:

$$\alpha_1^2 \cdot \alpha_2^2 = \left(z - z^4\right)^2 \cdot \left(z^2 - z^3\right)^2 = \left(z^2 - 2z^5 + z^8\right) \cdot \left(z^4 - 2z^5 + z^6\right)$$

$$\overset{z^5=1}{=} \left(z^2 - 2 + z^3\right) \cdot \left(z^4 - 2 + z\right) = z^6 - 2z^2 + z^3 - 2z^4 + 4 - 2z + z^7 - 2z^3 + z^4$$

$$\overset{z^5=1}{=} z - 2z^2 + z^3 - 2z^4 + 4 - 2z + z^2 - 2z^3 + z^4$$

$$= -z^4 - z^3 - z^2 - z + 4$$

Luego $\alpha_1^2 \cdot \alpha_2^2 = -z^4 - z^3 - z^2 - z + 4$. Ahora

$$z^5 - 1 = 0 \implies (z - 1)(z^4 + z^3 + z^2 + z + 1) = 0$$

$$\overset{z\neq1}{=} z^4 + z^3 + z^2 + z + 1 = 0 \implies z^4 + z^3 + z^2 + z = -1$$

Así:

$$\alpha_1^2 \cdot \alpha_2^2 = -z^4 - z^3 - z^2 - z + 4 = -(-1) + 4 = 5$$

b) Tenemos: $z = \left(\operatorname{sen}(\alpha) - \operatorname{sen}(\beta)\right) - i\left(\cos(\alpha) - \cos(\beta)\right)$, luego escribimos z en forma polar, esto es $z = |z| cis(\theta)$, ahora:

$$|z| = \sqrt{\left(\operatorname{sen}(\alpha) - \operatorname{sen}(\beta)\right)^2 + \left(\cos(\alpha) - \cos(\beta)\right)^2}$$

$$= \sqrt{2 - 2\operatorname{sen}(\alpha)\,\operatorname{sen}(\beta) - 2\cos(\alpha)\,\operatorname{sen}(\beta)}$$

$$= \sqrt{2(1 - (\operatorname{sen}(\alpha)\,\operatorname{sen}(\beta) + 2\cos(\alpha)\,\operatorname{sen}(\beta))}$$

$$= \sqrt{2(1 - \cos(\alpha - \beta))} = \sqrt{4 \operatorname{sen}^2\left(\frac{\alpha - \beta}{2}\right)}$$

$$\Longrightarrow |z| = 2 \operatorname{sen}\left(\frac{\alpha - \beta}{2}\right) , \quad \alpha \neq \beta$$

Además θ es tal que:

$$\cos(\theta) = \frac{\operatorname{sen}(\alpha) - \operatorname{sen}(\beta)}{2 \operatorname{sen}\left(\frac{\alpha - \beta}{2}\right)} = \frac{2 \operatorname{sen}\left(\frac{\alpha - \beta}{2}\right) \cos\left(\frac{\alpha + \beta}{2}\right)}{2 \operatorname{sen}\left(\frac{\alpha - \beta}{2}\right)} = \cos\left(\frac{\alpha + \beta}{2}\right)$$

y

$$\operatorname{sen}(\theta) = \frac{\cos(\alpha) - \cos(\beta)}{2 \operatorname{sen}\left(\frac{\alpha - \beta}{2}\right)} = \frac{-2 \operatorname{sen}\left(\frac{\alpha + \beta}{2}\right) \operatorname{sen}\left(\frac{\beta - \alpha}{2}\right)}{2 \operatorname{sen}\left(\frac{\alpha - \beta}{2}\right)} = \operatorname{sen}\left(\frac{\alpha + \beta}{2}\right)$$

donde $\dfrac{\alpha + \beta}{2} \in \left[-\dfrac{\pi}{2}, \dfrac{\pi}{2}\right]$. Luego:

$$z = 2 \operatorname{sen}\left(\frac{\alpha - \beta}{2}\right) cis\left(\frac{\alpha + \beta}{2}\right)$$

$$\Longrightarrow z^{40} = 2^{40} \operatorname{sen}^{40}\left(\frac{\alpha - \beta}{2}\right) cis\left(20\alpha + 20\beta\right)$$

7. a) Se tiene: $p(x) = (x^2 - 1)q(x) + (16x - 6)$, dividiendo

$$p(x) = x^3 - 6x^2 + (b^2 + 12)x - 2a \quad \text{por} \quad x^2 - 1,$$

se obtiene cuociente $x - 6$ y resto

$$r(x) = (b^2 + 12)x - (2a + 6)$$

como el resto debe coincidir con $16x - 6$, se tiene:

$$b^2 = 4 , \quad a = 0 \Longrightarrow a = 0 , \quad b = \pm 2$$

b) Como $p(x)$ tiene coeficientes reales y $\alpha = 2 - \sqrt{3}i$ es raíz de $p(x)$, entonces $\overline{\alpha} = 2 + \sqrt{3}i$ también es raíz de $p(x)$, luego $p(x)$ es divisible por:

$$\left(x - (2 - \sqrt{3}i)\right)\left(x - (2 + \sqrt{3}i)\right) = \left((x - 2) + \sqrt{3}i\right)\left((x - 2) - \sqrt{3}i\right)$$

$$= (x - 2)^2 + 3 = x^2 - 4x + 7$$

Dividiendo $p(x)$ por $x^2 - 4x + 7$, se obtiene cuociente $x - 2$ y resto

$$r(x) = (b^2 - 3)x + (14 - 2a)$$

como el resto debe ser el polinomio nulo, se obtiene:

$$b^2 = 3 \,, \quad a = 7$$

por lo tanto

$$p(x) = x^3 - 6x^2 + 15x - 14$$

y de aquí se obtiene que la única raíz real es $x = 2$.

<table>
<tr><td>Capítulo 8</td><td>A.14</td></tr>
</table>

3 $x = 4$.

4 $x = \ln(2\sqrt{2} + 3)$

5 $x = 0$

6 a) $x = -6$

   b) $x = 1$

   c) $x = \dfrac{31}{18}$

   d) $x = e - 2$

   e) $\{2, 4\}$

   f) $x = 6$

   g) $x = \sqrt{7}$

   h) $\{1, 9\}$

   i) ϕ

7 $4f(x)$

8 a) $Dom(f) = \mathbb{R}$, $Rec(f) = \mathbb{R}^+$, $Dom(g) =]1,\infty[$, $Rec(g) = \mathbb{R}$

10 $2x$

11 a) $x = 20, y = 5$

b) $x = 100, y = 10$

12 a) $Dom(f) = \mathbb{R} - \{0\}$, $Rec(f) = \mathbb{R}$

b) $Dom(f) =]1,\infty[$, $Rec(f) = \mathbb{R}_o^+$

c) $Dom(f) = \mathbb{R}$, $Rec(f) = [-1,\infty[$

d) $Dom(f) = [1,\infty[$, $Rec(f) = \mathbb{R}_0^+$

e) $Dom(f) = \mathbb{R}^+$, $Rec(f) = \mathbb{Z}$

13 3000

14 a) 5

b) $L = L_0 10^{15-0,4m}$

15 ~ 5.234 años

16 a) 3

b) $I = 10^{8,3} I_0$

17 a) En el año 2010: $\sim 7,24$ miles de millones. El año 2037.

b) $A = 600e^{3,75t}$

c) $A_0 \sim 50,34$ conejos. En 12 años más habrán $\sim 667.294.644$ conejos.

18 a) Aproximadamente en 17 horas y 19 minutos quedarán solo 50 gramos.

b)A las 8 horas hay aproximadamente $0,02$ gramos.

Autoevaluación 8 A.15

1. Se trata de determinar t de modo que

$$\frac{y_0}{2} = y_0\, e^{-0,3t} \implies e^{-0,3t} = \frac{1}{2} \implies -0,3\,t = \ln\left(\frac{1}{2}\right) \implies -0,3\,t = -\ln(2)$$

$$\implies t = \frac{\ln(2)}{0,3} \implies t \sim 2,31$$

Luego demoraría aproximadamente 2 años y 3 meses.

2.

$$0 \le \ln(x^2 - x) \le 1 \implies e^0 \le e^{\ln(x^2 - x)} \le e^1 \implies 1 \underbrace{\le}_{I)} x^2 - x \underbrace{\le}_{II)} e$$

El dominio de la inecuación está dado por:

$$x^2 - x > 0 \implies x(x - 1) > 0 \implies x \in \mathbb{R}^- \cup\,]1,\, +\infty[$$

- Para $I)$

$$x^2 - x \ge 1 \implies x^2 - x - 1 \ge 0 \implies x \in\,]-\infty,\, \frac{1 - \sqrt{5}}{2}] \cup [\frac{1 + \sqrt{5}}{2},\, +\infty[$$

- Para $II)$

$$x^2 - x \le e \implies x^2 - x - e \le 0 \implies x \in\,]-\infty,\, \frac{1 - \sqrt{1 + 4e}}{2}] \cup [\frac{1 + \sqrt{1 + 4e}}{2},\, +\infty[$$

La solución de la inecuación está dada por

$$(]-\infty,\, \frac{1 - \sqrt{5}}{2}] \cup [\frac{1 + \sqrt{5}}{2},\, +\infty[) \bigcap (]-\infty,\, \frac{1 - \sqrt{1 + 4e}}{2}] \cup [\frac{1 + \sqrt{1 + 4e}}{2},\, +\infty[)$$

$$=\,]-\infty,\, \frac{1 - \sqrt{1 + 4e}}{2}] \cup [\frac{1 + \sqrt{1 + 4e}}{2},\, +\infty[$$

3.   i) Sean x_1 , $x_2 \leq 0$

$$f(x_1) = f(x_2) \implies e^{g(x_1)} - 1 = e^{g(x_2)} - 1 \implies e^{g(x_1)} = e^{g(x_2)}$$

$$\overset{e\ inyec.}{\implies} g(x_1) = g(x_2) \overset{g\ inyec.}{\implies} x_1 = x_2$$

ii) Sean x_1 , $x_2 > 0$

$$f(x_1) = f(x_2) \implies \ln\left(2 - g(x_1)\right) = \ln\left(2 - g(x_2)\right) \overset{\ln\ inyec.}{\implies} 2 - g(x_1) = 2 - g(x_2)$$

$$\implies g(x_1) = g(x_2) \overset{g\ inyec.}{\implies} x_1 = x_2$$

iii) Sean $x_1 \leq 0$ y $x_2 > 0$, entonces:

$$f(x_1) = e^{g(x_1)} - 1 \quad\text{y}\quad f(x_2) = \ln\left(2 - g(x_2)\right)$$

Ahora, por hipótesis , $g(x) \leq 0$, $\forall x \in \mathbb{R}$, luego

$$e^{g(x)} \leq e^0 = 1 \text{ , pues } e \text{ es creciente}$$

Por lo tanto

$$e^{g(x)} - 1 \leq 0 \implies f(x_1) \leq 0$$

Además:

$$g(x) \leq 0 \implies -g(x) \geq 0 \implies 2 - g(x) \geq 2$$
$$\implies \ln\left(2 - g(x)\right) \geq \ln(2) > 0 \implies f(x_2) > 0$$

De i), ii) y iii), $f(x)$ es inyectiva.

4. Sea t_0 tal que $y(t_0) = 500\, e^{\ln(81)\, t_0} = y_0$, se trata de hallar t tal que

$$y(t) = 500\, e^{\ln(81)\, t} = 3\, y_0$$

esto es:

$$\frac{e^{\ln(81)\, t}}{e^{\ln(81)\, t_0}} = 3 \implies \ln(3) = \ln(81)\, t - \ln(81)\, t_0 \implies \ln(3) = \ln\left(\frac{81\, t}{81\, t_0}\right)$$

$$\implies \frac{t}{t_0} = 3 \implies t = 3\, t_0$$

Luego, cada 3 horas se triplica el número de bacterias en este cultivo.

5.

$$9^x \cdot 3^y = 27 \qquad (3^2)^x \cdot 3^y = 3^3 \qquad 3^{2x+y} = 3^3$$
$$\implies \qquad\qquad \implies$$
$$2^{xy} \cdot 4^x = 4 \qquad 2^{xy} \cdot (2^2)^x = 2^2 \qquad 2^{xy+2x} = 2^2$$

$$\implies \qquad 2x + y = 3 \; (1)$$
$$xy + 2x = 2 \; (2)$$

De (1) : $y = 3 - 2x$, y reemplazando en (2), se tiene:

$$x(3 - 2x) + 2x = 2 \implies 2x^2 - 5x + 2 = 0 \implies x = 2 \ \vee \ x = \frac{1}{2}$$

Por lo tanto las soluciones al sistema son los puntos:

$$\left(\frac{1}{2}, 2\right) , \ (2, -1)$$

6. a) Debemos hallar t_0 de modo que

$$3\,N_0 = N_0 \, e^{0,1\,t} \longrightarrow 0,1, t = \ln(3) \implies t = \frac{\ln(3)}{0,1} = 10,896$$

Por lo tanto el tiempo transcurrido es de aproximadamente 10 meses y 29 días.

b)

$$5^x - 25^x = -6 \implies 5^x - \left(5^2\right)^x = -6 \implies 5^x - \left(5^x\right)^2 = -6$$

Si $z = 5^x$, entonces hay que resolver la ecuación:

$$z - z^2 = -6 \implies z^2 - z - 6 = 0 \implies (z - 3)(z + 2) = 0 \implies z = 3 \ \vee \ z = -2$$

Pero $z = 5^x$, luego $z = -2$ es imposible, por lo tanto:

$$z = 3 = 5^x \implies x \ln(5) = \ln(3) \implies x = \frac{\ln(3)}{\ln(5)}$$

7. Consideramos el tiempo inicial $t_0 = 0$ como 1997, de donde se tiene:

$$y(0) = y_0 = 12$$

Para 2007 que corresponde a $t = 10$, se tiene:

$$y(10) = 12\,e^{10k} = 16 \longrightarrow e^{10k} = \frac{4}{3} \Longrightarrow k = \frac{\ln(4/3)}{10} = 0,029$$

Por lo tanto, el modelo exponencial, es de la forma:

$$y(t) = 12\,e^{0,029\,t}$$

Por lo tanto para el año 2012 que equivale a $t = 15$ se tiene:

$$y(15) = 12\,e^{0,029\cdot 15} \approx 23,17$$

Luego la población estimada es de 23.177.000 habitantes.

Capítulo 9 — A.16

1 Área: 29

2 $P(-5, 1)$

3 a) Si
   b) Si $a, b \neq 0$, entonces Si

4 Abscisa= 1

6 La simetral del trazo $\overline{AB}$ de ecuación:$3y + 2x = 9$

7 La circunferencia de centro $C(2, 3)$ y radio 1 de ecuación $(x - 2)^2 + (y - 3)^2 = 1$

8 $xy + 7y + x - 17 = 0$, que corresponde a una hipérbola.

9 $(2 + \sqrt{8}, 2 + \sqrt{8})$, $(2 - \sqrt{8}, 2 - \sqrt{8})$

11 $k = -\dfrac{21}{4}$

12 $y = \dfrac{112}{77}x + \dfrac{301}{77} \Leftrightarrow y = \dfrac{16}{11}x + \dfrac{43}{11}$

13 Las rectas de ecuaciones:$131x - 177y + 568 = 0 \ \wedge \ 181x - 57y + 368 = 0$

14 La recta de ecuación $9x - 8y = 10$

15 $x^2 + y^2 - 6x - 4y - 13 = 0$

16 $29x^2 + 29y^2 - 15y - 113x - 228 = 0$

17 $(x + 10)^2 + y + \frac{1}{2})^2 = \frac{925}{4}$

18 $(x - 1)^2 + (y - 5)^2 = 5, (x - 13)^2 + (y - 1)^2 = 5$

19 Longitud: $\sqrt{18}$

20 Distancia mínima: 5; distancia máxima:15.

21 $9x^2 + 9y^2 - 19x - 3y - 30 = 0$

22 $(x - \frac{44}{9})^2 + y^2 = \frac{3362}{405}, \ (x - 4)^2 + y^2 = 10.$

24 a) $\left] -\frac{12}{5}, 0 \right[$

   b) $m = 0 \wedge m = -\frac{12}{5}$

   c) $m < -\frac{12}{5}, m \geq 0.$

25 $(x - \frac{2}{3})^2 + y^2 = \frac{1}{9}$

28 $y^2 = -8x, \ F(-2, 0), D : x = 2$

29 Longitud: $\sqrt{\dfrac{1785}{128}}$

31 $x = \dfrac{1}{121}(y - 3)^2 - 4, \ D : x = -7, \ \text{eje:} y = 3$

32 a) $y = x^2 - x, \ F\left(\frac{1}{2}, 0\right), D : y = -\frac{1}{2}, \ V\left(\frac{1}{2}, -\frac{1}{4}\right), \ \text{eje:} x = \frac{1}{2}$

   b) $y = x^2 - x, \ F\left(-\frac{1}{2}, 0\right), D : y = \frac{1}{2}, \ V\left(-\frac{1}{2}, \frac{1}{4}\right), \ \text{eje:} x = -\frac{1}{2}$

   c) $y = 2x^2 - 6x + 5, \ F\left(\frac{3}{2}, \frac{5}{8}\right), D : x = \frac{3}{8}, \ V\left(\frac{3}{2}, \frac{1}{2}\right), \ \text{eje:} x = \frac{3}{2}$

d) $x = -y^2 - 1$, $F\left(-\dfrac{5}{4}, 0\right)$, $D : y = -\dfrac{3}{4}$, $V\left(-1, 0\right)$, eje: $y = 0$.

33 Parábola de ecuación: $(x - 2)^2 = 2\left(y - \dfrac{5}{2}\right)$

34 a) $k < 8$

b) $k = 8$

c) $k > 8$

35 $y^2 = 2p(x - p)$

36 $\dfrac{x^2}{36} + \dfrac{y^2}{20} = 1$

40 $k = \pm 1$

Autoevaluación 9   A.17

1. La medida l del lado del cuadrado corresponde a la distancia del punto $(5, 2)$ a la recta de ecuación: $L : 2x + y = 7$, esto es:

$$l = \frac{|2 \cdot 5 + 2 - 7|}{\sqrt{4 + 1}} = \frac{5}{\sqrt{5}} = \sqrt{5}$$

de donde el área es 5.

Para obtener las coordenadas de los dos centros, basta intersectar la circunfe rencia de centro $(5, 2)$ y radio $\sqrt{10}(= \sqrt{5} \cdot \sqrt{2})$, con L y se tiene:

$$\left.\begin{array}{c} (x - 5)^2 + (y - 2)^2 = 10 \\[2mm] 2x + y = 7 \end{array}\right| \implies (x - 5)^2 + (7 - 2x - 2)^2 = 10$$

$$\implies x^2 - 6x + 8 = 0 \implies (x - 4)(x - 2) = 0 \implies x = 4 \lor x = 2$$

Si $x = 4$, entonces una de las diagonales desde $(5, 2)$ tiene como punto final al punto $(4, -1)$ y el centro del cuadrado es el punto medio, dado por $\left(\dfrac{9}{2}, \dfrac{1}{2}\right)$

Si $x = 2$, entonces la otra diagonal desde $(5, 2)$ tiene como punto final al punto $(2, 3)$ y el centro del cuadrado es el punto medio, dado por $\left(\dfrac{7}{2}, \dfrac{5}{2}\right)$

2. Como el centro $\mathcal{O}$ de la circunferencia está sobre la recta $2x - y = 1$, entonces es de la forma $\mathcal{O}(x_0,\ 2x_0 - 1)$.

   Por otra parte, el radio r de la circunferencia corresponde a la distancia desde $\mathcal{O}$ a cualesquiera de los puntos A o B, por lo tanto si d denota la distancia, entonces:

   $$r^2 = d^2(\mathcal{O},\ A) = d^2(\mathcal{O},\ B)$$

   $$\implies (x_0 + 3)^2 + (2x_0 - 4)^2 = (x_0 - 1)^2 + (2x_0)^2 \implies x_0 = 3$$

   Así el centro es $\mathcal{O}(3,\ 5)$ y el radio es tal que $r^2 = 40$, y la circunferencia pedida es.

   $$(x - 3)^2 + (y - 5)^2 = 40$$

   El área es por lo tanto $40\,\pi$

3. Como la elipse tiene focos en el eje Y y la longitud del eje menor es 6, entonces $a = 3$ y le ecuación de la elipse es de la forma

   $$\frac{x^2}{9} + \frac{y^2}{b^2} = 1$$

   Como también pasa por el punto $(2, \sqrt{10})$, entonces:

   $$\frac{4}{9} + \frac{10}{b^2} = 1 \implies b^2 = 18$$

   de donde la ecuación de la elipse es:

   $$\frac{x^2}{9} + \frac{y^2}{18} = 1$$

4. Los puntos A y B corresponden a la intersección de la recta $x + 2y = 1$ con la circunferencia $x^2 + y^2 = 16$, esto es:

   $$x = 1 - 2y \quad \text{y} \quad x^2 + y^2 = 16 \implies (1 - 2y)^2 + y^2 = 16$$

   $$\implies 5y^2 - 4y - 15 = 0 \implies y = 2 \ \vee \ y = -\frac{6}{5}$$

Luego los puntos A y B son $A(-3, 2)$ y $B\left(\dfrac{17}{5}, -\dfrac{6}{5}\right)$

El centro $\mathcal{O}$ de la circunferencia buscada es el punto medio entre A y B, de donde $\mathcal{O}\left(\dfrac{1}{5}, \dfrac{2}{5}\right)$ y el radio es la distancia desde $\mathcal{O}$ a cualesquiera de los puntos A o B, estos es:

$$r = \sqrt{\left(\dfrac{16}{5}\right)^2 + \left(\dfrac{8}{5}\right)^2} = \sqrt{\dfrac{64}{5}}$$

Luego la ecuación de la circunferencia buscada es:

$$\left(x - \dfrac{1}{5}\right)^2 + \left(y - \dfrac{2}{5}\right)^2 = \dfrac{64}{5}$$

5. Sea $P_0(x_0, y_0)$ un punto cualquiera en el lugar geométrico, entonces:

- La longitud de la tangente desde P_0 a C_1 es $d_1 = \sqrt{x_0^2 + y_0^2 - 4}$

- La longitud de la tangente desde P_0 a C_2 es $d_2 = \sqrt{x_0^2 + y_0^2 - 9}$

- Como la suma de las longitudes es 5, entonces:

$$\sqrt{x_0^2 + y_0^2 - 4} + \sqrt{x_0^2 + y_0^2 - 9} = 5 \implies \sqrt{x_0^2 + y_0^2 - 4} = 5 - \sqrt{x_0^2 + y_0^2 - 9}$$

$$\implies x_0^2 + y_0^2 - 4 = 25 - 10\sqrt{x_0^2 + y_0^2 - 9} + x_0^2 + y_0^2 - 9$$

$$\implies 10\sqrt{x_0^2 + y_0^2 - 9} = 20 \implies \sqrt{x_0^2 + y_0^2 - 9} = 2 \implies x_0^2 + y_0^2 - 9 = 4$$

$$\implies x_0^2 + y_0^2 = 13$$

Por lo tanto el lugar geométrico corresponde a la circunferencia de centro $(0, 0)$ y radio $\sqrt{13}$.

6. a) La circunferencia C puede reescribirse como:

$$(x - 2)^2 + \left(y + \frac{5}{2}\right)^2 = \frac{33}{2}$$

Por lo tanto C tiene centro $\left(2, -\frac{5}{2}\right)$ y radio $\sqrt{\frac{33}{2}}$

b) Como la circunferencia C_1 tiene el mismo centro que C, entonces la ecuación de C_1 es:

$$(x - 2)^2 + \left(y + \frac{5}{2}\right)^2 = r^2$$

y por las condiciones de tangencia, el radio corresponde a la distancia del centro a la tangente, esto es:

$$r = \frac{\left|8 - 12\left(-\frac{5}{2}\right) - 1\right|}{\sqrt{16 + 144}} = \frac{13}{\sqrt{160}}$$

Por lo tanto:

$$C_1 : (x - 2)^2 + \left(y + \frac{5}{2}\right)^2 = \frac{169}{160}$$

7. Por las condiciones dadas, si $P(x, y)$ es un punto cualquiera de la parábola $\mathcal{P}$ buscada, entonces:

$$P(x, y) \in \mathcal{P} \implies |x| = \sqrt{(x - 2)^2 + (y - 1)^2}$$

$$\implies x^2 = (x - 2)^2 + (y - 1)^2 \longrightarrow (y - 1)^2 = 4(x - 1)$$

Luego la ecuación de $\mathcal{P}$ es:

$$\mathcal{P} : (y - 1)^2 = 4(x - 1)$$

y luego tiene foco en $(2, 1)$, vértice en $(1, 1)$ y directriz la recta $x = 0$ (eje Y).

Capítulo 10 A.18

1 a) Acotado inferiormente por 1 y superiormente por 2 que son ínfimo y supremo respectivamente

b) Acotada inferiormente por 0 que es su ínfimo y no es acotada supriormente

c) Acotada inferiormente por -1 que es su ínfimo y no está acotada superiormente

d) Acotada inferiormente por -2 que es su ínfimo y superiormente por 7 que es su supremo

e) No es acotada inferiormente ni superiormente

f) No es acotada inferiormente y es acotada superiormente por $\sqrt{3}$ que es su supremo

g) Es acotada inferiormente por 2 y no tiene ínfimo y no es acotada superiormente.

6 a) $\dfrac{2}{3}$

b) $n_0 = 16.6724$

8 $\displaystyle\lim_{n\to\infty} a_n = \dfrac{1}{2}$

9 a) $\displaystyle\lim_{n\to\infty} a_n = \dfrac{2}{3}$

b) $\displaystyle\lim_{n\to\infty} a_n = 1$

c) $\displaystyle\lim_{n\to\infty} a_n = 2$

d) $\displaystyle\lim_{n\to\infty} a_n = -\dfrac{1}{6}$

e) $\displaystyle\lim_{n\to\infty} a_n = 1.$

10 a) $\lim\limits_{n\to\infty} a_n = 0$

b) $\lim\limits_{n\to\infty} a_n = 1$

c) $\lim\limits_{n\to\infty} a_n = \dfrac{1}{2}$

d) $\lim\limits_{n\to\infty} a_n = 0$

e) $\lim\limits_{n\to\infty} a_n = 3.$

11 a) $\lim\limits_{n\to\infty} a_n = 1$

b) $\lim\limits_{n\to\infty} a_n = 1$

c) $\lim\limits_{n\to\infty} a_n = 1$

d) $\lim\limits_{n\to\infty} a_n = 0$

e) Diverge.

12 $\lim\limits_{n\to\infty} a_n = \dfrac{7}{300}$

14 $\lim\limits_{n\to\infty} a_n = 0$

15 $\lim\limits_{n\to\infty} a_n = 1$

18 $\lim\limits_{n\to\infty} a_n = 1$

19 $\lim\limits_{n\to\infty} a_n = 3$

21 a) $\lim\limits_{n\to\infty} a_n = \sqrt{e}$

b) $\lim\limits_{n\to\infty} a_n = e^3$

c) $\lim\limits_{n\to\infty} a_n = e^4$

d) $\lim\limits_{n\to\infty} a_n = e^{-1}$

e) $\lim\limits_{n\to\infty} a_n = e^{\frac{a^2-bc}{ab}}$.

Autoevaluación 10 A.19

1. a) Veamos que 1 es el supremo de A.

   Para ello, es claro que $\dfrac{n}{n+1} < 1$ así 1 es cota superior.

   Además, sea $\epsilon > 0$ y sea $n_0 \in \mathbb{N}$ tal que $n_0 > \dfrac{1-\epsilon}{\epsilon}$.

   Entonces $1 - \epsilon < \dfrac{n_0}{n_0+1} \in A$

2. Sea $l_1 = Sup(A)$ y $l_2 = Sup(B)$.

   Tenemos que $l_1 \geq x, \ \forall x \in A$ y $l_2 \geq y, \forall y \in B$

   Por lo tanto
   $$l_1 + l_1 \geq x + y, \ \forall (x+y) \in A + B$$
   luego $l_1 + l_2$ es cota superior de $A + B$.

   Sea $\epsilon > 0$, entonces $\exists x \in A, (l_1 - \dfrac{\epsilon}{2} < x) \land \exists y \in B, (l_2 - \dfrac{\epsilon}{2} < y)$.

   Por lo tanto
   $$\exists (x+y) \in A + B \, ((l_1 + l_2) - \epsilon < (x+y))$$
   Luego $l_1 + l_2 = Sup(A + B)$

   b) Totalmente similar a la parte a) y c totalmente similar a d) d) Como $l_1 \geq x, \forall x \in A$, y como $a < 0$ tenemos $al_1 \leq ax, \ \forall ax \in aA$ Por lo tanto al_1 es cota inferior de aA.

Sea $\epsilon > 0$, entonces $\dfrac{\epsilon}{a} < 0$, luego $\exists x \in A\,(l_1 + \dfrac{\epsilon}{a} < x)$ Es decir

$$\exists (ax) \in aA\,(al_1 + \epsilon > ax)$$

Con lo cual queda demostrado que

$$al_1 = Inf(aA)$$

3. a)

    i) Si $n = 1$ entonces $a_1 = 3 > 1$

    ii) H.I. $a_n > 1$

    iii) P.D. $a_{n+1} > 1$

$$a_{n+1} = \frac{1}{2} + \frac{a_n}{2} \overset{H.I.}{>} \frac{1}{2} + \frac{1}{2} = 1$$

Por lo tanto

$$\forall n \in \mathbb{N}(a_n > 1)$$

    i) Si $n = 1$ entonces $a_2 = 1 < a_1 = 3$

    ii) H.I. $a_{n+1} < a_n$

    iii) P.D. $a_{n+2} < a_{n+1}$

$$a_{n+2} = \frac{1 + a_{n+1}}{2} \overset{H.I.}{<} \frac{1 + a_n}{2} = a_{n+1}$$

Por lo tanto

$$\forall n \in \mathbb{N}\ a_{n+1} < a_n$$

b)La sucesión es decreciente y acotada inferiormente por 1, por lo tanto es convergente. Supongamos que su límite es L, entonces

$$\lim_{n\to\infty} a_n = L \leftrightarrow \lim_{n\to\infty} a_{n+1} = L \leftrightarrow l = \frac{1+L}{2} \leftrightarrow L = 1$$

4.   I) Usando inducción, veamos que $(a_n)_{n\in\mathbb{N}}$ es decreciente.

$\underline{n=1}$. $a_2 = 10 - \dfrac{1}{a_1} = 10 - \dfrac{1}{10} \leq 10 = a_1$

$\underline{\text{H.I.}}$ $a_n \leq a_{n-1}$

$\underline{n+1.}$ Por H.I.

$$a_n \leq a_{n-1} \implies \frac{1}{a_n} \geq \frac{1}{a_{n-1}} \implies \frac{-1}{a_n} \leq \frac{-1}{a_{n-1}}$$

$$\implies 10 - \frac{1}{a_n} \leq 10 - \frac{1}{a_{n-1}} \implies a_{n+1} \leq a_n$$

II) Veamos usando inducción, que $(a_n)_{n\in\mathbb{N}}$ es acotada inferiormente por 5.

$\underline{n=1}$. $a_1 = 10 \geq 5$

$\underline{\text{H.I.}}$ $a_n \geq 5$

$\underline{n+1}$ Por H.I.

$$a_n \geq 5 \Longrightarrow \frac{1}{a_n} \leq \frac{1}{5} \Longrightarrow -\frac{1}{a_n} \geq -\frac{1}{5} \Longrightarrow 10 - \frac{1}{a_n} \geq 10 - \frac{1}{5} \Longrightarrow a_{n+1} \geq 5$$

III) Por lo tanto, la sucesión es decreciente y acotada inferiormente, luego converge, esto es, existe L tal que $\lim_{n\to\infty} a_n = L$. Entonces

$$L = \lim_{n\to\infty} a_n = \lim_{n\to\infty} a_{n+1} = \lim_{n\to\infty} 10 - \frac{1}{a_n} = 10 - \frac{1}{L}$$

$$\Longrightarrow L^2 = 10L - 1 \Longrightarrow \begin{cases} L = 5 - \sqrt{24} \\ \vee \\ L = 5 + \sqrt{24} \end{cases}$$

Así

$$\lim_{n\to\infty} a_n = 5 + \sqrt{24} \quad , \text{ pues } L \geq 5$$

5. $\lim_{n\to\infty} a_n = 0$

6. $\lim_{n\to\infty} a_n = e^3$

7. a) Dado que $a_n > 0, \forall n \in \mathbb{N}$ y que $a_n \leq a_{n+1}$, entonces $\dfrac{1}{a_n} \geq \dfrac{1}{a_{n+1}}$, $\forall n \in \mathbb{N}$. Luego se trata de una sucesión decreciente acotada inferiormente por cero, luego es convergente.

b) $\lim_{n\to\infty} a_n = \dfrac{26}{37}$

c) $\lim_{n\to\infty} a_n = 1$

Autoevaluación Final A.20

1 d

2 b

3 e

4 c

5 d

6 b

7 d

8 a

9 c

10 b

11 d

12 a

13 e

14 d

15 b

16 c

17 a

18 a

BIBLIOGRAFÍA

TEXTOS   B.1

- Barnett, R. Precálculo: Algebra, geometría analítica y trigonometría. Limusa Sa-DeC.v, 1992.

- Larson, R. Precálculo, Reverte, 2008.

- Mejía, F., Alvarez, R., Fernandez, H. Matemáticas previas al cálculo. Colombia: editorial Universidad de Medellin, 2005.

- Penney, E. Cálculo con geometría analítica. Prentice Hall, cuarta edición, 1996.

- Stewart, J., Lothar, R., Saleem, W. Precálculo: Matemáticas para el cálculo. Cengage Learning, sexta edición, 2011.

- Studer, M. Precálculo: Álgebra, trigonometría y geometría analítica. Cultura Moderna, 1995.

- Sullivan, M. Precálculo. Pearson Educación, 1998.

- Warez, A. Álgebra y trigonometría con geometría analítica. eBooks Gratis, 2012.

VIDEOS   B.2

- Números irracionales. Precálculo 01.003, YouTube: `http://www.youtube.com/watch?v=LY9Y_yRplkk`

- Inecuaciones(desigualdades) Precálculo 01.064, YouTube: `www.edutube.cl/index.php?view=video&id=2637`

- Ecuaciones cuadráticas. Precálculo 01.061, YouTube: `http://www.youtube.com/watch?v=h05DyUA6Qik&list=PLCD3521CF378C98DE&index=3`

- ¿Qué es una función? Precálculo 02.001, YouTube: `http://www.youtube.com/watch?v=u23IFOyTwAM&list=PL0A140456779C0ED7&index=1`

- Funciones crecientes y decrecientes. Precálculo 02.002, YouTube: `http://www.youtube.com/watch?v=8BYfy72iLAw&list=PL0A140456779C0ED7&index=2`

- Factorizando polinomios con 6x cuadrado. Precálculo 01.049, YouTube: `http://www.youtube.com/watch?v=JwBuCqtLUyI&list=PL9B72923BDCB5E663&index=15`

- Video preCalculo: `tu.tv/tags/precalculo`

- Videos tutoriales de PreCálculo: `www.tareasplus.com/pre-calculo`

- Schaum's Outline PreCalculus, YouTube: `www.youtube.com/match?v=9c9nGjjZI-k`

- Guías y videos educativos: Precálculo-James Stewart. `u1v.blogspot.com/2011/09/precalculo-james-stewart.html`

- Introducción a los límites - Precálculo, YouTube: `http://www.youtube.com/watch?v=FmU6EOe-52o`

Este libro cubre todas las materias de un curso universitario inicial de matemáticas y está pensado para que sirva a los profesores como texto guía y a los alumnos para comprender y ejercitar de manera concreta los temas propuestos. Cada capítulo cuenta con problemas resueltos paso a paso, una completa guía de ejercicios con solucionario y una autoevaluación, para que el estudiante pueda medir sus conocimientos y avances, además de un examen final donde el alumno podrá integrar todas las materias en una misma prueba.

"Álgebra e Introducción al Cálculo" es un libro claro, directo y efectivo, que concuerda con la forma actual de aprendizaje secuencial utilizado en la enseñanza superior en estos temas, pero puede también ser extremadamente útil para alumnos de los últimos cursos de enseñanza media que piensan en seguir carreras con ramos matemáticos.

EDICIONES UC